"十二五"职业教育国家规划教材
经全国职业教育教材审定委员会审定

# 智能电网基本知识

## （第二版）

全国电力职业教育教材编审委员会　组　编
王　宇　杨利水　主　编
薛　晶　武　娟　张宏艳　顾家翠　副主编
刘学琴　编　写
肖先勇　陶　明　主　审

中国电力出版社
CHINA ELECTRIC POWER PRESS

## 内 容 提 要

本书为“十二五”职业教育国家规划教材。本书共分为四章：第一章智能电网，讲述智能电网的概念、智能电网与能源资源的优化配置、智能电网与低碳环保、智能电网与可靠供电和智能电网的关键技术；第二章智能输配用电，讲述智能输电、智能变电站、智能配电网、智能用电、智能电能表和智能电网用户端解决方案；第三章智能电网的信息化，讲述智能电网的信息通信、智能电网的信息安全和智能电网与物联网；第四章智能电网与清洁能源发电，讲述风力发电及入网控制技术、太阳能发电及入网控制技术、其他清洁能源发电和分布式发电技术。

本书可作为高职高专院校智能电网普及基本知识的教材，也可作为相关工程技术人员和有兴趣的读者的参考书。

**图书在版编目（CIP）数据**

智能电网基本知识/王宇，杨利水主编. —2版. —北京：中国电力出版社，2019.10（2024.2重印）

“十二五”职业教育国家规划教材

ISBN 978-7-5198-3953-6

Ⅰ.①智… Ⅱ.①王…②杨… Ⅲ.①智能控制-电网-高等职业教育-教材 Ⅳ.①TM76

中国版本图书馆CIP数据核字（2019）第237598号

中国电力出版社出版、发行

（北京市东城区北京站西街19号 100005 http://www.cepp.sgcc.com.cn）

北京雁林吉兆印刷有限公司印刷

各地新华书店经售

*

2014年8月第一版

2019年10月第二版 2024年2月北京第十四次印刷

787毫米×1092毫米 16开本 16.25印张 388千字

定价 **42.00** 元

# 全国电力职业教育教材编审委员会

## 参编院校

山东电力高等专科学校
西安电力高等专科学校
山西电力职业技术学院
保定电力职业技术学院
四川电力职业技术学院
哈尔滨电力职业技术学院
三峡电力职业学院
安徽电气工程职业技术学院
武汉电力职业技术学院
福建电力职业技术学院
江西电力职业技术学院
郑州电力高等专科学校
重庆电力高等专科学校
长沙电力职业技术学院

## 电力工程专家组

组　　长　解建宝
副 组 长　李启煌　陶　明　王宏伟　杨金桃　周一平
成　　员　（按姓氏笔画顺序排序）
王玉彬　王　宇　王俊伟　刘晓春　余建华　吴斌兵　张惠忠
李建兴　李道霖　陈延枫　罗建华　胡　斌　章志刚　黄红荔
黄益华　谭绍琼

# 出 版 说 明

为深入贯彻《国家中长期教育改革和发展规划纲要（2010—2020）》精神，落实鼓励企业参与职业教育的要求，总结、推广电力类高职高专院校人才培养模式的创新成果，进一步深化“工学结合”的专业建设，推进“行动导向”教学模式改革，不断提高人才培养质量，满足电力发展对高素质技能型人才的需求，促进电力发展方式的转变，在中国电力企业联合会和国家电网公司的倡导下，由中国电力教育协会和中国电力出版社组织全国14所电力高职高专院校，通过统筹规划、分类指导、专题研讨、合作开发的方式，经过两年时间的艰苦工作，编写完成全国电力高职高专“十二五”规划教材。

该套教材分为电力工程、动力工程、实习实训、公共基础课、工科基础课、学生素质教育六大系列。其中，电力工程系列和工科基础课系列教材40余种，主要针对发电厂及电力系统、供用电技术、继电保护及自动化、输配电线路施工与维护等专业，涵盖了电力系统建设、运行、检修、营销以及智能电网等方面内容。教材采用行动导向方式编写，以电力职业教育工学结合和理实一体化教学模式为基础，既体现了高等职业教育的教学规律，又融入电力行业特色，是难得的行动导向式精品教材。

本套教材的设计思路及特点主要体现在以下几方面。

（1）按照“行动导向、任务驱动、理实一体、突出特色”的原则，以岗位分析为基础，以课程标准为依据，充分体现高等职业教育教学规律，在内容设计上突出能力培养为核心的教学理念，引入国家标准、行业标准和职业规范，科学合理设计任务或项目。

（2）在内容编排上充分考虑学生认知规律，充分体现“理实一体”的特征，有利于调动学生学习积极性，是实现“教、学、做”一体化教学的适应性教材。

（3）在编写方式上主要采用任务驱动、行动导向等方式，包括学习情境描述、教学目标、学习任务描述、任务准备、相关知识等环节，目标任务明确，有利于提高学生学习的专业针对性和实用性。

（4）在编写人员组成上，融合了各电力高职高专院校骨干教师和企业技术人员，充分体现院校合作优势互补，校企合作共同育人的特征，为打造中国电力职业教育精品教材奠定了基础。

本套教材的出版是贯彻落实国家人才队伍建设总体战略，实现高端技能型人才培养的重要举措，是加快高职高专教育教学改革、全面提高高等职业教育教学质量的具体实践，必将对课程教学模式的改革与创新起到积极的推动作用。

本套教材的编写是一项创新性的、探索性的工作，由于编者的时间和经验有限，书中难免有疏漏和不当之处，恳切希望专家、学者和广大读者不吝赐教。

全国电力职业教育教材编审委员会

# 前　言

全球能源与环境问题的日益突出，低碳、经济能源的开发利用，以及电网的协调发展面临新的挑战。依靠日新月异的计算机技术、通信信息技术、电力电子技术和现代控制技术来提高电网的智能化水平、建设智能电网是世界各国的共同选择。

我国智能电网的建设取得了初步的成果，并正在扎实有序地逐步前进中。智能电网的建设涉及国民经济的方方面面，与智能电网相关的技术涉及很多学科，智能电网的发展也会推动相关产业的发展，影响整个社会的进步和科技发展，甚至有人认为智能电网的发展将带来一次新的工业革命。因此，对于从事电力技术相关工作及即将走上电力技术工作岗位的学生普及智能电网的基本知识，显得尤为重要。所以编者编写了这本《智能电网基本知识》教材。

本书共四章，包括坚强智能电网，智能输配用电，智能电网的信息化，智能电网与清洁能源发电，共十八节。第一章由西安电力高等专科学校薛晶老师编写；第二章的第一节和第六节由广东电网公司教育培训评价中心顾家翠工程师编写，第二章的第二节和第三节由山西电力职业技术学院武娟老师编写，第二章的第四节和第五节由武汉电力职业技术学院张宏艳老师编写；第三章的第一节和第二节由保定电力职业技术学院刘学琴老师编写，第三章的第三节由保定电力职业技术学院杨利水教授编写；第四章由长沙电力职业技术学院王宇副教授编写。全书由王宇和杨利水两位老师共同担任主编，由王宇副教授负责统稿工作。

四川大学肖先勇教授对本书进行了认真的审阅，长沙电力职业技术学院陶明教授审阅了教材大纲，提出了许多宝贵意见，在此表示诚挚的谢意！

在本书编写过程中得到相关部门和单位的大力支持，在此一并致谢！

智能电网是正在发展中的新事物，智能电网涉及的很多专业技术还在逐步成熟中，由于编者理解和掌握的知识所限，书中难免有不妥之处，敬请专家和读者批评指正。

编　者

2019 年 6 月

# 目　录

出版说明
前言

第一章　智能电网 …… 1
　第一节　智能电网的概念 …… 1
　第二节　智能电网与能源资源的优化配置 …… 5
　第三节　智能电网与低碳环保 …… 11
　第四节　智能电网与可靠供电 …… 14
　第五节　智能电网的关键技术 …… 28
　思考题 …… 44
第二章　智能输配用电 …… 46
　第一节　智能输电 …… 46
　第二节　智能变电站 …… 76
　第三节　智能配电网 …… 109
　第四节　智能用电 …… 140
　第五节　智能电能表 …… 155
　第六节　智能电网用户端解决方案 …… 167
　思考题 …… 188
第三章　智能电网的信息化 …… 190
　第一节　智能电网的信息通信 …… 190
　第二节　智能电网的信息安全 …… 203
　第三节　智能电网与物联网 …… 216
　思考题 …… 222
第四章　智能电网与清洁能源发电 …… 224
　第一节　风力发电及入网控制技术 …… 224
　第二节　太阳能发电及入网控制技术 …… 230
　第三节　其他清洁能源发电 …… 236
　第四节　分布式发电技术 …… 243
　思考题 …… 246

参考文献 …… 248

# 第一章　智　能　电　网

电网是电力网的简称，通常是指联系发电与用电，由输电、变电、配电设备及相应的二次系统等组成的统一整体。现代电网成为目前世界上结构最复杂、规模最庞大的人造系统和能量输送网络。

进入21世纪以来，随着世界经济的发展，能源需求量持续增长，环境保护问题日益严峻，调整和优化能源结构，应对全球气候变化，实现可持续发展成为人类社会普遍关注的焦点，更成为电力工业实现转型发展的核心驱动力。在此背景下，智能电网成为全球电力工业应对未来挑战的共同选择。

我国的水能、风能、太阳能等可再生能源资源规模大、分布相对集中，需要集中开发、规模外送和大范围消纳。智能楼宇、智能社区、智能城市是今后的发展方向，电动汽车、智能家居等也将推广应用，这些都对电网的资源优化配置能力和智能化水平提出了更高要求。建设安全水平高、适应能力强、配置效率高、互动性能好、综合效益优的坚强智能电网，是清洁能源发展、节能减排、能源布局优化和结构调整的战略选择。

## 第一节　智能电网的概念

### 一、智能电网的理念和驱动力

智能电网是将先进的传感量测技术、信息通信技术、分析决策技术和自动控制技术与能源电力技术以及电网基础设施高度集成而形成的新型现代化电网。智能电网的智能化主要体现在：①可观测——采用先进的传感量测技术，实现对电网的准确感知；②可控制——可对观测对象进行有效控制；③实时分析和决策——实现从数据、信息到智能化决策的提升；④自适应和自愈——实现自动诊断优化调整和故障自我恢复。

传统电网是一个刚性系统，电源的接入与退出、电能量的传输等都缺乏弹性，使电网动态柔性及重组性较差；垂直的多级控制机制反应迟缓，难以构建实时、可配置和可重组的系统，自愈及自恢复能力完全依赖于物理冗余；对用户的服务简单，信息单向；系统内部存在多个信息孤岛，缺乏信息共享，相互割裂和孤立的各类自动化系统尚未构成实时的有机统一整体。整个电网的智能化程度较低。

与传统电网相比，智能电网通过优化各级电网及控制，构建结构扁平化、功能模块化、系统组态化的柔性体系架构，通过集中与分散相结合的模式，灵活变换网络结构、智能重组系统架构、优化配置系统效能、提升电网服务质量，实现与传统电网截然不同的电网运营理念和体系。

智能电网将实现电网全景信息（指完整、准确、具有精确时间断面、标准化的电力流信息和业务流信息等）的获取，以坚强、可靠的物理电网和信息交互平台为基础，整合各种实时生产运营和管理信息，通过加强对电网业务流的动态分析、诊断和优化，为电网运行和管理人员展示全面、完整和精细的电网运营状态图，同时能够提供相应的辅助决策支持、控制实施方案和应对预案。

一般认为，智能电网的特征主要包括坚强性、自愈性、兼容性、经济性、集成性和高效性等。

（1）坚强性。在电网发生大扰动和故障时，仍能保持对用户的供电能力，而不发生大面积停电事故；在自然灾害、极端气候条件下或外力破坏下仍能保证电网的安全运行；具有确保电力信息安全的能力。

（2）自愈性。具有实时、在线和连续的安全评估和分析能力，强大的预警和预防控制能力，以及自动故障诊断、故障隔离和系统自我恢复的能力。

（3）兼容性。支持可再生能源的有序、合理接入，适应分布式电源和微电网的接入，能够实现与用户的交互和高效互动，满足用户多样化的电力需求并提供对用户的增值服务。

（4）经济性。支持电力市场运营和电力交易的有效开展，实现资源的优化配置，降低电网损耗，提高能源利用效率。

（5）集成性。实现电网信息的高度集成和共享，采用统一的平台和模型，实现标准化、规范化和精益化管理。

（6）高效性。优化资产的利用，降低投资成本和运行维护成本。

解决能源安全与环保问题，应对气候变化，是发展智能电网的核心驱动力。创造新的经济增长点与增加就业岗位，是以美国为首的一些发达国家发展智能电网的经济动因。由于国情以及电力工业发展水平的不同，各国和地区发展智能电网的驱动力略有不同。

美国发展智能电网的驱动力包括：①升级和更新现有电网基础设施，提高供电可靠性，避免发生大面积停电事故；②最大限度地利用信息通信技术，并与传统电网紧密结合，以促进电网现代化；③利用高级量测体系（Advanced Metering Infrastructure）、需求响应（Demand Response，DR）和家庭局域网（Home Area Networks，HANs）等技术，实现电力和信息等的双向流动，促进电力企业在不断开放的电力市场中与用户的友好互动；④提高电网对可再生能源发电的接入能力，促进可再生能源的利用，以保护环境和减少对化石能源的依赖。

欧洲发展智能电网的驱动力包括：①安全可靠供电，包括解决一次能源短缺问题，提高供电能力、供电可靠性以及电能质量；②环境保护，包括实现《京都议定书》中的有关协议，关注气候变化，保护自然环境；③电力市场，包括提高能效和竞争能力，满足反垄断管制要求等。

中国发展智能电网的驱动力主要包括：①充分满足经济社会快速发展和电力负荷高速持续增长的需求；②确保电力供应的安全性和可靠性，避免发生大面积停电事故；③提高电力供应的经济性，降低成本和节约能源；④大力发展可再生能源，调整优化电源结构，提高电网接入可再生能源的能力和能源供应的安全性，满足环境保护的要求；⑤提高电能质量，为用户提供优质电力和增值服务；⑥适应电力市场化的要求，优化资源配置，提高电力企业的运行、管理水平和效益，增强电力企业的竞争力。

## 二、坚强智能电网的概念

智能电网这一概念最早出现在国外，2003 年左右，美国、加拿大以及欧洲各国都相继开展了智能电网的相关研究，而其中最具代表性的是美国和欧洲。对于美国来说，对复杂大电网的安全稳定控制，即所谓的“自愈”能力，是其智能电网发展的最初驱动力；欧洲智能电网的发展，主要源于供电的安全性问题和节能减排环保压力，政府鼓励可再生能源开发，需要考虑电网接入问题。

2009 年，在北京举行的特高压输电技术国际会议上，国家电网公司首次公开提出具有中国特色的“坚强智能电网”概念。

坚强智能电网是以特高压电网为骨干网架、各级电网协调发展的坚强网架为基础，以信息通信平台为支撑，具有信息化、自动化、互动化等特征，包含电力系统各个环节，覆盖所有电压等级，实现“电力流、信息流、业务流”的高度一体化融合的现代电网。

“坚强”与“智能”是现代电网的两个基本发展要求。“坚强”是基础，“智能”是关键，强调坚强网架与电网智能化的有机统一，是以整体性、系统性的方法来客观描述现代电网发展的基本特征。

坚强智能电网是安全可靠、经济高效、清洁环保、透明开放和友好互动的电网。安全可靠是指具有坚强的网架结构、强大的电力输送能力和安全可靠的电力供应；经济高效是指提高电网运行和输送效率，降低运营成本，促进能源资源和电力资产的高效利用；清洁环保是指促进清洁能源发展与利用，降低能源消耗和污染物排放，提高清洁电能在终端能源消费中的比重；透明开放是指电网、电源和用户的信息透明共享，电网无歧视开放；友好互动是指实现电网运行方式的灵活调整，友好兼容各类电源和用户接入，促进发电企业和用户主动参与电网运行调节。

信息化、自动化、互动化、智能化是坚强智能电网的基本技术特征。信息化是坚强智能电网的基本途径，体现为对实时和非实时信息的高度集成和挖掘利用能力；自动化是坚强智能电网发展水平的直观体现，依靠高效的信息采集传输和集成应用，实现电网自动运行控制与管理水平提升；互动化是坚强智能电网的内在要求，通过信息的实时沟通与分析，实现电力系统各个环节的良性互动和高效协调，提升用户体验，促进电能的安全、高效、环保应用。

## 三、坚强智能电网技术体系

坚强智能电网的技术体系包括电网基础体系、技术支撑体系、智能应用体系和标准规范体系。

电网基础体系是电网的物质载体，是实现“坚强”的重要基础；技术支撑体系是指先进的通信、信息、控制等应用技术，是实现“智能”的基础；智能应用体系是保障电网安全、经济、高效运行，最大效率地利用能源和社会资源，为用户提供增值服务的具体体现；标准规范体系是指技术、管理方面的标准、规范，以及试验、认证、评估体系，是建设坚强智能电网的制度保障。坚强智能电网的基本架构如图 1-1-1 所示。

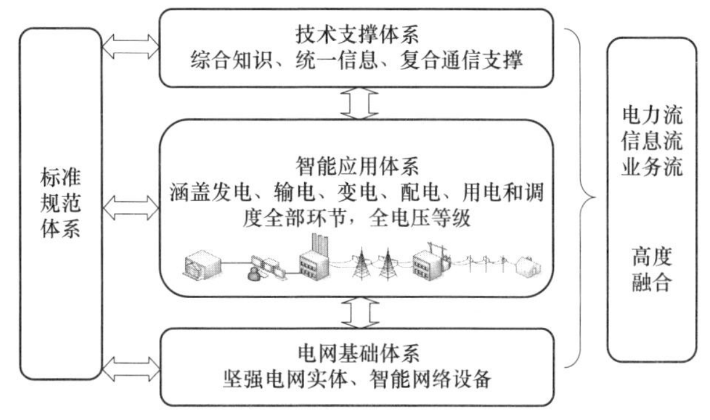


图 1-1-1 坚强智能电网的基本架构示意图

## 四、坚强智能电网愿景

坚强智能电网以坚强实体电网为基础、以信息化平台为支撑、以智能化控制为实现手段形成的统一整体，涵盖电力能源生产、输送直至消费的全部环节。其业务范围全方位覆盖电网建设、生产调度、电能交易和技术管理等各个方面，管理控制贯穿电网规划设计、建设、运行维护以及设备更新的全过程。智能电网的信息流，应包括信息采集、信息传输、信息集成、信息展现以及决策应用等各层面，通过纵向贯穿、横向贯通的网络共享平台，实现电网实时信息的交互和共享，最终形成电力流、信息流和业务流的高度融合。未来坚强智能电网在垂直架构上，将由智能装备层、智能生产调度层和决策管理层构成；在横向层面上，将通过坚强骨干网架把大、中型区域电网联系起来，而大、中型区域电网则分层分区柔性接入集中式和分布式电源以及各类终端用户。

坚强智能电网的重要意义和主要作用可概括为以下几点：

（1）具备强大的资源优化配置能力。智能电网建成后，将形成结构坚强的受端电网和送端电网，电力承载能力显著加强，形成“强交、强直”的特高压输电网络，实现大水电、大煤电、大核电、大规模可再生能源的跨区域、远距离、大容量、低损耗、高效率输送，区域间电力交换能力明显提升。

（2）具备良好的安全稳定运行水平。坚强智能电网的安全稳定性和供电可靠性将进一步提升，电网运行将完全满足《电力系统安全稳定导则》的各项要求，各级防线之间紧密协调，具备抵御突发事件和严重故障的能力，能够有效避免大范围连锁故障的发生，显著提高供电可靠性。

（3）适应并促进清洁能源发展。在风电机组功率预测和动态建模、低电压穿越和有功无功控制以及常规机组快速调节等领域取得突破，大容量储能技术等将得到推广应用，清洁能源发电及其并网运行控制能力显著提升，满足能源消费结构调整的国家战略要求，促进集中与分散开发模式并存的清洁能源大规模开发利用，使清洁能源成为更加经济、高效、可靠的能源供给方式。

（4）实现高度智能化的电网调度。全面建成横向集成、纵向贯通的智能电网调度技术支持系统，满足各级电网调度和集中监控的要求，实现电网在线智能分析、预警和决策，以及各类新型发输电技术设备的高效调控和交直流混合电网的精益化控制。

（5）满足电动汽车等新型电力用户的服务要求。建成完善的电动汽车充放电配套基础设施网络，形成科学合理的电动汽车充放电布局，满足电动汽车行业发展和消费者的需要，电动汽车与电网的高效互动将得到全面应用，满足合理调配充电时段、分析充电需求，实现有序充放电、平衡电网负荷等应用。

（6）实现电网资产高效利用和全寿命周期管理。建成电网资产全寿命周期管理体系、财务管控体系和成本考核体系，实现电网资产智能规划、投资优化辅助决策和供应商关系管理等高级应用，形成与电网资产全寿命周期管理相适应的管理流程和工作机制，实现电网设施全寿命周期内的统筹管理。通过智能电网调度和需求侧管理，电网资产利用小时数大幅提升，电网资产利用效率显著提高。

（7）实现电力用户与电网之间的便捷互动。建成智能用电互动平台，通过营销技术支持平台实现信息发布及查询服务、在线支付以及故障报修的全过程服务；实现用户分类和信用等级评价，为用户提供个性化智能用电服务；建立完善的需求侧管理、分布式电源综合利用以及电动汽车充放电管理等应用体系。

（8）实现电网管理信息化和精益化。形成覆盖电网各个环节的坚强通信网络体系，实现电网数据管理、信息运行维护综合监管、电网空间信息服务以及生产和调度应用集成等功能，全面实现电网管理的信息化和精益化。

(9) 发挥电网基础设施的增值服务潜力。可实现基于电力网、互联网、电信网、有线电视网等的融合，为用户提供社区广告、网络电视（IPTV）、语音等集成服务，为供水、热力、燃气等行业的信息化、互动化提供平台支持，拓展及提升电网基础设施增值服务的范围和能力。

能源是人类社会文明进步的重要基础，每一次新能源的广泛使用，都带来生产力的巨大飞跃和生活方式的重大变革。大力发展清洁能源、优化能源结构、实现能源替代和兼容利用是本次能源革命的核心内容，而将清洁能源转换为电能是发展清洁能源的最主要途径。可以预见，电能将在未来社会发展中占据更加重要的位置，成为支撑人类文明发展的最主要“动力”，而坚强智能电网是实现这一目标的基础和手段。

发展清洁能源，建设坚强智能电网，电能将逐步成为能源的核心表现形式。能源消费结构的变革，必将引发社会生产体系发生重大变革，新兴技术将不断衍生发展，进而推动新兴产业的演化形成。同时，坚强智能电网已不仅仅是电力能源的输送网络，更是实现信息化社会乃至智能化生活的重要基础和关键环节，透明开放的智能电网将实现电力流、信息流、业务流的高度融合，为整个社会提供信息沟通共享的基础平台。

建设坚强智能电网，具有巨大的经济、环境和社会效益。对于电网而言，能够提高电网资产利用效率，提升电网输送能力，降低输电损耗，提高供电可靠性和电能质量，减少停电损失。同时，通过改善电力负荷曲线，降低峰谷差，可以减小电源和电网建设投资。对于用户而言，能够提高终端用电设备的能源利用效率，获得更加优质、便捷的服务，促进节约用电，减少电费支出。在环境方面，有利于促进清洁能源的开发利用，优化电源结构，减少温室气体排放；有利于提高能源利用效率，减少化石能源消耗，降低污染物排放；有利于推动电动汽车等产业发展，增加终端电能消费，实现减排效益。对于相关产业而言，电力工业属于资金密集型和技术密集型行业，具有投资大、产业链长等特点，建设坚强智能电网，有利于促进装备制造和信息通信等行业的技术升级，为占领世界相关领域的技术制高点提供平台，同时促进新产品开发和新服务市场的形成，进而有力地推动经济发展方式的转变及和谐社会的建设。

## 第二节　智能电网与能源资源的优化配置

### 一、我国能源资源的分布

我国能源资源的整体特点是总量丰富、品种齐全、分布不均，水能和煤炭较为丰富，但优质化石能源（石油、天然气）资源相对不足。

我国煤炭资源相当丰富，分布也比较广泛，是世界上少数的几个能源消费以煤炭为主的国家之一。但我国煤炭资源分布不均，从南北方位看，昆仑山—秦岭—大别山一线以北的我国北方省区煤炭资源量占全国煤炭资源总量的90%以上；从东西方位看，大兴安岭—太行山—雪峰山以西地区的煤炭资源量占全国煤炭资源总量的90%以上。因此，我国煤炭资源地域分布上存在“北多南少、西多东少”的特点。

我国石油资源总量较为丰富，根据新一轮全国油气资源评价结果，我国石油可采资源总量为150亿～200亿t，排世界第六位，占世界总量的3%左右。从地域分布看，我国石油资源主要集中分布在渤海湾、松辽、塔里木、鄂尔多斯、准噶尔、珠江口、柴达木、东海大陆架和南海海域等地区，其可采资源量占全国的80%左右。我国石油资源赋存条件差且分布于较恶劣的环境，陆上资源中，50%以上埋深在2000～3500m之间，西部石油资源埋深多大于3500m。资源量中非常规石油所占比例较大，在剩余探明可采储量中，低渗或特低渗油、重油、稠油和埋深大于3500m的占50%以上。

我国天然气资源分布不均衡，主要蕴藏在西北地区，其次为东北、华北地区和东南沿海浅海大陆架。天然气资源集中分布在塔里木、四川、鄂尔多斯、东海大陆架、柴达木、松辽、莺歌海、琼东南和渤海湾九大盆地。我国天然气资源60%以上分布于经济落后的中西部地区，远离经济发达、能源需求旺盛的沿海区，还有20%左右的天然气资源分布于近海大陆架，东部地区天然气资源相对较少。

我国水力资源地区分布不均衡，西部丰富，中、东部相对较少。其中，西南地区［四川、重庆、云南、贵州、西藏等省（市、区）］是我国水力资源最为丰富的地区，技术可开发量占全国的60%以上。根据我国水力资源的分布特点，我国规划建设长江干流上游、金沙江、大渡河、雅砻江、乌江、南盘江红水河、澜沧江、黄河上游、黄河北干流、东北、湘西、闽浙赣、怒江等十三个大型水电基地。

我国幅员辽阔，有丰富的风能资源，是世界上利用风能最早的国家之一。我国的风能资源分布广泛，其中较为丰富的地区主要集中在东南沿海及附近岛屿以及三北（东北、华北、西北）地区，内陆也有个别风能丰富点。此外，近海风能资源也非常丰富。

我国太阳能资源非常丰富，未来太阳能光伏发电的发展潜力巨大。我国具有大量的建筑物屋顶，在西北部太阳能资源富集地区具有大面积的荒漠荒地可用于太阳能开发。

**二、能源发展存在的问题**

从我国所处的发展阶段以及发达国家经济发展的历程来看，我国目前正进入工业化、城市化加速发展的阶段，居民生活消费结构也从过去的“衣”、“食”阶段转向“住”、“行”阶段，中国正在成为世界制造业的基地。这些中长期的变化趋势将在一段时间内持续存在，能源发展面临的新问题也日益突出。

1. 清洁能源比重偏低，风电并网消纳存在问题

我国发电能源结构与世界部分发达国家有很大差异，发达国家发电量结构中气电、核电占较大比例，煤电在发电能源结构的比重不足50%，而我国发电能源结构中，煤炭的比重超过了80%，天然气、核能、清洁能源所占比重偏低。近年来，我国风电发展十分迅猛，风电装机容量快速增长，且分布较为集中。2005～2009年，我国风电并网装机容量以年均90%以上的速度增长。

风电出力具有随机性和间歇性的特点，风电大规模并网对系统内其他电源的调节能力提出了更高的要求，系统内的其他电源除了跟踪负荷的变化外，还要跟踪风电的随机变化。目前，我国风电在快速发展的同时，也呈现出部分地区风电弃风严重等问题。随着风电的大规模发展，系统面临的调峰压力日益增大，尤其是风电的反调峰特性明显增加了电网调峰的难度。目前，由于系统调峰能力不足，部分地区在供热期的系统负荷低谷时段已出现风电限出力现象。

长期以来，我国电力发展以分省分区的就地平衡为主，省区间的电网互联规模较小，互

相调节的能力不足。我国风电开发主要集中在风能资源较丰富的偏僻地区，多处在电网的末端，当地负荷水平低、系统规模小、风电消纳能力十分有限，但受到跨省跨区电网互联规模小的约束，风电难以送到临近的负荷中心省份消纳。

2. 常规化石能源供应能力不足

随着我国经济的持续高速增长，以及工业化、城镇化、市场化和全球化进程的推进，我国能源需求总量将迅速增大，在未来相当长时期内我国能源需求仍具有保持较快增长的潜力。受我国能源资源及开发条件的限制，在未来我国经济及能源消费需求快速增长的同时，煤炭、石油、天然气等传统化石能源将面临着可持续供应能力严重不足的问题。

综合考虑资源储量、生态环境、开采条件等因素，未来我国常规化石能源可持续供应能力约为36亿t标准煤，难以满足未来我国经济快速发展对能源的大量需求。根据未来我国能源消费的巨大需求，在煤炭、石油、天然气等常规化石能源可持续供应能力不足的情况下，一方面需适当增大石油、天然气能源资源的进口，通过加强国际能源合作补充我国油气资源的供应缺口；另一方面需优化我国的能源供应结构，在一次能源消费中增大核能、水能、风能、太阳能等清洁能源的比重，减少对煤炭、石油、天然气等常规化石能源的消费需求，保证我国的能源供应安全。

3. 煤炭能源外送方式单一，跨区输电能力有限

我国煤炭资源主要分布在西部和北部地区，能源及电力消费中心主要分布在中东部地区，大规模、长距离的煤炭运输不可避免。长期以来，我国煤炭运输的总体格局是“西煤东运”、“北煤南运”。目前我国已形成以山西、陕西、蒙西煤炭基地为核心，向周边地区呈放射状的扇形布局结构。

煤炭通过公路运输，带来车辆超载严重、公路设施损毁严重、公路恶性事故增加等问题，而且还消耗大量的石油，无异于用高级能源去换低级能源，对一个每年进口大量石油的国家来说，极不经济。从煤炭运输效率来看，铁海联运可以充分发挥技术和规模优势，煤炭运输损失和能源消耗大大低于公路、内河等其他方式。

我国煤炭大规模、远距离的直接运输，一方面是我国煤炭资源和经济与能源电力消费中心的逆向分布紧密相关。另一方面与我国的煤电布局也紧密相关。我国煤电重要分布在中东部地区，造成中东部地区电煤需求巨大，大量煤炭从西部和北部煤炭产区大规模、远距离输送到中东部地区燃烧发电，是造成我国煤炭运量增加的主要原因之一，并带来一系列运输、环保问题。

电力布局和电力发展方式，是关系到国家能源布局、环境保护和电力工业可持续发展的重大战略问题。能源、经济、环境的分析表明，传统的电力布局与发展方式已经难以为继，亟需得到改善与优化。随着全国联网的不断推进，跨区送电量逐年大幅增长，但相对煤炭运输量而言，煤炭产区对外输电的规模仍然很小。因此，必须优化煤电布局，加快西部和北部煤电基地的建设，通过特高压电网输送到中东部地区，加快构建“输煤输电并举”的能源综合运输体系，调整优化我国的能源运输结构。

4. 终端能源消费以煤炭为主，电能比重有待提高

随着经济的发展，我国终端能源消费中优质能源需求增长明显加快，比例逐步增加，煤炭在终端能源消费结构中所占比重呈持续下降的态势，但电力占终端能源消费比重依然偏低。

经济发展，电力先行。发达国家的经验表明，电力工业发展与国民经济发展和能源效率提高具有很强的正相关关系。美国、加拿大、德国煤炭消费的70%以上用于发电，只有极少部分煤炭用于直接消费，大大提高了煤炭的利用效率，同时也在一定程度上降低了煤炭直接燃烧造成的环境污染。发达国家一次能源消费结构变化，尤其是发电用能占一次能源消费比例的增加，推动了能源强度下降。而我国目前发电用能占一次能源消费比例还不到40%，发电用煤仅占煤炭消费的52%左右，这是我国能源强度远高于发达国家能源强度的原因之一。

根据我国能源资源的禀赋特点，在未来相当长的时期内，我国必须坚持“以煤为主，多元发展”的能源之路。为稳步提高我国的整体能源效率，必须持续不断提高电能在我国能源消费中的比例，尤其是推动我国储量相对丰富的煤炭向电力转化，逐步提高电气化水平，实现终端能源消费向清洁高效能源转变，从而优化终端能源消费结构，实现能源利用和环境保护的和谐可持续发展。

### 三、促进资源优化配置的途径

我国能源发展中存在着清洁能源所占比重偏低、风电等新能源并网消纳存在瓶颈、常规化石能源供应能力不足、主要煤炭基地能源外送方式单一、跨区输电能力不足、电能占终端能源消费比重有待提高等问题，必须加快坚强智能电网建设，才能促进我国能源资源的优化配置和经济社会的可持续发展。

1. 建设坚强智能电网，解决新能源并网瓶颈

（1）风电的开发、消纳及输送。

我国风能资源和多数大风电基地主要分布在经济发展落后、负荷水平较低、系统规模较小的地区，当地电网的风电消纳能力十分有限，同时，风电出力具有随机性和间歇性的特点，并具有明显的反调峰特性，风电大规模并网后将增大系统调峰容量的需求。为促进风电的大规模发展，必须加大抽水蓄能电站等调峰电源的建设规模和跨省跨区互联电网的建设，通过跨省跨区的电网互联把风电送入更大的范围内消纳。风电的开发、消纳、输送必须遵循以下原则：

**安全性原则：**安全性主要体现在电源装机能够满足系统负荷需求并留有合理备用，风电和煤电、水电、核电等其他各类电源的出力能够互相调剂、时刻满足负荷需求并及时跟踪负荷变化；风电接入能够满足电力系统安全运行的要求。

**经济性原则：**经济性主要体现在风电的发展要充分考虑其投资和运行成本水平，并结合输配电的投资和运行成本，考虑替代煤电所节约的外部成本，以全社会电力供应总成本最低为目标，以满足电力用户的承受能力为基本条件，确定风电消纳能力。

**清洁性原则：**清洁性主要体现在满足电力系统安全运行的前提下，通过优化煤电布局，加大清洁能源的发电装机比重；充分利用其他电源的调节能力，尽量增大风电的开发规模，减少电力工业的化石能源消耗及二氧化硫、二氧化碳排放，促进电力工业的绿色发展。

哈密、酒泉、锡盟、赤峰等地区煤炭资源丰富（酒泉利用新疆哈密或蒙古国的煤炭），适宜建设大型煤电基地，且当地规划建设特高压直流外送通道，可将当地的风电和火电打捆后通过特高压线路送出，扩大风电的消纳范围和规模。从技术角度看，风电火电打捆外送时，由于火电参与风电调节，可保持系统输电功率的平稳，有利于系统的安全稳定运行。从经济性看，与纯风电外送相比，风电火电“打捆”外送具有两点优势：一是火电上网电价较

低，能大幅降低平均上网电价；二是火电参与风电调节，能保证输电通道的利用小时数，有效降低输电电价，从而使输电到达受端电网的落地电价具有一定的竞争优势。风电火电打捆外送是促进我国风电开发的技术可行、经济合理的一种重要方式。

（2）太阳能发电与坚强智能电网。

与风电类似，太阳能发电也具有随机性和间歇性的特点。太阳能发电的开发利用主要有两种方式：一种是分散式开发利用和分布式能源系统应用，一种是集中式开发利用。

未来的太阳能分散式开发利用有两种方式，一是发挥太阳能发电适宜分散供电的优势，在西藏、青海、内蒙古、新疆、宁夏、甘肃、云南等省区的偏远地区以及海岛地区推广户用光伏发电系统或建设小型光伏电站，解决这些地区的供电问题；二是在北京、上海、江苏、浙江、广东等省市经济较发达的大中城市，建设屋顶太阳能并网光伏发电设施，扩大城市可再生能源的利用量。

因此，为促进太阳能的分布式开发利用，需要加强配电网的建设，增大电网的智能化程度，方便太阳能发电的分散接入，促进太阳能发电的开发利用，扩大清洁能源的利用量。

我国太阳能资源分布与电力负荷中心分布不一致，随着太阳能发电规模的不断增大，受当地电网消纳能力不足的限制，大规模集中开发并外送将成为我国太阳能发电的主要利用方式。因此，未来我国太阳能发电的大规模集中开发利用存在大规模、远距离外送到区域电网内乃至区域电网外的需求。只有依靠坚强的特高压电网，才能促进我国太阳能发电的大规模集中开发利用。

2. 通过坚强智能电网建设促进水电大规模开发

未来我国能源及电力需求将保持快速增长，煤炭、石油、天然气等常规化石能源的供应能力不足，必须通过大规模发展水电等可再生能源，补充我国能源供应的缺口。根据我国水能资源分布及开发利用情况，我国水电资源主要集中在四川、云南、西藏等西南地区。这些地区负荷水平较低，根据各主要河流流域的开发规划及项目前期工作情况，西南水电在满足当地电力需求后，需要大规模送往中东部负荷中心地区，其中三峡、西南水电的外送总规模约为1亿kW，主要送往华中、华东及南方电网。

西南水电基地距离中东部负荷中心1000～3000km，如果用常规的500kV交流线路送电，由于送电距离远，系统稳定问题非常突出；即使采用紧凑型、串补等先进适用技术，每回500kV线路的输电能力也只能达到100万～130万kW。为保证输电走廊的合理利用、受电电网的安全稳定运行、更低的电力传输损耗和更高的输电经济性，西南水电的大规模开发及外送，需要建设1000kV交流输电及±800kV直流输电。目前，向家坝—上海和云南—广东两个西南水电外送工程均采用±800kV特高压直流，两个工程的投运为我国西南水电的大规模开发和外送创造了条件。因此，加快特高压电网建设，是我国水电大规模开发利用的必然要求。

3. 建设坚强智能电网，促进煤电优化布局

以煤为主的资源禀赋特点，决定了我国以煤电为主的电源结构。煤炭资源与经济发展在地域上的逆向分布，决定了我国能源的大规模、远距离输送不可避免。我国电力布局中输煤与输电的关系问题，是关系到国家能源布局、能源资源高效利用、环境保护和区域经济协调发展的重要战略问题。

输煤、输电两种运输方式的特点差异显著，为满足东部地区能源与电力需求，采用输煤

方式需要经过送端集运站装卸和运输、输煤铁路干线运输、中转港口装卸、海运、受端港口装卸、受端电厂煤炭运输等诸多环节，才能将煤炭长距离运输到东部地区，特点是链条长、环节多，铁路仅是输煤方式中的组成部分之一；采用输电方式，在煤电基地发电并通过输电线路将电力直接送往东部地区，特点是“一站直达”，减少了大量中间环节。输煤、输电两种能源输送方式的显著差异对二者经济性、能源输送效率、占地等方面的比较造成直接影响。

在生态环境影响方面，输电比输煤更能促进我国环保空间优化利用和生态环境保护：一是可以减轻中东部负荷中心地区的环境压力，减少环境损失；二是加快将西部资源优势转化为经济优势，可以改善西部地区环境治理投入不足所造成的污染状况；三是可以缓解煤炭开采导致的环境压力。通过煤电一体化建设，实现煤矿与电厂在水、煤、灰、土地等资源配置上的互补和综合利用，形成内部良性循环圈，大大减轻煤炭开采对环境的破坏程度。

扩大跨区电力输送规模，可以在大量节约土地资源的同时，通过产业布局在全国范围内的优化，进一步提高全国土地资源的整体利用效益。我国西部地区地广人稀，土地资源相对较为丰富，建设燃煤电厂的土地使用条件较为宽松。中东部地区经济发达，人口密集，土地价值高，资源十分稀缺。

此外，我国西部和北部的部分煤炭产区，同时具有丰富的风能资源和太阳能资源，具备建设大型风电基地和太阳能发电基地的资源条件。与西部和北部煤电基地同步建设的特高压跨区输电，同时可以为临近建设的风电基地、太阳能发电基地提供跨区输送通道，为可再生能源的大规模发展创造条件。因此，充分利用西部和北部地区丰富的煤炭资源和可再生能源资源，建设大型电源基地，将煤电、风电、太阳能发电“打捆”后联合送出，是一种技术可行、经济合理，又能有效扩大可再生能源消纳范围和规模的电力发展方式，是促进我国清洁能源发展、优化能源消费结构的必然选择。

4. 引入周边国家电力，保证我国能源及电力供应安全

随着未来我国经济的快速发展，我国的能源与电力需求将保持快速增长的态势。未来我国的煤炭、石油、天然气等常规能源已无法满足我国能源可持续供应的要求。为满足我国能源的可持续供应，一方面要大力发展核电、水电、风电等清洁能源；另一方面要积极推进国际能源合作，从国外进口石油、天然气等能源，其中跨国电力合作也是我国国际能源合作的重要组成部分。

从周边国家引入电力是促进我国能源可持续供应的重要解决方法之一。但周边的俄罗斯、蒙古国、哈萨克斯坦等国与我国相距很远，常规的500kV交直流输电技术已难以满足远距离输电的需要，必须通过构建更高一级的电压等级，通过坚强智能电网，才能实现跨国电力的大规模、远距离输送。

我国能源资源生产与消费中心逆向分布的特征，决定了我国能源资源长距离、大规模的运输不可避免。未来我国将形成“西电东送”、“北电南送”的电力流格局。其中，西南水电送电“三华”电网及南方电网负荷中心；新疆、酒泉、锡盟的风电火电通过打捆方式向“三华”电网送电；山西、陕西、蒙西、宁夏煤电送电“三华”电网；周边俄罗斯、蒙古国等国就近向我国负荷中心地区送电。

5. 加快电网智能化建设，促进电动汽车规模化发展

汽车是我国能耗大户，目前我国石油进口依存度已经超过50%，随着汽车保有量的不断上升，耗油量还将上升，给我国能源安全带来巨大的隐患；汽车尾气排放也成为城市大气

污染的重要来源。电动汽车是指以电能为动力的汽车，一般采用高效率充电电池或燃料电池为动力源，大规模发展电动汽车，对于减少我国的油气资源消耗、减少我国对国外进口油气资源的依赖具有重要意义。

坚强智能电网具有坚强的网架结构，同时具备各类电源接入、送出的适应能力，大范围资源优化配置能力和用户多样化服务能力，以实现安全、可靠、优质、清洁、高效、互动的电力供应，推动电力工业及相关产业的技术升级，满足我国经济社会全面、协调、可持续发展要求。

随着电动汽车的推广应用和充电站的建设，人们对电动汽车和充电站的认识已经不仅仅局限在代步工具和“加油站”上，而是希望开拓更广泛的应用。美国、德国等国家已经在进行 V2G（Vehicle to Grid）相关技术的研究，旨在电动汽车（充电站）不但能从电网获得能量，而且实现在必要时电动汽车（充电站）向电网供电，从而提高供电的可靠性。

通过加快坚强智能电网的建设，能够有效满足电动汽车等新型电力用户的电力服务要求。坚强智能电网包括建成完善的电动汽车配套充放电基础设施网络，形成科学合理的电动汽车充放电站布局，充放电站基础设施满足电动汽车行业发展和消费者的需要，电动汽车与电网的高效互动得到全面应用。

## 第三节　智能电网与低碳环保

低碳经济，是指在可持续发展理念下，通过技术创新、制度创新、产业转型、新能源开发等多种手段，尽可能地减少煤炭、石油等高碳能源消耗，减少温室气体排放，达到经济社会发展与生态环境保护双赢的一种经济发展形态。发展低碳经济，一方面是积极承担环境保护责任，完成国家节能降耗指标的要求；另一方面是调整经济结构，提高能源利用效益，发展新兴工业，建设生态文明。这是摒弃以往先污染后治理、先低端后高端、先粗放后集约的发展模式的现实途径，是实现经济发展与资源环境保护双赢的必然选择。

坚强智能电网建设包含发电、输电、变电、配电、用电和调度等六大环节。清洁能源机组的大规模并网技术，灵活的特高压交直流输电技术、智能变电站技术、配电自动化技术、双向互动关键技术、智能化调度技术等是各个环节建设坚强智能电网的关键技术。坚强智能电网建成后，将在我国节能减排方面发挥重要作用。

### 一、支撑清洁能源接入，优化能源消费结构

水能、核能、风能、太阳能等清洁能源的发展，对于优化我国能源结构、减少化石能源消费、降低温室气体排放具有十分重要的意义。坚强智能电网集成了先进的信息通信技术、自动化技术、储能技术、运行控制和调度技术，为清洁能源的集约化、规模化开发和应用提供了技术保证。一方面，坚强智能电网能够解决风电、太阳能发电等大规模接入带来的电网安全稳定运行问题，有效提高电网接纳清洁能源的能力；另一方面，坚强的跨区网架结构，可以为远离负荷中心的清洁能源规模化、集约化开发提供输出条件。

### 二、提高火电发电效率，降低发电煤耗

在坚强智能电网发展的带动下，清洁能源发电装机容量增加，替代的火电发电量增加；同时由于调峰电源增加，使得火电运行效率提高，单位发电煤耗下降，因此系统发电燃料消

耗减少。此外，通过“需求侧响应”，引导用户将高峰时段的用电负荷转移到低谷时段，降低高峰负荷，减少电网负荷峰谷差，减少火电发电机组出力调节次数和幅度，提高火电机组效率，降低火电机组发电煤耗，减少温室气体和环境污染物排放。

坚强智能电网提升火电发电效率需要三方面的支撑：一是跨区跨省电网建设，实现更大范围的装机容量共享，可以提高火电设备利用效率；二是促进用户的智能用电，根据系统运行情况灵活调整用电时间，改善负荷曲线，提高火电负荷率；三是抽水蓄能电站等储能设施的建设，改善火电运行位置。通过上述多项措施，减少了预期火电装机需求，提高火电装机容量的利用率，改善了火电机组的出力曲线，使其更多地运行在经济位置，从而减少发电煤耗，取得碳减排效益。

**三、提升电网输送效率，减少线路损失**

未来，我国建设以远距离、大容量、低损耗的特高压输电技术和相关设备为基础的智能电网，将大大降低电能输送过程中的损失电量。此外，智能调度系统和灵活输电技术对智能站点的智能控制以及与电力用户的实时双向交互，都可以优化系统的潮流分布，提高输电网络的输送效率。

美国西北太平洋国家实验室（PNNL）研究表明：智能电网的高级电压控制系统能够有效提高常规电网的节能电压调节和控制水平，提高电能传输效率，从而减少配电损耗；特别是在配电网，智能电网可以通过高级电压控制在允许的范围内进行电压优化，以达到节电量最大、网损最小的最佳平衡点；高级电压控制系统可使得电网本身实现的节电潜力为上网电量的1%～4%。

考虑到电网建设以提高供电能力和可靠性等作用为主，降低线损只是其中一个效益。

**四、支持智能用电，提高用电效率**

智能电网的一个重要特征就是可以通过创新营销策略实现电网与电力用户的双向互动，引导用户主动参与市场竞争，实现有效的“需求侧响应”。

（1）智能电网可以为用户提供用电信息储存和反馈功能。通过智能表计收集用户的用电信息并及时向用户反馈不同时段的电价、用电量、电费等信息，引导和改变用户的用电行为。用户可以根据自己的用电习惯、电价水平以及用电环境，给各种用电设备设定参数。如空调和照明等智能用电设备可以根据相关参数，自动优化其用电方式，以期达到最佳的用电效果，进而提高设备的电能利用效率，实现节电，并通过选择用电时间达到减少电费支出的目的。

（2）智能电网可以为用户提供故障自动诊断服务。智能电网可以实时采集用电设备的运行情况，及时发现故障并反馈给用户，用户可以及时调整和优化设备的运行方式，减少电能消耗及运行维护费用。

我国目前电价机制不甚合理，电力用户与电力系统的互动性较差，电力用户还存在较大节电潜力。随着坚强智能电网建设工作的推进，尤其是智能电网的发展，电网与用户的互动将不断深入，电力用户将更加主动地与电网互动。

**五、推动智能城市发展，创造和谐新生活**

城市是我国电力负荷的集中区，很多经济发达的大中城市均存在人口密度大、环境压力重、能源资源匮乏、电力需求旺盛的情况。智能城市（也称智慧城市）在电力供应方面对安全性、经济性和环保性的要求更高，在用电方面，更加强调可靠、优质和互动。发展智能城市的重要目的就是，通过城市的信息化、现代化，充分发挥城市对于人流、物流、信息流的聚集功能，实现城市资源高效配置、经济快速发展和社会全面进步。

智能电网是智能城市发展的重要能源保障基础和前提，是建设智能城市的重要内容。智能城市需要由稳定的城市电网来满足日益增长的电能需求以及稳健的电网运行和可靠的用电。智能电网将建立以特高压为骨干，各级电网协调发展的坚强网架，可以最大限度地满足不同地区、不同城市的用电需求，在能源的使用上，为智能城市提供坚强的保证。智能电网通过其配电、用电系统，在智能调度系统控制下实现向各类用户提供优质、清洁、高效的供电服务，保障智能交通、智能社区、清洁生产、电子商务等功能的正常运转；电力物联网、电力光纤到户技术的应用不仅对城市及家庭通信系统产生深远影响，同时对有效扩展电力增值服务，实现城市基础设施效益最大化具有极大的推动作用。可以说，智能电网的服务对象涉及了智能城市功能层的智能经济系统、智能社会系统和智能生态系统等几乎所有子系统。

随着智能电网的建设和完善，将会在全国形成一个完整、统一的覆盖城乡，连接所有用户、所有用电设备的庞大网络。智能电网的建设，特别是与城市生活密切相关的智能电网用电服务体系建设可以为智能城市提供信息载体，提供一个双向互动的信息交互平台，可以利用电网设施进行公共服务的信息传输，如智能小区、智能楼宇、电动汽车充放电站等设施可以为智能城市建设的能源、交通等公共服务提供支撑。智能电网对于推动建设智能城市具有重要的作用，智能电网的智能用电技术将容纳大量的分布式电源、电动汽车充放电，建设智能小区、智能家居等，有利于提高城市生活品质，促进城市智能化进程。因此，智能电网建设不但是智能城市建设的内容之一，而且可以为智能城市建设提供基础设施支撑，有力地支撑智能城市建设。

智能电网通过对电网更全面、更智能的监测控制以及与用户的友好互动，提供稳定的能源供给，为用户生活和社会正常运转提供基础支撑，使用户用电更安全、更可靠、更优质、更环保、更节约、更便捷，为用户打造全新的生活方式和理念，让用户生活更舒适、更美好，从而有利于国家的稳定和社会的和谐。

总之，智能电网的目标是实现电网运行的可靠、安全、经济、高效、环境友好和使用安全，电网能够实现这些目标，就可以称其为智能电网。

**智能电网必须更加可靠：**智能电网不管用户在何时何地，都能提供可靠的电力供应。它对电网可能出现的问题提出充分的告警，并能忍受大多数的电网扰动而不会断电。它在用户受到断电影响之前就能采取有效的校正措施，以使电网用户免受供电中断的影响。

**智能电网必须更加安全：**智能电网能够经受物理的和网络的攻击而不会出现大面积停电或者不会付出高昂的恢复费用。它更不容易受到自然灾害的影响。

**智能电网必须更加经济：**智能电网运行在供求平衡的基本规律之下，价格公平且供应充足。

**智能电网必须更加高效：**智能电网能够利用投资控制成本，减少电力输送和分配的损耗，电力生产和资产利用更加高效。通过控制潮流的方法，以减少输送功率拥堵和允许低成本的电源包括可再生能源的接入。

**智能电网必须更加环境友好：**智能电网通过在发电、输电、配电、储能和消费过程中的创新来减少对环境的影响，进一步扩大可再生能源的接入。在可能的情况下，在未来的设计中，智能电网的资产将占用更少的土地，减少对景观的实际影响。

**智能电网必须是使用安全的：**智能电网必须不能伤害到公众或电网工人，也就是对电力的使用必须是安全的。

## 第四节　智能电网与可靠供电

### 一、输电线路状态监测

输电线路作为电力输送的物理通道，地域分布广泛、运行条件复杂、易受自然环境影响和外力破坏、巡检维护工作量大。采用先进的状态监测技术及时获取输电线路的运行状态和环境信息显得越来越重要和迫切。随着传感器、数据传输、数据处理及监测装置供电等技术的发展，输电线路状态监测技术在国内得到了较快的发展。

（一）监测装置

监测装置的选择应具有针对性，需结合工程实际情况，合理选用安全可靠、先进适用、维护方便的监测装置进行状态监测。下面简要介绍与线路安全运行紧密相关的导线温度与弧垂、等值覆冰厚度、微风振动、导线舞动、杆塔倾斜、绝缘子污秽、微气象的监测装置等。

1. 导线温度、弧垂监测装置

为防止运行线路导线及金具过热，采用铂电阻或热敏电阻等传感器，对导线及金具温度进行监测，同时为实现输电线路动态增容功能提供数据信息；为防止运行线路对地或线下物安全距离不足，采用激光传感器等，对导线弧垂进行监测，为状态监测系统提供预警信息。

导线温度监测装置主要安装在需提高线路输送能力的重要线路和跨越主干铁路、高速公路、桥梁、河流、海域等区域的重要跨越段。

导线弧垂监测装置主要安装在需验证新型导线弧垂特性的线路区段和因安全距离不足而导致故障（如线树放电）频发的线路区段。

2. 等值覆冰厚度监测装置

采用称重法或倾角法等，通过对绝缘子串悬挂载荷或线夹出口处导线倾角、绝缘子串风偏角的实时监测，建立数学模型，计算出等值覆冰厚度，掌握覆冰分布的规律和特点，为采取有效的防冰、融冰和除冰措施提供技术依据。

等值覆冰厚度监测装置主要安装在重冰区部分区段线路，迎风山坡、垭口、风道、大水面附近等易覆冰的特殊地理环境区和与冬季主导风向夹角大于 45 °的线路易覆冰舞动区。

3. 微风振动监测装置

为了判断线路微风振动水平和导线的疲劳寿命，采用 IEEE 标准测量方法，监测导/地线、OPGW 的动弯应变，为状态监测系统提供基础信息，掌握大跨越或普通线路导地线、OPGW 微风振动特点和断股原因，提出治理措施。

微风振动监测装置主要安装在跨越通航江河、湖泊、海峡等的大跨越和观测到较大振动或发生过因振动断股的普通挡距。

4. 导线舞动监测装置

为了防止导线发生舞动时对铁塔、连接金具及导线本身产生较大的损坏，可通过舞动监测装置及时发现舞动并预警，便于掌握易舞动区线路舞动的特点和规律，提出舞动防治措施。

导线舞动监测装置由多个导线舞动监测传感器组成，传感器的数量根据档距和线路具体情况确定。一般在一挡导线中至少安装 8 个舞动传感器，通过建立数学模型，分析计算导线的舞动振幅、舞动频率、半波数等，绘制舞动轨迹，及时发出报警信息，评估线路是否发生舞动危害。

导线舞动监测装置主要安装在易舞动区，输电线路挡距较大或与冬季主导风向夹角大于 45 °的线路易舞动区和易发生舞动的微地形、微气象区。

5. 杆塔倾斜监测装置

杆塔倾斜监测装置采用双轴倾角传感器，主要用于监测顺线倾斜度、横向倾斜度及综合倾斜度，为状态监测系统提供基础信息，便于掌握杆塔的倾斜特点和规律，分析原因，提出杆塔纠偏措施，避免杆塔过度倾斜影响线路运行。

杆塔倾斜监测装置主要安装在采空区、沉降区和不良地质区段，如土质松软区、淤泥区、易滑坡区、风化岩山区或丘陵等。

6. 绝缘子污秽监测装置

绝缘子污秽监测装置通常包括绝缘子污秽度（盐密/灰密）监测装置。采用光纤盐密传感器监测绝缘子附近空气中的污秽，通过建立数学模型，计算得到等值盐密，为污秽预警、线路清扫、污区图绘制等提供基础信息。

7. 微气象监测装置

线路沿线发生大风、飑线风、台风、暴雨等恶劣气象时可能引起倒塔或跳闸等事故，通过监测风速、风向、雨量、环境温度、湿度等主要气象参数，可有效监测线路的复杂运行条件，积累线路运行气象资料，为线路的规划设计提供依据。

气象参数监测装置主要布置在复杂气象区域，应选择有代表性、典型的监测点，原则上在同一通道的同一区域内设置一个监测点。

微气象监测装置主要安装在大跨越、易覆冰区和强风区等特殊区域，因气象因素导致故障（如风偏、非同期摇摆、脱冰跳跃、舞动等）频发的线路区段和行政区域交界、人烟稀少区、高山大岭区等无气象监测台站的区域。

（二）监测装置供电技术

一般情况下安装在输电线路野外现场的监测装置设有可供使用的交流电源，为此必须借助能量收集技术，开发独立的供电装置，目前主要有两种方式：①采用电磁感应原理获取交流导线周围的电磁能来提供能量；②利用太阳能电源装置解决监测装置的供电问题。

1. 感应供电

感应供电电源由感应装置和电源调理电路组成，如图 1-4-1 所示。其中感应装置由铁芯和环绕于铁芯上的线圈组成，用于感应电力线周围交变电磁场的能量，以交变电压的形式送入电源调理电路进行处理。电源调理电路一方面把交变电压转换为直流电压给监测装置提供电源，另一方面利用蓄电池进行能量的储存。

采用该供电方式时，应注意装置的启动电流（导线电流）和大电流电源保护功能。

2. 太阳能供电

太阳能电源由太阳能电池板和充放电控制器组成，如图 1-4-2 所示。充放电控制器的功能是将太阳能电池板供给的电压转换成稳定直流电压给监测装置供电，并给蓄电池充电，完成电能的储存。在夜晚无法供给太阳能或因阴天等气候情况太阳能供给不足时由蓄电池继续给监测装置供电。

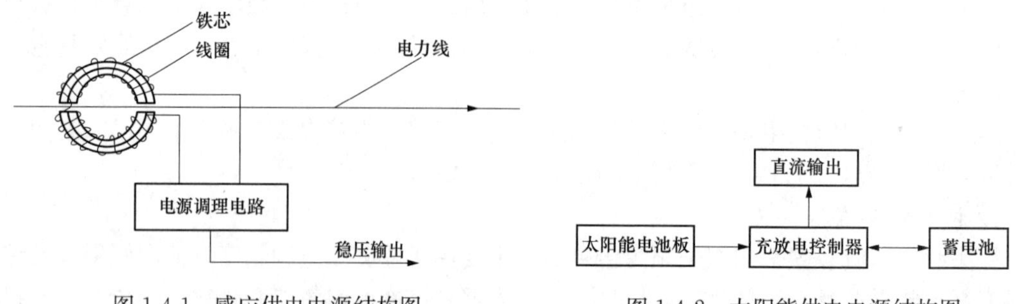


图 1-4-1　感应供电电源结构图

图 1-4-2　太阳能供电电源结构图

采用该供电方式时，应根据监测装置的功耗和蓄电池备用时间，结合当地的日照状况，合理配置太阳能电池板和蓄电池的容量。

（三）数据传输技术

监测数据传输网络可以分为骨干层和接入层两个层次。接入层通信网络实现监测系统、子站和监测装置之间的通信，采用光纤通信和无线通信相结合的方式组建，也可采用光纤专网、无线专网等通信方式。对于实时性、可靠性要求很高和数据量较大的数据传输，需要充分利用 OPGW、光纤接头盒等资源和先进的光通信设备构建高速的光传输网络。在没有 OPGW 接入资源的杆塔，通过 WiMAX、WiFi、WLAN、WPAN 等无线方式实现向下的延伸覆盖。

1. 光纤专网（基于以太网无源光网络）

光纤专网通信方式可应用到输电线路状态监测系统的数据传输网络中，宜选择以太网无源光网络（EPON）等技术。监测子站和监测装置的通信采用以太网无源光网络技术组网。以太网无源光网络由光线路终端（Optical Line Terminal，OLT），光分配网络（Optical Distribution Network，ODN）和光网络单元（Optical Network Unit，ONU）组成。ONU 设备配置在监测装置处，和监测装置通过以太网接入或串口连接。OLT 设备一般配置在变电站内，负责将所带的以太网无源光网络的数据信息综合，并接入骨干层通信网络。

2. 光纤专网（基于工业以太网）

监测子站和监测装置的通信采用基于工业以太网的光纤专网通信时，工业以太网从站设备和监测装置通过工业以太网接口连接；工业以太网主站设备一般配置在变电站内，负责收集工业以太网自愈环上所有站点数据，并接入骨干层通信网络。

3. 无线专网

选用适合输电线路状态监测业务的无线专网技术，应充分验证技术的成熟性、标准性、开放性和安全性。采用无线专网通信方式时，一般作为光纤专网（以以太网无源光网络为例）向下的进一步延伸覆盖。将无线接入点连接到最近的一个 ONU，负责通过无线方式将附近的监测装置接入到该 ONU。为每个监测装置配置相应的无线通信模块，负责本装置和无线接入点的通信，将无线接入点连接到最近的一个 ONU，ONU 将无线接入点的信息接入，进行协议转换，再通过光缆接入到骨干层通信网络。

**二、变电站设备在线监测**

变电站设备在线监测是传统设备监控的延伸，与传统设备监控相比，在对象与内涵方面均有较大的拓展，主要由高压设备、传感器、分析模块或系统三部分构成。高压设备主要包括变压器、GIS（组合电器）、电压互感器、电流互感器、断路器、避雷器、高压套管等设备；传感器或执行器，用于检测相应的被测量，并将模拟信号转换成数字信号，然后传输给分析模块或系统；分析模块或系统，实现设备监测、评估、预警等全部或部分功能。

（一）在线监测技术原理

变电在线监测主要包括 GIS 在线监测、避雷器在线监测、变压器油中溶解气体监测、铁芯接地电流在线监测、变压器局部放电监测、变压器套管绝缘在线监测、变压器箱体振动在线监测、变压器绕组热点温升在线监测系统等。

（1）GIS 在线监测。

GIS 在线监测主要有超高频局部放电在线监测、$SF_6$ 气体密度及微水在线监测、机械特性在线监测。

超高频局部放电在线监测采用内置或外置超高频传感器实时检测 GIS 内部缺陷产生的局部放电超高频信号，以达到对缺陷类型的识别、定位、危险性评估等目的。受测量方法、传感器安装方式等影响，超高频局部放电（UHF）在线监测通常采用内置传感器方式，该检测法基本原理示意图如图 1-4-3 所示。

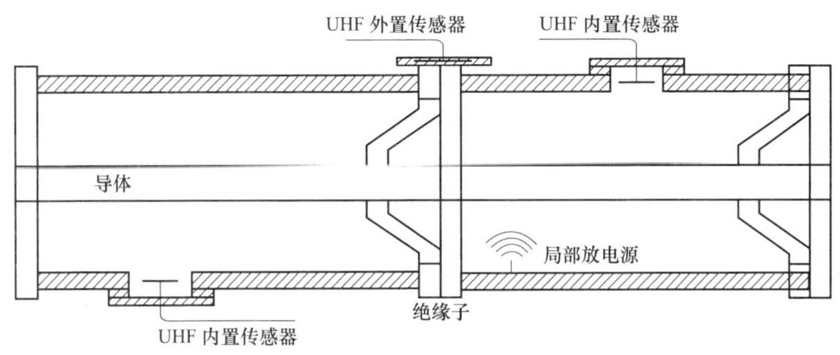


图 1-4-3　UHF 检测法基本原理示意图

运行中的 GIS 内部充有高气压 $SF_6$ 气体，其绝缘强度和击穿场强都很高。当局部放电在很小的范围内发生时，气体击穿过程很快，将产生很陡的脉冲电流，其上升时间小于 1ns，并在 GIS 腔体内激发频率高达数吉赫的电磁波。

内置传感器安装在 GIS 腔体内，可获得较高的检测灵敏度，但对传感器的安全性也有较高要求。外置传感器通常安装在 GIS 盆式绝缘子上，通过检测绝缘子泄漏出来的电磁波信号来实现局部放电的检测，其检测灵敏度不如内置传感器，但具有安装灵活、安全性好的特点。对于已投运的 GIS，大多数没有安装内置传感器，此时则需要采取外置传感器。

$SF_6$ 气体密度及微水在线监测主要是通过露点传感器、压力传感器和温度传感器，检测 $SF_6$ 气体中的微水含量和气体密度，以便及时控制 $SF_6$ 气体中的水分和设备内的气体密度。GIS 的绝缘缺陷引发放电会产生丰富的分解产物，通过检测 $SO_2$、$H_2S$、CO、HF 等物质，可以判断缺陷的严重程度、放电的位置等，为状态检修提供理论基础和技术支撑。

机械特性在线监测是通过监测分、合闸线圈电流波形、行程时间曲线、一次回路电流以及分合闸位置和储能状态，并通过波形分析和数据分析得到分合闸时间、分合闸速度、三相不同期、分合闸次数。通过分合闸行程时间曲线与空载时对比分析得到机械状态的变化趋势。将传感器安装在断路器操动机构上，测量分合闸线圈电流、操作行程、储能状态等状态量，并与出厂试验记录进行比较，在线校验其机械特性是否满足要求。

（2）避雷器在线监测。

避雷器在线监测方法（见图 1-4-1）主要有总泄漏电流（全电流）法、零序电流法、补偿法检测阻性电流、谐波法检测阻性基波电流等。目前应用较多的在线监测方法是用补偿法测量阻性电流。

**表 1-4-1　　避雷器在线监测方法比较**

| 检测方法 | 检测原理 | 优　点 | 缺　点 |
| --- | --- | --- | --- |
| 总泄漏电流（全电流）法 | 测量每台避雷器的全电流，通过监测全电流的大小变化判断 MOA 的运行状况 | 原理简单、易于实现 | 全电流变化不能真实地反映 MOA 的运行状况，测量准确度低 |
| 零序电流法 | 从三相 MOA 接地线中测取三相接地电流，根据此电流的大小变化来判断 MOA 的运行状况 | 方法简单，不需在电压互感器上取电压信号 | 无法判断是哪一相的故障，受电网三次谐波影响大 |
| 补偿法检测阻性电流 | 从电压互感器二次上取得电压信号用以补偿容性电流，获得 MOA 的阻性电流，根据阻性电流的大小变化判断 MOA 的运行状况 | 直接测得阻性电流，方法比较简单 | 相间杂散电容的影响使容性电流不能完全补偿，导致测试灵敏度低 |
| 谐波法检测阻性基波电流 | 将电压互感器二次电压和电流互感器二次的全电流进行 FFT 运算，提取基波电流和基波电压，从而计算出阻性电流大小，根据阻性基波电流的大小变化判断 MOA 的运行状况 | 受电网谐波的影响很小，精确度相对较高，易排除相间干扰 | 从电压互感器上取信号存在相角差且数据处理量大，对处理器的要求较高 |

避雷器在线监测除了考虑测量精确度和稳定性外，应不影响避雷器计数器动作和避雷器动作时雷电流的安全通过。

（3）变压器在线监测。

1）变压器油中溶解气体监测。变压器油中溶解气体监测方法主要有气相色谱法、光声光谱法、燃料电池法等。

① 气相色谱法：将实验室检测技术的现场小型化，通过色谱柱实现气体成分分离，检测器（如热导池检测器）检测气体含量，运行中需要消耗载气（$N_2$），色谱柱需要定期检修更换。目前该技术成熟，在国内外广泛使用。

② 光声光谱法：利用气体的光声效应，采用高灵敏微音传感器和压电陶瓷传声器检测不同气体的周期性压力波动而测定不同气体含量。目前该技术已成熟，运行可靠性高，几乎不需要维护，国际上应用较为广泛。

③ 燃料电池法：采用燃料电池原理检定可燃气体含量，目前主要用于检测 $H_2$。该技术随着气相色谱和光声光谱在线监测技术的成熟，应用范围逐步缩小。

2）铁芯接地电流在线监测。铁芯接地电流在线监测是通过监测变压器铁芯接地电流，发现铁芯及夹件多点接地缺陷。监测对象主要是 220kV 及以上大型变压器、电抗器以及重点城市核心区等位置特别重要的 110kV 变压器。

3）变压器局部放电监测。变压器局部放电监测是通过监测变压器内部放电信号强弱，比油中溶解气体监测更快地发现变压器潜伏性内部放电缺陷。监测对象主要是 220kV 及以上大型变压器、电抗器及位置特别重要的 110kV 变压器。因传感器安装方式和测量原理的不同，装置性能差别较大，该技术尚需进一步总结完善。

4）变压器套管绝缘在线监测。套管是变压器的关键部件，套管出现故障甚至爆炸对变压器造成的损害是毁灭性的，据统计，套管故障占到变压器故障总数的 20%。

变压器套管绝缘在线监测是通过监测电容性设备的电容量、介质损耗、三相不平衡电流及三相不平衡电压，发现局部电容屏击穿、绝缘受潮、劣化等潜伏性缺陷。

5）变压器箱体振动在线监测。变压器箱体振动在线监测是通过安装在变压器箱体表面的一个或多个速度、加速度传感器来获取其振动信号，然后将振动信号经过时域或频域等分析处理，获得信号的特征信息，再通过一定的诊断方法获得变压器铁芯和绕组的工作状况。国标要求变压器油箱壁的振动限值为不大于 100$\mu$m（峰峰值），如变压器箱壁振动幅值增大，则需判断是否存在直流偏磁或者硅钢片松动引起的铁芯振动，或漏磁引起的油箱壁（包括磁屏蔽等）振动。

6）变压器绕组热点温升在线监测系统。变压器绕组热点温升在线监测系统可以直接、准确地监测变压器绕组、铁芯，绝缘和油面等任意点的温度大幅延长变压器的使用寿命。实时反映被监测对象的温度变化，安全地提高变压器的输送能力，在变压器峰值负荷和紧急过负荷期间提供精确的绕组温度；允许变压器根据绕组真实温度带负荷；直接测量绕组成油的温度；预报绝缘寿命；能自标定报警温度。

（二）变电设备在线监测技术应用

变电站是构成电网的重要枢纽，变电设备承担着汇集、分配电能的重要作用。从近年来变电站运行统计看，变压器和断路器两类设备故障占到变电设备故障总数的 85%以上，其中，变压器因线圈、套管故障导致损坏占到变压器故障总数的 80%以上，GIS、断路器因绝缘击穿、部件损坏、本体渗漏、机构拒动等故障导致损坏占到断路器故障总数的近 90%。因此，加强变电设备状态监测是防止设备损坏事故的重要技术手段。

目前，变电设备在线监测技术在我国得到广泛应用，主要体现为以下内容。

（1）变压器油中溶解气体监测。

**监测内容：**通过监测变压器油中氢气、一氧化碳、二氧化碳、甲烷、乙烯、乙炔、乙烷、总烃等微量气体含量，发现变压器内部局部过热、火花放电、弧道放电等潜伏性缺陷。

**监测对象：**220kV 及以上大型变压器、电抗器以及重点城市核心区等位置特别重要的 110kV 变压器。

（2）变压器铁芯接地电流监测。

**监测内容：**通过监测变压器铁芯接地电流，发现铁芯及夹件多点接地缺陷。

**监测对象：**220kV 及以上大型变压器、电抗器以及重点城市核心区等位置特别重要的 110kV 变压器。目前该技术成熟并得到较广泛应用。

（3）变压器局部放电监测。

**监测内容：**通过监测变压器内部放电信号强弱，比油中溶解气体监测更快地发现变压器潜伏性内部放电缺陷。

**监测对象：**220kV 及以上大型变压器、电抗器及位置特别重要的 110kV 变压器。因传感器安装方式和测量原理的不同，装置性能差别较大，该技术尚需进一步总结完善。

（4）电容型设备绝缘监测。

**监测内容：**通过监测电容性设备的电容量、介质损耗、三相不平衡电流及三相不平衡电压，发现局部电容屏击穿、绝缘受潮、劣化等潜伏性缺陷。

**监测对象：**220kV 及以上大型变压器、电抗器以及重点城市核心区等位置特别重要的 110kV 变压器套管；220kV 及以上电容型电流、电压互感器，以及位置特别重要的 110kV 电容型电流、电压互感器。目前该技术已成熟。

（5）金属氧化物避雷器绝缘监测。

**监测内容：**通过监测避雷器的全电流、阻性电流，发现避雷器阀片受潮、劣化等潜伏性缺陷。

**监测对象：**220kV 及以上金属氧化物避雷器以及位置特别重要的 110kV 金属氧化物避雷器。目前该技术成熟，监测数据可替代停电试验。

（6）GIS/断路器 $SF_6$ 气体监测。

**监测内容：**通过监测 GIS/断路器 $SF_6$ 气体密度和水分含量，发现漏气、绝缘性能及开断能力下降等缺陷。

**监测对象：**220kV 及以上以及位置特别重要的 110kV GIS 和 $SF_6$ 断路器。目前该技术成熟，监测数据可直接用于断路器控制。

（7）断路器机械特性监测。

**监测内容：**通过监测分、合闸线圈电流波形、液压机构储能电机的日启动次数，发现机构卡涩、泄压等潜伏性缺陷。

**监测对象：**220kV 及以上以及位置特别重要的 110kV GIS 和 $SF_6$ 断路器。目前分合闸线圈电流波形监测较成熟。

（8）GIS 局部放电监测。

**监测内容：**通过监测 GIS 内部放电量大小，发现绝缘不良、粒子放电等制造或安装缺陷。

**监测对象：**500kV 及以上罐式断路器或 220kV 及以上 GIS。

受测量方法、传感器安装方式等影响，该类装置性能差别较大，对已投运设备只能采取外置传感器方式，易受外部干扰影响。采用内置传感器方式监测效果较好，但需在制造阶段内置传感器，目前欧美、新加坡等发达国家和地区多采用内置传感器方式开展监测。

## 三、配电自动化支撑技术

配电自动化支撑技术主要包括基于 SOA 的智能配电网体系架构、企业信息集成总线、地理信息交互技术、城市智能电网的全景感知技术等。

### （一）基于 SOA 的智能配电网体系架构

SOA 是由开放式面向服务架构（Open Service Oriented Architecture，OSOA）组织发布的企业信息集成的设计原则。SOA 可以促进在不同的软件间进行服务合成（Service Composition），无论这些软件是已有的还是新建的，是部门级的、企业级的还是跨企业级的，也不管它们是运行在大型机、台式计算机还是移动设备上，都可以通过 SOA 将它们组合为流畅的 IT 流程，改进 IT 环境。

SOA 的一些典型特征，包括松耦合性、位置透明性以及协议无关性被 IEC 61968 采用。松耦合性要求智能配电网体系架构中的不同服务之间应该保持一种相对独立的关系；位置透明性要求智能配电网体系架构中每个服务的调用者只需要知道它们调用的是哪一个服务，并不需要知道所调用服务的物理位置在哪里；协议无关性要求每一个服务都可以通过不同的协议来调用。

SOA 的出现为电网企业体系架构提供了更加灵活的构建方式。如果现有的孤立系统对外提供的数据都采用基于 SOA 来构建体系架构，就可以从体系架构的级别来保证整个系统的松耦合性和灵活性。这为未来企业业务的扩展打好了基础，真正消除了信息孤岛，实现了信息共享。

基于 SOA 的智能配电网体系架构设计如图 1-4-4 所示。

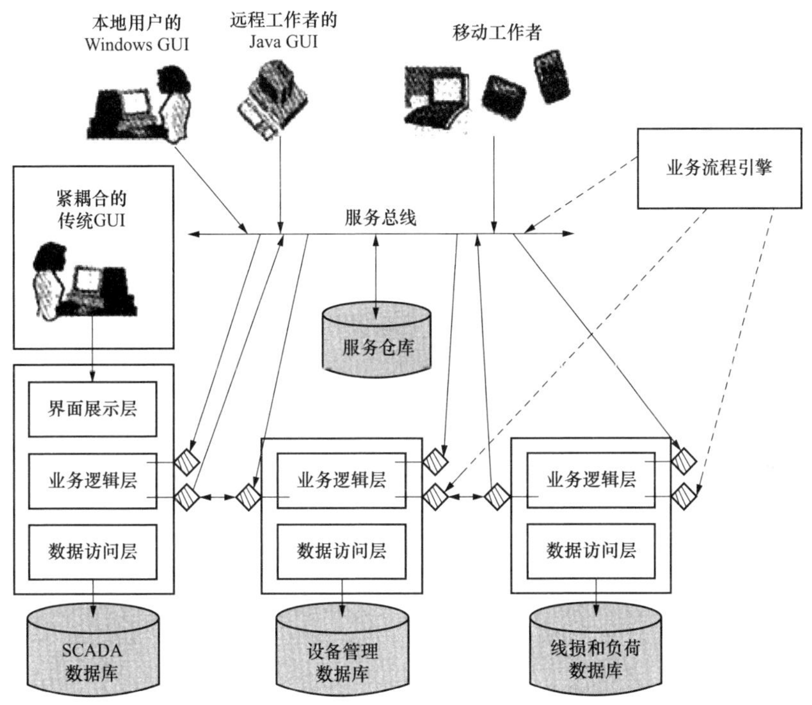


图 1-4-4　基于 SOA 的智能配电网体系架构设计

配电自动化系统中有很多应用系统，如 SCADA/DMS、设备管理系统、线损管理系统等。这些有专门用途的系统一般来说是专用的，各种数据散落在多个封闭的系统中。一个较好的解决方案是使用服务标准，通过使用一种企业应用集成的系统来增加一个开放的、基于标准的抽象层，这样有可能实现与现有环境的集成，而不必处理由不兼容的应用引入的复杂性。

传统的三层（界面展示层、业务逻辑层、服务访问层）结构的应用可以被视为一个面向服务的应用：在业务逻辑层创建服务，利用服务总线（Service Bus）将上述应用与其他应用集成。如果业务逻辑层支持服务，将更易于实现表示逻辑与业务逻辑的分离，容易实现各种图形用户界面（Graphical User Interface，GUI）及移动设备与应用的连接。可以将表示逻辑置于一个独立的设备上，然后通过服务总线实现与应用的通信。

使用公共信息模型（CIM）在业务逻辑层定义的服务，与使用各种不同的集成技术相比，更利于进行数据交换，因为服务体现了公共信息模型的一个公共标准。CIM 由可扩展性标记语言（XML）来体现，XML 的模（Schema）可被用于独立地定义数据类型和结构。在业务逻辑层进行面向服务入口点的通用接口定义（Generic Interface Definition，GID）开发，令业务流程引擎可以启动一个涉及多个服务的自动执行流程。

为应用的业务逻辑层 CIM 模型创建一个公共的业务逻辑层，使得可以通过公共的基于 XML 服务仓库（Service Repository）来存放和获取服务描述。如果一个新的应用要使用已有的服务，它可以通过查询基于 XML 服务仓库获得服务描述，然后利用服务描述生成与该服务进行交互的 Schema 消息。

配电系统由配电网（包括馈线、降压变压器、各种开关等配电设备）、通信、控制、继电保护、自动装置、测量和计量仪表等设备构成。它们之间的数据访问必须有个统一的接口和标准，使互联互通时不必针对每个厂家的设备专门制定通信规约、编码规则。

国际标准化工作使得建立智能配电网统一的接口和标准成为现实。DL/T 890《能量管理系统应用程序接口标准》中远动设备和系统中的 CIM 模型、数据访问接口等规定了对不同独立开发商的 EMS 应用进行集成，或对 EMS 和其他涉及电力系统运行的不同方面的系统进行集成的规则。DL/T 1080《电力企业应用集成——配电管理的系统接口》（等同采用 IEC 61968）用于对配电管理系统进行集成。DL/T 860《变电站通信网络和系统标准》用于对变电站自动化系统进行集成。

这三个系列标准的发展和融合构成智能配电网统一数据模型的基础。它们将配电网的物理模型映射为标准的数据模型，使相关的数据源能够以一种结构化和清晰的方式连接起来，并且这种关联不依赖于现有设备的物理特性。具体来说，就是要将配电网中相关的设备，以及配电网拓扑结构进行统一的数字化建模。在此基础上，针对不同的应用主题，构建相应主题的数据库，实现相关标准之间的互联，实现数据无缝传输和共享。

（二）企业信息集成总线

针对复杂的多源信息集成，如果用传统的实现方法，必须开发多个接口，这样不仅会使系统变得十分复杂，而且系统维护很困难，因此有必要提出一种解决办法，即企业集成总线（Enterprise Service Bus，ESB）。

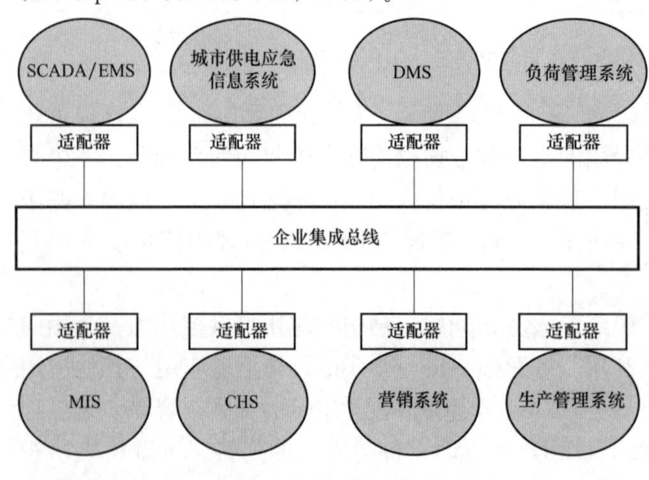


图 1-4-5　企业集成总线架构

1. 企业集成总线架构

企业集成总线架构是由 IEC 61968 标准提出的，如图 1-4-5 所示。它是目前企业信息集成的理想解决方案。同时，企业集成总线又是基于 SOA 的企业服务总线，即企业集成总线是完全依据 SOA 的服务总线要求设计的。对照 SOA 的特性可以清楚地说明企业集成总线满足 SOA 架构：

（1）SOA 服务使用平台独立的 XML 格式进行自我描述，企业集成总线的服务也是使用平台独立的XML格式进行自我描述。

(2) SOA服务用消息进行通信，该消息通常使用XML模(Schema)来定义，企业集成总线的服务消息由通用接口定义，完全由模来定义消息。

(3) 在一个企业内部，SOA服务通过登记处(Registry)来进行维护，企业集成总线也设计一个登记处来部署服务，服务登记的标准是统一的。

(4) 每项SOA服务都有一个与之相关的服务品质(Quality of Service, QoS)，企业集成总线的服务也有一个与之相关的服务品质。

2. 企业集成总线标准

企业集成总线架构是IEC 61968标准提出的，主要标准出自IEC 61968和IEC 61970。

IEC 61968关注松耦合集成，IEC 61970也有一部分涉及此内容。IEC 61968和IEC 61970的组件没有相互控制，相反，像工作管理系统和地理信息系统这样的系统可能只是利用它们共有的CIM知识，相互请求对方而已，不允许直接的控制。通过这种方式，当组件变化时，系统的管理和重新配置可以最小化。

IEC 61968和IEC 61970为了利用共有的CIM知识的通信，定义了一套通用的抽象动词/服务，这些动词/服务和组件与如何运作或者在什么上面运行无关。换言之，这两套标准寻求的是弱化组间的耦合，因此定义的是关注于数据的服务而不是命令。例如，IEC 61968和IEC 61970都没有提供一个通用的"运行"命令，而是允许一个组件去请求、改变或删除另一个组件所维护的CIM模型的某一部分。

3. 企业集成总线的功能设计

如图1-4-6所示，企业集成总线提供给用户集中地管理信息和获取信息的能力，同时也使用户可以从多数据源获取实时信息，为数据管理和内容发布提供全面的解决方案。

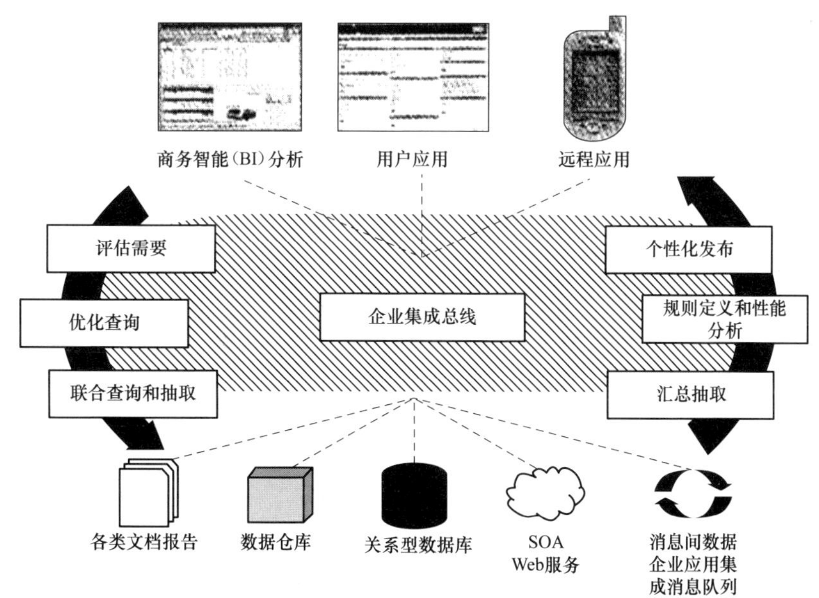


图1-4-6　企业集成总线的功能

企业集成总线是基础软件平台，能自动从异构数据源集成和展示信息，被集成的数据源可能是关系型数据库，也可能是文件系统保存数据，且这些结构化或非结构化的文档集合都缺乏数据处理能力。企业集成总线可以集成这些信息，按配电自动化系统定义的规则转换这些信息的结构或内容，动态地分析和发布这些信息，以及允许应用程序及时地按配电自动化系统期望的方式提供给服务对象想要的信息。其核心的功能包括：①从异构数据源集成多种格式的信息，包括数据库记录、分散的或遗留的应用系统、字处理文档、网页等；②集中管理、加工信息，通过单个视图组织信息，使用 XML 定义关联信息并发布信息给工作人员或应用程序；③充分利用现有的信息基础，包括已有的数据库管理系统、实时数据库、企业应用系统以及配电自动化系统。

4. 企业集成总线的软件架构

企业集成总线是一个信息服务器，把多个已经存在的信息系统和新的应用系统联系起来，提供无缝覆盖多个数据源的实时分析数据的能力。企业集成总线捕获知识和信息并自动集成这些信息，提供给直接和交互的应用服务系统。开发人员可以使用平台提供的 GUI 或者 J2EE 行业标准的开发工具来实现这些功能。

集成总线由三个主要部分组成，分别是集成管理器（Integration Manager）、查询引擎（Query Manager）和发布管理器（Assembly Manager）。这三部分紧密结合在一起，提供了一个完整的信息集成和分析解决方案。集成管理器从多个数据源集成统一的 XML 格式的信息，查询引擎提供各种强大的覆盖多数据源的搜索能力。XML 数据库可以用来缓存查询结果，建立可行的数据存储方案，存储 XML 格式的数据。发布管理器对于所有通过企业集成总线可以获得的信息，提供按用户认可的格式进行快速发布和报表分析的功能。

（三）地理信息交互模型

地理信息在城市配电网中具有重要的应用价值，如资产管理、设备检修、电网规划等。地理信息具有直观、真实的特点，是智能配电网信息支撑平台的重要组成部分。

同配电网中其他信息系统类似，目前的地理信息应用同样存在信息孤岛问题，主要源于标准不统一和数据不规范。如何保证地理信息在配电网的多个系统之间进行交互与共享，是智能配电网必须解决的重要问题。地理信息本质也是一种信息，在 DL/T 1080《电力企业应用集成——配电管理的系统接口》中，电网对象已经包含了地理信息部分。但对于智能配电网来说，DL/T 1080《电力企业应用集成——配电管理的系统接口》还不能满足要求，因为它仅限于配电网数据层面的信息交互，不涉及基础地理数据和地理信息服务（包括配电网地理信息服务和基础地理信息服务）。

开放空间信息协会（Open Geospatial Consortium，OGC）制定了一系列地理信息共享方面的标准和规范，统称为 OpenGIS 规范，包括 Web 覆盖服务规范、地理标签语言规范、Web 地图服务规范和 Web 要素服务规范等。这些规范提高了地理信息的互操作性，消除了地理信息应用之间以及地理应用与其他应用之间的障碍，建立了一个无“边界”的、分布的、基于构件的地理数据互操作环境。与传统的地理信息处理技术相比，基于这些规范的 GIS 软件将具有很好的可扩展性、可升级性、可移植性、开放性、互操作性和易用性。

1. Web 覆盖服务规范

Web 覆盖服务（Web Coverage Service，WCS）规范面向空间影像数据，将包含地理位置值的地理空间数据作为“覆盖（Coverage）”在网上相互交换。

2. 地理标签语言规范

地理标签语言（Geography Markup Language，GML）规范是一个基于 XML 的地理信

息描述、转换、传输标准。它可以作为一个公共的地理空间数据转换格式标准，不同软件生产的数据可以转换成用 XML 描述的文件。按照 ISO 19117 空间模型表达的数据格式，应用软件可以读取这一文件，并将文件包含的信息转到相应的系统中。此外，规范还制定了地理数据实时传输协议，当两个系统要进行在线互操作时，按照这种公共描述语言所描述的格式进行实时通信，可以实现互操作。

3. Web 地图服务规范

Web 地图服务（Web Map Service，WMS）规范主要定义用于创建和显示地图图像的三大操作：获取服务能力（Get Capabilities）、获取地图（Get Map）和获取对象信息（Get Feature Info）。其中获取地图为核心操作，此操作返回的不是地图数据，而是地图图像。

4. Web 要素服务规范

Web 要素服务（Web Feature Service，WFS）规范是一个基于 Web 服务技术的地理要素在线服务标准。它有两方面作用：①实现地理数据的 Web 服务，用户可以通过该标准得到自己所需要的地理空间数据；②用于异构系统互操作规范，包括数据查询、浏览、提取、修改及更新等操作。

在智能配电网中，需要将 DL/T 1080《电力企业应用集成——配电管理的系统接口》和 OpenGIS 的各种规范结合起来，共同完善智能配电网的地理信息交互模型。智能配电网地理信息交互模型如图 1-4-7 所示。

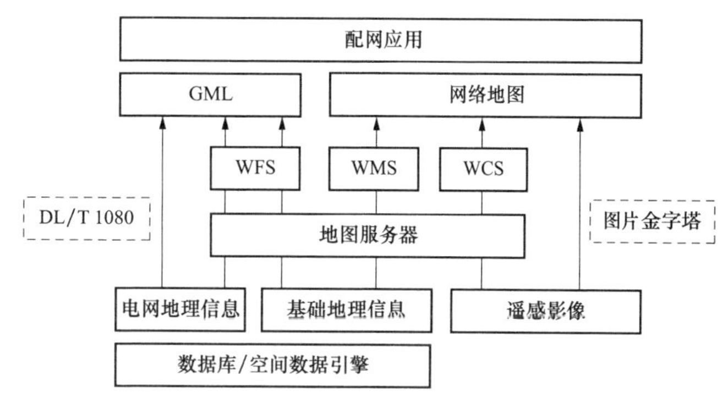


图 1-4-7　智能配电网地理信息交互模型

（四）城市智能电网的全景感知技术

智能城市是城市发展的新阶段，是信息化的高度集成应用，其核心思想是基于时空一体化模型，以网格化的传感器网络作为其神经末梢，形成自组织、自适应并具有进化能力的智能生命体。具体而言，智能城市在交通、能源、服务、环境等方面应用智能化技术，实现城市运行全过程监控和各环节智能运行。

智能电网为城市智能化建设提供基础性保障，是智能城市的核心内容之一。智能城市建设不仅对智能电网建设提出新需求，也将促进通信、信息网络等公共设施建设和信息处理、智能控制等各种技术的进步，为智能电网建设提供技术支撑。从电网外部来看，全球气候变化导致的灾害频发对电网系统的运行影响越来越严重，可再生新能源的大量接入等使得电网系统的运行控制更加复杂。除此之外，城市环境中的配电网还更易受到市政施工、交通事故等各类突发性外力破坏事件的影响。智能电网正日益成为智能城市这一社会化复杂大系统的关键组成部分。

因此，在规划和建设智能电网过程中，应该站在更全面和更高层次的智能城市角度去研究电网的稳定、安全和高效运行。电网的智能化特征不仅体现在电网内部环节的智能化，也体现在对外部影响因素的感知和智能化反应。图 1-4-8 展示了智能电网全景感知的三个维度。

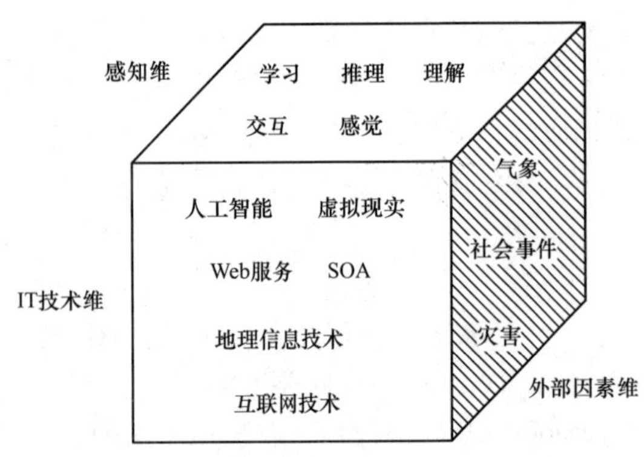


图 1-4-8 智能电网全景感知的三个维度

## 四、智能电网调度技术

### （一）智能电网调度技术支持系统特点

为了对调度核心业务的一体化提供全面技术支持，系统在设计和研发上体现如下的特点：

（1）系统平台标准化。标准化、一体化基础平台是整个系统的基础，也是整个系统建设的重点和关键点。系统采用统一的平台规范标准及接口规范标准，通过标准化实现平台的高度开放性。基础平台在图形、模型、数据库、消息、服务、系统管理等方面提供标准化的应用接口，为各种应用提供统一的支撑，为系统功能的集成化打下坚实基础，为开发新应用、扩充功能和可持续发展创造条件。

（2）系统功能集成化。统筹考虑电力调度中心各应用功能的数据及应用需求，以面向服务的体系结构，按照应用和数据集成的理念，构造统一支撑的数据平台和应用服务总线，实现数据整合和应用功能整合，构筑具有集成化功能的实时监控与预警、调度计划、安全校核和调度管理类应用，为实现调度智能化服务。

（3）系统应用智能化。系统综合利用包括电网静态、动态和暂态等一次信息、一次系统运行信息和电网运行环境等信息资源，实现计划编制、方式安排、运行监视、自动控制、安全分析、稳定分析、风险预警、预防预控、辅助决策、分析评估等电网调度生产全过程的精益化、智能化。实现电网运行可视化全景监视、综合智能告警与前瞻预警、协调控制和主动安全防御；将电网安全运行防线从年月方式分析向日前和在线分析推进，实现运行风险的预防预控。

### （二）电网实时监控与智能告警

电网实时监控与智能告警利用电网信息及气象、水情等辅助监测信息对电网进行全方位监视，实现电网运行状况监视全景化。其功能主要包括以下几方面：

（1）电网运行稳态监控。电网运行稳态监控功能模块实现对电网实时运行稳态信息的监视和设备控制，主要包括数据处理、计算和统计、人工数据输入、历史数据保存、顺序事件记录、断面监视、备用监视、设备负荷率监视、事故追忆和反演、事件和报警处理、遥控和遥调、动态着色、图形显示、趋势曲线等功能。

（2）电网运行动态监视。电网运行动态监视功能模块实现对电网广域实时动态过程的监视，主要包括相角差的监视和预警，实时相量数据分析处理和存储归档、越限报警等功能。

（3）二次设备在线监视与分析。二次设备在线监视与分析功能模块实现对继电保护装置和安全自动装置运行信息、动作信息、录波信息、测距信息的分析处理，为用户提供告警、分析、统计、查询等功能。

（4）在线扰动识别。在线扰动识别功能模块综合电网稳态信息和动态信息，实时监视电网电压、电流、功率、频率、角度的越限及突变和开关动作信息，实现对电网短路、潮流突变、机组甩负荷、频率和电压跌落等扰动的识别，提供告警信息并保存当前的动态数据。

（5）低频振荡在线监视。低频振荡在线监视功能模块根据发电机有功功率、功角和转速变化率，以及联络线有功功率、母线电压、母线功角差等连续的动态过程数据，分析功角和线路有功功率的振荡模式，确定功角振荡模式和机组的关系，实现对系统低频振荡的监测、预警和分析。

（6）综合智能告警。综合智能告警功能模块实现在线智能告警，智能判断电网故障并准确推出事故画面，综合分析电网一、二次设备的运行信息，包括电网开关动作、设备量测信息、继电保护和安全自动装置动作信息、故障录波信息、PMU 量测信息和雷电定位信息等，实现电网在线故障诊断和智能告警，利用形象直观的方式展示故障诊断和智能告警结果。

（三）调度预警与决策支持技术

调度预警与决策支持技术通过快速信息采集、监视和共享，实现敏锐、综合、前瞻和智能的在线情境分析和决策支持，全面把握电网稳态、暂态、动态等多种运行状态和安全稳定水平，对电网安全运行的薄弱环节及时进行告警并给出相应的控制措施，以有效预防电网大面积停电事故的发生。

国外相关的技术研究主要集中在 EMS 高级应用的基础上，实现采用实时数据的静态安全稳定分析、全时域仿真以及配合扩展等面积法或暂态能量函数法的暂态稳定评估，重点拓展可视化显示功能。

国内重点开展了电网动态安全监控、在线安全稳定评估与预警、在线调度辅助决策等方面的技术研发和推广应用工作，比较有代表性的是国家电力调度通信中心的“跨区电网动态稳定监测预警系统”和华东电网的“广域动态监视分析和保护控制系统”。2009 年初，国家电网公司启动了智能电网调度技术支持系统的研发工作。该系统结合大电网安全稳定运行、节能发电调度、调度管理等实际业务需求，将电网实时监视控制、不同时序和空间的信息采集、安全稳定分析预警和辅助决策等智能化应用功能集成在一起，建成后可提高特大互联电网的安全稳定预警和决策水平。

电网调度预警与决策支持系统总体结构如图 1-4-9 所示。电网调度预警与决策支持系统以独立开发的分布式并行计算平台作为支撑，有效整合 EMS 在线运行数据和电网离线模型数据，为在线安全分析提供计算数据；集成暂态稳定、小干扰稳定、电压稳定、$N-1$ 静态安全分析等多种稳定计算功能，实现对电网在线稳定性的准确评估和预警；根据在线稳定分析的结果，给出迅速、有效的控制措施或调整策略。

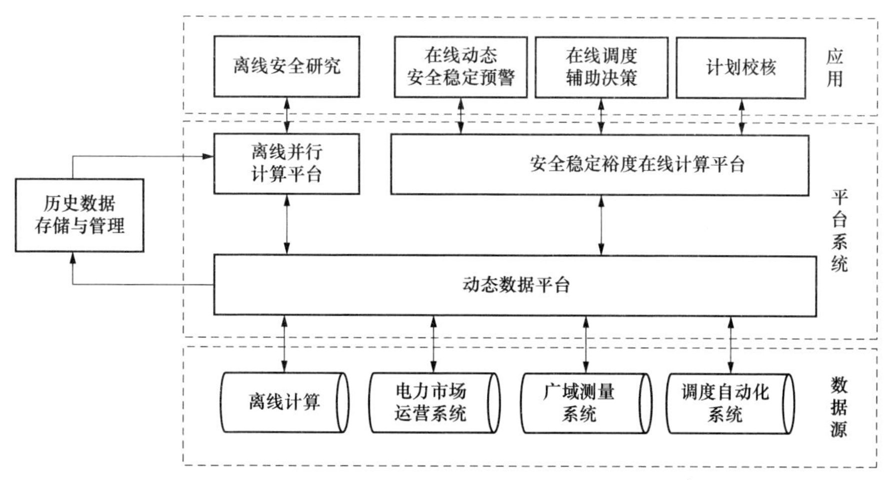


图 1-4-9　电网调度预警与决策支持系统总体结构图

（1）动态数据平台。动态数据平台为调度预警与决策支持系统提供分析数据。动态数据平台的主要功能是实现在线数据整合和数据交换，把各级电网的离线数据和EMS在线数据资源结合在一起，将电网在线运行数据引入到传统的稳定分析计算当中，使电网的高级计算分析更加符合实际运行情况。

（2）并行计算平台。并行计算平台是调度预警与决策支持系统的计算载体。并行计算平台功能包括计算任务管理、在线数据广播、计算结果汇总、出错处理、数据备份等。并行计算平台分为在线并行计算平台和离线并行计算平台。前者主要完成电网稳定预警的在线计算及预警，后者主要完成交互式、研究型电网离线稳定计算分析。

（3）历史数据存储与管理。对在线收集到的大量周期运行数据进行有效存储和管理，方便离线研究使用。

（4）安全稳定预警。通过对电网在线运行状态的监控、潮流计算和全面的稳定性分析和评估（包括暂态稳定评估、电压稳定评估、小干扰稳定评估、静态安全分析等多种手段），及时发现电网中存在的安全隐患。

（5）在线调度辅助决策。当电力系统安全稳定运行裕度不足时，根据故障位置自动确定调节对象，根据预警结果进行灵敏度计算，利用任务分解枚举算法快速确定运行方式调整方案。能在两次故障仿真时间内及时自动给出合理的调度策略，供调度人员决策参考，提高电网应对风险的能力，避免电网失稳事故的发生。

（6）安全稳定裕度在线计算。引入合理安全原则，基于改进的重复潮流法，针对不同的电网状况采用不同的断面功率增长方式，兼顾暂态稳定、电压稳定等多种安全稳定约束，提出同时控制多断面功率的潮流调整方法，利用任务并行处理技术，实现大型互联电网传输功率极限的在线评估。

（7）低频振荡监测与分析。将低频振荡监测与小干扰稳定计算相结合，利用广域测量系统提供的在线辨识数据，进行小干扰稳定分析，获取振荡模式及其参与因子等重要信息，辅助调度人员采取及时有效的控制措施。

（8）计划校核。对电力系统的检修计划、发电计划和电网运行操作（临时操作、操作票）等调度计划和调度操作，进行全面的安全稳定校核（包括静态安全、暂态稳定、动态稳定和电压稳定）；校核完成后进行辅助决策和安全稳定裕度评估计算。针对调度计划和调度操作中存在的安全稳定问题，提出运行方式的调整建议，给出重要输电断面的安全稳定裕度。

（9）大批量离线运行方式计算。利用并行计算平台，进行大批量离线运行方式自动稳定计算（如供各级运方部门制定年度运行方式），可大幅度提高工作效率。

智能电网调度系统遵循规范化的设计原则，在功能要求、技术指标和技术条件等方面满足现有EMS和未来在线安全稳定预警及决策系统的技术要求。计算平台采用开放性的软、硬件结构，通过规范的软件接口和数据格式，实现各类应用分析软件“即插即用”式的无缝接入，在充分利用已有资源的前提下，不断提高系统性能。

## 第五节　智能电网的关键技术

### 一、微电网的控制与保护技术

分布式电源相对大电网来说是一个不可控的电源，因此目前的国际规范和标准对分布式电源大多采取限制、隔离的方式来处理，以减小其对大电网的冲击。IEEE P 1547 标准规定：当电力系统发生故障时，分布式电源必须马上退出运行。它大大限制了其效能的充分发挥。为协调大电网与分布式电源间的矛盾，最大限度地发掘分布式发电技术在经济、能源和环境中的优势，在 21 世纪初学者们提出了微电网的概念。

微电网从系统观点看问题，是将发电机、负荷、储能装置及控制装置等结合，形成的一个单一可控的独立供电系统。它采用了大量的现代电力电子技术，将微型电源和储能设备并在一起，直接接在用户侧。对于大电网来说，微电网可被视为电网中的一个可控单元，可以在数秒钟内动作，以满足外部输配电网络的需求；对用户来说，微电网可以满足他们特定的需求，如降低馈线损耗、增加本地供电可靠性、保持本地电压稳定、通过利用余热提高能量利用的效率等。

微电网或与配电网互联运行，或独立运行（称为孤立运行方式），当配电网出现故障而微电网与其解列时，仍能维持微电网自身的正常运行。这种微电网的结构、模拟、控制、保护、能量管理系统和能量储存技术等与常规分布式发电技术有较大不同，须进行专门的研究。

（一）微电网结构

一种典型的微电网结构如图 1-5-1 所示。

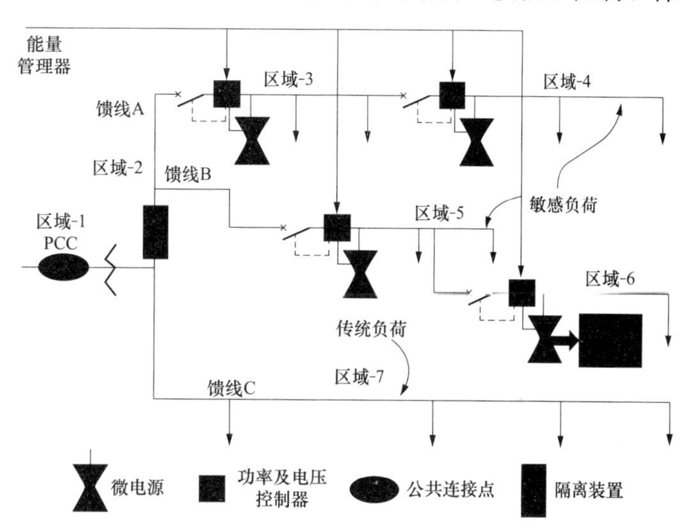


图 1-5-1　一种典型的微电网系统结构

相对于电力系统而言，微电网类似于一个独立的控制单元，其中每个微电源都具有简单的即拔即插功能。对每一个微电源，最关键的是它本身的接口、控制、保护以及对微电网的电压控制、潮流控制和维持其运行稳定性。另一个重要的功能是微电网的联网运行和孤岛运行方式间的平稳转移。由图 1-5-1 可见，在微电网中，为防止微电网与主网解列时对微电网内负荷的冲击，微电网的配电结构需重新设计，将不重要的负荷接在同一条馈线上，如馈线 C，重要或敏感的负荷接在另外的馈线上，如馈线 A 和馈线 B。馈线 A 和馈线 B 上还安装有微电源、储能元件及相应的控制、调节和保护设备。如此，在微电网与主网解列时，通过隔离装置可甩去一些不重要负荷，但仍能保证一些重要负荷的正常、连续运行。

微电网具有控制、协调、管理等功能，并由微电源控制器、保护协调器和能量管理器来实现。

1. 微电源控制器

微电网主要靠微电源控制器来调节馈线潮流、母线电压及与主网的解、并列运行。由于微电源的即拔即插功能，该控制器主要依赖于就地信号，且响应是毫秒级的。

2. 保护协调器

保护协调器既用于主网的故障，也用于微电网的故障。当主网故障时，保护协调器要将微电网中最重要的负荷尽快地与主网隔离。某些情况下微电网中重要负荷允许电压短时暂降，在采取一定的补偿措施后可使微电网不与主网分离。当故障发生在微电网内，该保护协调器应该在尽可能小的范围内将故障段隔离。

3. 能量管理器

能量管理器按电压和功率的预先整定值对系统进行调度，响应时间为分钟级。

（二）微电网的控制功能

微电网控制功能包括新的微电源接入时不改变原有的设备，微电网解、并列时是快速无缝的，无功功率、有功功率要能独立进行控制，电压暂降和系统不平衡可以校正，要能适应微电网中负荷的动态需求。微电网的控制功能主要有四种。

1. 基本的有功和无功功率控制（$P$—$Q$ 控制）

由于微电源设备大多为电力电子型的，因此有功功率和无功功率的控制、调节可分别进行，可通过调节逆变器的电压幅值来控制无功功率，调节逆变器电压和网络电压的相角差来控制有功功率。

2. 基于调差的电压调节

微电网在有大量微电源接入时用 $P$—$Q$ 控制是不适宜的，若不进行就地电压控制，就可能产生电压或无功振荡。而电压控制要保证不会产生电源间大的无功环流。在大电网中，由于电源间的阻抗相对较大，不会出现这种情况。微电网中只要电压整定值有小的误差，就可能产生大的无功环流，使微电源的电压值超标。由此要根据微电源所发电流是容性还是感性来决定电压的整定值，发容性电流时电压整定值要降低，发感性电流时电压整定值要升高。

3. 快速负荷跟踪和储能

在大电网中，当一个新的负荷接入时最初的能量平衡依赖于系统的惯性，主要为大型发电机的惯性，此时仅系统频率略微降低而已（几乎无法觉察）。微电网中发电机的惯量较小，有些电源（如燃料电池）的响应时间常数又很长（10～200s），因此当微电网与主网解列成孤岛运行时，必须提供蓄电池、超级电容器、飞轮等储能设备，相当于增加一些系统的惯性，才能维持微电网的正常运行。

4. 频率调差控制

在微电网处于孤岛运行时，要采取频率调差控制，改变各台机组承担负荷的比例，以使各自出力在调节中按一定的比例且都不超标。

（三）微电网的保护

微电网结构对继电保护提出了一些特殊的要求，必须考虑的因素主要有以下几点：①配电网一般是放射形的，由于接了微电源，保护装置上流经的电流就可能由单向变为双向。②一旦微电网孤岛运行，短路容量会有大的变化，影响了原有的某些继电保护装置的正常运行。③改变了原有的单个分布式发电接入电网的方式。构成微电网的初衷之一是尽可能地维持一些重要负荷在电网故障时能正常运行而不使其供电中断，这些重要负荷往往是对电压敏感的，即不允许电压变动过大、时间过长，为此必须采用一些快速动作的开关，以代替原有的相对动作较慢的开关。这些均可能使原有的保护装置和策略发生变化。要根据微电网中负荷的需求来确定保护的方案，也即要根据负荷（如半导体制造工业负荷或一般商业性负荷）对电压变化的敏感程度和控制标准来配置保护。

（四）微电网并网运行

如故障发生在配电网中，则要采用高速开关类隔离装置（Separation Device，SD），将微电网中的重要敏感性负荷尽快地与故障隔离。当故障发生在微电网中时，除了上述隔离装置动作外，微电网内的开关也要动作，以保护非故障的微电网馈线段。同时，隔离装置的动作时间要与配电网中上级保护装置协调，以免影响上一级馈线负荷。一旦配电网恢复正常，就应通过测量和比较 SD 两侧电压的幅值和角度，采用自动或手动的方式将微电网重新并网运行。如果微电网内仅有 1 个微电源，当然允许采用手动的方式再同步并网；但若在微电网内多个地点有多个微电源，则必须考虑采用自动的方式再同步并网。

（五）微电网孤岛运行

当微电网孤岛运行时，为了使所隔离的故障区尽可能小，微电网中保护装置的协调尤为重要。特别需要指出的是，由于微电网的电源设备大多为电力电子型的，所发出的电力通过逆变器与网络连接，故障时仅提供很小的短路电流（例如 2 倍于正常负荷电流），难以启动常规的过电流保护装置。因此，保护装置和保护策略就应作相应的修改，如采用阻抗型、零序电流型、差分型或电压型继电保护装置。此外，微电网的接地系统必须仔细设计，以免微电网解列时继电保护误动作。

## 二、电动汽车充放电技术及设备

随着电网智能水平以及电动汽车保有量的大幅提高，未来电动汽车的车载电池可能作为智能电网中的移动储能单元，一方面在电网高峰负荷时段由电动汽车车载电池向电网传输电能，而在电网低谷时段由电网为电动汽车车载电池进行充电，能够有效降低电网峰谷差，降低传统调峰备用发电容量，提高电网利用效率。同时随着配电网智能化水平的提高以及需求侧管理手段的丰富，电动汽车还能完成需求响应等电网辅助服务，进一步提高电网配电效率。另一方面，在微电网中，电动汽车在可再生能源发电功率较大而电网负荷较低的时候吸纳电能，在可再生能源发电功率较低而电网负荷较高时释放电能，辅助电网有效接纳波动性可再生能源发电容量。同时，通过分时电价及有偿电网辅助服务政策的实行，电动汽车用户能够在不影响自身使用的前提下，通过低谷时段较低电价充电以及高峰时段较高电价放电获取直接的经济效益。

（一）电动汽车充放电技术

目前电动汽车充放电技术主要有单向无序电能供给模式、单向有序电能供给模式和双向有序电能转换模式。

（1）单向无序电能供给模式。

单向无序电能供给模式 V0G（Vehicles Plugin without Logic/Control）是指电动汽车接入电网即充电的模式。V0G 是目前电动汽车最常见的充电模式。电动汽车（如电动公交车、高尔夫车、机场摆渡车等）作为普通用电设备接入电网充电，这种模式的充电设备主要采用单向变流技术，目前技术装备已经成熟，国内外已经建成一些公共充电设施。

V0G 的问题是电动汽车充电时成为大功率用电负荷，大量电动汽车充电会增大电网调峰的难度。

（2）单向有序电能供给模式。

1）TC 模式。TC（Timed Charging）模式为时间控制方式，指电动汽车在指定的时刻开始充电。TC 模式考虑到了电动汽车在电网负荷高峰时段充电对电网的影响，通过控制开始充电时间来实现错峰充电，能够使用户享受到低谷电价带来的经济效益。但是其控制方式简单，不能根据实时电价或电网负荷峰谷状态灵活地控制充电过程。这种模式的充电设备仍然主要采用单向变流技术，不需要与电网进行实时通信。目前该技术装备已经成熟，处于示范运行阶段。

2）V1G 模式。采用 V1G（Vehicles Plugin with Logic/Control Regulated Charge）模式的电动汽车的充电受电网控制，电动汽车与电网进行实时通信，在电网允许时刻进行充电。该模式能够优化充电安排，提高电网效率，但不能向电网送电。

（3）双向有序电能转换模式。

采用双向有序电能转换模式 V2G（Vehicles Plugin with Logic/Control Regulated Charge/Discharge）时，电动汽车与电网的能量管理系统通信，并受其控制，实现电动汽车与电网间的能量转换（充、放电）。此种方式下，电动汽车可以作为电能存储设备、备用电源设备来使用。

目前，仍需研究技术可靠、成本低廉的满足 V2G 商业化运行的双向变流及通信装备。同时，需要研究支持 V2G 模式的先进电网通信、调度、控制与保护技术。

（二）电动汽车充放电设备及管理系统

电动汽车充放电设备是智能电网与用户双向互动的重要组成部分，主要内涵为电能互动及信息互动，电动汽车与电网间进行的实时信息交换，内容包括车辆能量状态、电网运行状态、电网电价及辅助服务计费信息等，根据电网或者电动汽车的需要为电能合理优化的双向流动提供信息支持。电动汽年通过充放电设备连接到电网，实现电能双向流动。但由于电动汽车的庞大数量及分散性，由智能电网双向互动服务系统直接与电动汽车通信并控制其充放电的操作难以实现，因此在智能电网双向互动服务系统与电动汽年之间建设电动汽车充放电管理系统作为纽带，实现电动汽车与电网间的实时信息交换，根据双方需求合理控制电动汽车的充放电操作。电动汽车充放电过程电能与信息互动情况如图 1-5-2 所示。

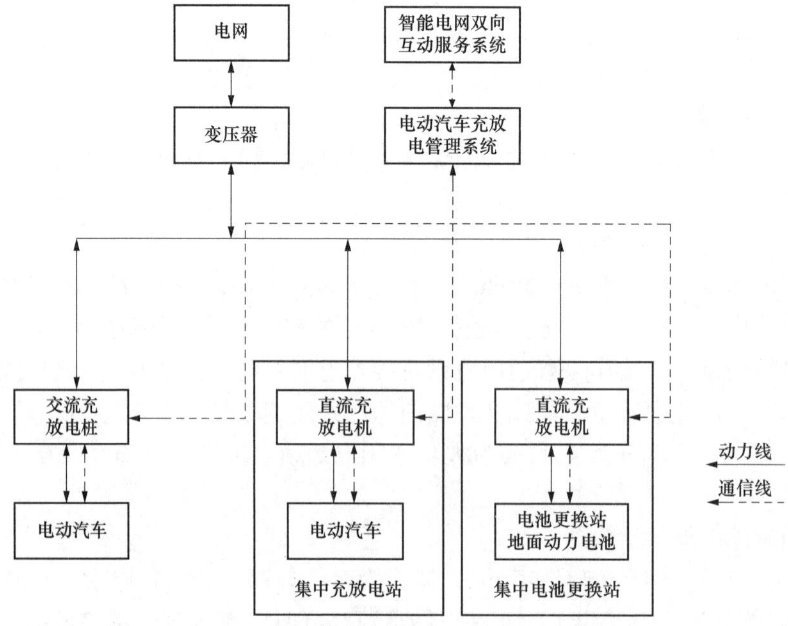


图 1-5-2　电动汽车充放电过程电能与信息互动示意图

1. 电动汽车充放电设备

电动汽车充放电设备主要包括为带有车载充放电机的小型电动乘用车服务的交流充放电桩和为公交、环卫、邮政等公共服务车辆服务的直流充放电机两类，主要完成对电动汽车的充放电操作。充放电设备示意图如图 1-5-3 所示。

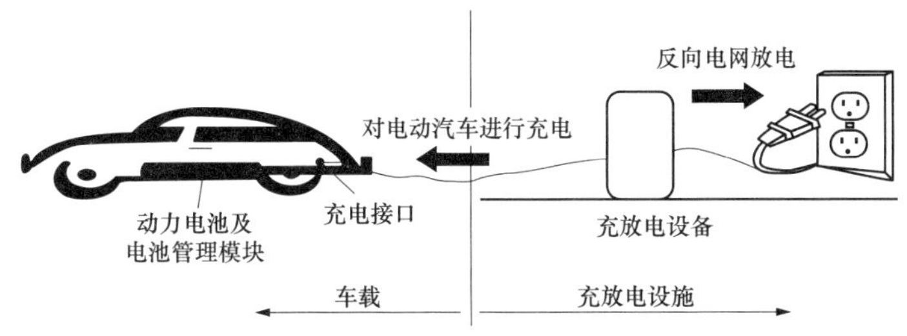


图 1-5-3 充放电设备示意图

（1）交流充放电桩。电动乘用车将占未来电动汽车的最大比重，交流充放电桩为带有车载充放电机的小型电动乘用车服务，分散地安装在低压配电网中，将电动乘用车与智能电网连接起来，具有智能充放电控制功能，能够与充放电管理系统及电动汽车通信，实时掌握电网运行状态与电动汽车储能状态，智能地控制电动乘用车的车载充放电机进行合理充放电操作，在电网低谷时段或电动汽车有刚性充电需求时，为电动乘用车车载充放电机提供交流电源，对车载动力电池充电。在电网高峰时段并且电动汽车车载动力电池电能富余时，由车载充放电机通过交流充电桩为电网供电。目前电动乘用车车载充放电机功率较小，不超过 3～5kW，交流充放电桩功率与其相当，充放电操作时间一般在 3h 以上。未来电动乘用车车载充放电机与车辆充放电机驱动系统结合，充放电功率能够增加到数十千瓦，可有效满足电动乘用车车载电池容量逐步增加的充电需求，并能够为电网提供更大的放电功率，缩短电动乘用车充电时间。

交流充放电桩主要功能包括：

1）与充放电管理系统通信功能。

2）具备手动设置定电量、定时间、自动充放电等功能。

3）具备远程接受充放电管理系统控制，自动进行充放电的功能。

4）嵌入安装双向计量表计，具备双向计量计费功能。

5）具有人机交互功能。交流充电桩具有实现外部手动控制的输入设备，可设定充电方式。人机交互界面显示当前充放电模式、时间（已充放电时间、剩余时间等）、电量（已充放电电量、待充放电电量）及计费信息等。

6）具备完善的安全防护功能，包括急停开关、输出侧的剩余电流保护功能、输出侧过电流保护功能、孤岛保护功能。

7）能够判断充放电连接器、充放电电缆是否正确连接。当交流充放电桩与电动汽车正确连接后，交流充放电桩才能允许启动充放电；当交流充放电桩检测到与电动汽车的连接不正常时，必须立即停止充放电操作。

8）具有阻燃功能。

（2）直流充放电机。公交、环卫、邮政等社会公共服务用车具有城市区域行驶、停车场地固定、行驶路线固定、行驶单程相对稳定等特征，适宜在停车场所建设集中充放电站。由于社会公共服务用车车载电池容量很大，充电功率也很大，因此将采用地面直流充放电机对其进行充放电操作。由于充放电站的集中性，可在站内配置充放电管理系统，统筹安排站内电动汽车的充放电操作。直流充放电机主要功能包括：

1）通过 CAN 总线与动力电池管理系统（Battery Management System，BMS）通信，用于判断动力电池类型、获得动力电池系统参数以及充电前和充电过程中动力电池的状态参数；通过 CAN 总线或工业以太网与充放电管理系统通信，上传充电机和动力电池的工作状态、工作参数、故障报警等信息，接受控制命令。

2）具有为电动汽车动力电池系统安全自动地充满电的能力，依据 BMS 提供的数据，动态调整充电参数、执行相应动作，完成充电过程。

3）具备接受电动汽车充放电管理系统控制命令，自动进行充放电操作的功能。

4）具有人机交互功能，应显示的信息包括动力电池类型、充放电模式、充放电电压、充放电电流，在手动设定过程中应显示人工输入信息，在出现故障时应有相应的提示信息；具有实现外部手动控制的输入设备，以便对充放电机参数进行设定。

5）嵌入安装双向计量表计，具备双向计量计费功能。

6）具有完备的安全防护功能，包括电源输入侧的过电压保护功能、电源输入侧的欠电压报警功能、直流输出侧过电流保护功能、防输出短路功能、急停开关。

7）具备孤岛保护功能、阻燃功能。

8）具备软启动功能，启动冲击电流不大于额定电流的 110％。

9）能够判断充放电连接器、充放电电缆是否正确连接。当充放电机与电动汽车动力电池系统正确连接后，充放电机才能允许启动充放电；当允放电机检测到与电动汽车动力电池系统的连接不正常时，必须立即停止充放电操作。

10）在充电过程中，能够保证动力电池的温度、充电电压和充电电流不超过允许值；在放电过程中，能够保证动力电池的温度、放电电流不超过允许值，放电电压不低于允许值。

2. 电动汽车充放电管理系统

电动汽车充放电管理系统，一方面能够通过充放电设备与电动汽车通信，另一方面与智能电网相关系统通信，综合电动汽车与电网的实时状态，根据双方需求合理控制电动汽车的充放电操作。电动汽车充放电管理系统可以负责同一停车区域的交流充放电桩的统一调度管理，也可以负责一个集中充放电站内的直流充放电机的统一调度管理。

系统通信包括：①与充放电设备通信，能够向充放电设备发送控制命令，统筹调度充放电操作；②通过充放电设备与 BMS 通信，了解车辆（电池）当前状况，适合充电还是放电，以及可接受的充电和放电功率，为调度电动汽车充放电操作提供依据；③与智能电网相关系统实时通信，获取电网当前运行状态，为调度电动汽车充放电操作提供依据。

系统功能主要包括：①与相关系统及设备的通信功能。②人工充放电管理功能。通过人机界面控制充放电设备，进行充放电操作。③自动充放电管理功能。综合电动汽车及电网状态信息，动态执行充放电策略，实现合理优化的双向电能流动。④对充放电设备、车载 BMS 相关电压、电流、电池荷电状态等数据进行实时采集。⑤具有专业分析管理软件，自动生成月报表并可打印。⑥充放电故障报警及记录功能。单体蓄电池内阻超限报警，电压超高、超低报警，失电和故障报警并自动记录内容时间。

（三）电动汽车充放电设施运行对电网的影响分析

随着电动汽车的推广普及，将大量建设由多台直流充放电机构成的集中充放电站以及广泛分布在各类停车场所的交流充放电桩，逐步形成完善的电动汽车充放电设施，随着充放电设施规模的不断扩大，其对电网将产生以下几个方面的影响：

（1）临时性快速充电对电网负荷的冲击。由于未来电动汽车规模化应用后电池容量较大，达到数十千瓦时，如果采用 100A 以上快速充电为电动汽车进行临时电能补充，单车快速充电功率将达到数百千瓦以上等级，类似的这种大量充电行为将对当地配电网产生极大的功率冲击。考虑储能技术的发展，可以考虑由储能充电站网络通过低谷存储的电能为电动汽车提供临时性电能快速补充，既满足电动汽车的行驶需求，又避免了快速充电对电网负荷的冲击。

（2）对电能质量的影响。由于电动汽车充放电为双向变流操作，将不可避免地给电网带来电能质量问题，需要对电动汽车充放电设备的谐波等进行严格控制。

（3）对电网规划的影响。随着大量的电动汽车通过完善的电动汽车充放电设施与配电网紧密连接，通过智能充放电操作在配电网侧显著平抑电网负荷、频率波动，将极大地降低电网调峰、调频的需求，降低电网峰谷差，提高电网负荷率，降低电网备用发电容量需求，显著改变电网运行方式，因此，需要在电网规划中考虑相关影响。

（4）对配电网规划及调度的影响。在白天负荷高峰时段，电动汽车车载电池存储的电能将作为分布式电源按电网需求向配电网供电，由于电动汽车数量巨大，且具有移动性、分散性等特点，因此，电动汽车充放电设施将对配电网规划中的配电容量设置、配电线路选型、继电保护设置等产生巨大影响。同时，电动汽车存储电能向电网供电又受到汽车行驶特性的影响，具有一定程度的随机性，对配电网调度及运行技术提出了更高的要求。

（5）对电网交易模式的影响。由于电动汽车不仅仅从电网获取电能补给，还能向电网供电以及提供调峰、调频、负荷响应等辅助服务，因此电网与电动汽车交易模式将由单向变成双向，由简单变为复杂，需要更加先进的电力市场来支撑。

## 三、双向互动服务门户

双向互动服务是为电力用户提供智能化、多样化优质服务，提高供电服务能力，实现智能电网与电力用户电力流、信息流和业务流双向互动的重要基础。利用现代信息技术、通信技术、营销技术，建设智能电网与电力用户双向互动服务平台是智能电网的重要内容之一。

（一）基本概念

双向互动服务门户是与用户进行互动的主要渠道之一，是双向互动服务平台的主要实现方式。双向互动服务平台通过一系列动态配置、灵活连接、整合业务数据的技术手段，提供灵活的信息获取手段，包括短信、移动小程序、语音、传真、邮件等，提供的服务全部可以灵活制定，信息格式和信息源都可以灵活定制，以方便用户及时地获取信息；提供电网企业和用户之间信息的双向交互，提供实时数据监测、定时信息发布，实现与用户的现场和远程互动，使用户可根据各自需要查询供用电状况、电价电费、能效分析等信息；实现各类智能家居设备远程控制和管理，并可提供多种缴费方式，快速响应市场变化和用户需求；确保分布式电源、电动汽车、储能装置等新能源新设备的接入，更方便、快捷地为用户提供服务。双向互动服务示意图如图 1-5-4 所示。

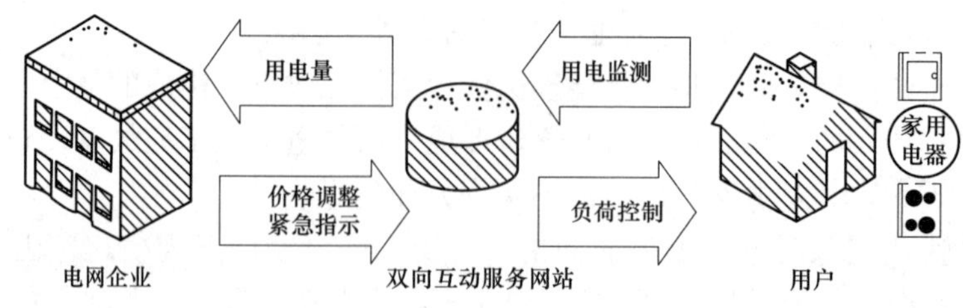


图 1-5-4　双向互动服务示意图

（1）用户远程互动。通过双向互动服务互动门户中的语音、短信、账单等功能与用户进行互动，将信息传递给用户，并实现信息查询、业务受理、用户家居用电管理、多渠道缴费等服务。

（2）用户现场互动。通过智能营业厅、智能终端、数字电视等与用户进行互动，现场展示用电信息、电价信息、停限电信息，并完成对用户设备的控制和管理等。

（二）主要作用

（1）提升市场营销能力。双向互动服务门户将成为新业务营销推广的主要渠道，通过该网站可缩短营销路径，降低营销成本。它将是新业务应用的有效途径，是充分挖掘互联网技术优势、发展各类依托互联网的营销手段。

（2）提升用户服务能力。通过双向互动服务门户建设，可创新服务方式，降低服务成本，培养用户自服务意识；可简化操作，实现跨平台和系统的单点登录、统一认证；还可规范新业务用户服务，满足服务界面的一体化和用户体验的一致性的要求。

（3）提升运营管理能力。通过双向互动服务门户建设，可整合并规范业务流程和资源，实现业务运营的集中管控，降低运营成本；可拓展门户服务对象，提升业务功能部署管理能力，提升整体运作效率；还可适应生产力发展趋势，优化组织结构，提高企业内部协同能力。

（三）技术架构

双向互动服务门户架构设计遵循平台化、组件化设计原则，面向数据（以数据为核心）、面向业务（以业务为基础）、面向用户（以人为本），实现统一的数据交换、统一的接口标准、统一的安全保障。

基于先进的多层体系架构模型和 SOA 模型，建立基础构件和业务通用构件，为门户应用的快速构建提供支持。开放的体系架构及规范的构件与应用集成模式支持不断扩充的系统需求，并提供个性化的用户定制模式进行应用系统的开发、维护及使用。双向互动服务门户整体架构如图 1-5-5 所示。

**用户表示层：**用于访问应用系统和处理人机交互的用户端，包括浏览器、桌面应用程序、无线应用等。

**业务逻辑层：**用于部署业务逻辑组件，可细分为基础框架服务和业务组件服务。基础框架服务为各个业务组件提供技术支撑，包括工作流管理、权限管理、安全管理、消息服务、通信服务、日志服务及集成服务等。业务组件服务则由具体的业务逻辑实现。

**数据服务层：**用于存储企业的各类数据，为业务逻辑层提供数据服务。

**IT 基础设施：**提供门户基础运行环境，包括基础网络、服务器、操作系统等。

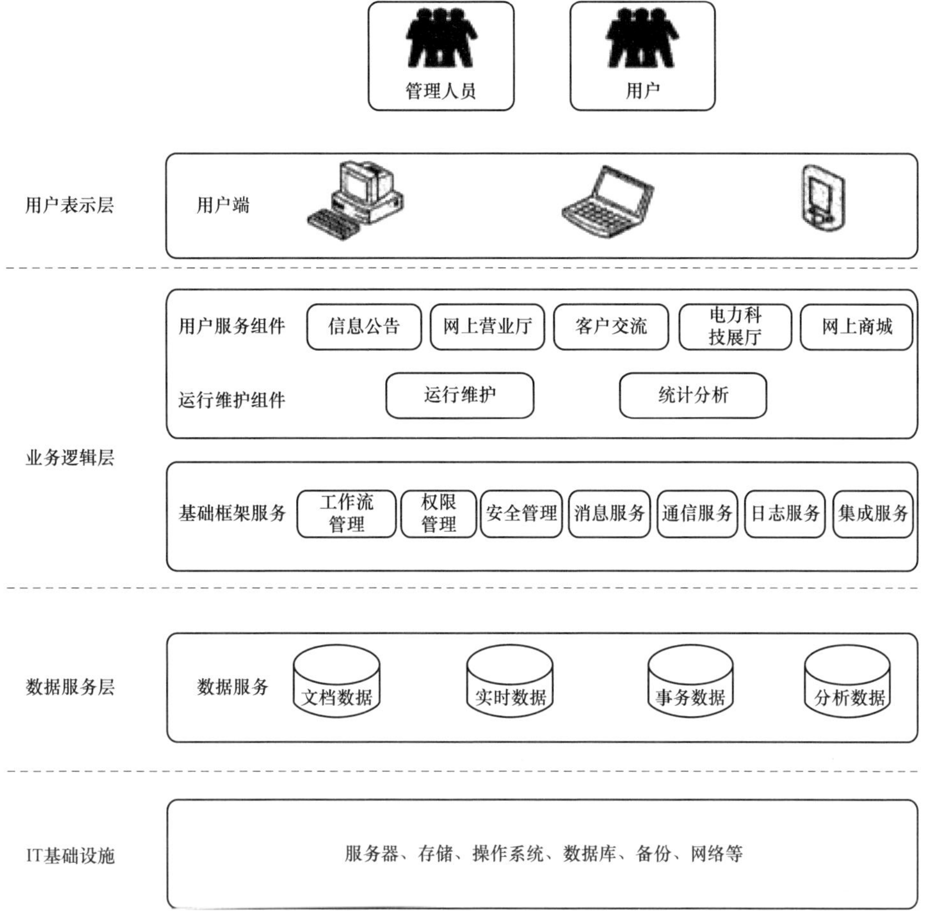


图 1-5-5　双向互动服务门户整体架构示意图

（四）关键技术

双向互动服务门户关键技术涉及框架平台基础、技术框架、信息集成和信息防护安全技术等，其中，信息防护安全技术不仅要考虑物理安全和应用安全等因素，还要考虑内外网隔离和多层防护等安全问题。

（1）框架平台基础。单点登录、个性化定制、门户管理与维护属于构建门户系统必须具备的框架平台基础功能。Portlet（Java 技术组件）框架是管理构成门户系统基本元素 Portlet 的容器，包括 Portlet 的创建、删除等，是门户软件具备的基本功能。电网企业可建立虚拟门户，并且门户系统的各级部署都可能存在部门门户和个人门户的需求，还应满足外部设备无线访问的需求。

1）单点登录。用户登录到门户系统后，通过门户访问受保护的业务应用系统时，一次登录就能在门户系统和通过门户集成的各业务应用系统之间带身份漫游，无需再次登录和重复认证身份。

2）个性化定制。通过配置和开发，满足用户在信息内容和界面风格方面的个性需求，为用户提供个性化和交互管理的服务。

3）多渠道接入。门户系统用户通过多渠道和终端与门户系统进行信息的交互。其中，渠道指用户对门户系统的各种访问方式，多渠道指用户可以通过一种以上渠道来访问门户系统。

4）Portlet框架。它负责对作为页面组成基础模块和门户管理核心基础组件的Portlet的生成、修改、删除、共享，以及对Portlet属性进行管理。

5）虚拟门户。虚拟门户是指在一个实体门户系统上部署的，能够使分散的用户团体创建不同的子门户站点，以满足自身需求的门户。其特征包括：针对各自的用户群体，有自己特定的一组页面及页面层次结构，独立的访问控制；有自己的可匿名访问的页面、登录和注册页及代表自己风格的外观模板；由各自的管理员独立管理，超级管理员管理共享资源。

（2）技术框架。门户的技术框架包括门户的总体架构和专用架构，总体架构主要包括四个层次，即展现层、控制层、业务逻辑层和持久层。

1）展现层。为用户提供可操作的界面；将页面数据组装成模型，提交给控制层进行业务控制；将控制层的模型对象在页面上展现；对用户提交的数据进行前台校验。

2）控制层。将模型数据和业务对象（BO）互相转换，调用业务逻辑层的业务逻辑进行业务处理，在后台校验数据的正确性，控制页面的流转。

3）业务逻辑层。根据业务功能封装成各种业务接口，调用持久层接口完成业务对象的持久化。

4）持久层。对关系型数据的新增、修改、删除和查询操作；屏蔽不同数据库之间的差异，保证系统实现与数据库类型的无关性。

（3）信息集成技术。双向互动服务门户要与其他系统进行数据交换和业务协作，这些系统不仅涉及电网企业内部的业务系统（如营销管理、业务应用系统等），也涉及企业外部系统（如短信平台等）。

1）数据集成。双向互动服务门户与其他业务系统之间存在着大量的数据交互，可以通过两种方式来实现：一是通过应用集成系统来实现即时数据的传递，二是通过数据中心来实现批量非实时数据的间接传递。

2）消息集成。可以通过企业服务总线实现消息集成。通过消息集成，双向互动服务门户可实现跨应用的服务请求，及时地调用其他业务系统的相关功能，如实时读取某用户的负荷情况。

3）流程集成。通过应用集成平台可以实现门户与用电信息采集、营销业务应用等其他业务系统的流程集成，从而达到完整的闭环管理。

4）与企业门户的集成。互动服务门户能够与企业门户无缝集成，为公司门户构建各种互动信息平台，也可灵活方便地嵌入到基于门户技术开发的其他业务系统。

### （五）应用功能

（1）数据获取。获取电力用户用电、分布式电源等的电量、电流、电压、有功功率、无功功率、功率因数、电网频率及其他用电设备的信息。

（2）用电、电费、电价等信息查询。用户能够查询用电量、电费、电价等用电信息，也可从定时发来的邮件、短信获取信息。

（3）业务咨询。业务咨询包括咨询受理、咨询处理、咨询回复和咨询归档。

（4）负荷曲线信息查询。用户能够通过系统查询任意时间段用电历史负荷曲线。

（5）网上自助缴费。用户通过系统实现手机、网上银行等方式缴费。

（6）信息发布管理。向用户发布用电相关信息，如向用户发布用电业务指南、停电通告、政策法规、电力新闻等信息；向用户发布停电监测与告警信息。

（7）智能控制。支持智能电器自动控制、远方控制，远程连接、切断、配置用户服务，控制用户最大负荷。

（8）事件监测。监测电器运行状态及家居环境，异常事件报警。

（9）增值服务：

1）短信定制。提供用户服务定制功能，包括通过邮件、短信定时发送相关信息。系统能够具备对个人、组群的单发、群发、定时发、计划发等发送功能，任意编辑/修改发布内容并进行用户分组，支持不同号码段的短信群发。

2）双向实时交流功能。要求信息双向互发速度快，准确有效；自动回复的信息可在系统中自由设置，如设置常见问题数据库，支持自动查询问题；支持计算机与手机之间的信息双向实时交流。

## 四、资产全寿命周期管理

国外电网企业资产管理理念分别经历了“基于时间周期”、“基于状态”、“基于风险和关键设备”进行资产管理的演变。伴随着这种资产管理理念的变革，电网企业也由粗放式管理向精细化管理转变。“基于时间周期”的资产管理，表现为根据固定时间周期对设备进行运行维护或更换处置；“基于设备状态”的资产管理，表现为根据设备的运行状态情况进行维护或更换处置；“基于风险和关键设备”的资产管理，是基于设备的风险和关键资产进行资产运维和更换处置。

国际先进的电网公司目前大部分都采用“基于设备状态”的资产管理，相关的管理手段已经相对比较成熟。而“基于风险和关键设备”的资产管理目前还处在初期阶段的探索中。作为更高层次的管理思想，强调“尽可能在故障发生前及时更换设备”，换言之，就是尽力将事故发生的几率减少到最小，基于这种理念制定资产管理的制度和流程，对关键资产采用这种理念来进行资产管理。

资产全寿命周期管理起源于全周期成本管理（简称 LCC 管理），是 LCC 管理理念的发展和丰富；是安全管理、效能管理和 LCC 管理在资产管理方面的有机结合；是立足我国基本国情，深入分析电网企业的技术特征和市场特征，总结电网资产管理实践、适应新的发展要求提出来的新理念和新方法。特别值得注意的是，LCC 管理是资产全寿命周期管理的重要组成部分，并非全部。

### （一）基本概念

资产全寿命周期管理实质上是系统工程理论在资产管理上的应用。资产全寿命周期管理是以资产作为研究对象，从系统的整体目标出发，统筹考虑资产的规划、设计、采购、建设、运行、检修、技改、报废的全过程，在满足安全、效能的前提下追求资产全寿命周期成本最优，实现系统优化的科学方法。

资产管理工作涉及公司全部资产范围，主要包括实物资产、金融资产、无形资产等方面。根据公司管理现状，当前资产全寿命周期管理工作着重在开展对实物资产的管理，其中又以电网设备资产管理为重点（电网设备资产包括电网一次主设备和相应二次设备、通信设备以及计量装置等附属设备，简称“资产”）。

实施资产全寿命周期管理应坚持循序渐进的原则，分步实施，逐步推进。随着公司精益化、信息化管理水平的不断提高和完善，资产全寿命周期管理的范围将逐步扩大，管理的深度和广度也将随之提升。根据公司电网资产的特点和资产管理的需求程度，公司资产全寿命周期管理首先从电网一次主设备和相应二次设备入手开展试点和推广工作，然后再扩展到配电网和农网电气设备，随着体系的不断完善、机制的不断成熟，管理范围将继续扩展到通信设备以及计量装置等附属设备，最终实现公司所有电网资产的全面、全方位、全过程、精益化的统一管理。其中，“资产寿命”的概念，是理解资产全寿命周期管理内涵的关键之一。对电网资产而言，寿命的含义是指有效使用的年限。与资产全寿命周期管理联系紧密的概念有“使用寿命”、“经济寿命”和“设计寿命”。

使用寿命是指资产实际服役的日历期间。

经济寿命是指从开始使用到年平均总费用为最低的使用年限。根据经济寿命的定义，资产的全寿命周期费用包括购置费和运维检修费两大类，随着使用年限的增加，两者之和所构成的资产年均总费用就会出现在开始一些年份逐年减少，至某一年份达到最小值，之后随着使用年份的增加又逐渐增大的现象。对应于年均总费用最小的年份，便是从经济角度看“有效使用”的期限。

设计寿命是指在资产规划设计阶段综合考虑设备的自然损耗、技术淘汰、经济寿命和其他参考因素，用于评估决策计算的拟定寿命周期。

在资产全寿命周期管理中，不同阶段关注的“寿命”概念不同，转资前注重科学制定设计寿命，转资后注重合理延长经济寿命，而在资产报废时将用“使用寿命”对资产进行全过程评估。

（二）必要性和重要性

2004 年以来电网发展不断加速，电网公司资产存量大，增速快，设备年轻，使用寿命偏低，传统的管理方式存在很多问题，如使用效率低、设备寿命短、更新换代快、技改投入大、维护成本高、一线人员短缺等。

在新形势下，电网公司要以提高发展效率和经济效益为目标，把增收节支、降本增效的要求贯穿公司经营管理的全过程。这就要求从电网公司内部挖潜，推进管理创新，用先进的管理理念指导科学决策，优化资产管理策略，延长资产使用寿命，提高资产运营效率，降低寿命周期成本，积极推进资产全寿命周期管理。

1. 资产全寿命周期管理是公司转变管理方式、提升管理水平的必然选择

传统的基于职能的资产分段管理模式，强调阶段的划分和有序性，各部门的工作目标、范围和侧重点不尽相同，也难以统一到一个总体目标上，每个部门更关注自身领域的优化，对整个系统考虑不够，缺乏沟通协调，欠缺对资产的全过程管理。资产全寿命周期管理按照系统思想对资产管理过程进行全面集成，实现职能管理向流程管理的转变，借助于精益化方法和全过程优化，对公司管理水平的提升将发挥重要的推动作用。

2. 资产全寿命周期管理是提高运营效率的重要基础

电网企业属于基础服务行业和公用事业，是关系国计民生的重要基础产业，肩负着重要的政治责任和社会责任，确保电网的安全稳定运行是公司面临的首要任务。资产全寿命周期管理可以有效地提高电网企业的运营效率，一方面，运行阶段的要求在资产形成前期决策过程中得到了充分考虑，大大降低了规划、设计、招投标和建设等前期阶段造成资产健康隐患的可能性；另一方面，在资产运行过程中基于全寿命管理理念采用的各种管理方法，有助于

运行管理水平的提高。

3. 资产全寿命周期管理是提升资产质量、延长设备使用寿命的关键举措

在电网资产全寿命周期成本中，故障引起的损失占较大比重，全寿命周期管理在设备或系统的规划设计和招投标时就充分考虑可靠性因素，将故障成本作为一种惩罚性成本折算进全寿命周期成本，全面分析可靠性对全寿命周期成本的影响，有助于从源头提高设备和系统的可靠性，从而提升输变电设备资产的质量并且延长其使用寿命。

4. 资产全寿命周期管理是优化电网资产成本效益的重要手段

资产全寿命周期管理通过在规划、立项、设计和设备招投标等决策环节将建设和运行阶段进行通盘考虑，以实现资产全寿命周期成本最低为目标，寻找一次投入与运行维护费用二者之间的最佳结合点，从而改变割裂二者关系、片面追求一次投资最低的做法，有效地实现资产全寿命周期各个阶段的衔接。通过开展全寿命周期管理，能够真正达到资产质量的优良和运行维护费用的优化，从而非常显著地降低资产全寿命周期的总体成本，提高公司资产的运营效率。

（三）总体目标和原则

电网公司属于公用服务型行业，社会责任巨大，确保电网资产的安全稳定运行是开展资产全寿命周期管理的前提条件。同时，电网公司承担着国有资产保值增值的重任，必须在安全、资产质量和全寿命周期成本之间取得平衡。因此，电网公司资产全寿命周期管理的总体目标是统筹协调安全、效能和周期成本三者的关系，在确保电网安全可靠的同时，提高电网资产质量和使用效率，降低全寿命周期成本。开展资产全寿命周期管理，应遵循以下原则：

（1）坚持以系统管理思想为指导。以降低公司资产全寿命周期成本为目标，转变工作理念和方法，以系统化管理思想统筹协调资产全寿命周期各个环节，明确各环节工作重点，加强各环节的工作衔接与配合，推进资产全寿命周期管理向一体化、标准化、流程化方向发展。

（2）坚持安全第一。通过对设备全寿命周期的全过程质量监控和成本跟踪，优化相应工作流程和策略，正确处理好电网资产安全、寿命、周期成本三者的关系，提高电网资产运营效益和全寿命周期健康水平，确保电网的安全稳定运行和可靠供电。

（3）坚持体系建设先行。资产全寿命周期管理是一项创新工程，是对原有资产管理方式的重大变革。为保证电网的安全运行，有效提升资产运营效益，必须首先建立完善的管理体系，全面规范资产全寿命周期管理工作，全过程、全方位做到“有章可循、有法可依”。

（4）坚持推进精益化管理方法。按照资产全寿命周期管理的要求，建立资产安全、寿命、周期成本分析评价模型，以精益化管理方法为手段推进公司资产管理整体及各阶段工作的不断深入。

（5）坚持因地制宜、务求实效。以可操作性为标准推行资产全寿命周期管理各项工作，充分考虑不同地区发展能力、装备水平、经营环境、运行环境等影响因素的差异，因地制宜，制定切实可行的整改措施，确保取得实效。

（四）预期效果

通过在公司系统推进资产全寿命周期管理可以从多个方面提升公司资产管理的水平，经济效益十分明显，详见表 1-5-1。

**表 1-5-1 资产全寿命周期管理实施前后效果对比**

| 转变领域 | 实施资产全寿命管理前 | 实施资产全寿命管理后 |
| --- | --- | --- |
| 资产寿命 | 与国际一流公司（设备实际平均使用寿命 30 年以上）相比，我们的设备平均服役年限仅为 20 年，资产效益水平偏低 | 设备的健康水平和服役年限可明显提高，资产效益水平显著提升。设备实际平均使用寿命如提高 5 年，预计每年可以节约技改资本性投入 10%左右，节约资金 20 亿元以上 |
| 资产全寿命周期成本 | 资产全寿命周期成本无法有效精细化统计、预测、控制。尚未实现精益化的全面预算管理 | 资产的全寿命周期成本可统计、可预测、可控制，实现全面预算管理。设备实际平均使用寿命如提高 5 年，预计单体设备的全寿命周期成本至少可以下降 10% |
| 投资回报水平 | 由于以上两个方面原因，资产投资回报水平有限，难以有效提高 | 实现基于需求的精益化预算、核算机制，资本性支出和成本性支出更加透明，设备实际平均使用寿命如提高 5 年，预计净资产收益率至少可提高 1 个百分点 |
| 资产管理水平 | 由于基于职能的分段式管理模式，管理目标、标准等并不统一，资产的全过程、精益化管理水平不高 | 从企业文化、管理理念、管理目标、管理体系到实施标准趋于统一，全过程的资产管理水平可大幅度提高 |
| 组织与管控模式 | 分条线、分阶段的职能管理 | 以流程管理实现各部门各单位的联动机制和协同效应 |
| | 各条线设定不同的管理目标 | 各部门资产管理的目标统一 |
| | 各条线、各阶段的信息不对称、不共享 | 实现跨部门的信息对称和充分共享 |
| 管理策略 | 决策机制缺乏有效数据支撑和科学计算模型 | 建立一整套满足各项工作要求决策机制和先进的模型方法体系，支持精益化管理 |
| 评估考核 | 资产管理缺乏“全过程”评估以及科学的评估模型，以单个条线、单个阶段考核为主。只注重部门、单位的局部利益及考核指标。考核指标单一，不能兼顾各区域发展现状 | 建立科学的评估考核流程及模型，以公司资产整体效益最优为目标，由各业务条线合理分解考核指标承担权重。根据各区域发展情况差异制定具有梯度和层次差异的分级考核指标 |
| 管理信息化 | 资产管理信息化水平较低，对业务流程的全面支持有待完善。缺乏基础数据和管理信息的积累和分析手段。基础数据和信息质量管理亟待加强 | 建成高度集成的资产管理信息化平台。实现资产实物流、信息流、价值流“三流合一”的全过程集约管理；建立完善的基础数据治理体系，为各种先进管理工具和方法的应用提供高质量信息支持 |

## 五、智能电网与储能技术

风能、太阳能、生物质能等清洁能源的开发利用，对于优化我国能源结构、减少化石能源消费、降低温室气体排放具有十分重要的意义。坚强智能电网集成了先进的信息通信技术、自动化技术、储能技术、运行控制和调度技术，为清洁能源的集约化、规模化开发和应用提供了技术保证。一方面，坚强智能电网能够解决风电、太阳能发电等大规模接入带来的电网安全稳定运行问题，有效提高电网接纳清洁能源的能力；另一方面，坚强的跨区网架结构，可以为远离负荷中心的清洁能源规模化、集约化开发提供输出条件。

### （一）新能源发电与大规模储能

新能源发电主要是指利用风能、太阳能、生物质能、海洋能和地热能等各种新型可再生能源进行发电。国外的新能源发电以分散接入为主，我国由于资源状况与经济发展区域的逆向分布，决定了新能源发电具有大规模集中接入的特点。与常规电源相比，大多数新能源发电方式提供的电力具有显著的间歇性和随机波动性，当并网规模较大时，将对电网的安全稳定运行带来影响。作为新能源发电方式的有益补充，储能技术可以通过存储电能来平滑随机和间歇的功率输出，并在大规模新能源发电并网中起到重要作用。

电能存储方式主要可分为机械储能、电磁储能、电化学储能和相变储能等。机械储能主要有抽水蓄能、压缩空气储能和飞轮储能等，电磁储能包括超导磁储能和超级电容器储能等，电化学储能主要有铅酸蓄电池、钠硫电池、液流电池和锂离子电池，相变储能包括冰蓄冷储能、热电相变蓄热储能等。由于电力系统的复杂性以及对储能需求的多样性，没有哪种储能技术可以同时满足电力系统的所有需求。

目前大规模储能技术中只有抽水蓄能技术相对成熟，也是目前应用较为广泛的一种蓄能技术。其基本原理是在电力负荷低谷期将水从下池水库抽到上池水库，通过水这一能量载体将电能转化为势能存储起来；在电网负荷高峰期，释放上池水库中的水进行发电。但由于地理资源的限制，其应用受到制约。其他储能方式还处于实验示范阶段甚至初期研究阶段，距离大规模推广应用还有较大差距，尤其在可靠性、效率、成本、规模化和寿命方面存在诸多问题。

（二）储能技术在大规模新能源发电并网中的应用

我国新能源资源与能源需求在地理分布上存在巨大差异，风力发电、光伏发电等新能源发电远离负荷中心，必须远距离、大容量输送，因此，新能源发电的集中开发和集中接入特点非常明显。在未来发展中，大规模新能源发电将逐步实现可预测、可控制、可调度，并实现与电网的信息交互和协调控制，促进电网安全稳定水平的提高以及新能源有序建设和电网规划运行的良性互动。

风力发电和光伏发电等新能源发电具有不同于火电和水电等常规电源的波动性和间歇性，大规模并网会对电网的稳定运行造成影响。在间歇式新能源发电装机容量不断增加、规模不断扩大的情况下，利用储能技术能够为电力系统提供快速的有功支撑，增强电网调频、调峰能力。因此，对于风力发电、光伏发电等新能源发电系统，在电源侧配置动态响应特性好、寿命长、可靠性高的大规模储能装置，可有效解决风能、太阳能等间歇式新能源的间歇性和波动性问题，大幅提高电网接纳新能源发电的能力，促进新能源发电的集约化开发和利用。

各种储能技术在能量密度和功率密度方面均具有不同的表现，很少能有一种储能技术可以完全适应电力系统的各种应用，因此必须根据具体的需求，选择匹配的储能方式。

在大规模新能源发电并网应用中，充放电速度快、反应灵敏的储能装置可用于调频、调相和调压，以保证新能源电力的电能质量。以风电为例，将飞轮储能装置并联于风电系统直流侧，利用飞轮储能装置吸收或发出有功和无功功率，能够改善输出电能的质量。容量密度大的储能装置可以用于电网的调峰。当某个时间段内风力资源丰富而电网的用电需求处于低谷时，可以利用大容量的储能装置削峰填谷，将“过剩”的电能储存起来，在电网负荷高峰期将电能平稳地释放出来。

从目前的技术水平及发展趋势来看，已经用于或未来可能用于大规模储能的主要是抽水蓄能、压缩空气储能和电化学储能等储能技术，可根据系统条件进行选择。

抽水蓄能是电力系统中广泛采用的大规模、集中式储能手段，在有条件的地区建设抽水蓄能电站，构建大规模风电—抽水蓄能互补系统，将为大力发展风电创造条件。利用抽水蓄能电站的多种功能和优良的技术特性可有效地弥补风电的间歇性和波动性，消除电网规模对发展大规模风电的限制。特别是当电力系统负荷处于低谷时段，抽水蓄能电站可以消纳风电多余有功功率，减少弃风，从而有效提高风能利用率和电网供电质量，使风能资源得到最大化的开发和利用。另外，抽水蓄能电站还具有灵活调节系统有功功率、无功功率等优点。因此，在风电比重较大的电网和准备发展大规模并网风电的地区，在建设百万千瓦、千万千瓦级风电基地的同时，应该利用当地的水利资源，配备一定比例的抽水蓄能电站，实现抽水蓄能电站与风电场的互补运行。

在电池储能中，钠硫电池具有容量大、体积小、效率高、寿命长等优点。目前国内外开展了一百多个兆瓦级以上规模储能示范项目（或商业运行）。其中，很多应用是将钠硫电池系统安装在风电系统或光伏发电系统中，用于输出功率的平稳控制。因此，相对于其他类型的二次电池，钠硫电池在大规模储能应用上已率先迈出了一步。

全钒液流电池与其他蓄电池相比，具有电池的功率和储能容量可以独立设计、循环寿命长、可深度放电而不引起电池的不可逆损伤、响应速度快等特点，在风能（或太阳能）储能联合发电系统中具有良好的应用前景。

锂离子电池的主要优点是比能量大、比功率高、自放电小、无记忆效应、循环特性好、可快速放电且效率高。由于具有上述优点，锂离子电池得到了快速发展，其储能应用前景十分广阔。

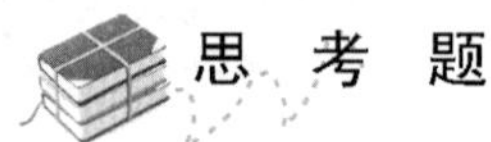

## 思考题

1. 简述坚强智能电网的概念和基本技术特征。
2. 如何理解坚强智能电网的技术体系？
3. 坚强智能电网的重要意义和主要作用有哪些？
4. 从我国所处的发展阶段看，目前能源发展存在哪些问题？
5. 简述促进我国能源资源的优化配置的途径。
6. 简述风电的开发、消纳、输送必须遵循的原则。
7. 坚强智能电网建成后，将在节能减排方面发挥哪些作用？
8. 坚强智能电网提升火电发电效率需要哪些方面的支撑？
9. 简要介绍几种输电线路监测装置。
10. 简述输电线路监测装置的供电方式。
11. 简述变电站设备在线监测主要包括的内容。
12. 高级配电自动化主要支撑技术有哪些？
13. 画图说明基于 SOA 的智能配电网体系架构。
14. 解释说明企业集成总线是如何满足 SOA 架构的。
15. 画图说明智能配电网地理信息交互模型。
16. 如何理解智能城市？智能电网是如何为城市智能化建设提供保障的？
17. 智能电网调度技术支持系统有哪些特点？

18. 电网实时监控与智能告警功能主要包括哪些内容?
19. 简述微电网控制功能的基本要求。
20. 目前电动汽车充放电技术有哪些模式?
21. 电动汽车充放电设施对电网将产生哪些方面的影响?
22. 简述双向互动服务门户的基本概念。
23. 简述资产全寿命周期管理的基本概念。

# 第二章　智能输配用电

## 第一节　智能输电

输电网是电能输送的物理通道，是连接发电、配电和用电等环节的纽带。先进的输电技术是构建智能输电网、满足新能源发展需要、实现资源大范围优化配置的关键技术，输电网智能调度技术为电网的安全稳定经济运行提供重要的保障。

在未来的15～20年内，我国的电力需求仍将快速增长。由于我国能源供应和消费呈逆向分布特征，一次能源集中在西部和北部地区，而负荷又集中在中东部和南部地区，因此，需要采用先进的输电技术，建设坚强的网架结构，进行远距离、大容量、低损耗、高效率的电能输送，促进水电、火电、核电和可再生能源发电的大规模集约化开发，实现全国范围内的能源资源优化配置。

本节将主要介绍特高压交/直流输电、柔性输电等先进输电技术，同时展望超导输电等前沿技术，以及电网的动态监控技术等。

### 一、特高压输电技术

特高压输电技术包括特高压交流输电技术和特高压直流输电技术。

#### （一）特高压交流输电技术

特高压交流输电是指1000kV及以上电压等级的交流输电。特高压交流电网突出的优势是：可实现大容量、远距离输电，1回1000kV输电线路的输电能力可达相同导线截面的500kV输电线路的4倍以上；可大量节省线路走廊和变电站占地面积，显著降低输电线路的功率损耗；通过特高压交流输电线实现电网互联，可以简化电网结构，提高电力系统运行的安全稳定水平。2004年以来，我国在特高压交流输电技术领域开展了全面深入的研究工作，掌握了特高压交流输电的核心技术，主要体现在以下几方面：

（1）在过电压深度控制方面，采用高压并联电抗器、断路器合闸电阻和高性能避雷器联合控制过电压，并利用避雷器短时过负荷能力，使操作过电压、工频过电压得到有效控制，持续时间限制在0.2s以内，兼顾了无功平衡需求，有效降低了对设备绝缘水平的要求。

（2）采用高压并联电抗器中性点小电抗控制潜供电流方法，成功实现了1s内的单相重合闸，避免了采用动作逻辑复杂、研制难度大、价格昂贵的高速接地开关方案，解决了潜供电流控制的难题。

（3）通过对特高压交流输电系统绝缘配合的大量研究，获得了长空气间隙的放电特性曲线，初步提出了空气间隙放电电压的海拔修正公式，引入反映多并联间隙影响的修正系数，合理控制了各类间隙距离。

（4）大规模采用有机外绝缘新技术，在世界上首次采用特高压、超大吨位复合绝缘子和复合套管，结合高强度瓷/玻璃绝缘子、瓷套管的使用，攻克了污秽地区特高压交流输电工程的外绝缘配置难题。

(5) 为了控制电磁环境水平，特高压输电线路采用大截面多分裂导线，变电站全部进行全场域三维电场计算和噪声计算，优化了变电站布置和设备金具结构，并成功研制出低噪声设备和全封闭隔音室，电晕损失和噪声控制水平达到国际先进水平。

(6) 开展特高压电网安全稳定水平的大规模仿真计算分析，结合发电机及励磁系统的实测建模，以及系统电压控制、联网系统特性试验结果，研究掌握了特高压电网的运行特性，提出了特高压电网的运行控制策略并成功实施。

(7) 建立特高压输电技术标准体系，形成了从系统集成、工程设计、设备制造、施工安装、调试试验到运行维护的全套全过程技术标准和试验规范。

(8) 成功研制出代表世界最高水平的全套特高压交流设备：额定电压 1000kV、额定容量 1000MVA（单柱电压 1000kV、单柱容量 334MVA）的单体式单相变压器，额定电压 1100kV、额定容量 320Mvar 的高压并联电抗器，额定电压 1100kV、额定电流 6300A、额定开断电流 50kA（时间常数 120ms）的 $SF_6$ 气体绝缘金属封闭组合电器，特高压瓷外套避雷器、特高压棒形悬式复合绝缘子、复合空心绝缘子及套管等特高压设备。

2009 年 1 月 6 日，晋东南—南阳—荆门特高压交流试验示范工程正式投入商业运行，首次实现了两大电网通过特高压线路的同步互联，掌握了系统的运行特性和控制规律，验证了运行控制策略的有效性和仿真计算分析的准确性。特高压交流系统表现出了良好的动态运行特性和抗扰动能力，发挥了水火互济和事故支援等重要联网功能。

### （二）特高压直流输电技术

国际上，高压直流输电通常指的是±600kV 及以下直流输电系统，±600kV 以上的直流输电系统称为特高压直流输电系统。在我国，高压直流输电指的是±660kV 及以下直流输电系统，特高压直流输电指的是±800kV 和±1000kV 直流输电系统。

从电网特点看，特高压交流输电可以形成坚强的网架结构，对电力的传输、交换、疏散十分灵活；直流输电是“点对点”的输送方式，难以独自形成网络，需依附于坚强的交流输电网发挥作用。

特高压直流输电具有超远距离、超大容量、低损耗、节约输电走廊和快速、灵活、高度可控等特点，可用于电力系统非同步联网；由于不存在交流输电的系统稳定问题，可按送、受两端运行方式而改变潮流，所以更适合于大型水电、火电基地向远方负荷中心送电。与高压直流输电相比，特高压直流输电具有以下技术和经济优势。

(1) 输送容量大。采用 6in 晶闸管换流阀、大容量换流变压器和大通流能力的直流场设备，电压可以采用±800kV 或±1000kV。±800kV、±1000kV 特高压直流输电能力分别是±500kV 高压直流输电的 2.5 倍和 3.2 倍，能够充分发挥规模输电优势，大幅提高输电效率。

(2) 送电距离远。采用特高压直流输电技术使超远距离的送电成为可能，为实现更大范围优化资源配置提供技术手段。研究结果表明，±800kV 经济输电距离为 1350～2350km，±1000kV 经济输电距离为 2350km 以上。

(3) 线路损耗低。在导线总截面、输送容量均相同的情况下，±800kV 直流线路的电阻损耗是 1500kV 直流线路的 39%，是±600kV 直流线路的 60%，可提高输电效率，降低输电损耗。

（4）工程投资省。由于特高压直流输电输送容量大、送电距离远，特高压直流工程的单位千瓦每千米造价显著降低。根据计算分析，±800kV 直流输电工程的单位千瓦每千米综合造价约为±500kV 直流输电工程的 87%，节省工程投资效益显著。

（5）走廊利用率高。±800kV 直流输电单位走廊宽度输送容量是±500kV 的 1.3 倍左右，提高输电走廊利用效率，节省宝贵的土地资源。

（6）运行方式灵活。特高压直流输电线路采用双极对称和模块化设计，每极采用双 12 脉动换流器串联的接线，单个换流器单元和单极故障不影响其他换流单元和极的运行，运行方式灵活，系统可靠性大大提高。任何一个换流器发生故障，系统仍能够保证 75%额定功率的送出。由于采用对称、模块化设计，工程可以分步建设、分期投入运行。

（7）可靠性高。特高压直流输电线路除采用对称和模块化设计提高系统可靠性外，还对控制保护等重要部分采取冗余设计，从而大大提高特高压直流输电线路的可靠性。直流输电线路可控性好，输电电压、电流和功率以及送电方向可以灵活调节。据分析，±800kV 特高压直流线路的单换流器停运率平均不大于 2 次/年，双极强迫停运率不大于 0.05 次/年，能量不可利用率不大于 0.5%。

（8）环境友好。特高压直流输电线路通过采用大截面、多分裂导线和增加对地距离，其线路电磁环境指标与常规±500kV 直流输电线路相当，完全满足国家环境指标要求。通过采用低噪声设备、优化换流站平面布置、采用隔声屏障等措施，如平波电抗器采用高效一体化消声装置、围墙合理装设隔音屏，经仿真计算表明特高压直流输电线路换流站噪声场界可达到国家二类标准，即昼间不大于 60dB，夜间不大于 50dB。

到目前为止，我国已建和在建的特高压直流输电线路有±800kV 向家坝—上海直流输电示范线路、±800kV 锦屏—苏南直流输电线路和±800kV 云南—广东直流输电线路。

### 二、柔性输电技术

#### （一）柔性交流输电技术

20 世纪 80 年代，美国电力科学研究院的 Narain G Hingorani 博士提出柔性交流输电系统（FACTS）的概念。1997 年，IEEE PES 学会正式公布 FACTS 的定义是：装有电力电子型和其他静止型控制装置以加强可控性和增大电力传输能力的交流输电系统。可以说，FACTS 的基石是电力电子技术，核心是 FACTS 装置，关键是对电网运行参数进行灵活控制。通过安装 FACTS 装置可以实现电压、阻抗、功角等电气量的快速、频繁、连续控制，克服传统控制方法的局限性，增强电网的灵活性和可控性。在以晶闸管控制串联电容器、静止无功补偿器、可控并联电抗器、故障电流限制器为代表的第一代 FACTS 装置研究与应用方面，我国走在世界前列，关键技术和经济指标已经接近甚至超过了国外先进电气设备供应商的技术水平，并在我国电网中推广应用，获得了良好的社会效益和经济效益。在以静止同步补偿器和静止同步串联补偿器为代表的第二代 FACTS 装置方面，我国已开展相关技术研究。其中静止同步补偿器在输电网已有示范应用，但在容量、电压等级和可靠性等方面与国外技术水平尚存在一定差距：静止同步串联补偿器仍然处于实验室研究阶段，还没有实际的工业装置投入运行。以统一潮流控制器、线间潮流控制器、可转换静止补偿器为代表的第三代 FACTS 装置是对第二代 FACTS 装置的创新和发展，功能更强大，结构更加紧凑，性能大幅度提升，可以为电网提供更先进的控制手段，代表了 FACTS 技术的发展方向。

要在智能电网中大规模应用 FACTS 装置，还要解决一些全局性的技术问题，例如多个

FACTS 装置间的协调控制问题，FACTS 装置与已有常规控制设备、继电保护的配合问题，FACTS 装置纳入智能电网调度系统的问题等。

1. 柔性交流输电系统（FACTS）装置的应用

（1）静止无功补偿器。静止无功补偿器（SVC）是在机械投切式电容器和电感器的基础上，采用大容量晶闸管代替机械开关而发展起来的，它可以快速地改变其发出的无功功率，具有较强的无功调节能力，可为电力系统提供动态无功电源。SVC 在电网运行中可以起到提高电压稳定性、提高稳态传输容量、增强系统阻尼、缓解次同步谐振（振荡）、降低网损、抑制冲击负荷引起的母线电压波动、补偿负荷三相不平衡等作用。SVC 主要包括晶闸管控制电抗器（TCR）、晶闸管投切电容器（TSC）、TCR＋固定电容器（FC）混合装置、TCR＋TSC 混合装置。

（2）晶闸管控制串联电容器。输电线路采用串联电容器补偿线路感抗的方式可以缩短线路的等效电气距离，减小功率输送引起的电压降和功角差，从而提高线路输送能力和系统稳定性。常规串联电容器补偿装置的补偿容抗固定，也称为固定串联电容器（FSC）补偿，不能灵活地调整补偿容抗值以适应系统运行条件的变化。晶闸管控制串联电容器（TCSC）应用了电力电子技术，利用对晶闸管阀的触发控制，实现对串联补偿容抗值的平滑调节，使输电线路的等效阻抗动态可调，系统的静态、暂态和动态性能得到改善。TCSC 是 FACTS 技术应用的典型装置之一，在电网中可以起到控制电网潮流分布、提高系统稳定性极限、阻尼系统振荡、缓解次同步谐振、预防电压崩溃等作用。典型的 TCSC 结构由电容器组和晶闸管阀控制的电抗器并联组成，即在固定电容器组 FC 旁边并联 1 个 TCR 支路。其基本思路是用 TCR 部分抵消固定电容器的容抗值，从而获得连续可控的等效串联阻抗。TCSC 除有电容器组、晶闸管阀和电抗器外，还包括与电容器组一起安装的保护设备，如金属氧化物限压器（MOV）、火花间隙及其限流阻尼电路等，它们都被安装在与地面绝缘的高压平台上；另外还有其他辅助设备，如用于各支路电流测量用的电流互感器、旁路断路器、旁路开关、隔离开关、接地开关以及测量电容器两端电压的电阻分压器等。实际的 TCSC 结构通常采用多组 TCSC 模块串联构成，并常与 FSC 结合起来使用，采用 FSC 的目的主要是为了降低整套串补装置成本。每个 TCSC 模块参数可以不同，以提供较宽的阻抗控制范围。

（3）可控并联电抗器。可控并联电抗器（CSR）是一种新型 FACTS 装置，并联于电力系统，且其电抗值可以在线调节，在一定程度上解决电压在小负荷方式下过高或大负荷方式下过低的情况，紧急情况下可以实现强补以抑制工频过电压，配合中性点电抗器还可以抑制潜供电流、降低恢复电压。CSR 的投入运行，使双回或多回线发生 $N-1$ 故障时，可按其最大调节范围实现动态无功补偿，提高系统的电压稳定性；同时，对于系统在各种扰动下出现的电压振荡或功率振荡也能起到一定的抑制作用，提高系统的动态稳定性。CSR 主要有磁控式并联电抗器（MCSR）和分级式可控并联电抗器（SCSR）两种。MCSR 通过晶闸管控制励磁系统电流来改变电抗器铁芯的饱和程度，可实现并联电抗值的快速、连续、大范围调节。MCSR 由电抗器本体和控制系统两部分组成。对于 500kV 及以上电压等级应用的 MCSR，由于电抗器本体容量大，通常采用单相式结构，即典型的单相磁路结构。SCSR 通过晶闸管分级投切变压器低压侧电抗器，可实现并联电抗值在有限个级别间的快速切换。

CSR 在电网中的应用主要在以下几方面：

1）简化无功电压控制措施。由于 CSR 无功功率可以连续变化，可以将输电线路的广义自然功率调节为线路自然功率的 30%～100%，在电网潮流的正常变化范围内，无需配置或使用其他无功电压调节手段。

2）限制工频过电压。在电网正常运行时，CSR 无功功率可根据线路传输功率自动调节，以稳定其电压水平。此外，在线路潮流较重时，若出现末端三相跳闸甩负荷的情况，处于轻载运行的 CSR 可快速调节到系统所需的容量，以限制工频过电压。

3）消除发电机自励磁。发电机带空载线路运行时，有可能产生自励磁。CSR 可以自动调整到合适的补偿容量，以消除自励磁，为大机组直接接入电网创造条件。

4）限制操作过电压。由于 CSR 的调节作用使电网的等效电动势降低，加之由于 CSR 的补偿作用使空载线路的工频过电压得以抑制，从而降低了系统的操作过电压水平。CSR 具备较强的过电压和过负荷能力，可有效地限制线路计划性合闸、重合闸、故障解列等的操作过电压。

5）无功功率动态补偿。CSR 可快速调节自身无功功率，是特高压电网理想的无功补偿设备。采用 CSR 后，可以起到无功功率动态平衡和电压波动的动态抑制，如果施加适当的附加控制，还可以增加系统阻尼，提高输电能力。

6）抑制潜供电流。单相重合闸在我国电网 500kV 输电线路中广泛采用，因此，降低线路单相接地时的潜供电流以提高单相重合闸的成功率是改善系统可靠性和稳定性的一个重要环节。模拟实验和理论分析表明，CSR 配合中性点小电抗和一定的控制方式，可大大减小线路单相接地时的潜供电流，有效促使电弧熄灭。

由以上分析可知，CSR 主要用于解决长距离重载线路限制过电压和无功补偿的矛盾，还可将其作为一种无功补偿的手段，与采用 SVC 等无功补偿方案进行经济技术比较。

（4）故障电流限制器。故障电流限制器（FCL）是一种串联在输电线路中的 FACTS 装置。在系统正常运行时其阻抗为零，不对系统运行产生任何影响。当系统发生故障时，FCL 通过投切或以其他的方式迅速增大串联阻抗来达到限制线路短路电流的目的。在适当位置装设合适的 FCL 可使电网的互联和电源容量的增加不再受制于短路电流水平，对于电网安全稳定运行具有重要意义。串联谐振型 FCL 技术较容易实现，经济特性较好，而且满足电力系统对可靠性的要求，是目前具有应用前景的技术方案。

（5）静止同步补偿器。静止同步补偿器（STATCOM）是一种基于电压源换流器（VSC）的动态无功补偿设备，是第二代 FACTS 装置的典型代表。STATCOM 以 VSC 为核心，直流侧采用电容器为储能元件，VSC 将直流电压转换成与电网同频率的交流电压，通过连接电抗器或耦合变压器并联接入系统。当只考虑基波频率时，STATCOM 可以看成一个与电网同频率的交流电压源通过电抗器连接到电网上。由于 STATCOM 直流侧电容仅起电压支撑作用，因此相对于 SVC 中的电容容量要小得多。此外，STATCOM 与 SVC 相比还拥有调节速度更快、调节范围更广、欠电压条件下的无功调节能力更强的优点，同时谐波含量和占地面积都大大减小。

（6）静止同步串联补偿器。静止同步串联补偿器（SSSC）属于第二代 FACTS 装置，可以等效为串联在线路中的同步电压源，通过注入与线电流呈合适相角的电压来改变输电线路的等效阻抗，具有与输电系统交换有功功率和无功功率的能力。

2. 柔性交流输电系统特点

FACTS 技术由于采用具有单独或综合功能的电力电子控制装置，比常规的输电控制技术具有优越的快速性能和灵活的控制能力，同时还具有良好的适应性。由于 FACTS 技术与现有的交流输电系统是并行发展并完全兼容的，在现有设备不做重大改动的条件下，采用合适有效的FACTS技术，可充分发挥现有电网的潜力，因此，在电力系统中具有广泛而良好的应用前景。综合而言，应用FACTS技术的重要作用和意义体现在以下几方面：

（1）充分利用现有输电线路的能力和资源。现行电力系统由稳定条件限定的输送功率的极限偏低，输电线路的能力远未被充分利用，而采用FACTS技术，理论上可使输电线路的输送功率极限大大提高，甚至接近导线的热稳极限，从而提高输电线路资源的利用率。

（2）提高电网和输电线路的安全稳定性、可靠性和运行经济性。FACTS技术的应用将有助于抑制功率振荡，提高系统的安全稳定水平；有助于控制电网中的潮流大小和方向，实现潮流的合理流动和电网的经济运行；有助于限制电网和设备故障的影响范围，减小事故恢复时间及停电损失。

（3）优化整个电网的运行状况。在电网中采用FACTS技术有助于建立全网统一的实时控制中心，实现全系统的优化控制，以提高全系统运行的安全性和经济性。

（4）改变传统交流输电的应用范围。整套应用并协调控制的FACTS装置将使常规交流输电柔性化，改变交流输电的功能范围，使其在更多方面发挥作用。应用FACTS装置的方案常常比新建一条线路或换流站的方案更便宜，甚至可以扩大到原属于直流输电专有的应用范围，如定向传输电力、功率调制、延长水下或地下交流输电距离等。

3. 国内柔性交流输电系统工程应用

1994年作为原电力部重大科技攻关项目，由河南省电力局和清华大学共同研制了±20Mvar STATCOM。为进行机理研究，首先研制了300kvar的中间工业试验装置，于1995年并网运行。

1999年3月，±20Mvar STATCOM在河南洛阳的朝阳变电站并网成功，10月25日通过河南省电力试验研究所的72h满载测试，11月15日又通过了由中国电力科学研究院进行的性能测试。测试结果表明±20Mvar STATCOM达到了预期的各项设计指标，并由国家电力公司科技环保部主持，于2000年6月27日在洛阳成功进行了鉴定。该装置的研制成功使中国成为国际上第4个拥有大容量STATCOM的国家，是中国FACTS研究应用领域的一个重要里程碑。清华大学和上海电力公司合作研制的一套容量为±50MVA（无功功率）的STATCOM，已于2006年4月投运。

我国东北电力系统将首次在伊敏—冯屯输电线路冯屯侧安装TCSC，以解决伊敏电厂两台500MW和两台600MW发电机经双回500kV线路向东北电网主网送电时存在的严重暂态稳定问题。

2003年8月投运的500kV天生桥—广东输电线路装设了40%固定串补和10%可控串补TCSC设备，以充分利用已有的交流线路，尽可能输送更多功率到广东。

甘肃电网碧口—成县—天水系统220kV可控串联补偿项目作为TCSC技术国产化的依托工程也已投运。

4. FACTS的发展前景

鉴于FACTS的广泛发展前景及它对未来输电技术发展、电力建设和运行可能产生的重大影响，美国、日本、巴西以及德国、瑞典、意大利、英国等欧洲一些发达国家已投入大量的资金和人力对此进行研究和开发，包括对现行电网的评估、硬件设备开发及FACTS装置在各电力公司的协调配置等，并已取得了许多可喜成果。

FACTS 技术是智能电网发展的重要技术组成部分，不但可以使电网变得坚强，同时还能满足电网智能的需求，实现对电网潮流、电能质量的灵活控制，对电网规划建设和运行将带来重要的影响。国内部分高校和科研单位已经做了大量的研究工作，部分地区的电网企业已经在 FACTS 新技术应用方面走在前面。

FACTS 技术不仅对高压、超高压长距离交流输变电系统具有重要意义，同时对提高城市输配电网络的功率传输能力、电能利用率及改善电压质量也有重要意义。城乡电网改造中的一个主要问题就是尽可能充分利用现有的传输线路提高功率传输力，改善城市电网的供电质量，而 FACTS 技术正是解决这一问题的非常有效的手段。FACTS 装置还具有安装维护方便、占地面积小等优点，十分适合在城市变电站中应用。由于 FACTS 装置所具有的优越性，加之大功率电力电子器件的造价日趋降低，目前世界上许多国家都在积极开展 FACTS 设备制造或应用的研究。

（二）柔性直流输电技术

柔性直流输电（VSC-HVDC）是以 VSC 和 PWM 技术为基础的新型直流输电技术，也是目前进入工程应用的较先进的电力电子技术。VSC-HVDC 在孤岛供电、城市配电网的增容改造、交流系统互联、大规模风电场并网等方面具有较强的技术优势。

当两个 VSC 的交流侧并联到不同的交流系统中，而直流侧连在一起时就构成了 VSC-HVDC 输电系统。典型的 VSC-HVDC 换流站采用三相两电平 VSC，每个桥臂都由多个 IGBT 串联而成，称之为 IGBT 阀。直流侧电容器为 VSC 提供直流电压支撑，缓冲桥臂关断时的冲击电流，减小直流侧谐波。换相电抗器是 VSC 与交流系统进行能量交换的纽带，同时也起到滤波器的作用。交流滤波器的作用是滤去交流侧谐波。换流变压器是带抽头的普通变压器，其作用是为 VSC 提供合适的工作电压，保证 VSC 输出最大的有功功率和无功功率。双端 VSC-HVDC 系统通过直流输电线（电缆）连接，一端运行于整流状态，称之为送端站；另一端运行于逆变状态，称之为受端站。两站协调运行能够实现两端交流系统间有功功率的交换。两端 VSC-HVDC 输电系统可以看作是两个独立的基于 VSC 技术的 STATCOM 通过直流线路连接合成的系统。对于交流系统而言，交流系统只向 VSC-HVDC 换流站（STATCOM）提供连接节点，即换流站与交流系统是并联的。

1. 柔性直流输电的技术特点

柔性直流输电与传统直流输电相比，主要有以下技术特点：

（1）VSC 的电流能够自关断，可以工作在无源逆变方式，所以不需要外加的换相电压，受端系统可以是无源网络，克服了传统的 HVDC 受端必须是有源网络的根本缺陷，使利用 HVDC 为远距离的孤立负荷送电成为可能。

（2）正常运行时，VSC 可以同时且独立地控制有功功率和无功功率，控制更加灵活方便。而传统 HVDC 中控制量只有触发角，不可能单独控制有功功率或无功功率。

（3）VSC 不仅不需要交流侧提供无功功率而且能够起到 STATCOM 的作用，动态补偿交流母线的无功功率，稳定交流母线电压。若换流站容量允许，当交流系统发生故障时，既可以向故障区域提供紧急有功功率支援，又可以提供紧急无功功率支援，提高交流系统的功角稳定性和电压稳定性。

（4）在潮流反转时，柔性直流电流方向反转而直流电压极性不变，与传统的高压直流输电恰好相反。这个特点有利于构成既能方便地控制潮流又有较高可靠性的并联多端直流系统。

（5）由于VSC交流侧电流可以被控制，因此不会增加系统的短路功率。这意味着增加新的柔性直流输电线路后，交流系统的保护整定基本不需改变。

（6）VSC通常采用PWM技术，开关频率相对较高，经过低通滤波后就可得到所需交流电压，使所需滤波装置的容量大大减小。

（7）模块化设计使柔性直流输电的设计、生产、安装和调试周期大大缩短。换流站占地面积仅为同容量下传统直流输电的20%左右。

（8）换流站间的通信不是必需的，控制结构易于实现无人值班。

（9）具有良好的电网故障后的快速恢复控制能力。

（10）在连接两个独立的交流系统的柔性直流输电系统中，一侧交流系统发生故障或扰动时，并不会影响到另一侧交流系统和换流器的工作。

由于独特的技术优势，VSC-HVDC可在孤岛供电、风电场等新能源并网、电能质量控制、城市负荷中心供电、弱电网互联、钻井平台变频调速等方面获得广泛应用。

2. 我国VSC-HVDC工程

2011年7月25日，亚洲首个柔性直流输电示范工程——上海南汇风电场柔性直流输电工程投入正式运行。这是我国第一条拥有完全自主知识产权、具有世界一流水平的柔性直流输电线路，它的成功投运标志着我国在智能电网高端装备方面取得重大突破，国家电网公司也成为世界少数几家掌握该项技术的公司。

南汇风电场柔性直流输电工程由上海市电力公司建设，容量20MVA。工程于2011年5月3日并网，整体投入试运行。2011年6月，世界首次柔性直流输电系统交流侧短路故障试验在该线路上开展，表明该线路可有效提升风电场低电压穿越能力。截至目前，南汇风电场柔性直流输电线路并网性能优越，运行良好。

3. 柔性直流输电应用前景

城市电网的用电负荷增长十分迅猛，而城市负荷中心主力电厂建设不足，大量的电能需要由500kV和220kV线路进行远距离输送，导致供电能力不足且供电可靠性差、城市电网短路电流过大、城市负荷中心缺乏足够的电压支撑、缺乏灵活的调节手段且抗扰动能力差等一系列问题，严重威胁着城市电网的安全稳定运行。

柔性直流输电能够瞬时实现有功和无功的独立解耦控制、结构紧凑、占地面积小且易于构成多端直流系统。另外，该输电技术能同时向系统提供有功功率和无功功率的紧急支援，在提高系统的稳定性和输电能力等方面具有优势。利用这些特点不仅可以解决目前城市电网存在的问题，而且可以满足未来城市电网的发展要求，改善电力系统的安全稳定运行。

可以预见，在不久的将来，柔性直流输电将在向偏远地区供电、海上供电、城网增容改造、新能源的利用以及改善配电网电能质量等方面发挥不可估量的作用。

北京、上海和广州等特大型城市供电问题受到越来越多的重视。空调的大量应用和负荷的快速增长使电网越来越依赖市中心的动态电压支撑。特大城市对环境和占地极为关注，电厂从市中心转移和从外地输入大量电力的趋势不可逆转。例如，北京市大约2/3的电力由外地提供。这种情况给电网安全稳定运行的压力越来越大。由于负荷快速增长，城市电网的规模不断扩大，负荷密度越来越大，不同程度地遇到了短路电流超标的问题。以上海为例，500kV的短路电流即将达到63kA，届时将无足够遮断容量的断路器可采用，而且也限制了电网供电能力的进一步提高。因此，短路电流超标、电压稳定性差和市中心大负荷供电日益成为特大型城市电网的特殊问题。

柔性直流输电技术应用于大城市电网供电的优越性如下：

（1）可以快速控制有功功率和无功功率，解决电压闪变问题，改善供电的电能质量，防止敏感设备因电能质量问题造成的经济损失。

（2）柔性直流输电采用地埋式直流电缆，无交变电磁场、无油污染、无需输电走廊，可以在无电磁干扰及不影响城市市容的情况下，完成城市电网的增容改造，同时满足城市中心负荷需求和环保节能要求。

（3）可灵活控制交流侧的电流，故可控制电网的短路容量。

（4）能够提供系统阻尼，提高系统稳定性，并在严重故障时提供“黑启动功能”。

目前柔性直流输电工程还没有用于城市电网供电的实例。随着核心器件IGBT的发展与成熟，及其研发成本的降低，将柔性直流输电技术广泛应用于城市电网供电将有实际的社会意义。

## 三、其他输电技术

智能电网的内涵是随着技术进步而不断发展的，许多前瞻性技术代表了智能电网未来的发展方向和电力技术的需求方向。下面从定义、研究现状、支撑作用和未来前景等方面介绍其他输电技术。

### （一）超导输电技术

高温超导电缆是超导输电技术领域中技术进步较快、有望在不久的将来获得广泛工程应用的输电技术。高温超导电缆由电缆芯、低温容器、终端和冷却系统四个部分组成，其中电缆芯是高温超导电缆的核心部分，包括通电导体、电绝缘和屏幕导体等主要部件。

高温超导电缆是采用无阻的、能传输高电流密度的超导材料作为导电体并能传输大电流的一种电力设施，具有体积小、质量轻、损耗低和传输容量大的优点，可以实现低损耗、高效率、大容量输电。高温超导电缆的传输损耗仅为传输功率的0.5%，比常规电缆5%～8%的损耗要低得多。在质量、尺寸相同的情况下，与常规电力电缆相比，高温超导电缆的传输容量可提高3～5倍、损耗下降60%，可以明显地节约占地面积和空间，节省宝贵的土地资源。用高温超导电缆改装现有地下电缆系统，不但能将传输容量提高3倍以上，而且能将总费用降低20%。利用高温超导电缆还可以改变传统输电方式，采用低电压、大电流传输电能。因此，高温超导电缆可以大大降低电力系统的损耗，具有可观的经济效益。

美国、日本、丹麦、韩国等国家先后研制出长度数十米至百米0.8～3kA、12.5～138kV超导电缆，并进行了额定通流、负荷转移、短路过载、耐压和模拟地下及过河等环境下的性能试验。美国长岛610m、2.4kA三相超导电缆是世界上第一条在138kV输电网中应用的最长的超导电缆，由并行排列的三条独立单相超导电缆通过六个终端装置与电网相连，采用液氮冷却，为30万户、600MW容量的家庭用户供电，自2008年4月至今一直稳定运行。

2004年4月中国第一组实用高温超导电缆在云南普吉并网运行，为33.5m、35kV/2kA户外分相、室温绝缘、铋系高温超导电缆；同年，75m、10.5kV/1.5kA三相室温绝缘、铋系高温超导电缆在甘肃投运。

高温超导电缆首先应用于短距离、大电流的输电场合。随着科学技术的进步，未来将应用于大容量远距离输电，替换海底电缆，实现离岸风电场接入等。

### （二）多端直流输电技术

多端直流输电（Multi-Terminal HVDC，MTDC）系统由三个或三个以上换流站以及连接换流站之间的高压直流输电线路组成，与交流系统有三个或三个以上的连接端口。多端直流输电系统可以解决多电源供电或多落点受电的输电问题，还可以联系多个交流系统或者将交流系统分成多个孤立运行的电网。

根据接线方式的不同，MTDC主要可分为串联式多端直流输电系统、并联式多端直流输电系统和混合式多端直流系统。

（1）串联式多端直流系统。在串联接线的多端直流输电系统中，流经各换流站的直流电流是相同的，且直流电流由一个换流站控制，其余各站通过改变本换流站的直流电压来控制各自的功率，因此，要求各换流站的换流变压器抽头调节电压范围大，换流器控制角的运行范围大，导致换流器功率因数低、阀阻尼回路损耗大。需要潮流反转时，可直接通过改变控制角来改变潮流方向。如果某个换流站出现故障，可通过先将其投旁通对，再将其隔离，系统其他部分可继续运行；如果是直流线路故障，则需将整个系统停运。

（2）并联式多端直流系统。并联接线方式可分为两种典型接线方式，一种是树枝型，另一种是环网型。并联接线的多端直流系统各换流站直流电压相同，要通过控制各站的直流电流来达到分配功率的目的，因此可调节范围较大；其调节比较简单，因此系统效率较高，经济性较好。并联式的系统扩展灵活、绝缘配合问题比较简单；但各换流站必须改变流入该换流站的直流电流方向，即进行换流器的倒闸操作才能进行潮流反转。对于并联环网型接线，直流线路故障可利用其他线路过负荷能力，使各换流站继续运行，具有较好的运行灵活性。

（3）混合式多端直流系统。混合式多端直流系统是既有串联又有并联的多端直流系统，对于重要性较低、带基本负荷的部分可使用串联方式，较重要的换流站可采用并联方式。这样在线路故障运行时，可以将采用串联接线方式的部分断开，从而保护部分系统继续运行。

多端直流输电和电容换相高压直流输电等新型输电技术的研究已经取得重大突破，达到工程化应用水平。尽管目前世界上已有多个多端直流输电系统，但在实际运行中最多只采用了三端运行，并没有实现真正意义上的多端运行。一方面是因为控制的复杂性随着换流站的连入个数呈指数性增大；另一方面在于多端运行对于控制命令所需的通信系统的可靠性要求很高，任何一条命令的延迟都有可能造成整个系统的崩溃。

基于换流设备的控制保护技术以及高压直流断路器方面的问题也是研究难点。多端直流输电的控制保护技术在原有直流输电的基础上，增加了多个换流站的协调控制，主控制站和从属站之间的地位互换，会在部分线路上造成潮流反转等问题。多个换流站的协调必定会提高对通信系统的要求，通信系统或者高层控制系统出现故障，会出现控制保护指令无法传达到各个换流站的问题，此时如何保证多端直流系统继续安全运行、防止整个多端直流系统瓦解、保证换流设备稳定转换运行工况等都值得深入研究。

为了使多端直流系统中的某个换流站或直流线路故障不致引起整个多端直流系统停电，需要开发出可靠性更高、运行维护更容易的实用化控制系统及保护系统。我国曾经对西北电网中从拉西瓦水电站送电到兰州和西安采用三端直流输电的方案进行研究，对该三端直流输电工程的控制保护系统进行了模拟试验和数字仿真，研究结果表明，该三端直流输电工程是可以稳定运行的，同时证明了多端直流输电系统的控制保护策略的复杂程度并没有以往概念中那么复杂，它可以通过在两端系统控制保护的基础上加以改进得到。

多端直流输电技术适用于多送单受（风电场）和单送多受（多个负荷中心）。以前风力发电的研究多局限于单极及其换流器系统，而随着风电场规模的不断扩大，往往需要数百台风电机组互连，这就迫切需要多端直流输电技术。利用多端直流输电技术，发电侧的各个换流器可独立控制相应的风力发电机组，获得最大的风能，提高风电场的风能利用率。各个换流器与直流母线相连，经过1个或数个逆变器向电网输送能量，这种并网方式的优点在于可以简化大型风电场结构，减少线路走廊施工环节，易于扩充新机组，减小风力的不确定性的影响等。

基于VSC的多端直流输电技术比传统的多端直流输电技术的应用前景更广阔，而且基于风电场电能传输的VSC多端直流输电技术可提高风能的利用率，因此基于VSC的控制保护技术是研究多端直流输电技术的方向之一。

目前在西北兴建的大型光伏电站以及在东南沿海地区计划建设的大型风电场，这些大规模新能源都可以应用多端直流输电技术。在控制多种电源入网的智能输电网建设中，多端直流输电技术将具有广阔的发展前景。

（三）三极直流输电技术

三极直流输电（Tripole HVDC）技术是指由三个直流极输电的新型直流输电技术。可以将已有的三相交流输电线路采用换流器组合拓扑改造而成三相直流输电系统，从而大大提高线路输电容量，有效利用宝贵的输电走廊。与传统的两极直流输电系统相比，三极直流输电系统成本低、可靠性高，过负荷能力强，融冰性能好。

将交流线路转化为直流输电系统通常的做法是采用两极结构，另外一相的导线作为接地线或故障备用线。在这种条件下，交流线路固有的输电能力只有2/3得到了充分应用。

如果采用大地作为回路，那么交流系统的第三条的导线将可以被改造为一个单极直流输电系统，这样输电能力就可以在双极能力的基础上提高到1.5倍。如果单极系统为电压和电流可翻转形式，就可以将两极系统调制为三极系统，从而实现无大地回流的三极直流输电系统。调制极交替返回第一极和第二极中的部分电流。

国外学者提出了三极直流输电技术的基本概念，并分析了其技术优越性，德国开展了相关的试验研究。我国三极直流输电技术的研究处于起步阶段，还缺少试验研究和运行经验。

**四、电力系统的动态监控系统**

20世纪90年代以来，以同步相量测量技术（Phasor Measurement Unit，PMU）为应用标志的广域测量系统（Wide Area Measurement System，WAMS）在国内外电力系统中得到了不同类型的试点应用。随着现代化大电网技术的发展，基于PMU技术的电力系统动态监视、控制系统的研究已成为电力系统实时动态安全分析、控制技术领域的发展热点。下面主要介绍基于PMU技术的电力系统动态监控系统应用的技术背景、国内外系统的应用概况，以及系统所能实现的主要功能等。

（一）技术背景

1. 现代电力系统特征及发展特点

现代电力系统的主要特征体现为大机组、大电厂、大电网、超（特）高压远距离交直流混合输电，标志着电力系统的发展水平已经进入一个新的阶段。未来的电力系统将会表现出一些较小规模电力系统所不具备的新特性。同时，电力系统运行采用了大量新型控制技术，如发电机励磁及调速系统、动态无功补偿装置、可控串补、高压直流输电控制系统等，使电力系统的动态特性日趋复杂。

与此同时，随着电力市场进程中环境保护的要求，电网的建设尤其是输电通道的建设越来越困难，使得电网的各种设施不得不以接近运行极限的方式运行，电网动态稳定问题越来越突出，如何更有效地发挥现有电力设施的效用已成为迫在眉睫的问题。而电网一次系统特性发生改变时，电网的运行监视、控制手段必须能够适应这一变化。

近年来国外连续发生的多次大停电事故，如1996年7月2日和8月10日两次美国西部大停电、2003年“8·14”美加大停电、2006年“11·4”西欧大停电等。这些事故表明尽管现代电网的一次系统结构已相当坚强，依旧不能避免各种原因引起的大停电事故。对典型大停电事故分析表明，事故过程中继电保护、自动控制装置和调度人员未能很好地协调配合是造成连锁故障发生的重要原因。因此，需要研究新的电力系统运行控制系统架构，以便准确地判断电力系统的异常状态和预测其发展趋势，及时采取有效的协调控制措施，避免单一事件引起的连锁事故，有效地避免大停电事故的发生。

然而，现代电力系统的许多特性和事故发生发展过程的机理还没有完全被人们认识清楚，尚未找到有效的保证系统安全稳定运行的方法和对策。传统上以RTU（Remote Terminal Unit）/测控信息采集为基础的SCADA（Supervisory Control And Data Acquisition）系统构成了传统电网实时调度运行系统的主体。受RTU/测控的采样频率和传输模式的限制，一般SCADA信息4～5s刷新一次，即SCADA系统所表征的是电力系统若干秒前的系统状态；基于SCADA的状态估计（State Estimation，SE）和静态安全分析（Stability Analysis，SA）基本上5～10min计算一次，即SE和SA所反映的结果是数分钟前的系统状况。因此，以SCADA/EMS（Energy Management System）为应用标志的调度自动化系统并不能反映系统动态变化特征，不足以捕获系统动态变化过程，不能满足电力系统动态监视与评估的要求。需要有新的技术方法和新的技术手段，准确测量和记录电力系统各种运行状态及其变化，以便分析电力系统的运行特征，为理论研究提供可信的原始数据，并对研究成果的有效性进行验证。

2. 电力系统运行控制技术特征

现代微电子技术和信息技术的发展使得保护装置、测控装置、安全自动装置、故障录波器、PMU等电力系统二次控制系统的智能电子设备（Intelligent Electronic Device，IED）大量采用了DSP、滤波算法、总线不出芯片等技术，大大改善了信息采集、处理的精度，提高了数据处理的有效性和装置的抗干扰能力。

20世纪90年代以来电力通信网络得到了快速发展，光纤和数字微波已构成传输网的基础，准同步数字系列（Plesiochronous Digital Hierarchy，PDH）传输机制逐渐向同步数字系统（Synchronous Digital Hierarchy，SDH）转化。现代通信网正逐步向宽带高速、数字化、综合化、智能化方向发展。“网络基础光纤化、网络传输宽带化、网络交换分组化、网络同步一体化”已成为一种现代通信应用技术的标志。通信网络的建设为信息传输提供了可靠的平台，使得信息传输的实时性和可靠性大大提高。

因此，以现代信息处理技术和网络通信为基础的调度自动化系统进入一个全新的发展时期。基于信息采集和控制的IED装置、电力通信网络以及设在电网调度中心的运行、分析主站构成了电力系统监测、控制系统或称为电力系统调度自动化系统的基础。随着信息技术的发展以及电力调度数据网络的建设，这些装置、系统组成的电力系统运行监测和控制系统构成了电力系统运行的中枢神经和重要的技术支撑，是电力系统安全稳定运行的重要保障，并将在电力系统的安全运行中起着越来越重要的作用。

基于同步相量测量技术的电网动态监控系统正是在此背景下产生，近年来已经成为现代电力系统监测和控制领域的研究热点，2004年Rehtanz博士领导的ABB广域监控系统

PSG850 被 MIT 的 Technology Review 评为十大科技新进展，这标志着以 PMU 技术为基础的电力系统动态监控系统将在未来电力系统运行控制技术中发挥极其重要的作用，并且随着电力系统动态安全分析理论、技术手段的进步与发展有可能在此基础上建立电网协调控制安全预警系统。

（二）国内应用情况概述

基于 PMU 的应用研究可以追溯到 20 世纪 80 年代中期。GPS 技术的出现使得观测电力系统不同点的相角成为可能，最早在电力系统采用 GPS 技术是用于雷电故障定位。由于 PMU 可以直接获取电网关键点实时的功角、电压、频率变化信息，因此，有可能描述电网的动态变化现象，实现电网运行监视、协调保护、控制的功能实现，同时，可以验证离线仿真计算工具的模型和计算结果。

我国基于 GPS PMU 及广域监控系统的研究工作起步于 20 世纪 90 年代中期，先后在黑龙江电网、华东电网、江苏电网等电网开始试点应用。系统应用基本可以分为两个阶段：第一阶段的主要特征是就地站的信息采集装置采用专用的厂家协议、利用 GPS 技术实现数据采集的同步，数据传输基本通过 Modem 方式实现，传输通道为数字微波通道；第二阶段 PMU 装置采用标准协议，传输通道为数据网。

1. 华东电网实时功角监测系统

1999 年华东电网基于 ADX3000 智能型系统稳定性监录仪的实时功角监测系统投入运行，系统采用由中国电力科学研究院与欧华科技有限公司（台湾）联合推出的集成系统。厂站数据采集装置是 ADX3000 智能型系统稳定性监录仪，具备故障录波器的功能。调度端的设备主要由中央监控站、数据服务器和资料分析站构成。中央监控站将画面传输到大屏幕驱动器上，在调度室的大屏幕显示器上显示醒目的实时功角画面。该系统结构图如图 2-1-1 所示。

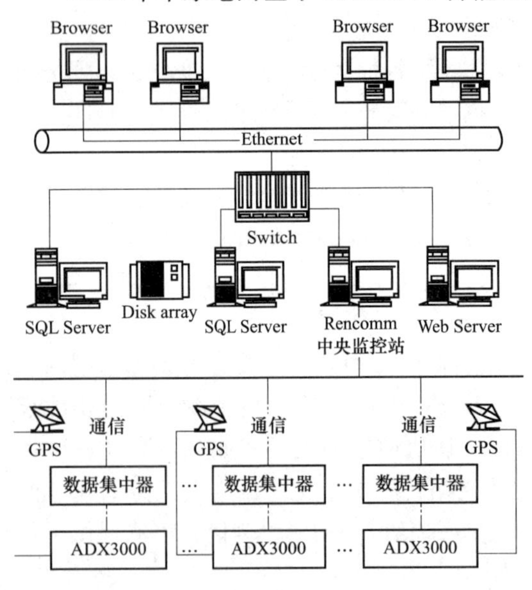


图 2-1-1 华东电网实时功角监测系统结构图

华东电网实时功角监测系统主要是进行功角的监视和告警，虽然 ADX3000 具备故障录波器的功能，但为了保证必要的测量精度，所有的现场监测对象均接入电气测量回路。

ADX3000 的现场数据采集装置以 1200 次/s 的速率进行交流采样，向调度端传输 20 帧/s 组功角数据。中央监控站显示屏幕每秒同步刷新一次数据，对过去 10s 内的功角测量值进行频谱分析。为保证功角数据和频谱分析在调度端反映的实时性，调度端与现场数据采集装置的通信速率不能低于 9600bit/s。当时三个厂站均未实现网络通信，而常规远动的 FSK 制式 Modem 达不到这个通信速率，系统的调度端和厂站端均采用 MultiTech 公司生产的 Modem，以 14400bit/s 的速率进行功角数据传输。在专线的音频带宽上实现这样高的通信速率，在华东电网的实时监测系统上运用尚属首次。

整套系统能实时在线监测华东电网的送电端和受电端的功角摆动及潮流变化情况，捕捉系统低频振荡信息资料。2001年5月16日晚19时49分至53分安徽电网局部地区发生了低频振荡，当时的500kV及220kV电压未见异常、系统频率未低于49.90Hz，系统内所有的保护装置均未动作，安装于平圩发电厂的功角数据采集装置真实而详尽地记录了在此过程中1号机机端电压、电流的变化，为事后的稳定分析提供了极为宝贵的现场真实数据。

2. 江苏电网广域测量实时监测系统

2003年江苏省电力公司与四方同创公司及清华大学合作研制基于PMU的广域监测系统，现场的PMU采取IEEE 1344协议，通信网络采取电力专用数据网SPDNet，端到端的传输延时小于100ms。该系统的主站功能结构示意图如图2-1-2所示，系统结构图如图2-1-3所示。

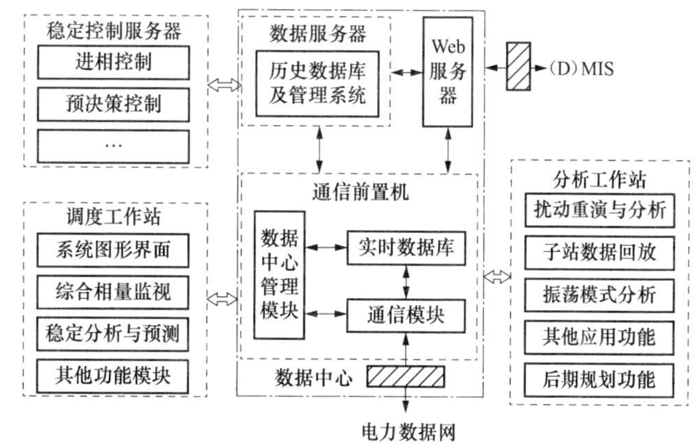


图2-1-2 主站功能结构图

随着技术的进步和发展，其他地区也陆续建立了基于PMU的电网监视系统或对现有系统进行升级，如华东电网WAMAP系统、华北电网WAMS系统、河南电网WAMS系统等。

此外，国家电力调度通信中心在阳城工程、全国联网工程、三峡工程等工程中部分安装了PMU，拟进一步全面安装构成系统；广东、辽宁、河北、四川电网等也安装了WAMS系统。

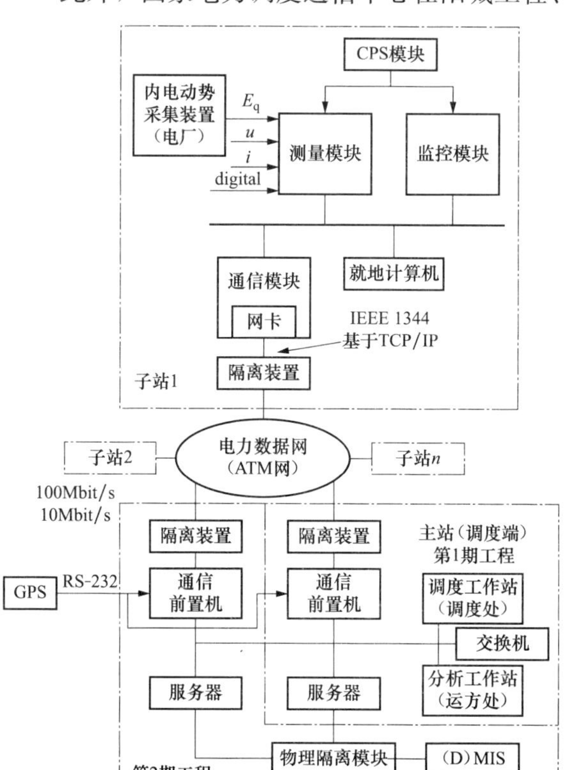


图2-1-3 江苏电网WAMS系统结构图

（三）电力系统运行控制系统现状

1. SCADA/EMS

目前电力系统实时监测和控制系统或称为调度自动化系统主要指SCADA/EMS系统，是以计算机技术为基础的现代电力调度自动化系统，主要为电力系统调度运行人员提供电力系统各种实时信息，如频率、发电机功率、线路功率、母线电压等，并对电力系统进行调度决策管理和控制，保证电力系统安全运行，提高电能质量和改善电力系统运行的经济性。

SCADA系统是EMS系统的基础模块，其信息来源于变电站、发电厂的RTU，主要完成数据的收集、处理解释、存储和显示，并把这些实时信息传递给其他应用模块。其主要功能包括信息处理控制、报警与处理、事件顺序记录（Sequence of Events，SOE）、事故追忆反演（Post Disturbance Recorder，PDR）。

随着电力系统的结构日趋扩大和复杂，为保证电力系统运行的安全性和经济性，要求调度人员能够迅速、准确、全面地掌握电力系统的实际运行状态，预测和分析电力系统的运行趋势，对电力系统运行中发生的各种问题做出正确的处理。EMS 高级应用软件（Power Advance Software，PAS）是辅助调度人员完成上述任务的有力工具，也是 EMS 系统的重要组成部分。该应用软件包括实时网络建模和网络拓扑、负荷预测（Load Forecast，LF）、自动发电控制（Automation Generation Control，AGC）和发电计划、实时经济调度、状态估计（SE）、调度员潮流、安全分析（Safety Analysis，SA）、电压无功优化、短路电流计算、安全约束调度、最优潮流（Optimal Power Flow，OPF）、调度员培训仿真系统（Dispatcher Training System，DTS）等。

SCADA/EMS 系统为电力系统的安全稳定运行发挥了积极的作用，由于其信息应用的基础基于 RTU 技术，因此，具有一定的应用局限性，主要体现在以下几个方面：

（1）以往由于数据传输通道带宽的局限性，SCADA 传输规约限制了数据传输的信息量，只能采用 Polling 方式，4～5s 数据刷新 1 次，实际上 SCADA 的信息表征的是 4～5s 以前系统的状态。

（2）不同调度之间的 EMS 数据信息交换不充分，因此，相关电力系统发生的扰动信息就无法获取。

（3）由于不同实时系统进行数据交换时必须充分考虑信息安全防护问题，信息安全防护需要采取加密、安全认证、入侵检测等技术，需要比常规的 SCADA 系统占用更多的通信带宽资源，需要更强的数据处理能力。

（4）电力系统调度之间的信息交互采取 ICCP（Inter-Control Center Communications Protocol）协议，ICCP 具有安全内核，但调度之间的信息交互还需要额外的信息安全防护措施，以确保电力系统稳定、安全、连续运行。

2. 其他应用系统

除 SCADA/EMS 系统外，电力系统运行还有若干其他应用系统，如水调自动化系统、故障信息系统、区域稳定控制系统、监控系统、保护系统等。

各种应用系统主要问题有以下几个方面：

（1）每台 IED 装置或每个应用系统自成体系，缺乏全局协调和配合，各装置或各系统的数据不一致，反映电网运行特征的数据无法实现有效共享，形成了信息“孤岛”现象，各种应用系统具有“局部优先”的特征，使得当前的电力系统监测和控制系统难以有效地避免连锁事故的发生。

（2）电网运行监视、控制策略的选择是基于变电站 IED 装置的信息采集。目前 IED 装置缺乏高精度的广域同步时间基准，有些应用系统装设了 GPS 但都只供本装置或系统使用，缺乏公共的时间基准，每台 IED 装置甚至每个功能单元都是按照自己的独立时钟运行的，无法利用时间关系实现协调和配合。

（3）由于各种应用系统自成一体，导致电力系统监测和控制系统缺乏统一的相互协调相互配合机制和技术手段，需要研究如何将独立性和协调性统一起来的问题。

（4）迄今，人们对电力系统的运行特性还不完全清楚，对发生连锁事故的机理尚未分析透彻，对如何实现暂态稳定控制还没有卓有成效的方法等，缺乏实现电力系统协调控制的理论依据。

基于PMU同步相量测量技术的WAMS系统可以应用PMU装置提供的量测数据，为电力系统中诸如状态估计、潮流计算等许多传统功能的改进和完善提供全新的数据源，将会有力地促进这些领域的发展。PMU装置及其基础之上的广域测量系统所具备的对电力系统的全局和动态特性的监控功能，将成为解决电力系统动态领域中一些热点问题，如互联电力系统稳定控制、功角的在线稳定预测及控制等的有效途径。PMU装置及其基础之上的广域测量系统为电力系统各领域中的新应用功能的研究提供了技术上的新思路和新手段，随着其应用理论体系的成熟完善以及在电力系统中的推广应用，将会把现有电力系统分析与监控技术全面提升到一个新的水平。

（四）电力系统动态监测系统WAMS的结构与主要功能

基于同步相量测量技术的电力系统动态监控系统的研究与应用既源于新技术发展的必然，也源于目前现有的电力系统实时运行系统不能满足现代电力系统对于扰动控制的需求。因此，电力系统动态监控系统的研究应用为电力系统运行控制模式的应用突破带来了新的机遇。基于各种应用系统信息共享的IEC 61970、IEC 61850标准的颁布，为有效地整合电网运行信息提供了前提。

1. WAMS体系结构

2003年美加“8·14”大停电后，美国成立了专门的工作小组开展研究在互联系统建立实时预警系统问题，2006年2月形成了由美国能源部和联邦能源协调委员会联合编写的《关于在美国东、西部联网系统建立实时输电网络监视系统》报告。

该报告提出现有技术上已经可以支持建立实时输电网络监视系统，以改善主网架运行的可靠性；正在逐渐成熟的技术可增加传输网络的完整性和提高调度员对于电力系统运行状况的判断力，因此，可以有效地减少区域内或区域之间大停电发生的可能性。该报告提出了建立实时输电网络监视系统的九个步骤：

（1）定义何为实时监视系统、应完成什么功能、如何实现这些功能。

（2）评估现有实时系统的技术及局限性。

（3）定义所需要的数据通信结构、有关安全问题及运行问题。

（4）定义所需要的数据。

（5）确定将要出现的技术。

（6）确定如何进行数据共享。

（7）确定谁运行、使用、维护数据。

（8）确定建立系统的潜在参与者。

（9）考虑费用和资金问题。

美国CERTS（Consortium for Electric Reliability Technology Solutions）在2005年6月的白皮书中提出了基于PMU的广域测量、控制、保护系统的概念，即WA-MCP，包括：①实时广域监视、分析；②实时广域控制；③实时广域自适应保护。该白皮书同时提出了对于实现电力系统在线广域监视和分析系统所需的数据支撑。

综上所述，基于同步相量测量技术的电力系统动态监控系统将成为未来电力系统实时运行、监视、控制系统发展的方向，系统基本可划分为系统运行状态记录、系统运行状态监视、系统运行状态控制三个部分。

2. WAMS 主要功能

WAMS 主要功能为模型参数校核、实时电力系统动态监视、电力系统动态安全在线评估和电力系统实时控制四大部分。

（1）模型参数校核。电力系统仿真计算模型是电力系统稳定分析的基础，数值仿真是系统分析和运行的主要工具，模型和参数是数值仿真的基础，模型影响仿真结果和相应的决策方案。实际上离线计算的模型与实际运行系统的模型存在较大差异。因此，利用在线数据进行稳定计算将成为未来发展趋势。

PMU 的信息将能有效地进行发电机、励磁系统、调速器系统以及负荷的参数辨识，同时，输电线路的阻抗将随温度、气象条件等因素变化，在线辨识电力系统模型参数有助于精确计算系统稳定裕度。

（2）实时电网动态监视。由于 PMU 装置以 25～100 帧/s 的速率实时传输电力系统运行信息，如果说 SCADA/EMS 系统是以断面形式反映电力系统的静态特征，则 PMU 信息可以有效地描述电力系统的动态变化过程，主要功能将体现为电力系统的动态监视，如功角稳定监视、电压稳定监视、频率稳定监视和联络线潮流监视等。对电力系统动态特征的监视是实现在线安全评估和控制的基础。

（3）电力系统动态安全在线评估。对电力系统进行动态监视为电力系统运行安全在线评估提供了基础信息，PMU 信息可以直观地反映电力系统各关键运行点的重要信息，将有可能极大地优化状态估计的精度，改善电力系统稳定裕度的评估效果，并为实时控制提供分析机理、技术手段上的支撑。

（4）电力系统实时控制。建立基于 PMU 的电力系统动态监控系统的最终目标是有效地实现电力系统运行在线闭环控制，以目前的应用技术来看可能实现的控制主要是：①阻尼控制和 PSS 协调控制；②功角稳定控制；③电压稳定控制；④失步解列；⑤广域保护等。

1）随着互联电力系统的规模越来越大，远距离功率传输使低频振荡问题日渐突出。要抑制低频振荡保持系统的动态稳定，首先必须对低频振荡的模式有深入的了解。传统的经典低频振荡分析方法是特征值分析法，只能适用于离线分析。基于 PMU 的广域量测数据可以进行低频振荡模式分析、在线识别及机电振荡模式的在线评估，识别系统正常运行时的振荡主频率和阻尼。

2）现有的暂态稳定分析方法按其采用的系统模型情况，大致可以分为三类：①经典的时域仿真法，或称逐次积分法，需要考虑系统的精确模型；②经验型预测方法，如数值预测、人工智能方法等，这类方法无需考虑系统的物理模型；③介于前两者之间的考虑系统简化模型的分析方法，例如直接法等，这类方法通常都采用了合理的系统简化模型。

目前利用 PMU 信息进行暂态稳定分析的研究方向主要有以下两个：

① 改进现有的模型和方法，以提高速度和准确性，例如基于 PMU 量测数据，对 EEAC（扩展等面积法）直接法进行改进，提出了紧急 EEAC（Emergency EEAC）的思想。与 EEAC 不同的是，EEEAC 所需的电气量均是实测得到，因此，EEEAC 完全反映了暂态稳定的三要素（故障前的运行方式和潮流，故障的冲击及故障后的运行情况），突破了暂稳分析中基于“预想事故”的思维模式，可以进行实时分析、实时控制。

② 寻找新的稳定求解的理论和方法。例如，基于 PMU 量测的系统失步预测方法。该

方法的具体作法有如下五个步骤：根据PMU测量并计算得出的各发电机的相对相角，选择和确定具有相似摇摆性的机组群；将每一个机组群聚合为一台等效的发电机模型；通过相量测量对简化后的系统模型进行状态评估；通过对摇摆方程的求解，预测各等效发电机的相角；检测预测相角，判别机组群的失步情况。

3）电力系统的电压不稳定，通常出现在电源远离负荷中心或输电系统带重负荷的情况，当无功电源突然切除，或者无功电源不足，而负荷持续增加到一定程度时，就有可能使电压大幅度下降，诱发电压稳定问题。传统的保持电压稳定方法的共同特点在于，其分析数据都是本地静态量测值。而基于PMU直接量测值的电压稳定分析方法与传统的方法相比有着明显的优越性，具体体现为：①PMU直接量测值的更新频率远快于传统的本地静态数据，消除了传统方法中固有的延时问题；②直接使用PMU量测值进行分析，可以避免在使用经过状态估计得到的数据时，可能存在的误差重叠带来的数值不精确问题。

4）失步解列作为稳定控制的后备，是减轻失步造成的后果和防止系统大面积停电的重要措施。目前高压电网解列装置使用的失步判据主要有三类：①基于阻抗的变化规律；②基于电压和电流的相位角的变化规律；③基于$U\cos\theta$的变化规律。这些基于本地量的失步判据存在以下缺陷。

1）无法在第一个异步周期内对系统实施解列。

2）无法精确确定振荡中心的位置。

由于PMU数据具有很高的实时刷新频率，有可能实现对于失步振荡中心位置的判断，因此，进行失步解列应是PMU很有前途的应用领域。

现代电力系统日趋复杂，对电力系统稳定的第一道防线保护的要求也越来越高，要求保护装置的动作能具备协调和优化控制的性能，即保护要有处理连锁故障的能力。传统的保护装置显然无法适应这些要求，因此，以同步动态量测数据为基础的广域保护系统有可能适应这些要求。

（五）同步相量测量技术

相量测量（PMU）装置作为未来电力系统运行控制技术发展的基础，其技术稳定性、数据的完整性、数据的准确性构成了电力系统调度中心主站端对于系统扰动判别、动态监视、稳定控制等功能应用的基础。

下面主要介绍PMU装置基本概念、信息特征、GPS技术，PMU信息采集技术，以及作为电力系统动态监控系统基础的PMU信息应用特征。

1. 基本概念

IEEE工作组在1995年提出了同步相量测量的标准IEEE 1344，对于同步相量测量的同步信号、传输通道、数据帧的格式等方面做了详细的规定，2001年该标准修订为IEEE C37.118。

我国在2006年4月正式颁布了《电力系统实时动态监测系统技术规范》，对同步相量测量、相量测量装置、主站与子站、主站与其他系统、子站与其他系统的互联方式等提出了明确的要求；同时，对PMU数据帧的具体格式给出详细说明。

2. 基本术语

（1）相量（Phasor）。它是正弦信号的复数等价表示法，复数的模对应于正弦信号的幅值，幅角（极坐标形式）对应于正弦信号的相角。

（2）同步相量（Synchrophasor）。以标准时间信号作为采样过程的基准，通过对采样数据计算而得的相量称为同步相量。互联电力系统中各个节点的相量之间存在着确定统一的相位关系。

（3）相量测量单元（Phasor Measurement Unit，PMU）。用于进行同步相量的测量和输出以及进行动态记录的装置。

（4）相量数据集中器（Phasor Data Concentrator，PDC）。用于站端相量测量数据接收和转发的通信装置，能够同时接收多个通道的测量数据，并能实时向多个通道转发测量数据。

（5）GPS（Global Positioning System）。用于进行定位和提供时间信息的卫星系统，基于 GPS 的时钟精度可以达 $1\mu s$。

（6）IRIG-B（Inter-Range Instrumentation Group）。由国际仪器协会确定的时间传输格式，最基本的就是 B 码，以 1kHz 传输年、月、日、时、分、秒的信息。

（7）PPS（Pulse Per Second）。由 GPS 接收器发出的 1Hz 频率方波同步脉冲信号，其上升沿与国际通用标准协调时间（Coordinated Universal Time，UTC）同步。

（8）参考相量（Reference Phasor）。正常频率下，相角相对于时间是个常量，系统频率变化时相角会发生相对旋转，相角实际反映发电机转子运动状况。参考相量就是为描述不同地点相量具有相对一致性或反映相量相对固定关系所确定的电网中某个参考相量。

（9）相角（Angle）。基于 GPS 技术的同步相量量测技术中，相角 $\theta$ 是指母线电压相对于系统参考相量之间的夹角。

（10）发电机内电动势（Generator Internal Electromotive Force）。同步发电机转子以同步速率旋转时，主磁场在气隙中形成旋转磁场，该磁场切割定子绕组，在定子绕组内感应对称三相电动势，称为励磁电动势，又称为发电机内电动势。

（11）发电机功角（Power Angle）。它是发电机内电动势与机端电压正序相量之间的夹角，或发电机空载电动势（q 轴）与系统参考相量（轴）之间的夹角。

（12）频率（Frequency）。频率是电力系统的一个重要运行参数，是反映系统中有功功率供需平衡的重要指标。频率的定义通常以相位频率为出发点，即采用无干扰信号或含干扰信号基波主分量的相位变化率定义频率。

（六）电力系统动态监控系统架构

电力系统动态监控系统源于 PMU 的应用，目前大部分系统的应用主要是实现电力系统动态信息的监视功能，即通常所说的 WAMS 系统。WAMS 系统的基本结构，依据 WAMS 系统可实现的应用，讨论 PMU 装置的布点原则，阐述 WAMS 主站对于 PMU 信息的处理原则，根据 PMU 信息的特点分析电力系统调度中心主站系统对于实时信息处理的基本要求，以及 WAMS 系统在电网调度端与其他应用系统的接口、数据交换的原则等内容。

1. WAMS 系统的构成

基于 PMU 同步相量采集技术的 WAMS 系统由三部分组成：①现场 PMU 数据采集部分或相量数据集中器（PDC）数据集中部分；②基于电力通信网络的信息传输部分；③电网调度端的主站数据处理和应用部分。这三个环节构成了同步相量信息采集、传输、处理和应用的完整过程。WAMS系统结构示意图如图2-1-4所示。

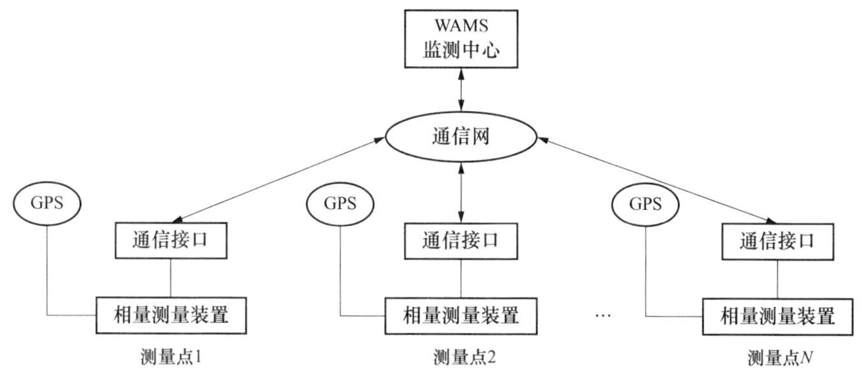


图2-1-4 WAMS系统结构示意图

（1）数据采集。现场PMU信息采集装置主要采集所接电气元件的三相电压、电流模拟量信息，经PMU装置内部信息处理，输出电压、电流、频率、功率等描述电网运行特征的信息，考虑量测精度问题，一般电流回路接测量回路电流互感器。

PMU装置现场布置有分布式、集中式两种，主要视所接设备的物理运行环境而定，对于变电站的应用一般采取集中式布置方案。对于电厂PMU需要根据机组的实际安装情况，比较合适的方案是分布式布置方案。由于现场采集数据后需要将数据传送到电力系统调度中心，PMU比较多的地方或实现分布式安装的场合需要PDC集中分布式布置的PMU信息，通过电力通信网络将信息传送到电网调度。

鉴于互联电力系统的运行特点，一般现场PMU的信息需要传送到不同的电力系统调度，因此，PMU或PDC必须具备一对多的数据传送能力。PMU装置实时传输的是25～100帧/s数据，现场保留100帧/s和COMTRADE数据格式的扰动文件，以等待主站调用。

对于电厂的PMU装置还需要接入反映发电机内电动势的直接测量信息和AGC投运信息、用于模型参数辨识的励磁电流、电压信息及调速器系统的信息等，如图2-1-5所示。

（2）数据传送。早期WAMS系统基本采用Modem方式实现数据传送，为保证相量数据到电网调度端的实时性，调度端与现场数据采集装置的通信速率不能低于9600bit/s。实际上常规远动的FSK制式Modem无法胜任这个通信速率，华东电网2000年实施的基于ADX3000相量实时监测系统采用QAM调制方式的高速Modem，在专线方式下满足了56kbit/s数据传输要求。

采用Modem方式实现数据传送其缺点是延时长、通信误码率高、数据传输量有限。PMU数据传输具有几个基本特点：①数据量大，随着动态监视系统的重要性被逐步认识，建设规模日益趋大，传输的数据也将大幅增加；②数据通信频繁，实时性要求高，实时数据传输一般为25～100帧/s；③数据流持续不断，一旦数据通道发生拥塞，后续数据会进一步加剧通道的拥塞。近年来电力调度数据网络的建设为WAMS系统的数据传输提供了很好的信息传输基础。

PMU装置的数据传输支持UDP和TCP/IP协议。TCP/IP提供的是一种基于连接的流式数据传输，数据按顺序、无重复到达目的地，具有确认、流控制、多路复用和同步等功能的全双工字节流服务。UDP提供不基于连接的数据包通信方式，不能保证每次数据发送的成功率，也不保证按发送顺序到达或不被重复发送，适用于图像、声音的传送。因此，对于PMU信息的传输必须采用TCP/IP协议。

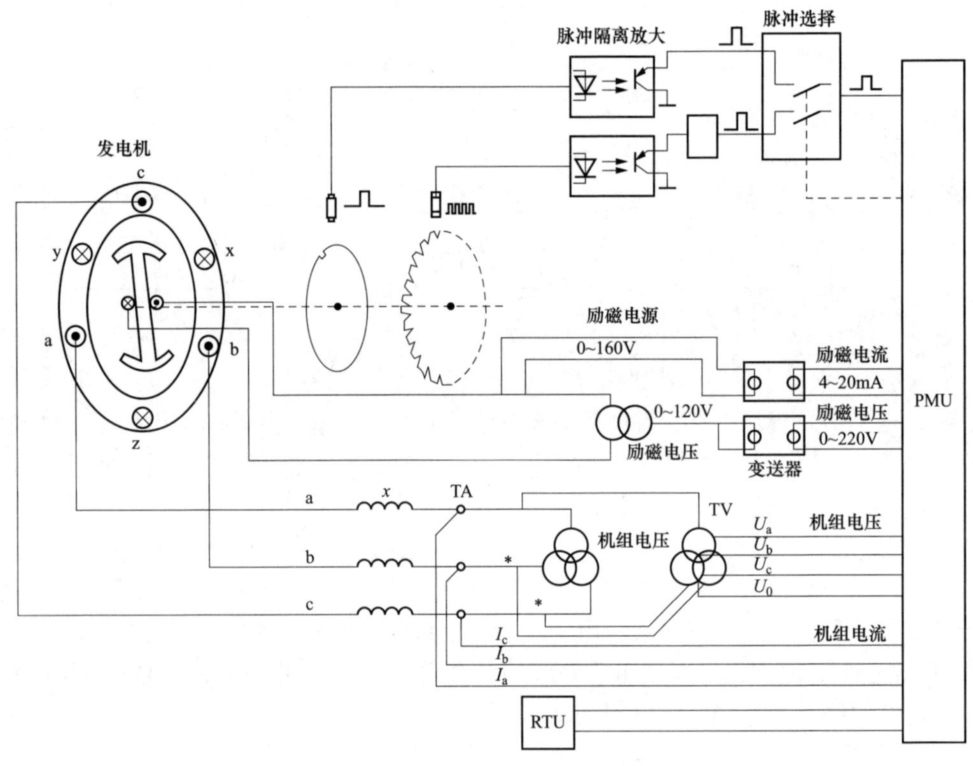


图 2-1-5 电厂 PMU 信息接入示意图

（3）数据处理和应用。电网调度主站需要将PMU的实时数据进行处理，在此基础上为各种应用提供数据支撑，因此，WAMS主站系统结构体系由硬件层、操作系统层、支撑平台层和应用层四个层次组成，如图2-1-6所示。

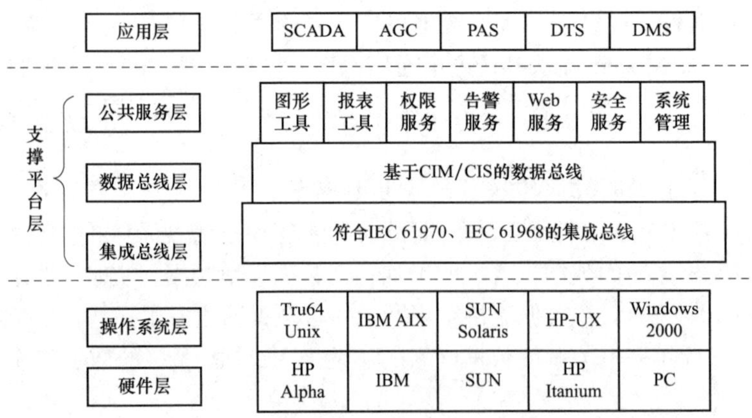


图 2-1-6 主站端系统结构示意图

1）硬件层，包括ALPHA、IBM、SUN、HP和PC等各种硬件设备，操作系统层包括

Tru64 Unix、IBM AIX、SUN Solaris、HP-UX、Linux 等各种操作系统。

2）支撑平台层。系统的支撑平台层在整个体系结构中处于核心地位。支撑平台层可分为集成总线层、数据总线层、公共服务层三层。集成总线层提供各公共服务元素、各应用系统以及第三方软件之间规范化的交互机制；数据总线层提供适当的数据访问服务。公共服务层为各应用系统实现其应用功能提供各种服务。

集成总线层遵循 IEC 61970、IEC 61968 等开放性的国际标准，提供公共服务、各应用系统以及第三方软件之间规范化的交互机制，是系统内部以及与第三方软件之间的集成基础。数据总线层既用来存放电网模型数据，又提供数据服务，具有可靠性高、容量大、接口标准、安全性好等特点。依托底层的集成总线层构成的分布式实时数据库，保证了实时数据的同步。

3）应用层主要完成以下基本功能：①电网模型参数辨识；②电网动态监视；③电网稳定裕度在线评估；④在线稳定控制等。

2. PMU 信息特征

同步相量测量主要是解决跨空间测量的同时性问题，需要在全局统一时钟协调下，对各测点的电压、电流相量作同步测量，确保全局范围内的测量结果具有同时性，便于分析计算。因此，其精确度由异地同步精确度和本地测量精确度两个方面构成，表现为幅值、频率和相位这三个重要参数。

PMU 从发电厂和变电站母线的电压互感器（TV）和线路的电流互感器（TA）上采集母线电压和线路电流的瞬时值，PMU 数据基本有两种类型：①25～100 帧/s 基波相量，实时传送到设在电网调度中心的主站，供各种应用分析和实时动态显示；②以 COMTRADE 格式记录的扰动数据文件，存储在就地 PMU 装置中，用于事后详细电网扰动分析、模型参数辨识等。在主站 PMU 数据前置处理过程中发现丢帧现象时，主站可以召唤就地存储的 100 帧数据进行补帧，以保证数据的完整性。

COMTRADE 格式的扰动文件以 PMU 装置的采样频率进行数据记录，因此，数据记录量将非常大，一般只记存事故前后短时间的数据。其记录特点是连续循环记忆，并且要有故障启动信号，发生扰动后会产生记录号。扰动文件的传输一般采取主站调用方式。

PMU 在数据传输方式上采用三个管道实现，即管理管道、数据管道和文件管道。其中管理管道实现对规约通信的控制，在管理管道中传送的报文包括召唤并传输 CFG1 帧、召唤并传输 CFG2 帧、下装 CFG2 帧、启动和停止数据管道、启动录波、终端复位、心跳命令等。CFG1 为 PMU 的原始传送集，CFG2 为主站根据定义表下发的传送集，两者可能不同，CFG2 是 CFG1 的子集。数据管道实现对 25～100 帧/s 实时数据的接收。文件管道实现非实时数据文件和文件目录的传输，以及下装文件的功能。该管道在正常情况下离线，存取文件时才建立。

PMU 利用 GPS 提供的全网统一的时钟信号，同步采集安装地点的母线电压、线路电流、频率和功率等信息。与常规的 SCADA 系统相比，PMU 可以高精度地同步连续记录系统动态，采集的数据类型有：①稳态长期记录数据；②实时相量数据；③暂态过程数据等。如果说 SCADA 系统的信息是以某一时间断面的形式反映系统运行状况，故障录波系统记录的信息反映故障期间和故障前后一段时间内故障点附近的暂态过程，那么 PMU 信息则更多的是反映实时变化过程中的电网状态的动态特征。因此，在电力系统的实时监测、故障记录和事故分析等方面具有重要作用。

PMU 作为提供 WAMS 系统监视和分析用的动态数据源，有利于促进电力系统分析从静态向动态、离线向在线转变，实现经验型调度向分析型、智能型调度的转变，最终实现闭环控制和最优控制决策下的系统优化运行。

3. 系统主要应用

PMU的数据特征决定了所实现的功能将不仅仅是EMS/SCADA系统的信息冗余，WAMS系统实际上是目前EMS/SCADA系统和保护系统应用的有机补充，核心在于通过对PMU数据进行处理，可以有效地提供实现安全预警和在线协调控制，以减轻电网发生大面积事故的几率。

利用PMU提供的信息可及早辨识电网发生扰动的信息，提高电网的可用率；利用基于PMU数据分析的在线稳定评估工具，使电网运行更接近稳定极限，可有效地提高输电线的传输容量；减少发生事故时的所切负荷量。

具体应用可划分为四个方面：①电网模型参数辨识；②电网动态监视；③电网在线安全评估；④实时在线稳定控制。

（1）电网模型参数辨识。1996年8月10日美国西部大停电后，WSCC利用PMU信息进行仿真计算，发现离线计算用的模型分析结果与实际系统扰动情况下所记录的数据有非常大的差异，最后对于仿真模型做了如下调整：①增加直流输电包括控制的详细模型；②增加了AGC功能；③阻塞了大型汽轮机组调速器的调速功能；④增加了哥伦比亚地区水轮发电机的调压功能；⑤送端（西北部和加拿大）的负荷模型由静态（指数型）改为电动机。这样，才获得与实际故障比较接近的仿真计算结果。

由此可见仿真系统模型参数对于实际电网稳定运行分析的重要性，从此，电网模型参数辨识问题被提到了很重要的程度。为了验证系统模型参数的准确性，WACC专门成立了工作组开展电网模型参数验证工作，以期通过对系统扰动变化及试验等方式记录、分析系统模型参数。

与电网离线仿真计算相关性比较大的电网模型参数就是通常所指的“四大参数”，即发电机、励磁系统、调速系统、负荷模型参数，利用PMU在系统扰动时所记录的信息一定程度上可以实现对于上述参数的辨识，并通过逐次修正的方式使仿真计算用的电网模型参数能比较真实地反映系统的实际情况。

（2）电网动态监视。如前所述，PMU的数据特征决定了其反映电网扰动特性的能力，PMU信息能有效地描述电网扰动动态过程，这对于仅反映电网静态特征的EMS/SCADA实时系统将是个很好的补充。对电网扰动的监视主要体现为功角监视、电压监视、频率监视、联络线潮流监视等。

1）功角监视。功角监视就是通过PMU安装地点所获得的发电机功角信息，依据稳定判断机理，反映系统动态情况，根据预先设置的预警值，通过系统中不同地点的功角差衡量系统静稳裕度，并根据预先提供的稳定极限值实现运行监视。

2）电压监视。PMU提供的信息可以实现电网电压幅值监视、发电机及输电线路的无功监视。目前就地处理电压稳定问题的措施主要有投切电容器、电抗器，低频减载等，信息量主要来源于就地量测量，控制策略的设定是离线确定，其效果具有相当有限的局限性。

PMU可以以很高的速率测量系统中不同地点的电压，而负荷节点可以提供丰富电压稳定方面的信息，进而确定电压稳定指数（Voltage Stability Index，VSI）。

对于典型具有确定的传输功率的两端系统来说，最大的送电条件是电源的电压等于负荷的电压，因此，利用戴维宁等效电路原理可以通过实时测量传输通道两端的电压值，实现输电通道传输容量裕度的有效监视。

3）频率监视。电网频率监视必须采集至少不少于三个不同互联电网的 PMU 量测频率，对于频率的监视精度应达到±0.001Hz。频率异常监视的主要应用为互联电网频率响应系数监视，机组一次调频响应监视等。

4）联络线监视。对于系统主要联络线的潮流监视，可以在系统发生大扰动引起主要联络线潮流异常变化时及时通知调度运行人员进行紧急控制处理。同时，利用联络线 PMU 提供的两侧电流、电压信息，可以实现导线平均温度的实时估算，以确定合理的线路热稳定极限。

随着交流互联电网的发展，因负阻尼引起的低频振荡现象已屡见不鲜，而联络线 PMU 所提供的信息可以实现对于低频振荡的有效辨识，为调度员事故处理提供依据。

（3）电网在线安全评估。PMU 的量测信息可以有效地实现电网动态状况的监视，在此基础上应用适当的算法和工具，可以实现在线电网稳定控制裕度的评估和分析，具体体现在以下几个方面：

1）频率稳定性评估。以往对于频率稳定的控制手段在正常频率波动时由机组一次调频、AGC 控制实现，事故情况下若频率低于 49Hz 时将启动低频减载系统，或称之为第三道防线，切除一定量的负荷维持系统频率的稳定。频率控制策略的确定主要依据离线计算分析结果，这样，必然会对实际控制造成负荷过切或切不足。利用 PMU 信息可以实现系统频率稳定度的预测，避免传统低频减载控制方案的局限性，控制决策可基于在线测量结果。

2）低频振荡评估。应用提高系统稳定水平的快速励磁系统会产生负阻尼，负阻尼会引起系统低频振荡，PMU 信息可以有效地辨识系统发生的低频振荡现象，应用 Prony 等算法可以找出振荡模式和主振频率，为全局性的 PSS 协调控制提供依据。

3）传输通道电压稳定评估。传统的电压稳定控制策略就是在电压低到一定值后由低压继电器切除相应的负荷，来维持电压稳定水平，即低压减载，其动作机理与低频减载相似。主要问题在于低压减载的设定值是依据离线计算结果，并不能适应电网实际运行变化状况。实际上输电线接近最大送电运行极限时电压仍然可能非常接近正常电压值，因此，电压并不能作为输电负荷极限的表征。用戴维宁等效电路描述输电通道的状况如图 2-1-7 所示。

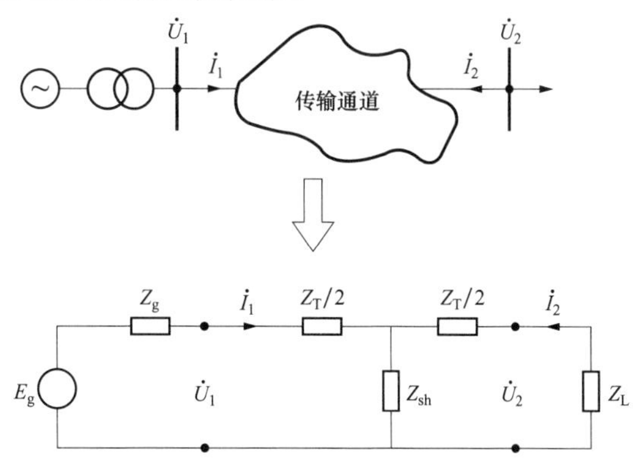

图 2-1-7 输电通道的戴维宁等效电路

利用安装在输电通道两侧的 PMU 可以直接获取电流、电压的相关信息，由此，可以确定输电通道实时运行时的传输容量裕度。

4）全网电压稳定评估。对于全网性的电压稳定评估需要更充分的信息，因此，电网中的电压主导节点必须配置相应的 PMU 装置，利用 PMU 信息及在线电压稳定评估工具 VSAT，可以观测 PMU 安装地点的电压稳定裕度。

5）输电线温度监测。这里主要考虑热稳定引起的输电容量受限问题。一般线路热稳定极限是依据较高的环境温度、无风等最严酷的条件，但这种情况在实际运行中却比较少，或者说大多数时间内传输容量超过热稳定极限仍然可以维持可靠运行。利用输电线路两端PMU所提供电流、电压信息可以测量线路电阻的变化情况，因此，可以获得线路平均温度信息。

(4) 实时在线稳定控制。利用PMU信息所能实现的控制具体有以下几个方面：

1) 暂态稳定控制。PMU装置能直接实时获取发电机的内电动势信息，因此，WAMS系统可以追踪电网动态变化过程，在检测到暂态摇摆时可以利用数据窗分析稳定摇摆还是失步摇摆，并据此切除某些发电机。对于第一摆的暂态稳定问题，控制命令的时间必须在1～1.5s以内，即第一摆达到最高点之前。

PMU的量测和数据传送时间延时一般在150ms以内，因此，根据PMU的量测信息实现暂态稳定控制就控制目标的时间上具有实现的可能性。

2) 频率稳定控制。对于频率稳定控制将主要体现利用PMU的信息在系统发生大扰动时，采用简化的基于电压和频率变化的负荷模型迅速判断扰动后的系统频率，如果频率偏差相对于正常频率比较大则迅速采取措施，恢复系统频率。

控制策略的实施必须充分考虑网络结构、特点，电网与电厂频率异常控制策略的协调性，且必须在计算出扰动后的频率时尽快采取措施。

3) 电压稳定控制。鉴于就地电压稳定控制策略的控制效果局限性，利用PMU实现电压稳定控制将会有广阔的应用前景，电压稳定控制需要考虑短过程电压稳定和长过程电压稳定，BPA研究了利用模糊逻辑理论在几十秒内实现电压稳定控制的方案。

4) 低频振荡控制。低频振荡频率一般在0.1～2Hz之间，本地振荡模式0.7～2Hz，区间振荡模式0.1～0.7Hz。这里需要关注的主要是区间低频振荡的辨识和控制，利用PMU装置可以实现低频振荡模式的在线识别，由于振荡周期在1.7～10s之间，因此，可以有足够的时间实现开环控制或全局性的PSS协调控制，有效地抑制互联电网的振荡现象。

5) 联络线输送容量优化控制。输电通道的PMU信息可以监测、估算线路的平均温度，因此，可以优化基于热稳定的输电线路传输容量。

(5) 广域保护。广域保护（Wide Area Protection，WAP）有时又被称为特殊保护（Special Protection System，SPS），其本质实际是一种区域稳定控制策略。利用PMU的信息可以实现区域性的协调控制，有效地减低系统扰动所引起的后果。

广域保护一般可以有两种应用模式，即预测型和响应型模式。预测型模式的广域保护特性是随着电网运行的状况变化。响应型模式就是在紧急状况下对于不正确动作采取的一种补偿动作机制，如失步解列控制可以作为减轻失步造成的后果和防止系统大面积停电的重要稳定控制措施。

### （七）系统的布点原则

本节根据PMU数据的特征，以及WAMS系统对于电网动态监视功能的需求等，从系统功角稳定性、电压稳定、频率稳定性以及低频振荡的在线监视，系统主网架状态估计可观测性以及在线监视主要联络线潮流断面信息等方面，系统地提出WAMS系统应用中PMU若干布点原则。

目前WAMS系统的各项应用功能处于探索阶段，系统的效用需要在试点应用基础上逐步拓展，系统建设初期通常仅在电网中选择部分地点实现PMU装置的安装。因此，如何使

PMU 布点能最大限度地捕捉系统内可能出现的动态，得到满足 WAMS 系统各种应用需求的 PMU 布点最小集，便成了 WAMS 系统建设中首要考虑的问题。

从以下几个方面讨论 PMU 布点原则。

1. 暂态安全监视

对大扰动引起的暂态功角失稳现象进行有效观测有助于故障识别和安全预警，为制定和采取紧急控制措施提供帮助。暂态功角失稳的判据主要是关键元件的状态异常，如发电机功角、线路相角差等。PMU 的布点方案应基本能捕捉到整个电网内机组在各种运行方式和故障下的动态响应情况。

（1）基于主导不稳定平衡点监视。从稳定域边界理论的角度来看，暂态功角失稳现象，与主导不稳定平衡点的不稳定模式密切相关。可根据动力系统理论，研究观测输出信号对于不稳定模式的可观性，因此，PMU 布点应满足主导不稳定平衡点的分析原则。

（2）基于临界割集的监视。从稳定性分析理论的角度来看，暂态功角失稳现象，可通过临界割集的割集能量函数进行分析，暂态功角失稳现象与临界割集是密切相关的，所以 PMU 布点应满足割集对于不稳定模式的能观性原则。

2. 电压监视

PMU 可高精度连续记录系统电压动态，因此，可获取系统电压动态响应过程，完成对系统电压稳定和电压暂降的监视和控制。

一般来讲，在电压中枢点或电压主导节点配置 PMU 具有合理性。电压中枢点或电压主导节点的选择基本原则是：在所有可能的故障下，这些节点的电压动态应能准确反映全系统电压动态。因此，就电压动态监视而言，寻找系统内的电压薄弱点是 PMU 布点中的关键，通常可用暂态电压稳定性和暂态电压可接受度等作为设计监视母线电压的计算依据。

对互联电网所研究故障集内的所有故障进行仿真，获得尽可能多的电压动态模式，在此基础上，寻找统计概率上的暂态电压安全裕度最小的节点集合，以此作为 PMU 布点依据。同时可根据平均暂态电压安全裕度的排序结果，获得 PMU 安装优先次序。研究故障集激发的电压动态模式越完全，该方法就越准确。

3. 频率监视

由于 SCADA 系统的信息为秒级，通常不能有效地捕获由于大机组跳闸、区外来电失去等因素引起系统频率的暂态变化过程，而这种过程对于分析电网的频率响应特性却又十分关键。

因此，如能通过 PMU 信息获取系统扰动时联络线断面潮流以及联络线两侧系统频率的变化，将有助于计算分析电网的频率调节系数，并将有助于分析电网内已有的频率响应系数设定的合理性。

频率响应系数反映的是所控制区域对功率及频率的自动调节能力。如果所控制区域的频率响应系数设置过大，则该区域内的负荷变化可能会引起 ACE 大的变化，即表示功率调节需求已经远大于该控制区域发电机组的调节能力；如果频率响应系数设置过小，则该控制区域内的频率及功率自动调节作用难以充分发挥，因而造成资源浪费，对整个电力系统的频率调节不利。

对于互联电网控制区域频率响应系数的确定，通常以所在区域发生大的频率变化为依据进行，且以区域净交换功率 $P_{ti}$ 在扰动前后的变化 $\Delta P_{ti}$ 和系统频率变化量之比作为区域的频率响应系数。

利用 PMU 信息，便可实现上述目的的系统关键点频率监视，并获得有关系统频率响应系数的实时信息，为事后的分析和其他应用提供基础条件。

4. 低频振荡

现代互联电网的规模越来越大，大区电网间的低频振荡现象时有发生，如 2006 年华中电网中所发生的事件。低频振荡现象发生的机理和起因很复杂，通常表现为系统内某些发电厂机组间的功率振荡特征，因此，从监视低频振荡角度，需对发电厂以及部分变电站提出布点需求。低频振荡现象的在线监视具有重要的实际应用价值。

一般可利用 SSAT（小扰动稳定分析）软件，通过模式分析方法，分析电网主要低频振荡模式，对于阻尼较弱的振荡模式，对与其强相关的发电厂布点。为了更好地监视低频振荡，通常还需要在一些系统内的主要联络断面的两侧进行布点。图 2-1-8 所示的系统中，如果发电机群 A 和发电机群 B 之间存在区间模式的低频振荡，则通常会在上述两个机群的联络线上表现出相应的功率振荡。因此，从该意义上讲，在站点 A 和/或站点 B 布点 PMU，可对系统内的低频振荡动态进行捕捉和监视以及事后的系统安全分析。

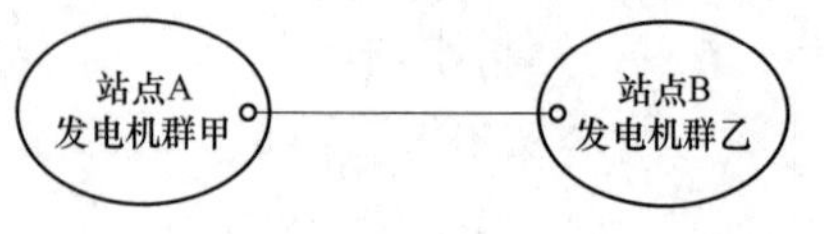


图 2-1-8 一个典型的互联系统示意图

5. 可观测性

PMU 可以在一定程度上优化 EMS 系统的状态估计结果，从这个意义上说，PMU 布点应能保证系统主网架系统各母线状态可观测。

电力系统运行状态为各母线电压相量（幅值和相角），由网络元件参数、表征网络拓扑连接特性的开关状态和边界条件（发电和负荷水平）决定。要实现对系统有效闭环的实时监控，首要条件之一是建立完备的量测系统，以达到系统主网架节点状态的完全可观测。显然，满足这一要求是全网状态估计必备的功能之一。

电力系统可观测性是指系统的量测集（数量和种类）及分布足够用以求解系统当前的状态。一般而言，即使系统量测有冗余（量测方程的维数大于未知数个数），电力系统状态估计也未必能够求解各节点的电压幅值和相角。需要通过系统可观测性分析进行观测点布置，以使状态估计能够在各种条件下顺利进行。系统的可观测性条件如下：

（1）如果支路一端电压和电流相量已知，则由支路约束方程可以求出另一端电压相量。

（2）如果一条支路两端电压都已知，则该支路电流可计算出来。

（3）如果未配置 PMU 量测的零注入节点其相关支路电流仅一个未知，则由基尔霍夫电流方程可求出该支路电流。

（4）未知零注入节点的所有相邻节点电压相量全部已知时，可由节点方程求出该零注入节点电压相量。

由此定义直接量测量为 PMU 量测相关集，即各 PMU 节点电压和关联支路电流；伪量测量为可通过直接量测量经欧姆定律［条件 1）、条件 2）］计算出的电压、电流；扩展量测量为含零注入节点经电路拓扑定律［条件 3）、条件 4）］计算出的电压、电流。显然，如果 PMU 配置能够得到的直接量测量、伪量测量和扩展量测量越多，其对系统可观测性的作用也越大，信息的冗余度也越高。

6. 重要输电断面

PMU 技术的出现以及调度数据网的建设，使得利用 PMU 技术和可靠的通信网络实现广域保护（WAP）正成为 PMU 技术应用的一个研究重点。广域保护（WAP）实际上是一种区域稳定控制的概念，主要应用将体现为通过对于不同重要断面的 PMU 信息的监视、分析，实现在线稳定裕度分析和区域稳定控制的功效。

值得指出的是，目前线路热稳定问题是制约电网输电能力的主要因素，主要表现为：当同方向并列运行线路或并列运行主变压器任一元件跳闸，其他元件潮流会超过规程规定的设备热稳定水平。通过对一些重要联络线断面实现有效监视，利用 PMU 的丰富信息建立相关模型后，则可以有效地分析线路的载流量裕度。

综上所述，PMU 应用布点应从 WAMS 可实现的应用的需要出发，依据系统的可观测性、主导电压模式（电压安全裕度）、低频振荡监视和频率的时空分布特性以及保证一些主要联络线站点信息必要的冗余度等原则实施。

（八）系统的可视化技术

电力系统运行监视是一个多环节过程，包括数据采集、数据处理、数据显示和人机交流四个部分，如图 2-1-9 所示。

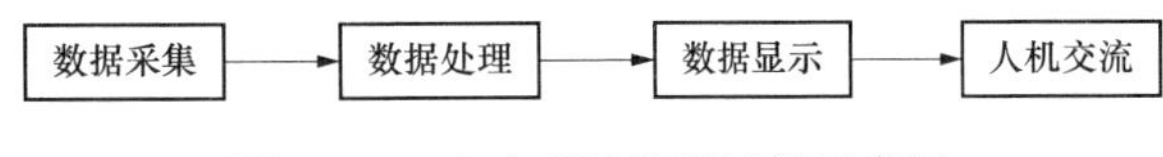


图 2-1-9　电力系统监视过程示意图

基于 PMU 的电网动态监视系统应借鉴和遵循信息论、人机工效学的基本原理，分析调度员在电网监视中的人机交流过程即人机信息处理的过程，提出适应人机信息交流的改进模型。

1. 系统的信息模型

WAMS 系统的抽象信息模型如图 2-1-10 所示。其中，电力系统作为认识客体，调度员作为认识主体，因此电力信息的运动至少包含了以下四个基本过程。

（1）电力系统产生本体论意义的电力信息，即电力系统运动的状态和方式，是“电力信息的产生”。

（2）这些本体论意义的电力信息被 PMU 实时采集，并被 WAMS 系统或调度员感知后，称为第一类认识论意义上的电力信息，如功角、频率、电压、潮流等信息，是“电力信息的获取”。

（3）第一类认识论意义上的电力信息经过 WAMS 系统或调度员处理后，再生出反映主体意志的更加本质的信息，称为第二类认识论意义上的电力信息，如稳定裕度报警、低频振荡、优化控制策略等，是“电力信息的再生”。

（4）第二类认识论意义上的电力信息反作用于电力系统，改变电力系统的运行状态，目标是使电力系统的运行变得更加安全、优质和经济，是“电力信息的施效（或控制）”。

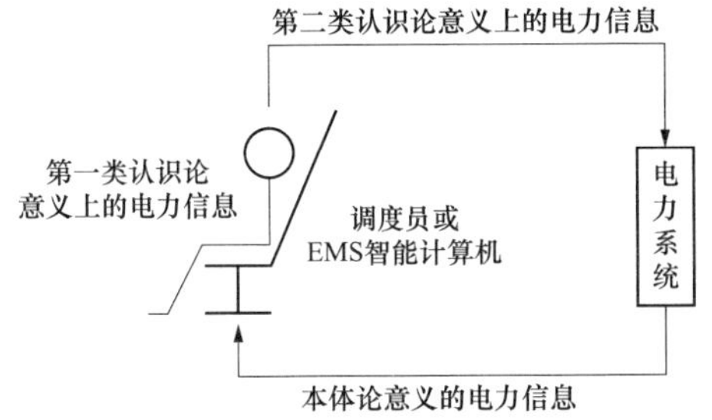


图 2-1-10　WAMS 系统的抽象信息模型

2. 可视化功能

可视化的最主要特点就是用图像方式，而非数据直接显示电网运行的关键信息。所谓“一幅图胜过千言万语”，可视化的目的就是以计算机图像实现技术将电网运行中的信息以最间接的方式呈现给调度员，使调度员可以快速评估系统的动态变化过程，实现对电网运行的有效监视、控制等。如前所述，PMU 以 25～100 帧/s 的速率向电网调度实时传输相量信息，传统的 SCADA 系统每 4～5s 上送一次信息，PMU 上送的信息量相对于 SCADA 系统的约为 100 倍以上，因此，用传统的数据描述法反映 PMU 所监视的电网信息已经不再合适。随着电网规模的扩展和 PMU 安装点的增加，用可视化技术反映电网的动态过程已成为一种必然的选择。可视化的应用基本可以分为两维可视化和三维可视化，其适用的场合有所不同。

（1）两维可视化。两维可视化的主要应用体现为以下基本应用：①对于关键的联络线潮流监视用饼图显示；②用量测裕度表示运行母线的电压监视；③用轮廓图表示所关注的母线附近电气量信息的变化情况。

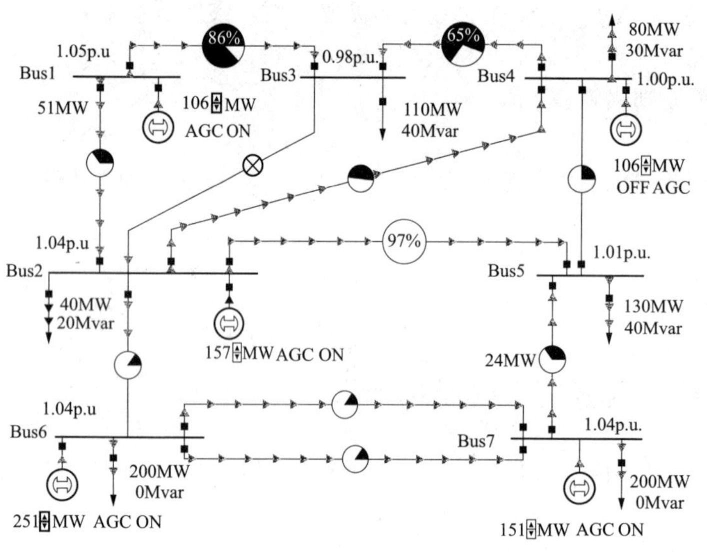


图 2-1-11　带方向的潮流监视示意图

1）线路潮流监视。主要联络线潮流监视是 WAMS 系统应用的重要功能，可以用饼图显示线路潮流与稳定运行限额的关系。实际系统中用不同的颜色表示潮流离开稳定控制限额的裕度状况，其中蓝色表示潮流安全，潮流超过稳定限额的 85%用橘黄色预警。这种方式将提供给调度员非常直观的信息，有利于调度员及时控制关键线路的潮流情况。图 2-1-11 为用不同灰度表示的带方向的潮流监视示意图。

2）电压幅值监视。电网运行母线电压幅值的监视有上下限额，因此，可以用量测裕度方法来描述，对于电压监视值的设定可以用控制电压值和考核电压值，并标之以不同的颜色。图 2-1-12 为以不同灰度表示电压幅值监视图。

全网电压幅值监视图如图 2-1-13 所示，实际系统中用橙黄色表示电压超过考核目标值，红色表示电压幅值超过控制目标值（图 2-1-13 以不同灰度表示）。

3）轮廓图描述母线状况。轮廓图主要用来描述系统关注点母线与周边电气量情况的相关性，可以描述母线周边情况的连续变化。由于人的视角系统适合于判断形状，因此，用轮廓图有助于提高调度员对于电网动态状况判断的正确性和速度，尤其对于电网中有多处母线电压越限的情况。轮廓图方法对于监视全网的母线电压情况十分有效。

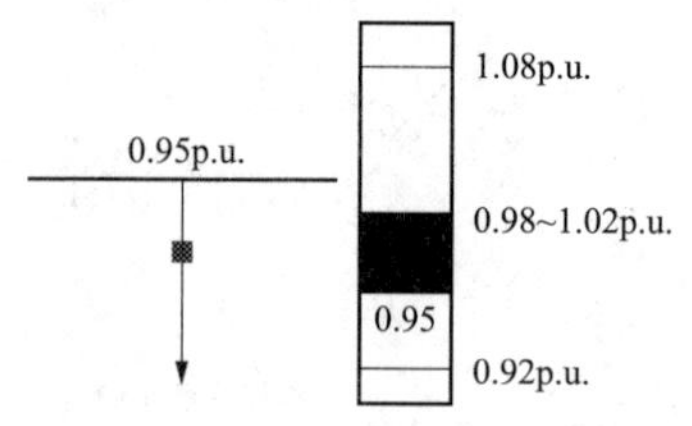


图 2-1-12　电压幅值监视图

轮廓图的另一个好处是可以追踪系统的变化情况，如天气预报的气象云图，在紧急状况下可以有助于判断系统状态变化的趋势。图 2-1-14 为用轮廓图表示的 2003 年美加“8·14”大停电过程中的系统情况。

（2）三维可视化。为了有助于描述时间因素对于系统紧急状态的影响，可以在可视化维数中增加时间信息，由此形成三维可视化图。图 2-1-15 所示为实时振荡监视水波图。

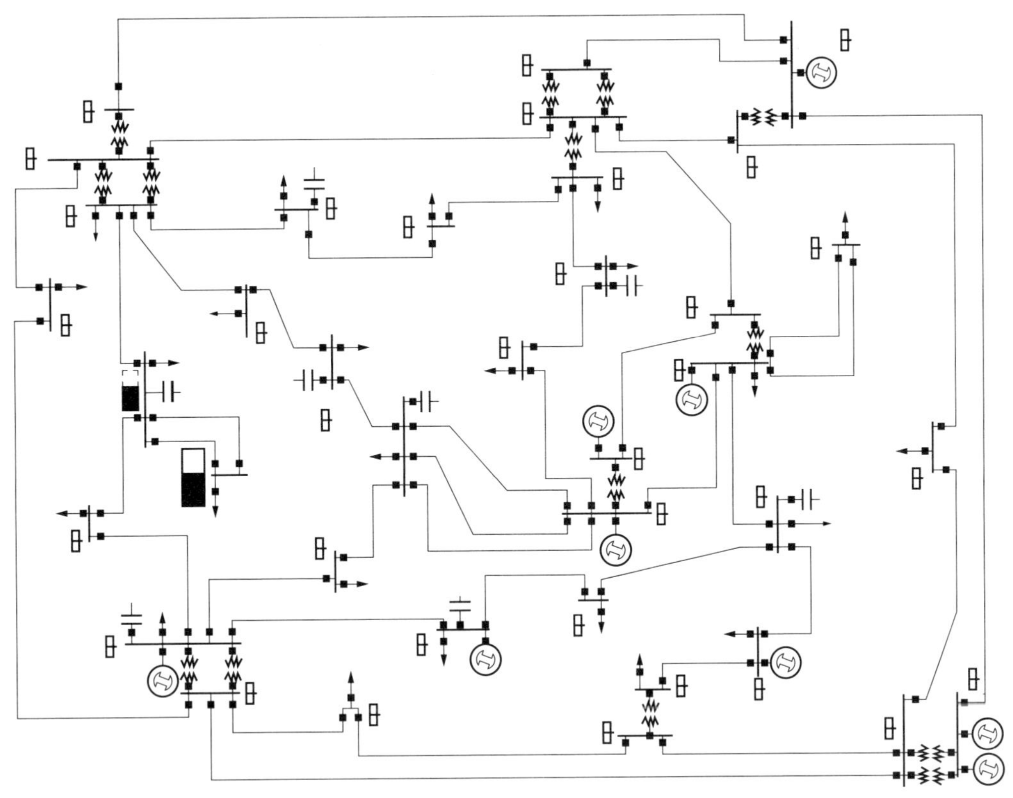

图 2-1-13　全网电压幅值监视图

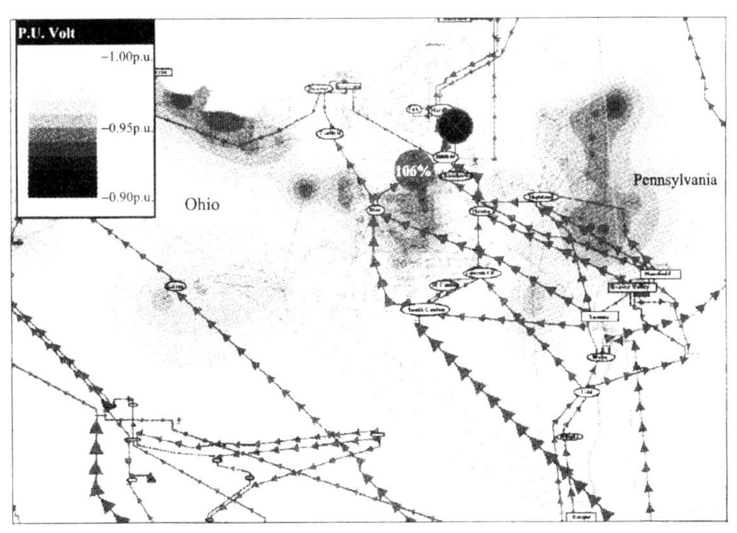


图 2-1-14　用轮廓图和有向饼图表示“8·14”大停电的系统情况

不难看出，可视化工具通过对于 PMU 数据的处理，可以为调度员提供更直接的电网动态情况监视和评估结果，有助于调度员迅速判断系统情况或变化趋势，及时处理系统异常情况。因此，可视化功能应作为WAMS系统应用的主要功能之一，但对于可视化技术的采用必须以简洁明了为原则，要突出重要信息的可视化，并具备具体操作的可能性，如关键联络线潮流可视化并显示具体潮流数值，这样调度员就可以据此进行电网稳定运行控制的具体操作等。

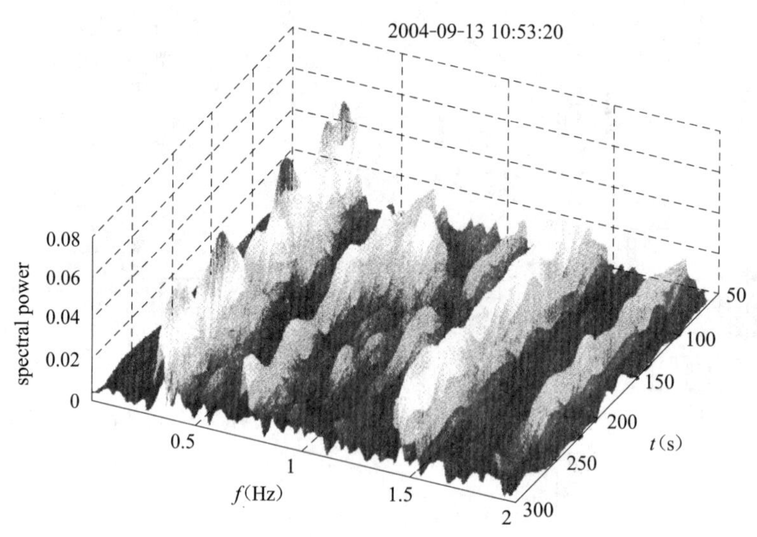


图 2-1-15 实时振荡监视水波图

## 第二节 智能变电站

变电站担负着变换电压等级、汇集电流、分配和控制电能、调整电压的功能。随着光电技术、网络通信技术、信息技术、电子技术等相关领域的最新研究成果的出现，电子式互感器、智能高压电器、高速网络通信技术等的发展，出现了智能变电站。智能变电站更加可靠、高效、稳定、开放，将会对电网的安全运行及电力企业的节能减耗提供有利的支撑。

### 一、智能变电站的概念及体系结构

变电站的发展经历了常规变电站、综合自动化变电站、数字变电站、智能变电站阶段。智能变电站是电力系统自动化技术发展的重大变革。传统的变电站综合自动化系统结构不再适应智能变电站的要求。为了实现全站信息共享，达到智能化、信息化、自动化的目标，与传统变电站相比，智能变电站的体系架构发生了较大变化。

1. 综合自动化变电站

综合自动化变电站采用了变电站综合自动化技术，利用先进的计算机技术、现代电子技术、通信技术和信号处理技术，实现对变电站主要设备和输、配电线路的自动监视、测量、控制、保护以及通信调度等综合性自动化功能。变电站综合自动化系统，即利用多台微型计算机组成的自动化技术，可以收集到所需要的各种数据和信息，利用计算机的高速计算能力和逻辑判断能力，监视和控制变电站的各种设备。

传统综合自动化系统的体系结构主要分为集中式和分布式两种形式。

（1）集中式结构。集中式结构的综合自动化系统采用处理能力高的微机或小型计算机，通过扩展外围接口电路，集中采集变电站的模拟量、开关量和数字量等信息，集中进行计算与处理，分别完成微机监控、微机保护和其他一些自动控制等功能。集中式综合自动化系统出现在变电站综合自动化系统问世的初期。

图 2-2-1 所示为集中式综合自动化系统结构图。根据变电站的实际规模，配置相应容量的集中式保护装置和监控主机及数据采集系统（也有的采用集中式的微机型），它们安装在变电站中央控制室内。各电气设备及进出线的运行状态通过电缆传送到中央控制室的保护装置和监控主机（或远动装置）。继电保护动作信息取自保护装置的信号继电器的辅助触点，通过电缆送给监控主机（或远动装置）。

集中式综合自动化系统结构紧凑、造价低，适合规模较小的 110kV 以下的变电站。但它存在一些缺陷：①必须采用双机并列运行的结构才能保证可靠性；②软件复杂，修改工作量大，系统调试麻烦，组态不灵活，软、硬件不能随不同主接线或者变电站规模变化而自行调整；③集中式保护调试和维护不方便，程序设计麻烦，只适合于保护算法比较简单的情况，很难满足现代电网对变电站自动化技术发展的需要。

（2）分布式结构。分布式综合自动化系统在结构上分为站控层和间隔层。图 2-2-2 所示为分布式变电站自动化系统结构图。

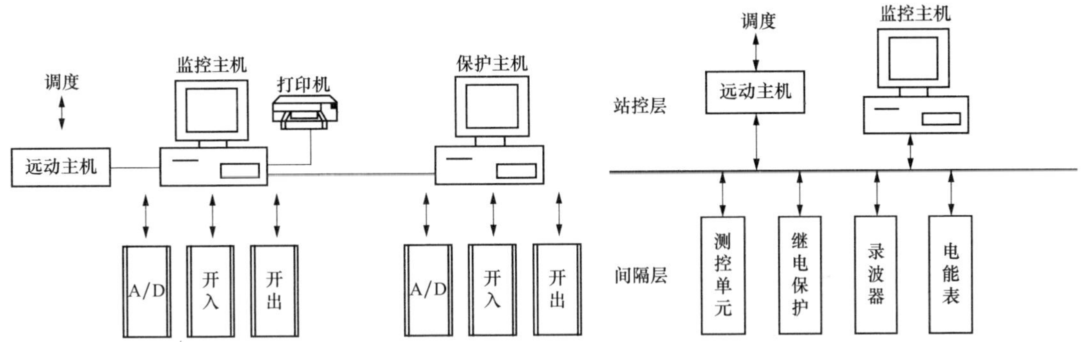


图 2-2-1　集中式综合自动化系统结构图　　图 2-2-2　分布式综合自动化系统结构图

间隔层一般按间隔划分，具有测量、控制和继电保护等功能。测控装置实现该间隔的测量、监视，断路器的操作控制和联锁及事件顺序记录等功能；保护装置实现该间隔线路、变压器、电容器的保护和故障记录等功能。

站控层包括全站性的监控主机、远动主机等。站控层设现场总线或局域网，供各主机之间和监控主机与单元层之间交换信息。站控层的有关自动化设备一般安装于控制室。

分层分布式综合自动化系统具有分布配置、分层管理、保护独立、远动功能、模块化结构等特点。分层分布式综合自动化系统结构包括分层分布式集中组屏、分层分布式就地安装和分散与集中相结合等模式，如图 2-2-3～图 2-2-5 所示。

传统变电站自动化技术使得大量变电站采用了自动化技术实现无人值班，在提高电网自动化水平和输配电可靠性等方面发挥了十分重要的作用。但随着电子式互感器、智能高压电器、高速实时以太网等技术的发展以及 IEC 61850 变电站通信标准的推广应用，传统变电站自动化架构体系越来越不能满足智能电网的发展要求，主要存在以下问题：

（1）互操作问题。智能电子设备之间的互操作性是指变电站内不同厂家的 IED 通过网络通信技术实现信息的共享，并能够达到控制命令的兼容，实现互换性的目的。这样，当变电站中设备维护、升级过程中，可以由一个厂家的装置替代另一个厂家的装置。传统的综合自动化技术中不同厂家通信体系结构不统一，设备间通信协议和接口互不兼容，使得不同厂家设备间的互操作性不易实现；间隔层的网络通信技术不统一，在通信链路和协议上造成不同厂家设备间互操作性差、兼容性差的问题。这些给设计、集成、测试、后期维护、升级带来了很大的困难，也降低了系统的可靠性。

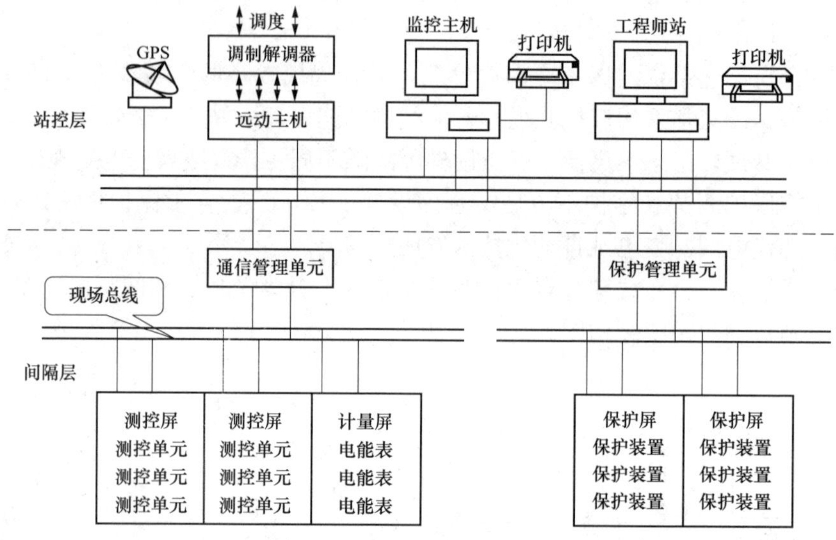


图 2-2-3　分层分布式集中组屏自动化系统结构图

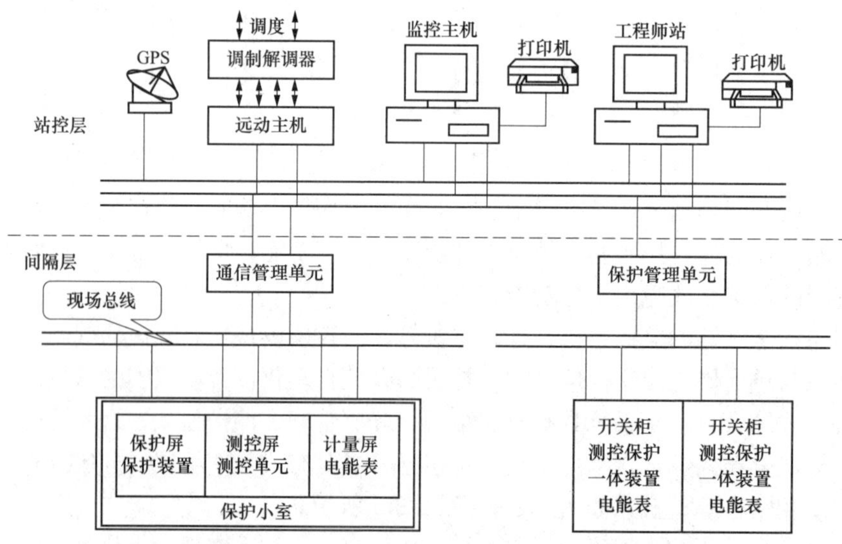


图 2-2-4　分层分布式就地安装自动化系统结构图

（2）一次设备数字化、信息化的问题。传统的变电站自动化架构体系是基于传统电磁型互感器和一次设备实现的，不能够实现一次设备的数字化和信息化。互感器采集的电压、电流提供给多个 IED 比较困难，同时也是实现信息共享的技术瓶颈。传统变电站系统中大多没有装设状态监视设备，只能采用计划检修，而不能实现状态检修。同时二次 IED 不能从高压一次设备直接获取信息，也无法实现对一次设备的状态监测和动态控制功能。

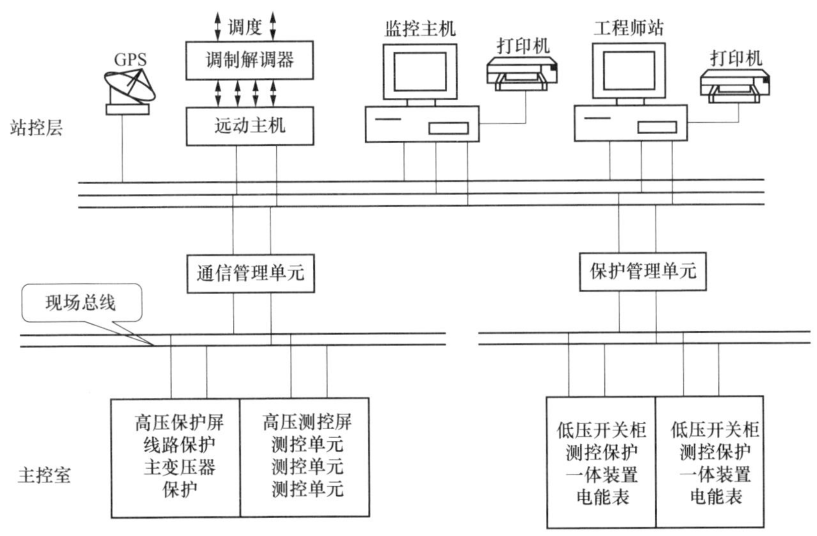


图 2-2-5 分散与集中相结合自动化系统结构图

(3) 信息共享的问题。由于受限于通信技术的落后，只能采集少量的现场（变电站和发电厂）实时信息。通信协议的制订只能是考虑被传输数据在线路上的排列，而不能设计详细的数据属性及其组织，存在信息不能实现共享的问题。在传统的电力系统运行模式下，不同的测量、控制和保护等二次功能分属于不同专业管理，而实际运行中来自不同采集单元的信息不能实现共享，就形成了“自动化信息孤岛”现象。

(4) 可扩展性差的问题。传统的变电站自动化系统结构不能实现设备的“即插即用”，不支持信息共享，也不能满足设备间的互操作性，因此在需要系统扩展和设备更新时将带来一系列的问题。

2. 数字变电站

随着通信技术、计算机技术、测控保护等技术的发展，为数字化变电站的形成奠定了充实的技术基础。特高压、大容量、超大规模电网的逐渐形成，对电网安全、稳定、可靠、控制、信息交流等提出了更高的要求。

数字化变电站是指采用智能化的一次设备，以变电站一、二次设备为数字化对象，以高速网络平台为基础，通过对数字化信息进行标准化，实现站内外信息共享和互操作，并以网络数据为基础，实现测量监视、控制保护、信息管理等自动化功能的现代化变电站。基于变电站自动化系统的发展，数字化变电站技术在近年得到长足的进步。

数字化变电站主要的技术特征有：①采用数字化新型的电流和电压互感器代替常规电流和电压互感器；②将高电压、大电流直接变化为低电平信号或数字信号，实现一、二次设备有效隔离；③利用高速以太网构成变电站数据采集及传输系统，实现跨变电站、区域电网的保护和自动协调控制；④实现基于 IEC 61850 标准的统一信息建模，实现互操作性；⑤采用智能一次设备，使用统一通信标准，而非直接输出传统的电压、电流、触点等复杂非统一的接口。图 2-2-6 所示为数字化变电站与传统变电站网络结构对比。

数字化变电站仅解决了电子式互感器和 IEC 61850 的应用，但存在过程层/间隔层设备与一次设备接口不规范、没有解决 IEC 61850/IEC 61970 接口问题，主要局限在自动化系统本身，没有整个变电站的建设体系，变电站没有信息体系，没有形成更多的智能应用，缺乏标准。电子式互感器和 IEC 61850 一直作为数字变电站的特征。数字化变电站在应用上仍有很多不足之处，但其扩大了 IEC 61850 标准在中国的推广。

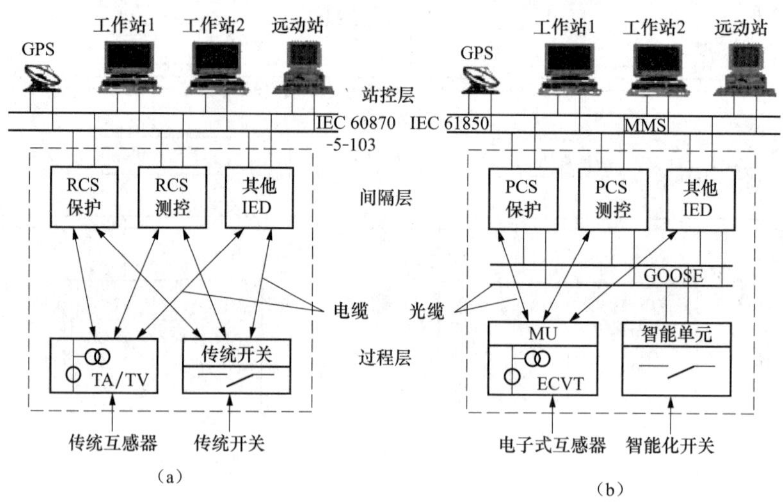


图 2-2-6 数字化变电站与传统变电站网络结构对比

(a) 传统变电站结构图；(b) 数字化变电站结构图

3. 智能变电站

数字化变电站是智能变电站的前提和基础，是智能变电站的初级阶段，智能变电站是数字变电站的发展和升级。智能变电站则在数字化变电站基础上，进一步增加了高级应用，完善变电站的智能化应用与管理。

（1）智能变电站的定义。智能变电站是采用先进、可靠、集成、低碳、环保的智能设备，以全站信息数字化、通信平台网络化、信息共享标准化为基本要求，自动完成信息采集、测量、控制、保护、计量和监测等基本功能，并可根据需要支持电网实时自动控制、智能调节、在线分析决策、协同互动等高级功能的变电站。

（2）智能变电站的设计原则。为满足未来智能电网发展的要求，智能变电站体系结构应遵循以下设计原则：

1）遵循 IEC 61850 变电站通信标准，实现分层系统结构。根据智能变电站的功能要求，遵照 IEC 61850 标准的变电站体系，智能变电站应采用三层结构。这三层分别是站控层、间隔层和过程层。过程层包括二次系统和一次系统的接口单元，承担一次设备数字化、智能化的重要功能；间隔层包括测控、保护等间隔层 IED，完成相应的数据分析、处理和控制功能；站控层具有典型的 SCADA 功能，接收、处理实时数据，转发实时数据至调度中心和按照电网允许的需要发出控制和调节命令。

2）应用电子式互感器和智能高压电气设备技术，实现一次设备的数字化、信息化。电子式互感器是智能变电站实现模拟量测量的重要装置，具有无饱和、无铁磁谐振、体积小的优点，同时能直接获取数字化的测量量，为模拟量信息的共享奠定基础。

智能高压电气设备是指一次设备和智能组件的有机结合体，具有测量数字化、控制网络化、状态可视化、功能一体化和信息互动化特征，包括智能断路器和智能变压器等。智能断路器是在断路器内嵌入电压、电流变换器及其光电测量系统，由微机控制的二次系统、IED和相应智能软件，实现集成开关系统智能性的开关设备。智能断路器的主要优点有：间隔内自动闭锁和“五防”功能，保证设备和人身安全；根据电压波形控制合闸角，按最佳灭弧时间控制跳闸，以减少操作过电压，就地实现重合闸；实现设备在线监测和诊断，为状态检修提供参考；实现就地重合闸和其他就地的功能，而不依赖站级控制系统。智能变压器通过过程层变压器智能单元实现状态监测和智能控制功能，主要包括数字通信和处理能力、自诊断能力、状态监测能力和配置功能等。

通过合并单元、智能操作箱等过程层设备实现过程层数据共享。合并单元的主要功能是同步采集多路电子式电流互感器（Electrical Current Transformer，ECT）/电子式电压互感器（Electrical Voltage Transformer，EVT）输出的数字信号后按照标准规定的格式发送给保护、测控设备。通过使用合并单元与电子互感器接口，用光缆代替传统的电缆，用总线的接线方式代替传统的点对点的接线方式，实现数据共享。

应用智能操作箱实现过程层一次设备与间隔层二次设备的连接。智能操作箱安装在一次设备附近，采集一次设备的状态信息发送至间隔层设备，同时接收并执行来自间隔层设备的控制命令。智能操作箱与间隔层设备的连接也是通过光缆实现的。

合并单元和智能操作箱的配置依据就地采集、就地处理的原则，以间隔作为单位进行设计和操作。

3）基于高速工业以太网技术实现过程总线和站级总线，达到全站信息共享的要求。在智能变电站的各IED之间有大量的数据交换，它们通过站级总线、过程总线传输数据信息。较之传统变电站自动化系统，智能变电站对通信网络的实时性和可靠性有着更高的要求。高效、可靠的变电站通信网络技术对于整个智能变电站系统功能的实现具有非常重要的意义。

4）全站整体配置保护和控制功能，而不仅仅局限于间隔之内。智能变电站拥有全站信息的优势，可以基于全站保护和控制需求统筹考虑保护和控制逻辑，突破现有以间隔为单位的束缚，以变电站作为完整的保护和控制对象，统一考虑全站的保护和控制功能，从而实现具有更高选择性、可靠性、快速性和灵敏性的保护和控制功能。

智能变电站系统拥有全站各个设备的信息，不仅可以利用全站各个设备的信息，还可以利用同一设备不同时刻的信息，在此基础上实现灵活可靠的保护和控制功能。例如，可以基于拓扑理论的网络保护模块作为全站系统级保护，网络保护系统可以冗余设置，也可加入变电站的站级控制功能；以差动保护等为主的单元保护模块作为间隔级保护。

5）按照实际需求整合自动化功能，使系统结构更加简单、可靠。传统的变电站中，IED单元通常是相互独立、互不相关的。IEC 61850通信标准为一体化平台的实现也提供了有力的支持，因此可以将监控（保护）、测距、录波、PMU和电能质量监测等功能整合成一体化IED单元。基于IEC 61850标准的一体化智能变电站的推出，将从根本上改变传统IED的现状，提出全新的一体化功能实现方案，成为未来适应电力系统自动化发展的技术方向。

6）全站统一的授时系统。智能变电站的信息交换完全依靠通信系统，全站所有IED装置都需要应用带有时标的信息。智能变电站系统的正常工作及其作用的充分发挥，都需要有统一的时间基准，也就是说这些系统内部的实时时钟要实现时间同步。有了统一精确的时间，既可实现智能变电站系统在授时系统时间基准下的运行监控和事故后的故障分析，也可以通过各断路器动作、调整的先后顺序及准确时间来分析事故的原因及过程。

7）采用先进的通信标准规约，保证装置的互操作性。IEC 61850 标准是目前智能变电站通信规约采用的唯一国际标准。IEC 61850 标准采用面向对象的建模技术和分层映射的通信技术，提供标准化的配置语言以及系统工程化方法，是实现智能变电站的有力手段。基于 IEC 61850 建立全站统一的数据和通信平台不仅是技术和功能应用上的需要，而且也是降低系统集成和运行维护成本、提高系统可靠性和安全性的迫切要求。

8）针对智能变电站发展不同阶段和现场不同应用来选择、设计不同的系统架构解决方案。例如，老变电站改造可以采用传统的互感器和高压电气设备，在变电站的通信网络构建中遵循 IEC 61850 标准，如果变电站内包含不符合 IEC 61850 标准的设备，采用协议转换器或者代理网关接入；新建变电站则可以考虑采用 ECT/EVT 和智能高压电气设备（或常规高压电气设备），在变电站的通信网络构建中遵循 IEC 61850 标准，全面实现智能变电站。

（3）智能变电站的体系结构。遵循 IEC 61850 标准的智能变电站采用三层结构，分别是站控层、间隔层和过程层，如图 2-2-7 所示。

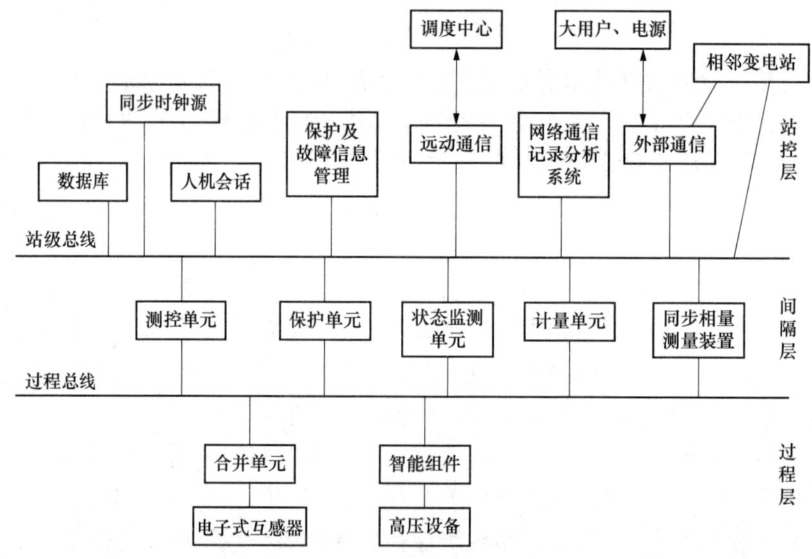


图 2-2-7 遵循 IEC 61580 标准的智能变电站的三层结构

站控层位于变电站自动化系统的最上层，接收、处理实时数据，转发实时数据至调度中心和按照电网允许的需要发出控制和调节命令。站控层由变电站的运行工程师站、远动主站（兼检修工程师站）以及网络打印服务器，站域控制、通信系统、对时系统等子系统组成，主要依靠运行的站控软件系统来实现运行、维护、打印以及远方通信等功能。系统中集成了工程化工具为工程人员和用户提供完善、方便的配置、测试、维护手段，并实现了智能变电站系统的配置/组态、实时库的管理、模型/通信的一致性测试、SCL 配置文件的管理等功能。站控软件系统亦可内置虚拟设备服务器程序，提供传统设备通信规约到 IEC 61850 标准规约的转换，以适应智能变电站推广应用的初级阶段；还可以嵌入拥有电气拓扑识别的定值自动整定技术、基于全站统一时标的变电站综合信息分析技术、操作票自动生成技术等。

间隔层包括继电保护装置、系统测控装置、监测功能组的智能电子装置等二次设备，按照应用功能合理配置逻辑节点，完成相应的数据分析、处理和控制功能。智能变电站内二次设备将变成数字化功能模块，如继电保护、防误闭锁、测量控制、远动、故障录波、安全稳定、同期操作以及正在发展中的在线状态检测等全部基于标准化、模块化的微处理机设计，模块之间的连接全部采用高速的网络通信，真正实现数据共享、资源共享。

过程层包括变压器、断路器、隔离开关、电流/电压互感器等一、二次设备及其所属的智能组件以及独立的智能电子装置，承担一次设备数字化、智能化的重要功能，是整个智能变电站的基础。

（4）智能变电站的结构形式。由于相关技术的发展水平和应用需求的不同，在智能变电站技术发展的不同阶段，出现了不同的结构形式。

1）“点对点”结构的智能变电站。传统变电站在结构上就是按照间隔划分的“点对点”结构，因此“点对点”结构的智能变电站系统实现最为简单，目前大多数智能变电站方案采用的也是“点对点”结构，其结构示意图如图 2-2-8 所示。

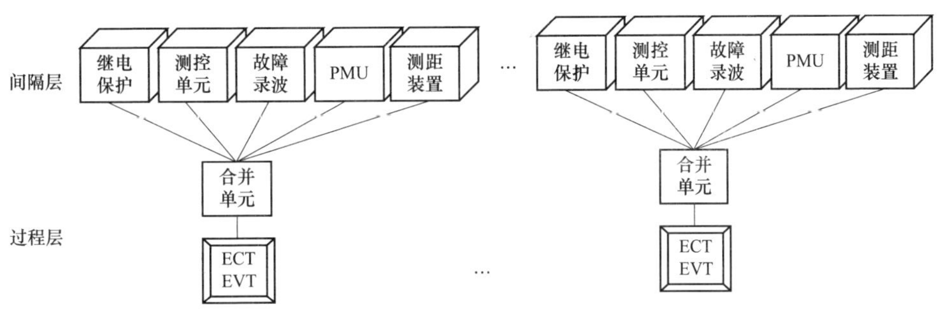


图 2-2-8 点对点结构示意图

但是，和传统变电站相比，“点对点”结构的智能变电站仅仅采用光缆取代电缆，而不能实现过程层信息的共享：母差保护等复杂的功能仍然实现困难，全站故障录波等自动化功能也得不到很好的解决。从智能变电站技术的发展趋势看，“点对点”模式必将被全站信息共享的模式所取代。

2）基于网络交换机的分布式智能变电站。采用工业以太网交换机实现过程总线，可以进行过程层信息的共享。该方式系统结构如图 2-2-9 所示。该方案的特点是：采用交换机实现网络通信，大大简化了光纤接线，为过程层数据的共享奠定了基础；在此基础上，实现母差保护等功能将变得十分容易，很好地发挥了智能变电站在信息交换方面的优势。

3）过程层分布采集、间隔层集中控制的智能变电站。该智能变电站的模式是：过程层采用分布式结构，采用合并单元和智能终端实现数据采集；间隔层集中处理，采用系统控制器实现全站保护和自动化功能；通信网络采用以太网交换机实现信息的共享。其系统架构如图 2-2-10 所示。

过程层分布采集、间隔层集中控制的智能变电站架构包含两类关键的技术，即保护、自动化功能整合技术和全站统一配置的集中式保护技术。IEC 61850 标准为一体化平台的实现提供了有力的支持，因此可以将监控（保护）、测距、录波、同步相量测量单元（PMU）和电能质量监测等功能整合成一体化 IED 单元，同时在站控层提供集成应用后台系统，为现场运行人员提供一体化功能环境。集中式保护集成了全站各个设备的信息，在此基础上能够实现如母差保护等传统变电站难以实现的保护功能。集中式保护不仅可以利用全站各个设备的信息，还可以利用同一设备不同时刻的信息，实现保护的快速性、选择性、可靠性和灵敏性。除此之外，还可以实现变电站的站级控制功能，例如无功补偿、小电流接地选线等。

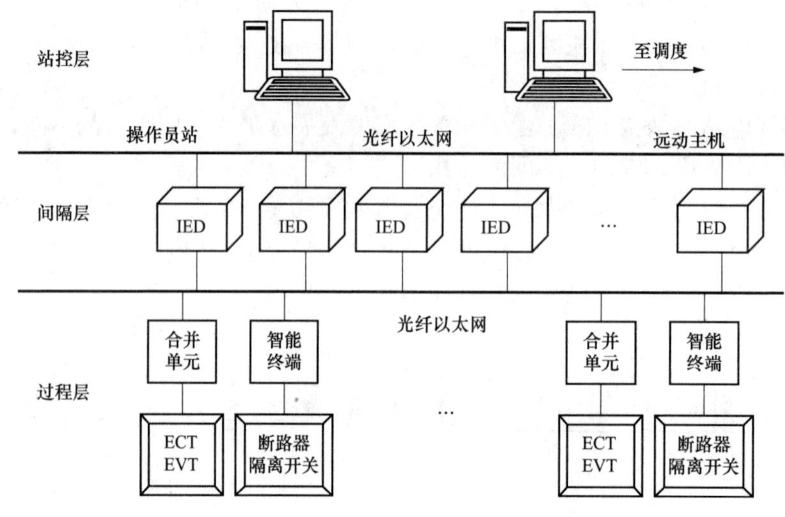


图 2-2-9　基于网络交换机的分布式智能变电站架构

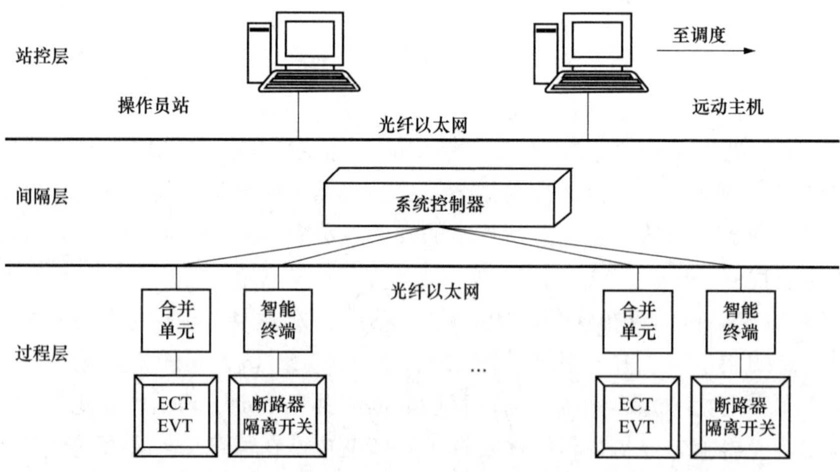


图 2-2-10　过程层分布采集、间隔层集中控制的智能变电站架构

下面介绍一个过程层分布采集、间隔层集中控制的 110kV 智能变电站的结构现场配置方案。

如图 2-2-11 所示，10kV 部分（包括出线、电容器等）保护测控合一，不单独设置过程层；装置安装于开关柜，采集模拟信号，按照 IEC 61850 标准通信；110kV 部分（包括主变压器和主变压器低压侧开关间隔）配置过程层设备，间隔层采用系统控制器实现保护和自动化的一体化功能。

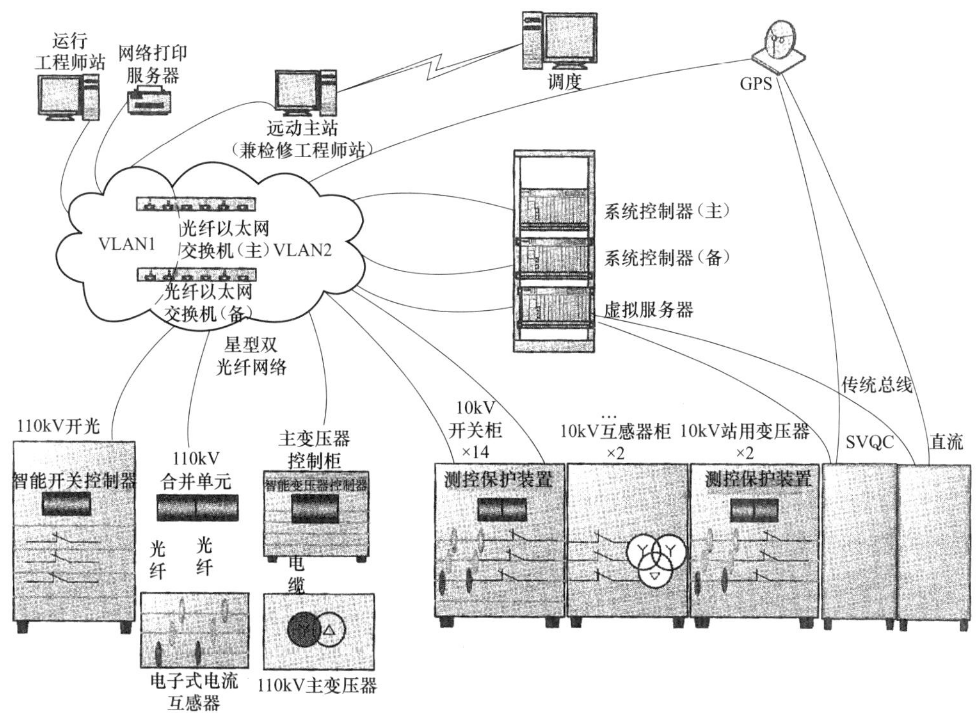


图 2-2-11 智能变电站结构现场配置方案

**互感器配置：**电流互感器选用电子式互感器，安装于变电站室内，其输出电流的数字信号，通过光纤直接接入合并单元；电压互感器输出为数字量形式的测量信息，为测控、保护装置提供数字信号。

**过程层：**其中分别针对主变压器、母线、出线、电容器等配置合并单元。依照 IEC 61850-9 标准以多播方式传输采样值，通信接口采用 100MB 光纤以太网。全部合并单元就地安装，根据现场情况确定安装方式。开关控制器、变压器控制器等智能终端实现一次设备数字化接口，所有智能终端就地安装均遵照 IEC 61850 标准接入系统，实现就地操作和远程操作。开关控制器控制变电站内断路器、隔离开关、接地开关的分合闸动作，实现了防误动，授权操作。变压器控制器利用先进的检测技术和手段，将多种检测装置综合在一起，实现了变压器运行状态的综合数据分析和数据处理。

**间隔层：**系统控制器是实现智能变电站系统自动化功能整合的关键环节，因此智能变电站对于系统控制器的性能和可靠性都有很高的要求。本方案的系统控制器采用多处理器并行处理技术，实现保护、监控和测量功能，采用双机、双网冗余配置。系统控制单元硬件采用嵌入式处理器单元，多 CPU 并行处理技术，提供 1000MB 以太网接口，具有高速处理、稳定可靠和便于扩展的特点。系统控制器功能模块（可选）包括保护模块、测控模块、计量模块、选线模块、故障录波模块、SVQC 模块。

**站控层：**采用跨平台结构设计，可选择 Windows、Unix、Linux 操作系统，支持的数据库包括 Sybase、Oracle、SQL Server 及其他开源数据库，图形界面采用 Qt 库，实时数据库结构按照 IEC 61850 模型定义、实现，所有程序支持 IEC 61850 模型。站控系统亦可内置虚拟设备服务器程序，提供传统设备通信规约到 IEC 61850 的转换，以适应智能变电站推广应用的初级阶段。

**站内通信网络：**以以太网技术为基础，通信体系采用 IEC 61850 架构，逻辑功能上按三层结构配置。系统采用数字化的网络、设备，以取代大量传统硬接线。由于涉及较多实时过程数据的采集，特别是暂态信息的采集，信息量大，实时响应要求高。为防止出现实时信息在网络上发生碰撞以至影响实时响应要求，使用光纤以太网，组网方式为 VLAN 虚拟以太网。

（5）智能变电站的技术特征。智能变电站采用了计算机、控制、软件、信息等相关领域的最新技术，和传统变电站自动化系统相比发生了巨大的变化，具有如下鲜明的技术特征：

1）智能化一次设备。一次设备智能化是智能变电站的基础。设备具有实时数据的采集和处理、智能控制、与其他 IED 实时交换数据、设备的自我描述和诊断等能力，可实现一次设备的数据采集数字化、系统结构紧凑化、设备检修状态化和设备操作智能化。

智能化的一次电气设备主要包括电子式电流/电压互感器，智能型断路器/隔离开关，智能变压器以及直流系统，消弧线圈、电抗器、避雷器等其他智能电器辅助设备。一次设备的数字化、智能化功能是通过智能变电站系统的过程层控制接口装置实现的。

2）网络化的二次设备。要实现一次设备和二次装置之间的数字化通信，以及变电站自动化系统特定的实时性、精确性、稳定性、安全性等功能要求，系统网络结构的设计和网络信息流的优化分配也是非常重要的。二次装置网络化的含义是应用最先进的网络通信技术，使整个系统性能达到最优，实现信息应用集成化。面向对象技术将原来分散的二次装置进行合理的功能集成，简化了二次系统结构，提高了系统的可靠性和可用率。集成型自动化系统可以将间隔层的控制、保护、故障录波、事件记录和运行支持系统的数据处理等功能集成在一个统一的多功能装置内。

3）符合 IEC 61850 标准的变电站通信网络和系统。IEC 61850 标准定义了基于以太网交换技术的变电站自动化系统站控层、间隔层和过程层的三层体系结构。IEC 61850 标准主要涉及三方面的核心技术：面向对象的建模技术、分层映射的通信技术、标准化的配置语言以及系统集成技术。采用对象建模技术、抽象通信接口技术和设备自描述规范，智能设备之间实现通信协议和通信接口一致性，实现智能设备的互操作。对一、二次设备进行统一建模，变电站站内及变电站与控制中心之间建立无缝通信体系，实现变电站信息共享。基于信息共享的各种运行支持系统，如一次设备运行状态检测系统等，可功能优化并与变电站运行系统协调工作。

4）信息化的运行管理系统。IEC 61850 标准为变电站自动化系统定义了统一、标准化信息和信息交换模型，可以使系统建模标准化，实现智能设备的互操作性、变电站站内及变电站与控制中心之间的无缝通信体系以及基于信息共享的各种运行支持系统。

## 二、IEC 61850 标准及其关键技术

随着变电站的发展，提出了在 IED 之间高效通信的要求，特别是标准协议的要求。由

于不同厂家使用不同的远动通信规约，变电站自动化设备采用的计算机控制技术存在通信协议的多样性、信道及接口标准不统一、系统的集成度低以及设备中的互通互联存在极大问题，加之计算机中 CPU 处理能力和存储容量的提高、通信互联技术的迅猛发展以及面向对象方法问题的解决和电力市场化的要求，国际电工委员会 IEC TC57 技术委员会总结了欧洲广泛采用的 IEC 60870-5 系列标准和北美地区采用的 UCA 2.1 标准的经验，在 2004 年正式颁布了关于变电站内 IED 设备互联的国际标准 IEC 61850，内容涉及变电站内的信息模型与服务规范、通信映射和系统集成，对保护和控制等自动化产品和变电站自动化系统的设计、生产、实施将产生深远的影响，成为变电站内 IED 设备互操作的唯一国际标准。

1. IEC 61850 标准概述

(1) IEC 61850 的内容。IEC 61850 除了定义变电站自动化系统的通信要求和数据交换外，还对整个系统的通信网络结构、对象模型、项目管理控制（组织、配置、文档和安全运行）、测试方法等进行了全面详尽的描述和规范。

IEC 61850 的构成如下：

IEC 61850-1　概述

IEC 61850-2　术语

IEC 61850-3　总体要求

IEC 61850-4　系统和项目管理

IEC 61850-5　功能通信要求和装置模型

IEC 61850-6　与变电站有关的 IED 的通信配置描述语言

IEC 61850-7-1　变电站和馈线设备的基本通信结构——原理和模型

IEC 61850-7-2　变电站的馈线设备的基本通信结构——抽象通信服务接口（ACSI）

IEC 61850-7-3　变电站的馈线设备的基本通信结构——公用数据类

IEC 61850-7-4　变电站的馈线设备的基本通信结构——兼容的逻辑节点类和数据类

IEC 61850-8-1　特定通信服务映射（SCSM）到 MMS（ISO/IEC 9506 第 1 部分和第 2 部分）和 ISO/IEC 8802-3 的映射

IEC 61850-9-1　特定通信服务映射（SCSM）——通过单向多路点对点串行通信链路的采样值

IEC 61850-9-2　特定通信服务映射（SCSM）——通过 ISO/IEC 8802-3 的采样值

IEC 61850-10　一致性测试

IEC 61850 的核心内容是：①信息模型及抽象服务接口。采用面向对象的分析方法和实现手段，主要是信息对象模型的建立以及围绕这些信息模型的抽象通信服务原语。②SCSM 特定通信服务映射。主要研究映射到特定通信协议栈的实现，主要的映射协议栈有制造报文规范 MMS 和基于 IEEE 802.3 的快速通信体系。③系统集成技术。理想变电站的自动化系统除了功能设计上要先进外，系统集成和生命期内的管理也非常重要。系统集成就是实现一个满足特定用户需求的变电站自动化系统的工作化过程。使用标准化的、基于通用商业软硬件的工程化工具和支持工具将有利于提高系统的可维护性和可靠性。

(2) IEC 61850 的目标。IEC 61850 是一个变电站自动化系统通信体系标准，而不是一个简单的通信协议。其目标是尽最大可能去使用现有的标准和被广泛接受的通信原理，通过对变电站运行功能进行识别和描述，分析运行功能对通信协议要求的影响，将应用功能和通信分开，对应用功能和通信之间的中性接口进行标准化，允许在变电站自动化系统的组件之间进行兼容的数据交换。

IEC 61850几乎涵盖了变电站现有的所有功能和数据对象，并提供了扩展性的逻辑节点的方法，规定了数据对象代码的组成方法，定义了面向对象的服务。这三部分的有机结合解决了面向对象自我描述的问题，可以满足不同用户和制造商传输不同信息对象和应用功能发展的要求，是保证实现功能设备间互操作性的必要前提。

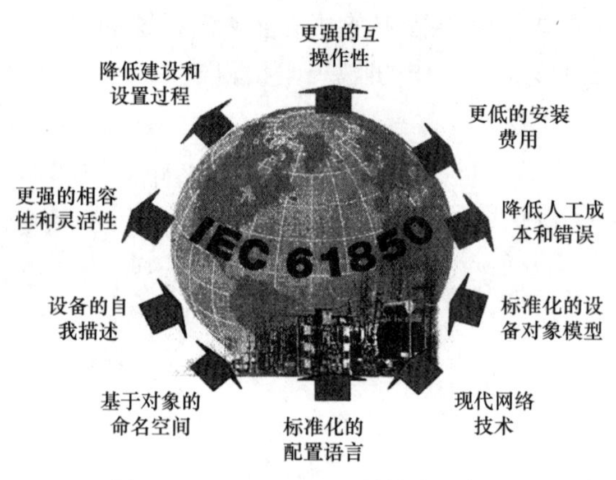


图 2-2-12　IEC 61850的特点和优点

（3）IEC 61850的特点和优点。IEC 61850围绕设备和系统间通信定义了大量对象和服务模型，围绕通信性能定义了网络管理报文和时间要求，围绕系统工程的顺利可靠实施和运作规范了系统的管理和测试过程，这些特点使得IEC 61850与以往的电力系统通信标准相比有着独特的优越性。IEC 61850的特点和优点如图2-2-12所示。

IEC 61850的一个主要特点是用于实现开放式网络体系，从而满足现在以及未来设备和系统间的通信要求。其优点主要体现在通信、体系结构和性能等方面。

1）在通信方面，能够满足对于测量保护和控制等全部变电站自动化功能的通信要求；提供了电力系统统一的基本通信结构，通过所有系统使用公共的语法和语义，降低了电力系统各部分之间实时信息的整合成本；使用目前广泛应用的网络拓扑如TCP/IP和以太网等，最大限度减少专有拓扑的应用，从而最大限度降低网络设备的成本；通过使用高性能现代化网络拓扑，提供更加灵活的通信基础结构，达到不需要过多改动即可适应未来的性能要求；在主/从和串行通信方式基础上支持网络点对点对等。

2）在体系结构方面，提出变电站自动化三层结构体系。从网络介质和拓扑中分离出应用和集成，这样在不影响系统整体结构的前提下，可以针对具体的应用更灵活地选择最好的解决方案；构建真正意义上的对等通信体系结构，使信息能够在整个系统内传输，解决了主/从通信方式和非网络化的串行连接途径的弊端；对等体系结构减少了对需要单独配置的中间通信设备的要求，降低了成本。

3）在性能方面，设备的自我描述使得应用过程能够直接从设备获取所有配置信息，减少人工配置信息的成本和出错率；提供各种通信系统间的无缝链接，提供各种数据库间的互操作，避免协议转换带来的资源消耗；围绕配置（IED、功能、软件、设备等）、故障（检测和纠正、诊断、自恢复功能等）、性能（响应、监视、资源管理、校正操作等）、安全（定义安全链接、管理加密、密钥等）问题对网络进行管理，保证系统通信和运行的可靠性；一致性测试保证产品性能以及与其他设备的互操作，保证系统的最优化设计实施和运行。

2. IEC 61850的对象建模技术与对象模型

IEC 61850标准最大的特点是采用了面向对象的分析方法和实现手段，将现实世界中的具体对象通过虚拟、抽象、封装等手段，建立了完整的变电站的信息模型，以及围绕这些信息模型的抽象通信服务原语。

（1）面向对象的定义及其优点。所谓“对象”是指把需要解决的问题（系统）分成不同的部分，各部分还可以划分成不同子部分，直到不可分割的最小单元，各部分、子部分和最小单元都可作为一个对象，此对象包含用以描述问题的数据和行为，问题的解决可以看作是对象间的相互联系和作用。“面向对象”大多指的是把一组对象中的数据结构和行为紧密结合在一起组织系统的一种策略，应贯穿系统分析、设计、实现的全过程。变电站自动化系统内的对象针对系统内的智能电子设备间如一个 IED、一个开关或一个变压器等的通信，系统内的面向对象应用，主要是通过对象和对象间的通信来实现变电站自动化通信和功能。

采用面向对象技术建模的优点如下：

1）将数据和行为封装在一起，外界只能通过接口对数据进行操作，从而增加了系统的健壮性。

2）采用实现了模型的可重用性，标准化的模型和模型间的继承、派生关系使得系统设计更加容易。

3）模型独立于具体设备，从而可以采用统一的建模语言和方法，减少了工作量。

4）类集的使用简化了系统的重构和扩充。

5）对象内部的问题由对象解决，减少了系统的负责程度，便于维护。

6）通信和应用数据相对独立，对数据维护、扩展、计量等方面的支持具有高度的灵活性。

（2）对变电站自动化系统的抽象建模。IEC 61850 标准是以变电站自动化系统中具有数据交换能力最小的功能单元即逻辑节点为对象进行建模的。几个逻辑节点构成一个逻辑设备，而一个或多个逻辑设备被分配到一个特定的专用设备即智能电子设备。

对于一个具体的设备，可以在计算机中用相应的一个逻辑节点来表示和代替，其定义中包含设备的状态及运行模式等数据，这些设备和数据通过 ACSI 的抽象服务接口服务变成可视和可访问的，与其他的设备和数据进行信息交换。服务通过某个特定而具体的通信方式来实现，即 SCSM（例如使用 MMS、TCP/IP、以太网等）。在实际设备和真实数据的虚拟镜像中要进行配置，以选择合适的逻辑设备以及所包含的数据，并赋予它们特定的实例值。

IEC 61850 采用面向对象技术，建立了电力系统的大量公共设备组件模型，定义了公共数据格式，标识以及描述公共设备功能的操作。面向对象的建模是构建变电站综合自动化系统通信体系的基础，由 IEC 61850-7 来规范，其定义的兼容逻辑节点基本涵盖了变电站内所有的功能。

采用面向对象的建模技术还描述了若干类。这些类构成的变电站自动化通信模型的层次结构包括服务器、逻辑设备、逻辑节点、数据对象和数据属性等部分。

逻辑节点是变电站内 IED 间通信的最小单位，是实现互操作性的关键。逻辑节点间相互通信，解释并处理收到的信息。逻辑节点通过逻辑连接关联并在其间进行数据交换。逻辑节点之间的数据通信是通过数千个单独的通信信息片交换来描述的，信息片的属性用以说明交换的信息和通信要求。属性包含性能要求、逻辑节点分配和操作的状态机原因。由于信息片仅仅用来描述数据的交换，因此它与具体设备无关，并且不反映在通信网络上传输数据的实际结构和格式。由于面向对象技术的使用实现了消息的自我描述。消息的自我描述携带了大量信息，如数据、发送节点、目的节点、时间标记、种类等，易于识别。

IEC 61850 标准规定了 92 种逻辑节点和 365 种数据对象模型，根据需要逻辑节点可以在物理设备上灵活分布，实现相应的功能。由于对数据对象规定了统一命名和扩展方法，因而在系统中对数据的访问是唯一的，设备也就具有自我描述的能力。

3. 抽象通信服务接口（ACSI）和特定通信服务映射（SCSM）

IEC 61850 标准采用抽象通信服务接口（ACSI）和特定通信服务映射（SCSM）方法来实现变电站自动化系统的功能。ACSI 服务需适用于各种不同特征的应用层（这里的应用层是指 ISO/OSI 七层参考模型的应用层），ACSI 客户/服务模型的全部服务请求和响应需通过协议栈进行通信，IEC 61850 标准采用 SCSM 来实现 ACSI 服务到不同协议栈的映射。

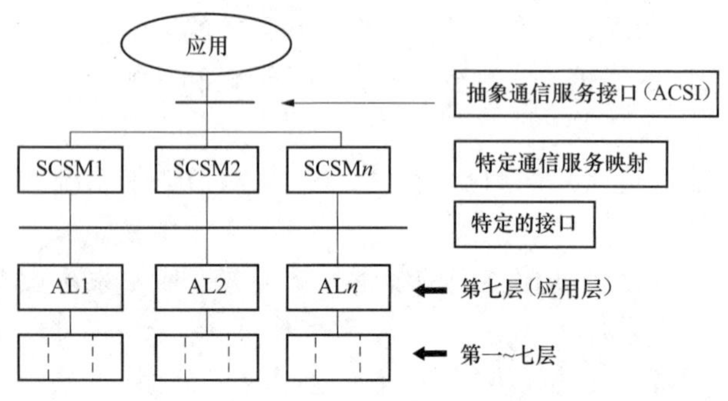

图 2-2-13 IEC 61850 的通信基本参考模型

IEC 61850 通过抽象通信服务接口（ACSI）来实现通信协议与应用及通信介质的分离。IEC 61850 的通信基本参考模型如图 2-2-13 所示。

ACSI 采用抽象的建模技术，为变电站设备定义了公共应用服务，从而提供了通过虚拟镜像访问真实数据和真实设备的途径。虚拟的概念可用于描述设备的全部行为。任何别的设备、控制器，甚至 SCADA 系统、维护系统或者工程系统都可以使用 ACSI 服务于这些设备进行互操作。

ACSI 中的抽象概念包含两个方面：一是 ACSI 提供了用来定义变电站特定信息模型的基本模型说明，二是提供了信息交换服务模型的说明。抽象以 ACSI 这种描述所提供的服务，而与设备间交换的具体报文无关。因此 ACSI 不定义具体的 ACSI 报文，ACSI 服务映射到应用层的一个或多个应用层报文。

ACSI 通信方法有两种：点对点对等通信模式和客户服务器模式。点对点通信模式用在对时间响应要求高的通用变电站时间服务和传输采用测量值服务。客户服务器模式可以由许多种类的通信系统来连接，通信介质也有物理上和使用上的限制，例如有限的波特率、转悠的数据链路层、有限的使用时间和卫星中继的延迟。系统有可能是横向的，有几个中心点来授权和管理其他的大量的现场点，也可以以“点对点”的对等模式互联。

特定通信服务映射（SCSM）是为抽象通信服务接口（ACSI）服务和为对象提供实际通信协议栈，实现设备间互操作的具体映射的标准化过程。特定通信服务映射（SCSM）应详细说明抽象服务转为协议特定的单个服务，或取得在抽象通信服务接口（ACSI）中规定的服务的序列服务，此外，SCSM 应详细给出抽象通信服务接口（ACSI）对象到应用协议支持对象的映射。

IEC 61850-7-2 中规定的 ACSI 服务被映射到不同的轮廓组合，所有映射都运行在基于 ISO/IEC 8802-3 链路控制层的七层协议框架中；规定了 14 组抽象通信服务和 5 种映射轮廓，核心映射采用基于以太网的 MMS 协议栈，另外包括传输快速效益的 GOOSE 协议、传输采样值的 SMV 协议以及进行时钟同步的 SNTP 协议等。

4. 变电站配置描述语言与系统集成

变电站配置描述语言（Substation Configuration description Language，SCL）是一种用来描述与通信相关的智能电子设备的结构和参数、通信系统结构、开关间隔（功能）结构及它们之间关系的文件格式。在变电站配置描述语言中采用扩展标识语言（eXtensible Markup Language，XML）作为信息交换格式，并且由于 XML 的信息独立于平台之间，从而使得文件中的数据能够在不同厂家的智能电子设备工程工具和系统工程工具间以某种兼容的方式进行交换。

SCL 的作用主要是用来完成两个最基本的功能。

（1）用标准化的语义来定义标准化的信息模型：IEC 61850-6 部分中定义的变电站模型、通信模型、IED、在 IEC 61850-7-X 中被定义成逻辑节点的功能等。

（2）以标准化的语言描述模型的实例化，从而允许在不同的应用中交换模型或者模型的某个部分。

IEC 61850 标准采用基于 XML 的 SCL（变电站配置描述语言），来描述变电站自动化系统与变电站一次设备的关系。每一种设备必须提供自己的符合 IEC 61850 标准规定的配置文件。采用统一的系统配置工具和 IED 配置工具来进行系统的工程化，避免了过多人工干预而导致的出错可能。

5. 工程管理和系统测试

一个理想的变电站自动化系统，除了功能设计的先进性外，系统集成和生命期内的管理也非常重要。系统集成就是实现一个满足特定用户需求的变电站自动化系统的工程化过程。使用基于通用商业软、硬件的标准工程化工具和支持工具将有利于提高系统的可维护性和可靠性。

IEC 61850 标准第 4 部分专门就变电站自动化系统和项目管理进行了规范，这是目前存在的其他变电站自动化系统通信协议没有涉及的内容。其主要包括工程化过程及其支持工具，整个系统及其 IED 的生命期，始于研发阶段、讫于变电站自动化系统及其 IED 的停产和退出运行的质量保证几个方面。

为保证各厂家 IED 的互操作性，IEC 61850 标准还规定了互操作性测试，包括一致性测试和性能测试。一致性测试是测试 IED 是否符合特定标准；性能测试属于应用测试，侧重于将 IED 置于实际的应用系统中，以测试整个应用系统是否满足运行性能要求。

**三、智能变电站的网络通信技术**

构建一个可靠、高效、稳定、安全的网络通信系统，是智能变电站实现的核心工作之一。在智能变电站中，最显著特征是以计算机可以识别和处理的数字信号代替常规的电缆硬接线，并通过网络通信技术实现共享和互操作。

变电站网络通信技术经历了电缆直连、串行连接和现场总线三个不同发展阶段。早期的远方终端（Remote Terminal Unit，RTU）是变电站自动化系统的核心，主要通过并行电缆将各种信号接入。随着通信技术的发展，串行通信技术引入变电站自动化系统，可以连接保护继电器、自动设备等。20 世纪 90 年代初期变电站自动化系统的通信技术进入现场总线阶段。IEC 60870-5-101 作为变电站和控制中心之间的远动协议，正式成为国际标准，基于广域网的 TCP/IP 的 IEC 60870-5-104 也开始得到应用。现场总线连接模式如图 2-2-14 所示。

通信网络是智能变电站的重要组成部分，由于网络流量剧增可能出现网络拥塞、流量冲突等问题，不能保证时间紧急信息（如采样测量与跳闸信息）传输的时延上界，可能由于信息丢失或传输违反时限要求，出现大面积停电等灾难性后果。

变电站内通信网络的可靠性是保证电力生产的连续性的重要因素，应避免一个通信装置损坏导致站内通信中断。特别是在智能变电站中，采样值、跳闸命令、开关状态等数字化信息均通过网络传送，保护、控制等功能的实现很大程度上依赖于通信网络，因此建立一个可靠的通信网络是确保变电站自动化系统稳定的首要条件。

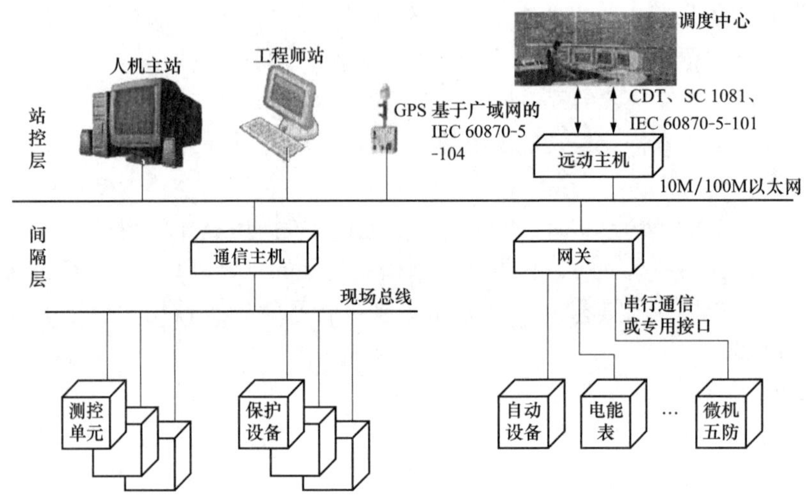


图 2-2-14 现场总线连接模式

智能变电站的网络通信系统要满足可靠性要求、同步特征要求、时效特征要求以及异步传输的影响。

1. 可靠性要求

智能变电站网络通信的可靠性遵循 IEC 61850 标准，关于可靠性的要求如下。

（1）“故障弱化”原则。“故障弱化”原则是指当变电站综合自动化系统（Substation Automation System，SAS）的任意通信元件发生故障时，变电站仍是可持续运行的。不能因为有一个故障点，而使整个站不可运行，应保持足够的当地监视和控制功能。任何元件的故障不应导致不可检出的功能失效，也不应导致多个和级联的元件故障。在某些应用场合，特定的预防措施对于 SAS 的实施是必需的，通信系统也必须采取预防措施。

（2）可靠性等级要求。IEC 60870-4 的 3.1 中对可靠性描述为：可靠性是衡量一个设备或系统在规定的时段内完成预定功能的尺度。它是一个基于故障数据和运行时限的概率值。一个远动系统的可靠性是用“平均无故障工作时间（Mean Time Between Failure，MTBF）”的小时数来表示的，并可用系统单个组成部分的可靠性值计算出来。

一个系统的可靠性取决于系统设备和软件的可靠性以及系统结构，应采取一些提高可靠性的措施。可靠性分级见表 2-2-1，表中所给数值也适用于全系统各组成部分的可靠性。

**表 2-2-1 可靠性分级**

| 可靠性等级 | MTBF | 可靠性等级 | MTBF |
|---|---|---|---|
| R1 | MTBF≥2000h | R3 | MTBF≥8760h |
| R2 | MTBF≥4000h | | |

（3）MTTF。制造商应明确地表述所提供设备的发生故障的平均时间（Mean Time To Failure，MTTF），包括所采用的计算的标准方法。

（4）站内关键性功能及其对 SAS 的相依性。关键功能（保护、主要的控制功能、计算等）不应因某个单一故障而失效。为满足这一要求，SAS 应具备以下功能：①保护功能应当是自治的。②SAS 可以执行诸如一台变压器故障后的自动恢复供电这样一些没有严格时间要求的控制逻辑行为。如果运用了这些逻辑行为，厂家应明确表明完成故障恢复的时间（以毫秒计）。③SAS 的人机界面（HMI）应能独立于控制中心的远动通信接口而运行。

在智能变电站中影响通信可靠性的主要因素有网络交换设备、传输介质和物理设备的可靠性。结合通信网络系统组成和结构特点，以及以太网技术在变电站系统中的发展，提高系统可靠性可以从以下几方面入手：

（1）采用全双工交换式以太网技术，可降低产生冲突的可能性，提高传输的确定性。

（2）提高网络传输速率，降低网络负载，提高了网络通信的确定性。

（3）应用报文优先级技术。在智能交换机或集线器中设计优先级处理功能，保证重要信息传输的可靠性。

（4）端口广播风暴抑制。当交换机发现某个端口出现了广播风暴时，会自动丢弃广播帧，以防止广播风暴进一步扩大。

（5）基本组网结构。变电站在实际应用时需采用多级交换的组网方式，网络结构较为复杂，通过合理的组网结构可以保证通信网络的安全高效运行。

（6）冗余配置结构和交换机管理。冗余网络有效解决了单个网络中断时信息可靠传送问题。交换机应增加或开启生成树（STP）功能，以防网络环路的产生。

（7）VLAN（Virtual Local Area Network）技术。VLAN 能将网络划分为多个广播域，有效地控制广播风暴的发生，使网络的拓扑结构变得非常灵活，控制网络中不同节点之间的互相访问。

（8）IED 可靠性。IEC 61850 使得变电站使用的 IED 数量大大减少，减少了大量的外部电缆使用，增加了系统可靠性。

（9）工业性能。所有采用的通信网络设备设计上应满足机械环境适应性（如耐振动、耐冲击）、宽温环境适应性、电磁环境适应性或电磁兼容性等指标的要求，并具备一定的防尘、防水能力，以使其能在变电站的严酷工业环境中稳定工作。

（10）网络监测系统。加强告警机制及自诊断、自恢复功能，提高设备自诊断能力、设备相互监测能力。

（11）网络安全防护。网络安全也是网络可靠性和可用性的一个重要保证。

2. 同步特征要求

变压器差动保护、母线保护、全站性质的后备保护、线路差动保护等需要多个电子式互感器提供的电流、电压信息，为了避免计算处理时的相位和幅值产生误差，二次设备需要获得同一时间点上的采样数据，由合并单元输出的数字采样信号就必须是含有时间同步的信息。智能变电站要求统一的时钟同步系统，以提供统一的时标和采样值传输同步信号，在异常情况下失去同步信号时，会对采样值数据的处理以及后续保护功能的投退产生影响。电力系统的广域保护、安全稳定监测、控制、同步通信等功能对采样信息还有实时时标的要求。

IEC 61850 对时间同步的要求分为 T1～T5 共五级，其中，T1 要求最低，为 1ms；T5 要求最高，为 1$\mu$s。IEC 60044-8 标准为解决同步问题提出了插值计算法和同步脉冲法两种方法。插值计算法是指间隔层设备根据互感器提供的若干个时间点上的采样值，插值计算得到需要的时间点上的电压、电流值的方法。同步脉冲法通过使用统一的同步脉冲信号，使得合并单元提供给间隔层设备的数据是严格同步的。

解决同步的方法主要有硬件时钟同步法和软件时钟同步法。硬件时钟同步法利用一定的硬件设施，如GPS（Global Positioning System）接收机，实现同步，可获得很好的同步精确度，但需引入专用的硬件时钟同步设备，这使得时钟同步的代价较高，且操作不便。软件时钟同步法利用算法实现时钟同步，同步灵活，成本较低，但由于采用软件对时，需要CPU干预，工作量很大，且时钟信号延迟具有不确定性，同步精确度较低。

过程总线上采样值同步精确度要求是微秒级，同时考虑到工作的可靠性，一般采用硬件时钟同步，以同步脉冲法进行合并单元的同步。同步脉冲由统一时钟源提供，在现场应用较多的是基于GPS的变电站统一时钟。合并单元的同步功能模块利用同步时钟源对其内部时钟进行校正控制，将每秒一次的同步时钟倍频后作为采样脉冲提供给电子式互感器。电子式互感器在接收到采样脉冲后随即进行采样，从而保证全站的瞬时数据都是在同一个时间点上采样（误差可以不超过±1$\mu$s）。

由于智能变电站对数据同步的依赖性很强，在设计时还需采取一系列技术措施保证同步采样的可靠性，如对秒脉冲有效性的判断、秒脉冲失效后同步采样守时的处理等。同时，为避免现场的电气干扰，提供给合并单元的同步时钟信号一般采用光纤传输。

3. 时效特征要求

通信网络的时效特征要求主要包括三方面内容：

（1）传输速度快，指单位时间内传输的信息多。

（2）响应时间短，指事件发生时，传输到网络上及执行器接收到该信息马上执行所需的时间短。响应时间由四方面因素决定：①执行器控制中断的能力；②信息在通信协议的应用层与物理层之间的传输时间；③等待网络空闲的时间；④避免信息在网络上碰撞的时间，这个时间对大多数通信协议是一个随机数。

（3）巡回时间短，指系统与所有通信对象都至少完成一次通信所需的时间短。

对于网络不同层次的设备，对通信信息的实时性要求是不同的，对于网络系统的性能指标要求也不相同。在1997年8月国际大电网会议上，WG34.03工作组提出了变电站站内通信网络传输的时间要求：①过程层和间隔层之间、间隔层内各设备之间、间隔层各间隔单元之间为1～100ms；②间隔层和站控层之间为10～1000ms；③站控层各设备之间、变电站和控制中心之间为1000ms。同时规定了各层之间的数据流峰值为：过程层和间隔层之间数据流大概为250kbit/s，取决于模拟量的采样速度；间隔层各单元之间数据流约为60kbit/s或130kbit/s，取决于是否采用分布母线保护；间隔层和站控层之间及其他链路之间数据流大概在100kbit/s及以下。

变电站内的数据流有多种，IEC 61850根据报文特性将其分成快速报文、中速报文、低速报文、原始数据报文、文件传输报文、时间同步报文和具有访问控制的命令报文七类，每类报文都有相应的传输时间要求。从时域的角度可将这七种类型的报文分成三种通信数据，即周期性数据、随机性数据和突发性数据。

（1）周期性数据主要包括正常运行时，间隔层智能电子设备按一定周期定时向站控层设备发送的开关状态信息和模拟量数据。这类数据数据量大，变化量小，相对稳定，时间要求严格。

（2）随机性数据主要包括开关操作命令，时间同步等数据长度较短、实时性要求较高的报文，以及保护定值修改、录波数据传输等数据长度较长，但传输实时性要求较低的报文。

（3）突发性数据包括故障情况下间隔层设备上传的保护动作、开关变位等信息，报文数量大，实时性要求高。

对变电站自动化系统而言，通过LAN执行控制功能的“实时”性要求通常定义为4ms。

4. 异步传输的影响

网络异步传输造成的时延不确定性是衡量变电站网络通信可靠程度的重要方面之一。时延不确定性是指不能保证报文在可预测的时间内可靠传输。时延是指从发送节点的应用程序发送报文的时刻起至该报文被接收节点的应用程序接收到的这段时间。由于报文丢失相当于时延为无穷大，因此也将报文丢失称为时延不确定性。

在智能变电站网络通信中，报文的成功发送不仅取决于收到报文的完整性，更取决于收到报文的时间。变电站内的以太网必须满足智能变电站中最苛刻应用提出的时延确定性要求，即报文在以太网上传输时应有可预测的、确定的时延，在系统运行的任何期间都必须满足此要求。交换式以太网使得采用交换技术构建可预测的实时以太网成为可能。采用交换技术在一定程度上提高了以太网通信的时延确定性，但是并不能满足智能变电站中最苛刻应用的时延确定性要求，特别是在电网故障或系统规模扩大时，若对网络中某一资源（如缓冲区、带宽、处理能力）的需求超过了该资源所能提供的可用部分，将出现报文超时到达，甚至报文丢失，不能保证时延的确定性。

端节点CPU的处理能力、端节点处的通信流量（到达率、报文大小）、网络负载等方面是引起网络异步传输时延不确定的主要因素。要提高智能变电站通信网络的时延确定性，可以考虑从以下几个方面采取合理措施：

（1）当端节点的CPU利用率较高时，中断响应时间和通信处理任务执行出现较大时延，不能满足智能变电站关键应用的报文传输时限要求。为此，端节点的硬件和软件运行环境，如缓冲区大小、CPU处理能力、实时操作系统的中断处理能力以及任务调度算法等，必须仔细选取，正确配置。

（2）当网络轻载时，智能变电站通信网络采用传统的交换机能够满足时延确定性要求，但是在电网故障或系统规模扩大，导致网络重载时，交换机内可能出现较大的排队时延，甚至报文丢失，不能保证时延的确定性。因此，在交换机内有必要引入基于IEEE 802.1q的虚拟局域网（VLAN）和组播过滤等机制来处理来自不同端节点，有不同时延确定性要求的报文。

（3）当端节点处的突发通信流量较大时，节点内可能出现较大的排队时延。因此，有必要在端节点的MAC层引入基于IEEE 802.1p的优先级标签机制，提高端节点内报文传输时延的确定性。

（4）可以考虑在采样数据报文中增加时标，并且在端节点内采用自适应数字滤波算法进行数据处理，提高采样测量值的精度。

## 四、智能变电站过程层关键技术

智能变电站过程层数据的采集、传输模式由电缆传送模拟量、开关量信号变为由光缆传送的数字化的采样值及开关操作命令，在智能变电站中出现了新设备——合并单元与智能终端。

1. 过程层实现的功能

变电站自动化系统的典型过程层装置是合并单元与智能终端，为直接与一次设备接口的功能层，可以说过程层是智能一次设备的智能化部分，其主要功能可分为以下三类：

（1）电气运行的实时模拟量采集。通过与电子式互感器接口或采集传统互感器输出模拟量等手段，对电流、电压等实时电气量进行瞬时值的采集。

（2）运行设备的状态参数在线采集。采集变电站的变压器、断路器、母线等设备的温度、压力、密度、绝缘、机械特性及其他表征设备工作状态的数据。

（3）操作控制的执行与驱动。过程层设备应能执行间隔层或站控层设备的控制命令，在执行控制命令时具有智能性，能判断命令的真伪及其合理性，还能对即将进行的动作精度进行控制，如能使断路器选相分闸，在选定的相角下实现断路器的关合和开断，并将操作时间限制在规定的参数内。

过程层自动化直接影响变电站的信号采集方式。相对于传统变电站，智能变电站一次、二次设备都发生了变化：电子式互感器逐步取代电磁式互感器，直接实现电气量的数字采集；智能化开关取代传统开关设备，由智能终端实现通信方式传输的开入、开出命令的执行及断路器、隔离开关的故障诊断功能；二次设备取消了直接电气量采集部分，代之以过程总线发布数据的接收处理。

过程总线主要传输智能化一次设备的数字信号，其抗干扰能力增强，接线清晰，仅需少量光缆就可实现和主控室连接，大大简化了传统的大量电缆的连接方式。将传统的保护与测控设备的信号采集功能下放到过程层完成，基于过程总线方便地实现信息共享，为变电站高级应用功能的扩展奠定了基础。

2. 过程层的关键技术

（1）嵌入式实时操作系统。过程层设备软件设计需要重点考虑通信功能的实现。过程层设备软件设计相当的工作量在于通信模块的设计，要同时在通信模块中实现 TCP/IP、多媒体信息服务（Multimedia Message Service，MMS）、可扩展标识语言（XML）等技术。因此，在研制过程层设备时大多数设备制造厂商引入嵌入式实时操作系统。

嵌入式实时操作系统是指能在限定时间内完成规定的任务，能对外部事件作出响应，并可以有效管理系统任务及资源的系统软件。嵌入式实时操作系统是一段嵌入在目标代码中的软件，用户的其他应用程序都建立在嵌入式实时操作系统之上。嵌入式实时操作系统使各个任务“准同时”地运行。嵌入式实时操作系统还包含一个可靠性很高的实时内核，将中断 I/O、定时器等资源都包装起来，留给用户一个标准的应用编程接口（Application Programming Interface，API），并根据各个任务的优先级，合理地在不同任务之间分配 CPU 资源。

一般从实时性、可靠性与容错能力、标准兼容性等几个实时系统所关注的主要问题来对嵌入式实时操作系统进行分析。实时性是选择嵌入式实时操作系统时要首先衡量的一个重要指标。为了增强嵌入式系统的实时性，嵌入式操作系统通常应用抢占式内核优化的系统调度策略、任务优先级分配和优先级逆转等多种技术来达到这个目的。可靠性是衡量和选择实时操作系统的另一个重要因素。可靠性主要体现在系统故障率非常低和能提供对故障快速隔离并具有可智能恢复的机制；这就要求实时操作系统应用各种必要的技术措施来保证系统可以长时间无故障运行，还必须提供一些故障检定及容错方法，以使得系统在出现故障的情况下也能快速地恢复。提高实时操作系统可靠性的主要技术包括单内核/微内核、内存空间保护、看门狗定时器、分布式冗余配置。为了达到应用软件的方便移植、软件重用的目的，实时操作系统必须具有大致相同的系统服务以及兼容的应用编程接口。从传统 Unix 发展而来的一种开放系统标准——可移植性操作系统接口（Portable Operating System Interface of Unix，POSIX）应用范围更广。如果实时操作系统提供 POSIX 标准兼容的应用编程接口，则应用 POSIX 接口风格编写的应用软件可以在这些实时操作系统之间方便地进行移植。

嵌入式实时操作系统软件开发的特殊之处在于系统任务划分、任务调度和任务间通信机制的设计等，这是最能体现多任务操作系统软件方案特点之处，也是实现嵌入式操作系统多任务机制优势的关键。图 2-2-15 给出了嵌入式实时多任务操作系统软件开发流程。

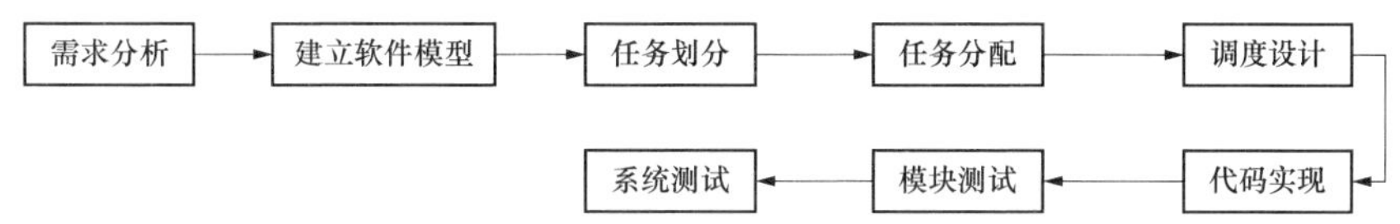


图 2-2-15 嵌入式实时操作系统软件开发流程图

（2）过程层通信的实现。智能变电站中各个设备之间的功能耦合性很强，因此对通信网络有更高的依赖性。在智能变电站内传输的信息有四类：一是经常传输的监视信息，如电压、电流、有功功率、无功功率、频率、有功电量和无功电量、断路器的状态信息、继电保护投入与退出的工作状态信息、变压器和避雷器等的状态监测信息；二是突发事件产生的信息，如事故时断路器的位置信号，隔离开关和继电保护功能的投入与退出以及继电保护装置等的运行方式的选择等，继电保护动作的状态信号和事件顺序记录，故障录波数据；三是在高压电气设备内装设的智能传感器和智能执行器与间隔层设备交换的信息，如电子式电流互感器及直接采集的数字量，设备在线检测温度、压力、密度、绝缘、机械特性以及工作状态等数据；四是其他一些非实时信息，如防火、防盗信息。在传输的这些各类信息中，涉及变电站过程层的信息占到绝大部分。过程层通信网络可靠性对整个智能变电站的正常工作起着至关重要的作用。

总的来说，对过程层通信网络的性能要求主要体现在可靠性、开放性和实施性。在智能变电站中，保护、控制等功能的实现所需要的采样数据完全来自于过程层，其控制命令的执行也需要通过过程层通信网络传递，因此，一个可靠的过程层通信网络是确保智能变电站可靠工作的首要条件。过程层通信网络作为站内通信网络的一部分，既要保证过程层设备与站内 IED 设备互连、互通，还应服从整个变电站自动化系统的总体设计，其硬件接口应满足国际标准，选用国际标准的通信协议，方便用户的系统集成。因测控数据、保护信号、遥控命令等都要在过程层通信网络上传递，为保证整个系统在正常工作尤其是在出现故障时能及时响应，防止故障的扩大化，要求信息能在站内通信网络上快速传送。

IEC 61850-3 对应用在变电站场合设备的通信网络的可靠性、可用性、可维护性、安全性和数据完整性提出了要求。在目前的变电站建设中，应用较多的是 IEC 61850-9-2 LE 版本。

过程层的网络结构有点对点方式和独立网络方式两种接线方式。其中点对点方式如图 2-2-16所示。在这种方式下，采样数据或 GOOSE 信息通过直连到间隔层设备的点对点连接进行发送，不通过过程层网络传输。其优点是接线可靠，不受交

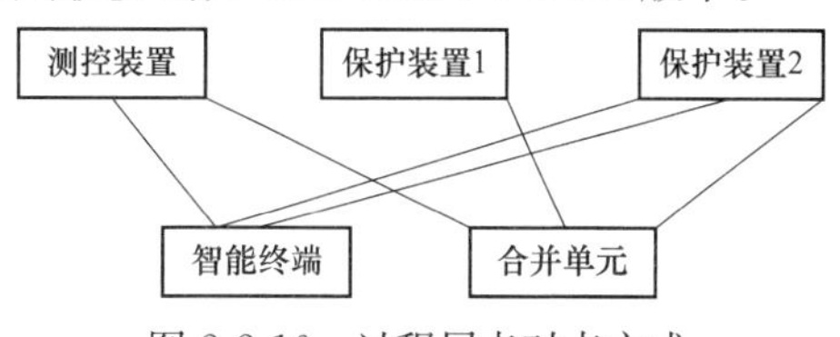


图 2-2-16 过程层点对点方式

换机可靠性的影响；缺点是接线复杂，信息不容易实现共享。合并单元和智能终端需要具备很多数字输出接口才能满足接入现场不同间隔层装置的要求，这种方式间隔之间的接线仍然比较复杂。对于保护类装置，考虑到可靠性原因，可以采用此方式。

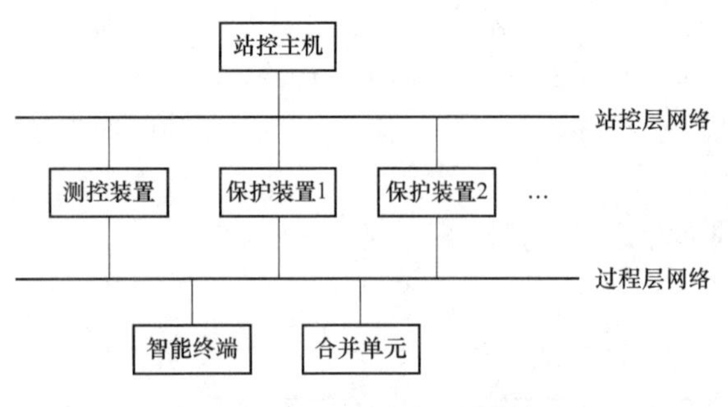


图 2-2-17 过程层独立网络方式

网络方式可以分为过程层独立网络方式和过程层与站控层统一的网络方式。独立网络方式如图 2-2-17 所示。在这种方式下，由于采用了以太网通信模块，测量和控制数据共用一个以太网络得以实现。这种方式减少了间隔之间接线的复杂性，但是每个间隔层 IED 需要两个以太网接口，分别用于和过程层网络以及站控层网络连接。同时由于来自合并单元的采样值信息量比较大，因此这种方式对过程层网络的要求比较高。和点对点方式相比，这种方式对采样值的传输速度要求更高一些，间隔层设备的控制命令也是通过网络被发送到智能终端。这种组网方式的主要特点是采样数据与控制命令共用一个网络——过程层网络。

随着以太网交换技术的发展，过程层网络和站控层网络将会合并成一个网络，如图 2-2-18 所示。这样，间隔层的设备就只需一个通信接口，这将降低设备的成本，简化变电站的网络结构，同时也降低变电站的工程成本，信息可以得到充分共享。

在智能变电站建设过程中，过程层的网络组织会非常灵活，可以在变电站中出现多种结构形式，如合并单元与保护设备之间采用点对点方式，为了方便测控功能的实现，合并单元与测控设备之间采用网络方式。

3. 合并单元

合并单元的功能是同步采集多路 ECT/EVT 输出的数字信号后按照标准规定的格式发送给保护、测控设备。它是针对数字化输出的电子式互感器而定义的，其主要合并单元所采集的 12 路电流、电压信号均有明确的定义，合并单元以特定的格式将这些信息组帧发送给保护、控制等二次设备。值得注意的是，标准没有要求合并单元必须接入所有 12 路电压、电流信号，但如没有完全接入，必须在其提供给二次设备的信息中包含相应的状态标志位。

合并单元用来从互感器获取数据并将它们以标准格式在以太网上传输。合并单元与互感器之间既可以传统的 100V、1A（5A）形式的模拟量接口还可以电子式互感器的私有协议进行采样值数据传送。目前用户出于安全和经济性考虑，需要合并单元既可以接收电子式互感器提供的数字信息，还应可以接入电子式互感器的模拟接口或传统电压互感器/电流互感器的输出接口。这就要求合并单元本身也要具备模数转换的能力：根据合并单元的定义，可以接入 12 路数字化的测量量；同时为保证装置的兼容性，也应具有接

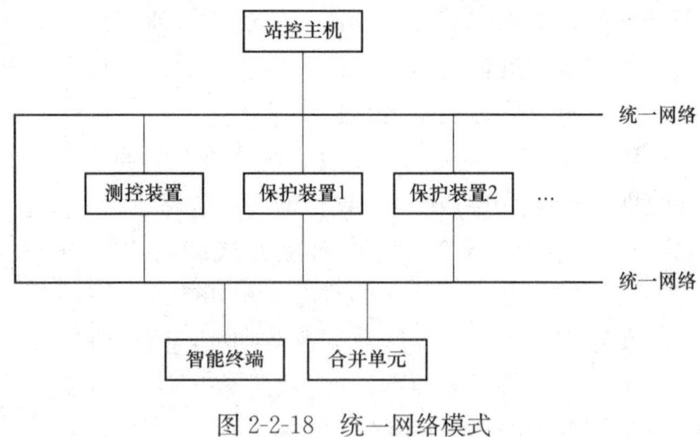


图 2-2-18 统一网络模式

入12路模拟量的能力。

合并单元的主要功能就是从电子式互感器采集12路电流、电压信号，然后对这些数据进行组帧、编码，再发送给二次设备。在此过程中，数据同步采样问题非常重要。数据同步采样问题是指变电站二次设备需要的所有采样数据应在同一个时间点上采集，即采样序列的时间同步，以避免相位和幅值产生误差。数据采样时间不同步，对于过电流保护等保护来说不会对保护的动作精确度造成影响，但对于差动保护和计量来说，会造成差动保护的误动和计量的严重误差。由此可见，数据同步采集对于差动保护和计量来说非常重要。

目前保证这12路数据的同步常用方法有两种：①在合并单元里采用线性插值算法，对各路模拟信号的采样值进行同步处理；②由合并单元被站内统一时钟源同步后，再向各路数据采集装置发出同步采集命令（或脉冲），来实现各路信号的同步采集。

4. 智能终端

智能终端由于实现开关的智能操作，是智能变电站的重要组成部分。按照分布式系统设计要求，智能终端一般就地安装在断路器附近，通过以太网与安装在主控室的设备相连接。各保护、测控装置通过以太网接口，遵循IEC 61850-9标准接收合并单元的信息，同时也需要将保护出口逻辑通过以太网以GOOSE报文的形式输送给智能终端，由智能终端统一控制断路器，这样大大减少了保护、测控装置之间的连线，使变电站的二次接线更加简化。在运行中，可以方便地通过智能终端直接对断路器、隔离开关进行就地操作或接收监控系统的命令进行遥控操作。智能终端还能对自身及操动机构运行状况进行监测、诊断，确保操动系统在正常状态下运行。

智能终端与间隔层IED的通信功能通过GOOSE报文来实现。根据IEC 61850标准，GOOSE报文在数据链路层上采用ISO/IEC 8802.3以太网协议，但在标准的以太网报文头加入了一个Tag，Tag中包含了12bit的虚拟局域网标识码（IEEE 802.1q）和3bit的报文优先级码（IEEE 802.1p）。

在GOOSE报文中，最重要的是跳闸命令的传输。跳闸命令传输采用事件驱动的数据通信方式，发布者（如保护设备）由事件（如线路短路故障）触发后，从数据集中收集所需数据，然后通过发送缓冲区发送出去，它具有异步传输和随机性特点。跳闸命令传输的实时性和可靠性要求都很高，通过引入特殊的控制参数，同时通过以下方法提高报文传输的可靠性：

（1）如果接收端在规定时间内未收到任何报文（网络中两个连续帧丢失），此时接收端可认为后续报文均是错误的。

（2）精心设计网络结构。星形网传输会快速些，环形网可靠性效果更好。

（3）采用双网互备模式。

## 五、智能变电站间隔层关键技术

随着智能电网建设的推进以及技术的进步，变电站的各部分功能将进一步整合和重构，间隔层功能与站控层、过程层联系更加紧密，功能的分布模式也更加多样化。间隔层作为智能变电站的中间支撑层，是智能变电站正常运行的重要保障。

1. 间隔层实现的功能

间隔层设备完成测量、控制、计量、检测、保护、录波等功能，采集来自过程层的数据，完成相关功能，并通过过程层作用于一次设备。间隔层设备中符合 IEC 61850 标准的设备可直接连接到站控层以太网，不符合标准的设备则通过规约转换器接入。

间隔层设备主要完成以下功能：

（1）实时采集来自过程层设备的数据信息，并进行诊断记录，实现录波功能，实现与站控层设备的通信和数据传输，起到承上启下的作用。

（2）采用 IEC 61850 的 GOOSE 机制，发出对各设备间隔的控制操作。

（3）接收来自站控层、远方控制中心或相邻站的各类命令操作，并向过程层发出对应的命令。

（4）间隔层测控、检测、计量、保护装置负责实现对一次设备的测量、控制、计量、检测、保护功能，并采用 IEC 61850 规约直接与站控层以及远动主机进行信息交换。

2. 间隔层的关键技术

（1）间隔层通信的实现。智能变电站中，过程总线的组网方式关系到站内数据的采集和设备的控制。过程总线根据数据流要求、可靠性要求以及现场情况可以有不同的组网方式，一般有四种方式：一是间隔组网。每个间隔有自身的网络，同时装设一个独立的全站范围的总线，以连接各个间隔的总线段。该方案结构清晰，易于维护，但是需要较多的交换机和路由设备，造价较高，一般用于 220kV 及以上系统和一些重要间隔。二是通信设备跨越多个间隔。每个间隔的总线段覆盖多个间隔。当过程层设备安装位置处于多个传感器安装位置的中心时，从高压端下来的光纤传输距离最短。三是所有设备共用一个通信网络。该方案系统架构简单清晰，节省交换机，造价低，但是系统对网络的依赖性高，需要较高的总线速率和高可靠的网络设备。四是面向继电保护功能区划分网络。总线段是按照保护区域来设置的，这样，总线段之间的数据交换量最小。

间隔层利用 GOOSE 通信的一发多收特性实现各间隔层水平的数据共享。所有装置将需要共享的 GOOSE 信息发送到网络上，接收端根据自己的需要从网络上获得需要的信息。这样充分利用了网络信息共享优势节省了二次接线，并为间隔层功能实现提供了灵活的配置方式。

（2）间隔层 IED 不同功能的实现。根据 IEC 61850 对变电站内各自动化功能的分层和对象建模的思想，各个保护中的不同功能都可以用相应的逻辑节点表示出来。就地间隔层设备中的逻辑节点互相协作完成就地的自动化功能；同时，就地设备中的逻辑节点还与其他设备进行通信，完成诸如上送事件报告、执行站控层控制指令或者与间隔层中其他设备共享某个逻辑节点的数据和功能等。

（3）保护测控功能的实现。智能变电站的间隔层装置信息量全面，数据准确，数据取用灵活，控制手段丰富；同时，因为数据的采集和对一次设备的控制操作在过程层实现，以及间隔层的嵌入式操作系统的应用，使间隔层的装置可以真正实现功能灵活全面的配置方式。保护测控装置的结构可以采用模块化的设计，功能可以按单间隔配置，也可以按多个间隔集中配置，还可以把一个功能分散到各个装置实现，装置可以根据需要取用所有需要的数据，也可以方便地对一次设备进行控制。

（4）测距功能的实现。输电线路精确故障测距技术可以有效地提高输电线路运行的经济性，缩短故障后巡线时间，减少停电损失。传统变电站背景下的输电线路故障测距方法已经较为完善，其精确度及可靠性基本达到了电力系统的要求，而在智能变电站背景下的故障测距技术尚处于实验研究阶段。

输电线路测距一般有阻抗法和行波法两种算法。阻抗法实现简单，主要依靠工频电气量，不需要增加信号采样等装置，在保护和故障录波器等装置中普遍有集成测距功能。行波法测距主要依靠暂态量，这就要求单独增加信号采集、通信、GPS对时装置等额外设备，但其精确度较高，尤其对于长距离输电线路，行波法测距在精确度上远高于阻抗法测距。

传统变电站中测距装置的信号采集主要通过常规的电流互感器或在常规的CVT中性点处取信号，而智能变电站的测距装置信号采集则主要依靠电子式互感器，可直接利用故障录波仪等装置记录数据，且随着通信条件的改善实现双端阻抗法测距更为简便，并且比现在普遍采用的单端阻抗法在精确度和可靠性上均有所提高。而对于基于行波法的故障测距装置，则需要对电子式互感器做适应性修改。由于传统的电压互感器难以采集暂态电压行波。现有的行波故障测距装置主要依靠暂态电流行波，其对互感器有以下几点特殊要求：

1）行波法测距需要利用电流行波中的暂态分量进行计算，短路故障电流中暂态分量的频带范围为0～100kHz之间，即使考虑阻波器等设备影响，也要求上限截止频率至少应高于50kHz。

2）行波法测距中采样频率是关系测量误差的关键因素，因此，要求较高的采样频率，现有测距装置采样频率一般要求500kHz以上。

3）电流互感器一次侧电流信号与二次侧信号之间的时间延迟不能超过1$\mu$s，或该时间延迟固定可以补偿。

（5）电能计量功能的实现。现代电能计量系统发展的必然趋势是数字化、智能化、标准化、系统化和网络化。智能变电站的电子式互感器和合并单元的应用使数据的共享成为可能，电能计量系统和变电站内其他数据的使用者采用统一的数据源，进一步保证计量结果的准确性和可靠性。由于数据的采集功能由过程层实现，电能计量系统可以把资源用于提高计量功能的智能化。依据DL/T 448-2000《电能计量装置技术管理规程》，分别在发电运营侧、电网运营管理侧和供电运营侧配置相应的电能计量系统，实现电能计量系统标准化，进一步优化电能计量系统的配置，使其达到先进、合理、统一的要求，以便于运行、维护与管理。将电能计量系统与自动抄表系统联通组成一个电能计量管理监控系统，实现系统化，从而不断改善工作条件与服务质量，进一步提高工作效率和经济效益。将电能计量装置管理系统联通构成一个电能计量信息网络，实现网络化，不断拓宽信息资源，达到充分共享，从而进一步提高运营管理水平和客户服务质量。电能计量信息网络可按照可能性和必要性分别建立地域网和区域网等。

（6）间隔层IED功能的测试。间隔层IED直接通过网络接收数字信号，对于现场间隔层IED试验人员来说，相当于二次回路已经不复存在，只需测量数字信号的正确性。智能变电站内IED的主要设备是数字化的保护与测控装置。按照IEC 61850标准，IED之间应满足互操作性，即变电站内的IED依靠站内的通信网络，实现共享信息和发布命令，因此要对IED进行一致性测试和性能测试。

智能变电站间隔层IED功能测试的输入/输出都是通过通信来实现的，因此，采用基于IEC 61850标准的测试仪器，可以实现对间隔层IED的性能测试。对于间隔层装置测量准确度的测试，由于采用了过程层总线，间隔层IED将接收过程层送来的数字信号，因此对采样数据精确度的考核将针对过程层的光电压互感器/电流互感器或者电子式电压互感器/电流互感器。对于SOE分辨率试验，由于状态量的时间标签也由过程层智能终端完成，因此考核的对象将从间隔层IED变成过程层智能终端。间隔层还要对过程层信息进行检测，在线收集来自过程层的采样值报文和过程层的GOOSE报文，对来自过程层的数据完备性进行评估。此外间隔层IED安全性的检测会成为比较重要的一个检测内容。间隔层IED测试是一种全网络化的测试，需要充分理解间隔层IED的配置，利用IEC 61850规约的特点，创新测试方法，设计出完善的测试方案，同时测试通信、同步，检查上传信息等多项功能，测试才能完善、全面。

（7）间隔层IED功能的整合和优化。

1）双机备用。为保证智能变电站的正常运行，根据重要性和可靠性的要求，可以对一些设备选择双重化的配置方式，这就要求双重化的设备之间的配合策略完备。双重化可以是设备的双重化，也可以是某个子系统的双重化。如对一个变电站的110kV侧的设备可以选择单套配置，220kV和500kV侧设备和网络都可以选择双重化配置。

2）工作规程、标准需要修订。针对智能变电站技术的特征，结合技术发展的特点，应制定和补充相应的技术标准、规程，研究新的试验方式、手段，以便为新技术的应用提供可靠的技术保障机制。

3）建立和完善二次系统状态检修的策略体系。智能变电站配置完善可靠的实时在线监测设备，可根据监测和分析诊断结果安排检修时间和项目，由此建立符合新技术特点的检修机制。

4）间隔层保护功能的整合优化。智能变电站中一、二次设备以标准的方式建模和通信，电子式互感器、合并单元的引入将实现采样环节的融合，智能终端的引入实现开关量采集和控制输出环节的融合，这些都给设备的功能重新分布创造了条件。

智能变电站信息获取和控制命令实施网络化、标准化、实时化，间隔层的功能不再局限于传统的测控和保护功能，还可以涵盖计量、故障录波和测距、安稳装置、动态监测、电能质量监测、信息管理等不同的应用领域。因此变电站功能的重新分布也成为可能且易于实现，部分功能的集中式实现成为可能。

随着电力系统对继电保护要求的不断提高，智能变电站的继电保护装置正向着保护网络化、算法智能化、功能一体化的方向迅速发展。遵循开放式体系结构，装置的组合化、模块化和平台化、标准化必将成为未来数字继电保护装置硬件结构的发展方向。

智能变电站的保护测控装置的信息获取更为全面，控制手段更为灵活，保护测控技术将在自适应自优化继电保护技术、暂态保护技术、自协调区域继电保护技术、广域保护技术、继电保护智能的整定校核技术、间歇式能源接入的并网控制和保护技术、自适应重合闸技术等环节获得进一步的发展。

**六、智能变电站站控层关键技术**

站控层位于智能变电站系统的最高层，站控层系统又被称为“变电站主计算机系统”，是变电站系统维护、运行、监视和控制的中心。其作用是对整个变电站自动化系统进行协调、管理和控制，提供变电站运行的各种数据、接线图和表格等画面，收集、处理、记录、统计变电站运行数据和变电站运行过程中所发生的保护动作、断路器分合闸等重要事件；同时，还可使运行人员远方控制断路器的分、合操作，并按运行人员的操作命令或预先设定执行各种复杂的工作；站控层为值班人员提供可视化界面，实时显示站内运行工况，并通过通信与远方的调度中心交互。

1. 站控层的功能

站控层系统包括服务器、操作员站、工程师工作站、“五防”工作站、远动主机及智能钥匙、打印机、GPS 同步时钟装置等辅助设备。站控层系统有以下功能：

（1）遥测处理功能，包括数据处理，如进行系数换算、越限判断、遥测封锁和解锁、人工置数；计算量处理，如进行数值计算、历史数据统计；历史数据处理，如历史数据保存、数据统计检索；负荷率、电压合格率计算；遥测功能实现。

（2）遥信处理功能，包括状态量处理，如极性转换和变位判断以及事件顺序记录（SOE）、双位置判断、每路遥信的遥信变位和 SOE 可单独设置不用的报警方式、遥信封锁和解锁、人工置数；告警功能，如告警内容及告警处理；遥信功能实现。

（3）遥控处理功能，实现遥控功能及遥控过程。遥控过程要有遥控选择、遥控返校、遥控执行。

（4）报表处理功能，包括负荷、电压等日报表和月报表，电压合格率报表等，报表处理，报表打印。

（5）“五防”闭锁功能，包括逻辑闭锁和“五防”操作票功能。

（6）远动功能，实现变电站自动化系统和调度主站之间的远方通信功能。

2. 站控层的关键技术

（1）跨平台技术的应用。目前变电站自动化的站控层系统都在向具有较高的安全性和稳定性的 Unix 平台发展，因此智能变电站的站控层应能支持 SUN、ALPHA、IBM 等主流 Unix 操作系统。从节约成本的角度站控层系统可以使用混合平台系统，这样不仅能做到 Unix 平台与 PC（Wintel）平台混用，而且能够做到不同的 Unix 平台也能混合使用，实现真正的跨平台、混合平台。

跨平台技术的难点主要在于数据对齐、填充、类型大小、字节顺序和默认状态 Char 是否有符号等，解决方法有如下几个：

1）采用新体系结构，如图 2-2-19 所示。该结构可满足分布性和可操作性的要求。该结构与传统系统相比，增加了“通信中间件”层，屏蔽底层的操作系统和硬件的差异性，可以建立在异构平台上，实现分布式应用，由网络连接的硬件和软件共同协调完成系统的功能；当系统扩展时，扩展的部分与原来的部分能透明进行交互，进行“无缝”连接，满足互操作性。

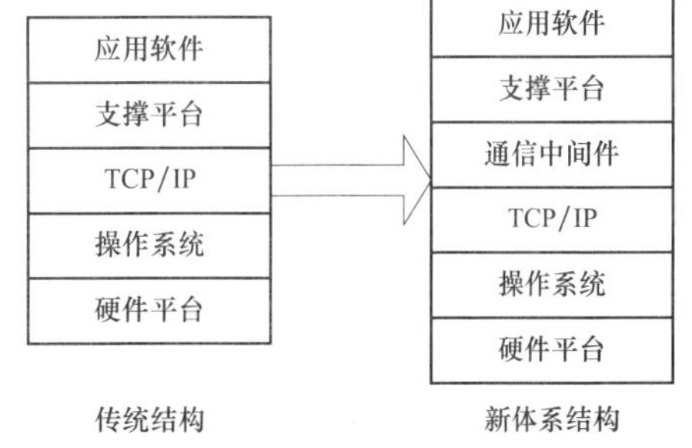


图 2-2-19 站控层系统的新体系结构

2）采用新系统支撑平台，如图 2-2-20 所示。

（2）基于 IEC 61850 标准的站控层建模。面向对象的建模是构建变电站自动化系统通信体系的基础，这是由 IEC 61850-7 来规范的。面向对象的建模技术，其数据具有自我描述的优点，实时数据从接收到处理，同时实现各种 SCADA 功能（越限、推图、报警等），无须进行复杂的配置，极大地降低了实施站控层系统时的工作量和出错的可能性，充分体现 IEC 61850 相对于传统规约的优势。

面向对象的模型需要面向对象的实时数据库系统作为载体，而面向对象的实时数据库系统的实现比较复杂，目前还没有成熟的产品，而且不能兼容原有系统的应用软件，使得站控层系统采用面向对象的建模技术难度很大。国内外很多公司和科研机构对其展开了深入的研究，也得到了一些成果。但是研究仅限于通信建模方面，整个站控层系统基于 IEC 61850 标准的建模目前还处于起步阶段。

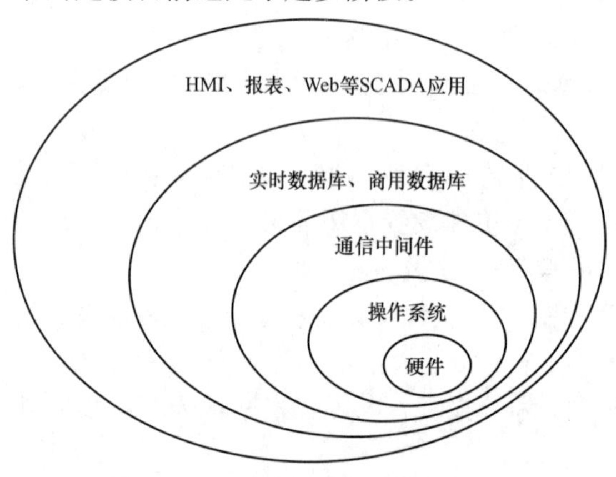

图 2-2-20　站控层系统的新支撑平台

（3）实时信息的时间同步。站控层的时间同步主要是以软对时方式实现的。软对时是以通信报文的方式实现的，这个时间是包括年、月、日、时、分、秒、毫秒在内的完整时间。站控层服务器或远动装置与授时（GPS 等）装置通信以获得精确时间，再以广播报文的方式发送到其他装置。

主时钟的时间报文通过 RS-232 接口将“年月日时分秒”信息传送给站控层服务器或远动主机，然后由该设备通过网络向站控层系统的其他设备采用 IEC 61850 时间和时间同步模型进行时间报文的广播，使整个站控层系统的所有设备统一时钟。

3. 站控层的实现方法

（1）网络服务的实现。网络服务是系统得以安全稳定运行的基础，负责系统各个网络节点的信息交换，包括下面几个进程：

1）网络监控进程。该进程实现对系统内各网络节点之间数据的传输以及状态监控，接收处理其他节点发送的系统控制信息，实现双机双网的切换，主要包括：系统维护线程流程、控制命令处理线程、网络节点监控报文处理线程、进程检查线程。系统维护线程流程对本系统内的软、硬件定时进行自诊断，当诊断出故障时可以自动进行恢复；如果恢复不成功则退出故障设备，并发出告警信号。自诊断的范围包括服务器、操作员工作站、工程师工作站、远动主机和网络及接口设备等。控制命令处理线程具有对站控层系统的某节点的进程进行启动或是停止请求、对分布式实时数据库进行读写操作、通过邮箱对邮件进行分发的功能。网络节点监控报文处理线程的主要作用是故障设备和故障网络自动切除，以及主备设备和主备网络的及时切换。进程检查线程实际上就是一个软件看门狗，用来防止重要进程意外结束，也可以按周期或定时启动进程，在主 SCADA 服务器进程启动异常时，及时将其切入备用 SCADA 服务器，维持整个站控层系统的正常工作。

2）网络监控界面进程。该进程以界面的形式将整个网络的通信状况提供给运行值班人员，包括服务器连接情况、主服务器和备用服务器的切换、报文的查看等。该进程提供“主服务器”信息查看及切换界面、主机属性及运行状态查看界面、收发信息查看界面、邮件信息查询界面、进程管理界面。

（2）SCADA 数据处理的实现。接收来自间隔层的实时数据，SCADA 服务器进行遥测数据的工程变换、越限处理、统计处理等，对遥信数据进行对位处理、报警处理，对控制的合理性检查等；各种事件和各种实时数据压入实时数据库，并定时存入历史数据库。

智能变电站的 SCADA 的数据处理方式和传统 SCADA 相比具有以下优越性：智能变电站间隔层上送的数据是按照面向对象建模的，间隔层和站控层之间通信没有传统 SCADA 系统对点这一环节，极大地减少了现场工程实施的工作量。智能变电站间隔层上送的数据对象信息量丰富，可能满足多种 SCADA 功能的需要，而传统处理方式如果要新增加功能在很多情况下必须修改通信规约，增加了现场调试难度，并极易形成“信息孤岛”。

SCADA 数据处理包括 SCADA 实时数据处理进程、历史数据的定时存储、SCADA 拓扑进程、计算语言编译进程、事故追忆进程。

（3）实时数据库的实现。实时数据库是支撑平台乃至整个系统的核心内容，在很大程度上决定了系统的体系结构、数据组织、集成方案以及实时性、开放性、安全性和分布性等性能指标。在 IEC 61850 标准中，要求站控层系统的支撑平台和应用软件根据抽象通信服务接口（ACSI）进行改造。因此，智能变电站站控层系统应首先从实时数据库系统开始实施 IEC 61850 标准改造，在新的数据库系统的基础上，将其他支持软件和应用软件进行改造。

1）数据库定义。数据库定义是指根据数据库系统支持的数据模型定义数据模式。数据模式是描述电气设备的元数据，这些元数据可以有不同的组织类型，亦即数据模型可以不同。例如，对于断路器，可以用关系型的二维表来描述其名称、开合状态等属性，也可以用面向对象的类来描述这些属性。因此，对于数据库系统，首先要选择所支持的数据模型。

实时数据库有关系、层次和面向对象三种数据模型。关系模型简单、易维护，用户界面友好，目前主流的商用数据库如 Oracle、Sybase 等都是关系模型，它允许定义一组二维表，二维表之间通过索引关联。但是关系模型只适合处理不包含拓扑关系的数据，对电力系统拓扑结构的描述比较困难，应用软件的接入也比较困难。目前许多运行的电力系统应用软件基于层次型实时库。层次模型允许定义有父子层次关系的二维表，层间通过层次指针进行关联，层次模型的特点是符合实际电力系统的分层分级关系，容易描述电力系统的拓扑结构，应用软件的接入比较容易。但用户较难建立和掌握层次模型的概念，数据库的维护也比较复杂。面向对象模型允许定义对象类，类之间可定义继承和关联等关系，继承是隐式的，而关联是显式的。面向对象模型的特点是按客观事物的本来面目描述设备，具有封装、重用和多态等特点，与面向对象的软件工程自然结合；缺点是面向对象的实时数据库系统的实现比较复杂，目前还没有成熟的产品。

针对传统实时数据库的数据模型是关系模型或层次模型，为了能够满足 IEC 61850 标准，建立面向对象的电力系统数据模型，能映射 ACSI，数据模型的选择通常有以下两种做法：一种是保持原系统的数据模型不变，将原系统的关系模型或层次模型定义的数据模式与对象模型组织的 ACSI 建立映射关系，建立 ACSI 服务器，与原实时数据库通过导入、导出和更新进行数据同步。此做法只适于初期改造时的过渡产品。另一种是采用面向对象数据模型，可直接定义 ACSI 中的类。这种做法的优点是实时数据库可直接映射 ACSI，容易表达 ACSI 中的继承等面向对象特性，对 ACSI 版本变化的适应性也较好；缺点是不能兼容原有系统的应用软件，完全开发面向对象的数据库系统比较复杂。

2）数据库实体。数据库实体是指根据数据库定义的数据模式生成内存或磁盘中的空间来存放数据，实时数据库实体在内存中。实时数据库实体涉及实现机制、实体分布和特性等方面。选择一种高效可靠的内存管理机制对数据库实体的生成十分重要，一般有共享内存方式和文件映射方式两种实现机制。实体分布是指在物理上和逻辑上如何部署数据库实体，包括服务器端和客户端数据库实体的安排。同一数据库实体具有关系、层次和对象等三种特性，同时能够提供关系型 API 接口、层次型 API 接口和对象型 API 接口。为了提高访问速度，层次型和对象型往往还需要提供直接面向结构、直接操作数据库内存地址的快速访问接口。因此，实时数据库要实现层次结构和类结构的直接映射，例如同一数据库实体同时用层次结构和类结构去匹配而得到相同物理含义的数据。

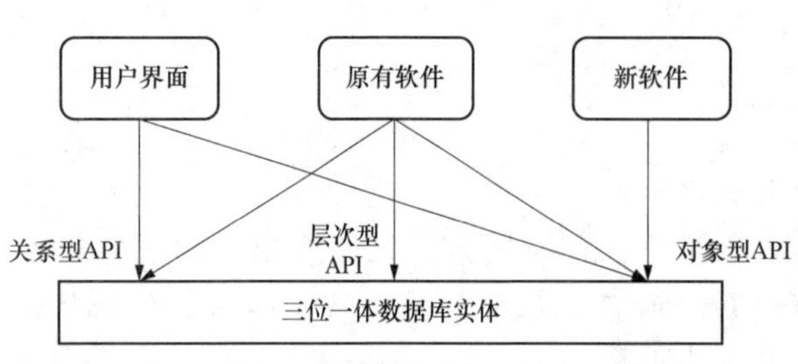


图 2-2-21 实时数据库访问接口示意图

3）数据库访问。数据库访问是指如何读写实时数据库实体中的数据，它与数据库定义和数据库实体密切相关。实时数据库的访问接口如图 2-2-21 所示。数据库浏览、图模库一体化图形制作和访问商用库等的用户界面通过关系型 API 访问数据库。关系型 API 主要是对二维表中记录的读写。当用户普遍熟悉 ACSI 时，可通过对象型 API 对实时数据库中的对象进行读写。将原有软件如果完全按面向对象的组件改造，工作量庞大，浪费资源，因而可以加封装，以对象型 API 访问数据库，改造为符合 IEC 61850 的组件。另一种做法是保留与数据库层次型或关系型接口，与实时数据库一起构成组件，对外提供该应用的 ACSI 接口，层次型 API 不仅包括带缓冲区的接口，而且包括直接操作数据库内存的快速访问接口。新的软件直接基于 ACSI 实现，以 ACSI 接口访问实时数据库。

随着应用软件按 IEC 61850 标准的对象化改造和用户对对象概念的掌握，关系型 API 和层次型 API 将逐渐退化并自然淘汰，数据库将变为基于 IEC 61850 的面向对象实时数据库。

（4）人机界面（HMI）的实现。

1）HMI 一般要求：①功能菜单。功能菜单一般有画面调用、操作功能、事件查询、实时数据查询、历史数据查询、报表管理等菜单项。②画面内容，能够显示电力系统主接线图及表格、文字、曲线及棒图等图形和系统运行工况图。画面由独立的绘图软件包来绘制，包含静态的图形和实时变化的遥测和遥信图元参数组成，画面中能动态显示相应的遥测量及其符号、遥信状态，任何遥测量均可定义绘制历史曲线，曲线图上标有最大值、最小值和平均值等。③画面功能。画面应能够通过菜单和按钮方式调用，画面上应能够挂接各种标示牌，遥测、遥信封锁和通道中断应由不同颜色显示。画面上可查询各遥测、遥信的厂站号、数据引用和名称等。

2）人机界面的生成及显示。画面显示如下信息：全站电气主接线图、分区及单元接线图、实时及历史曲线、棒图（电压和负荷监视）、间隔单元及全站报警显示图、监控/保护系统配置及运行工况图、保护配置图、直流系统图、站用电系统图、报告显示（包括报警、事故和常规运行数据）、表格显示（如设备运行参数表、各种报表等）、操作票显示、日历显示、时间显示和安全运行天数显示。

人机界面的输出方式及要求：电气主接线图中应包括电气量实时值，设备运行状态、潮流方向，断路器、隔离开关、接地开关位置，“就地/远方”转换开关位置等；画面上显示的文字应为中文；图形和曲线可储存及硬拷贝；用户可生成、制作、修改图形；在一个工作站上制作的图形可送往其他工作站；电压棒图及曲线的时标刻度、采样周期可由用户选择；每幅图形均标注有日历时间；图形中所缺数据可人工置入；故障录波图形和分析；显示网络拓扑图及设备告警情况。

3）实时信息的在线计算及制表。在线计算如下实时信息：交流采样后计算出电气量一次值 $I$、$U$、$P$、$Q$、$f$、$\cos\varphi$ 以及有功电量、无功电量，并算出日、月、年最大、最小值及出现的时间；电量累计值和分时段值（时段可任意设定）；日、月、年电压合格率；功率总加，电能总加；变电站送入、送出负荷及电量平衡率；主变压器的负荷率及损耗；断路器的正常及事故跳闸次数、停用时间、月及年运行率等；变压器的停用时间及次数；所用电率计算；电压—无功最优调节计算；安全运行天数累计；积分电量的统计及计算。

报表中包括以下信息：实时值表、正点值表、变电站负荷运行日志表（值班表）、电能量表、向电调汇报表、交接班记录、事件顺序记录一览表、报警记录一览表、主要设备参数表、自诊断报告。

输出方式及要求：实时及定时显示、召唤及定时打印；可在操作员站上定义、修改、制作报表；各类报表应汉化；报表应按时间顺序存储，存储数量及时间应满足用户要求。正点值报表为 1 天，日报表为 1 天，月报表为 1 个月。

4）人—机之间的信息交互。人—机信息交互是人与计算机对话的窗口，可借助鼠标或键盘方便地在屏幕上与计算机对话。人—机信息交互包括调用、显示和复制各种图形、曲线、报表；可以在其他计算机中用目前通用的软件打开；发出操作控制命令；数据库定义和修改；各种应用程序的参数定义和修改；查看历史数值以及各项定值；图形及报表的生成、修改；报警确认，报警点的退出/恢复；操作票的显示、在线编辑和打印；日期和时钟的设置；运行文件的编辑、制作。任何一台计算机均可记录在其他计算机上的操作。

5）运行管理的辅助决策。根据运行要求，实现如下各种辅助管理和决策功能：①运行操作指导。对典型的设备异常/事故提出指导性的处理意见，编制设备运行技术统计表，并推出相应的操作指导画面。②事故分析检索。对突发事件所产生的大量报警信号进行分类检索和相关分析，对典型事故宜直接推出事故指导画面。③在线设备分析。对主要设备的运行记录和历史记录数据进行分析，提出设备安全运行报告和检修计划。④操作票。根据运行要求开列操作票。⑤模拟操作。提供电气一次系统及二次系统有关布置、接线、运行、维护及电气操作前的实际预演，通过相应的操作画面对运行人员进行操作培训。⑥变电站其他日常管理，如操作票、工作票管理，运行记录及交接班记录管理，设备运行状态、缺陷、维修记录管理，规章制度等。管理功能应满足用户要求，适用、方便、资源共享，各种文档能存储、检索、编辑、显示、打印。

（5）数据库管理系统。在智能变电站中，站控层各工作站的数据库管理系统主要包括商用关系数据库和基于内存的实时数据库两种类型。实时数据库是一种宿主型的数据库，依赖于商用关系数据库来保存信息，如数据库备份、数据断面的保存与恢复等。两种数据库协调运行，数据同步和并发访问由实时数据库负责管理。在商业关系数据库中存在实时数据库的实体备份，当实时数据库被意外破坏时，可用备份进行恢复，实现数据库的安全保护。关系数据库与实时数据库均有主与备（分布在不同节点上），可快速实现主备切换，以保证系统安全性。对数据库的修改，无论来自应用程序的访问修改，还是来自任何节点的交互式访问修改，系统均自动维护主数据库和备用数据库的一致性。

数据库软件系统应满足实时性、可维护性、可恢复性、并发操作、一致性、分布性、方便性、安全性、开放性的要求。数据库的应用分为实时数据库和历史数据库。在实时数据库中，装入计算机监控/保护系统采集的实时数据，其数值应根据运行工况的实时变化而不断更新，记录着被监控设备的当前状态。实时数据库的刷新周期及数据精确度应满足工程要求。在历史数据库中，对于需要长期保存的重要数据将存放在历史数据库中，记录周期通常为每 5min 记录一次。数据库应便于扩充和维护，应保证数据的一致性、安全性；可在线修改或离线生成数据库；用人—机交互方式对数据库中的各个数据项进行修改和增删。

数据库软件开发工具提供人—机交互方式进行数据输入，用户输入的数据需经过有效性和一致性检查后，合格的数据才能投入在线运行；提供管理界面，用于数据库的日常维护。数据库软件开发工具要采用成熟的系统组态软件。系统组态软件采用模块化设计，具有良好的实时响应速度和可扩充性，具有出错检测能力。当某个系统组态软件出错时，除有错误信息提示外，不影响其他软件的正常运行。系统组态软件和数据库软件在结构上应互相独立，数据是调用关系。系统组态软件用于画面编程、数据生成，应满足系统各项功能的要求，为用户提供交互式的、面向对象的、方便灵活的、易于掌握的、多样化的组态工具，并应提供一些类似宏命令的编程手段和多种实用函数，以便扩展组态软件的功能。用户能很方便地对图形、曲线、报表、报文进行在线生成、修改。

4. 与控制中心的数据通信

与控制中心的数据通信需要变电站配置远动主机、调制解调器、数据网接口等设备。远动主机要求双机配置，并且采用嵌入式配置。装置要求具有两个以上站内以太网接口，分别与站控层计算机网络的交换机连接，实现站内数据的转发；具有两个以上站外以太网接口，分别与数据网接入的广域网的交换机连接，实现与各主站的网络数据通信；具有足够的 RS-232 串行通信接口，实现与各主站的数据通信。要配置双套具备 MPLS-VPN 功能的路由交换设备作为数据网接入设备。

远动主机在站控层与服务器同时收集间隔层设备的数据，其正常数据不应依赖于站控层计算机是否正常运行。远动主机一般采用双机模式，可运行在双主机或主备状态，两套设备通过站内网络同时接收间隔层设备的实时数据，同时保存在实时数据库中。在双主机工作方式下，两台主机可同时向各个主站发送数据，并同时接收下行命令，通过双方交换的运行状态，确定是哪套设备向间隔层设备转发下行命令。在主备工作方式下，通过双方交换的运行状态确定某套设备作为现任主机，并负责与主站通信或下行命令的转发。备机只运行在监视状态，一旦发现主机异常，立即升级为主机，接替主机的通信功能。

随着计算机网络技术的发展，主站端自动化系统和变电站端站控层系统之间利用各种网络设备建立电力数据网，实现网络连接。远动主机远方网络接口接入数据网络设备，再采用 2M、100M 等方式接入通信系统，主站端网络系统同样通过数据网络设备接入通信系统，通信系统将各主站和变电站的网络联通，实现主站和变电站的网络互连。

远动主机按照 IEC 60870-5-104 等网络通信规约通过电力数据网络与主站进行数据通信。该通信方式传输速率高、可靠性好，已成为与主站之间主流的传输方式。

5. 网络安全

未来的电网是一个对网络稳定、安全要求都非常严格的系统。随着智能电网的发展、电力市场的逐渐发展和成熟，网络化运行生产、电力调度和电力交易会迅猛发展。保证电力行业网络不被病毒感染最通用的做法是将电力实时信息网和非电网实时信息网进行物理性隔离，但也并不能绝对保证病毒不会进入到网内。另外，在内部网络安全管理制度上也存在着大量的漏洞，尤其是在恶意程序防御手段、威胁评估方法、应急响应保障、网络管理和安全防护人才等方面，与电力企业中的实际需求都有明显的滞后现象。

智能电网环境下，数字化设备的数据安全防护将是至关重要的，一旦网络中出现异常扰动数据、异常指令，将对整个系统造成无法弥补的损失。纵向防护、区域防护与数字化识别、数字化运维管理与记录等，都将使智能变电站及其远程集控中心监控系统比现有系统更复杂。

智能变电站的通信网络类似“神经系统”，网络系统从二次延伸到了一次，大幅度增加了网络规模和网络流量。过程总线上传输的信息绝大多数要求有严格的实时性和高度的可靠性，因此，信息安全问题是威胁变电站安全、稳定、经济、优质运行的重大问题，需要引起足够重视。智能变电站对信息实时性提出了更高的需求，但从安全防护的角度来说，将信息加密技术、防火墙技术、Mobile Agent、安全管理技术和虚拟专网（VPN）技术等网络安全技术应用于智能变电站，难免又降低网络的效率，因此分析并整合各类信息资源，打破传统专业界限，采用信息分类、信息合并等新方法降低流量是提高智能变电站应用效果的有效方法。

## 第三节 智能配电网

### 一、智能配电网主要功能特征

1. 智能配电网概念

智能配电网就是以配电网高级自动化技术为基础，通过应用和融合先进的测量和传感技术、控制技术、计算机和网络技术、信息与通信技术等，利用智能化的开关设备、配电终端设备，在坚强电网架构和双向通信网络的物理支持以及各种集成高级应用功能的可视化软件支持下，允许可再生能源和分布式发电单元的大量接入和微网运行，鼓励各类不同电力用户积极参与电网互动，以实现配电网在正常运行状态下完善的监测、保护、控制、优化和非正常运行状态下的自愈控制，最终为电力用户提供安全、可靠、优质、经济、环保的电力供应和其他附加服务。

智能配电网主要由主站系统、子站系统、通信系统、配电远方终端组成，通过应用配电网运行自动化技术、管理自动化技术、用户自动化技术、分布式电源并网控制技术、定制电力技术等，对配电网各个环节、模块和设备进行智能化，同时结合地理信息系统应用，实现正常情况下，配电网与电力系统各个环节的协调和优化运行以及故障情况下的快速定位、隔离、恢复、负荷转移等功能，从而为用户提供优质可靠的电能，为电力企业提供便捷、高效的管理平台和途径，提高配电网的综合自动化水平、管理水平和电力市场化水平，进而实现电力企业管理者、电力用户、系统运行操作的协调和统一。其架构如图 2-3-1 所示。

2. 智能配电网功能特征

（1）更高的供电可靠性：具有抵御自然灾害和外部破坏的能力，能够进行配电网安全隐患的实时预测和故障的智能处理，最大限度地减少配电网故障对用户的影响；在主配电网停电时，应用分布式发电、可再生能源组成的微网系统保障重要用户的供电，实现真正意义上的自愈。

（2）更优质的电能质量：利用先进的电力电子技术、电能质量在线监测和补偿技术，实现电压、无功功率的优化控制，保证电压合格；实现对电能质量敏感设备的不间断、高质量、连续性供电。

（3）更好的兼容性：支持在配电网接入大量的分布式发电单元、储能装置、可再生能源，与配电网实现无缝隙连接，实现“即插即用”，支持微网运行，有效地增加配电网运行

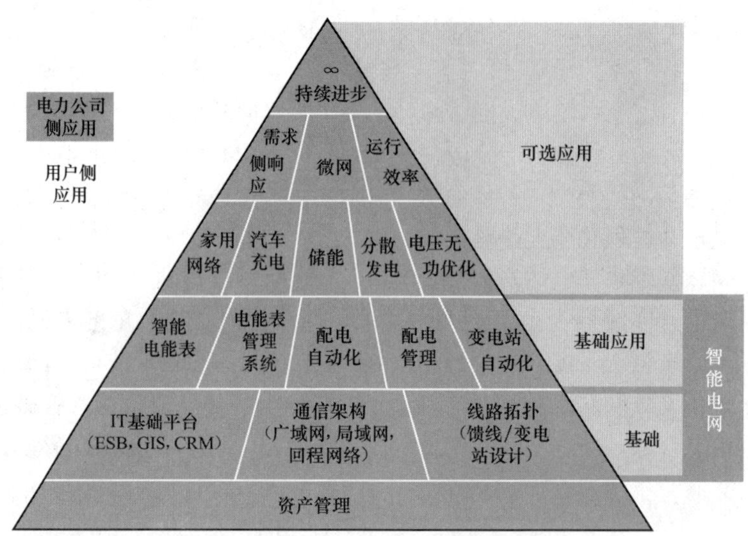

图 2-3-1 智能配电网架构

的灵活性和对负荷供电的可靠性。

（4）更强的互动能力：通过智能表计和用户通信网络，支持用户需求响应，积极创造条件让拥有分布式发电单元的用户在用电高峰时向电网送电，为用户提供更多的附加服务，实现从以电力企业为中心向以用户为中心的转变。

（5）更高的配电网资产利用率：有选择地实时、在线监测主要设备状态，实施状态检修，延长设备使用寿命；支持配电网快速仿真和模拟，合理控制潮流，降低损耗，充分利用系统容量；减少投资，减少设备折旧，使用户获得更廉价的电力。

（6）集成的可视化管理平台：实时采集配电网及其设备运行数据，这些数据与离线管理数据高度融合、深度集成，实现设备管理、检修管理、停电管理以及用电管理的信息化，为运行人员提供高级分析和辅助决策的图形界面。

3. 智能配电网的功能要求

要保证配电网安全、可靠、经济地运行和向用户供电，不仅需要有电力网络和通信网络的物理支持，还需要有集成各种高级应用功能的软件支持。

（1）从网架结构上来讲，智能配电网应该具有可靠而灵活的分层、分布式的拓扑结构，满足配电系统运行控制、故障处理、系统通信的要求。

（2）从运行控制上来讲，智能配电网应该既具有正常运行时实时可靠的系统监视、隐患预测、智能调节、优化运行的能力，又具有系统非正常运行时的自愈控制能力。

（3）从通信上来讲，智能配电网应该具有建立在开放的通信架构和统一的技术标准基础之上的高速、双向、集成的通信网络设施，以实现电力流、信息流、业务流的一体化统一。

（4）从软件组成上来讲，智能配电网应该是基于 Unix、Windows NT 平台的完整系统，高度集成 SCADA（Supervisory Control And Data Acquisition）、PAS（Package of Advanced Software）、DA（Distribution Automation）、GIS（Geographic Information System）、DMS（Distribution Management System），既满足配电系统安全运行的要求，又满足各类用户方便使用的要求。

智能配电网的发展目标是实现电网自愈，以下问题需要集中研究、迫切解决：①分布式与可再生能源的无缝接入与微网运行；②提高供电可靠性和电能质量；③降低扰动配电网的影响和停电对用户的影响；④增强用户的互动作用，鼓励用户参与电网调峰，进行需求侧管理；⑤降低运行和维护费用；⑥为用户提供更多的用电选择和附加服务。所涉及的技术领域有标准化的智能电子设备（IED）的设计、低成本多功能的静态开关设备，基于智能传感器的监视系统，隐患和事件实时预测技术、快速仿真和模拟技术、智能微网技术、需求侧管理技术和研究自愈控制技术。

本节主要介绍高级配电自动化技术、配电网广域测控技术、自愈控制技术、分布式发电技术和智能微网技术等。

## 二、高级配电自动化技术

高级配电自动化技术（Advanced Distribution Automation，ADA）是配电网革命性的管理与控制方法，是电能进行智能化分配的技术核心，是智能配电网中的配电自动化，更是智能配电网建设的技术基础。

### 1. 配电自动化系统的发展阶段

配电自动化（Distribution Automation，DA）是指利用现代计算机、通信与信息技术，将配电网的实时运行、网络结构、设备、用户以及地理图形等信息集成，构成完整的自动化系统，实现配电网运行监控及管理的自动化、信息化。其作用主要是提高供电质量、用户服务质量和配电网管理效率。在智能电网体系中提出了高级配电自动化（ADA）的概念。在高级配电自动化（ADA）中实现接有分布式电源（Distributed Energy Resources，DER）的配电系统的全面控制与自动化，使系统的性能得到提升和优化。ADA 的主要特点体现在支持分布式电源的大量接入、深度渗透上。

配电自动化系统的发展模式有简易型、实用型、标准型、集成型、智能型五个阶段。

简易型配电自动化系统不需要通信系统和主站而独立工作，结构简单、成本低、易于实施，适用于农村单辐射配电线路和城市中无专门通信条件区域的配电线路。它利用就地检测和控制技术，采用故障指示器获取配电线路上的故障信息，由人工现场巡视故障指示器翻牌信号获得故障定位，或利用全球移动通信系统（Global System for Mobile communications，GSM）等无线通信方式将故障指示信号上传到相关的主站，由主站来判断故障区段；可采用重合器或配电自动开关，通过开关之间的时序配合就地实现故障的隔离和恢复供电。

实用型配电自动化系统针对大规模的配电网，或因机构设置及管理需要，可在供电分公司或相应场所再设置若干区域主站。大型实用型配电自动化系统由四层构成，包括配电自动化主站，负责重要线路的运行监控管理和配电管理；区域主站，又称控制分中心，负责所管辖区域的配电管理；再下一层为配电子站；最底层是配电终端。

基于简易型和实用型基础上的标准型及集成型的配电自动化系统示意图如图 2-3-2 所示。

智能型配电自动化系统在已有配电自动化基础上，解决已有配电自动化系统存在的问题和分布式电源及储能引入后出现的新的问题，更加可靠、经济地实现整个配电系统的高速运行，如图 2-3-3 所示。

### 2. 高级配电自动化系统的功能

在高级配电自动化系统中将实现系统和用户之间电力和信息的双向交换，各种组件可以实现互操作，通过通信和控制手段实现系统更优越的性能，包括可靠性和经济性。高级配电

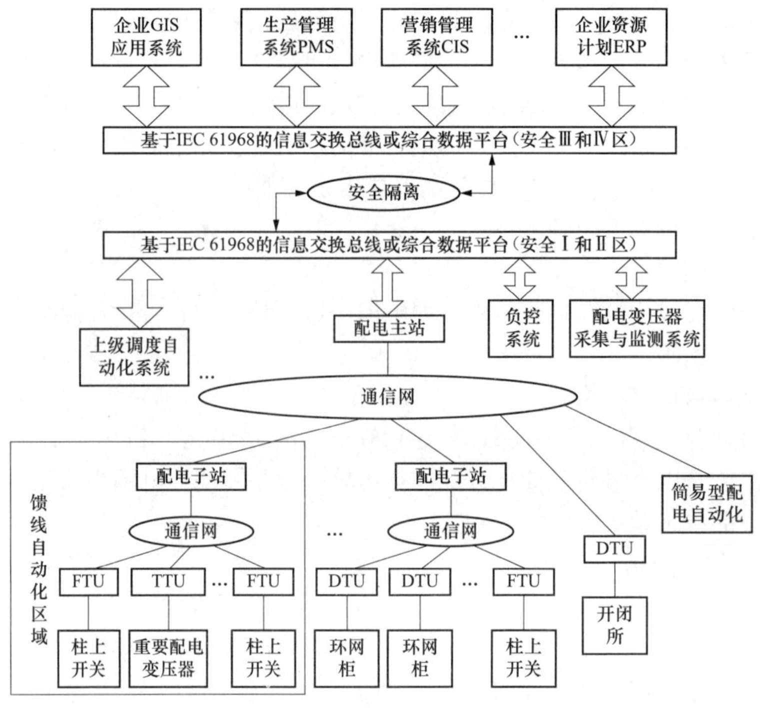


图 2-3-2 简易型和实用型基础上的标准型及集成型的配电自动化系统示意图

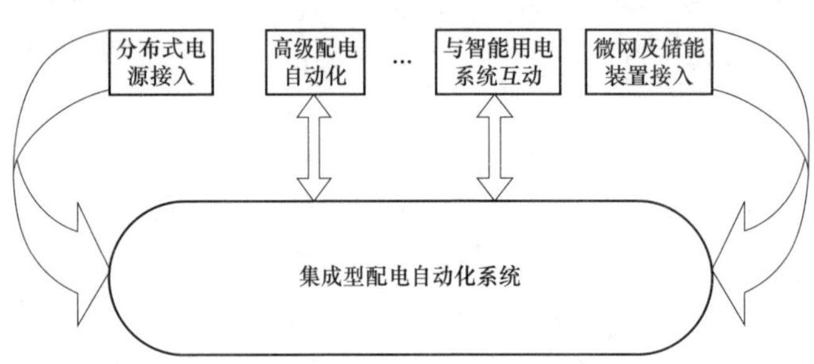


图 2-3-3 集成型基础上的智能型配电自动化系统示意图

自动化功能框图如图 2-3-4 所示。

（1）馈线自动化。馈线自动化（FA）是配电自动化的基础，使馈线在运行中发生故障时能自动进行故障定位，实施故障隔离和恢复对健全区域的供电，主要包括馈线运行数据的采集和控制，故障定位、隔离及自动恢复供电等功能。

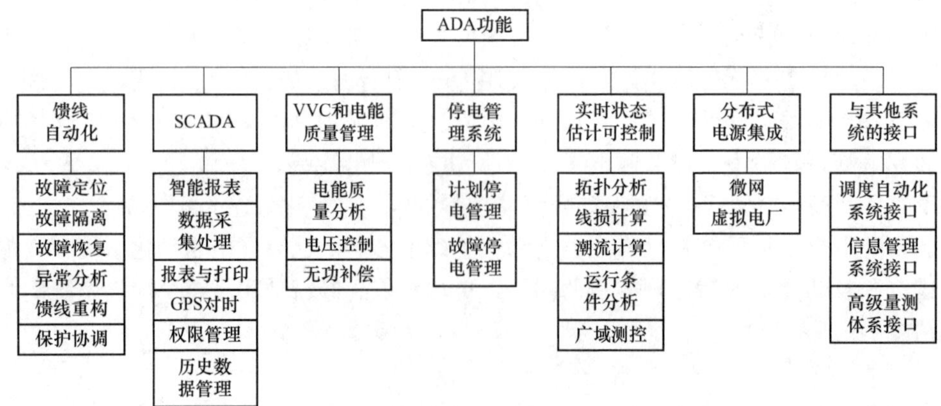


图 2-3-4 ADA 系统功能框图

基于 IEC 61850 标准下的数字化馈线自动化模式是一种最优控制模式，力求在分布的 FTU/DTU 终端装置上实现馈线保护功能，包括故障隔离和转移非故障区域负荷，可以极大地提高配电网故障处理的响应速度和供电的可靠性。

应用光纤通信的基于广域保护技术的智能模式馈线自动化是未来发展的必然趋势。馈线的广域保护是建立在众多保护装置相互交换信息基础上的整体保护方案。它是利用良好的光纤网络通信和分散安装的配电终端实现的具有特殊原理的全线速动式区域性馈线保护。在故障发生时，配电线路上的各智能终端将采集到的故障电流信息、失压信息和开关状态按照驻留的故障处理程序，通过通信网络向相邻或相关智能终端发送分闸闭锁命令或分闸命令，并接收相邻智能终端发送的分闸闭锁命令或分闸命令。各智能终端根据自身的故障信息和接收到的其他智能终端发来的命令判断出故障区段，就地发操作命令，实现故障定位、隔离及非故障区恢复供电。这一过程由智能终端独立完成，不受远方的配电网自动化控制中心的控制。

对于复杂的配电网，当配电网络结构发生大的变动时，通过主站或子站实时下装负荷恢复策略，之后的智能化馈线自动化功能的实现就无需主站、子站的干预。

（2）配电网 SCADA。配电网 SCADA 对当地设备和智能电子装置（IED）的监测和控制包括通过 FTU 以及 IED 等接收电力系统设备的实时数据和控制命令、测量信息、配电网重构数据、事故的作业顺序数据、设备的运行健康状况相关数据等。配电网 SCADA 包含的重要功能有：①配电线路运行监测评价优化；②故障定位隔离恢复；③基于负荷、系统效率、电压和无功功率控制、电能质量、可靠性评估的配电网拓扑重构和优化；④自适应保护；⑤结合 DER 的系统监视和控制；⑥智能报警。

基于 IED 的配电网 SCADA 系统如图 2-3-5 所示。

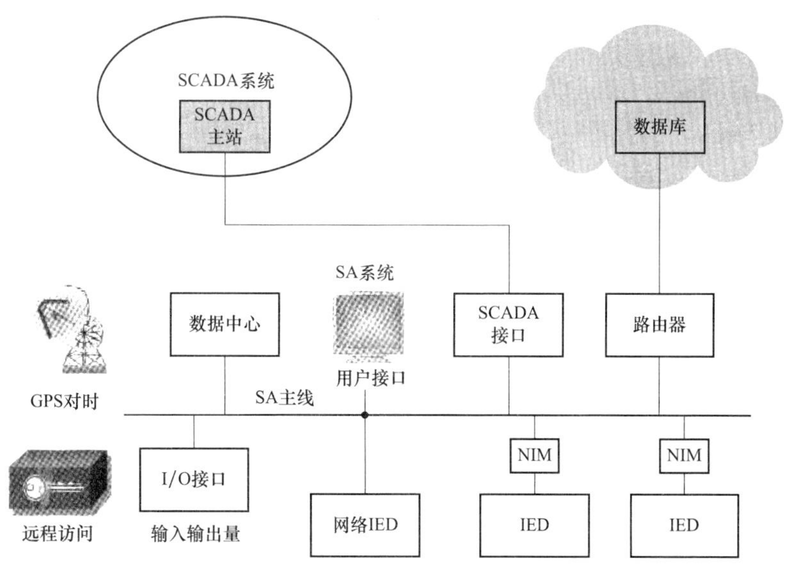


图 2-3-5　基于 IED 的配电网 SCADA 系统图

（3）自动电压及无功功率控制系统和电能质量管理。在智能配电网中，通过双向通信系统和完善的监测系统，利用先进的电力电子技术和分布式发电资源，由动作迅速、无瞬时电流的电力电子装置，来更加有效地进行连续电压、无功功率和谐波控制，实现配电系统的更优越的性能。主要的电力电子装置有用于电压、无功功率控制的静态补偿装置，用于谐波控制的有源滤波器，支持电压控制的串联补偿装置，电力电子储能装置，智能通用变压器以及半导体智能开关等。许多电力电子装置的应用涉及分布式电源和终端用户设备，它们的控制必须结合整个ADA系统。

（4）停电管理系统。停电管理系统（Outage Management System，OMS）是集成地理信息系统（GIS）、电网拓扑结构和用户信息系统（CIS）的软件系统，用于故障检测、定位、隔离和恢复。

电力系统停电的原因具有复杂性，停电的性质具有多样性，按照配电网停电的分类可分为预安排停电和故障停电两大类。预安排停电时要计算线路供电可靠率，考虑停电影响范围最小；要进行最佳停电隔离点决策和负荷转移决策，通过负荷转移改变供电路径，保证对重点用户的供电，并对制订计划、执行计划和恢复供电的流程进行管理。故障停电是基于地理信息系统可视化人机界面，在图上选取故障停电位置，经过停电分析确定可隔离设备点以及受影响的设备及用户、停电所影响的设备及用户、停电所影响的用户数量，并可在地图上标识相关故障设备及停电区域的位置、故障状态以及被影响用户及维护人员信息，进行最佳停电隔离点分析以及负荷转移决策。停电管理系统功能框图如图2-3-6所示。

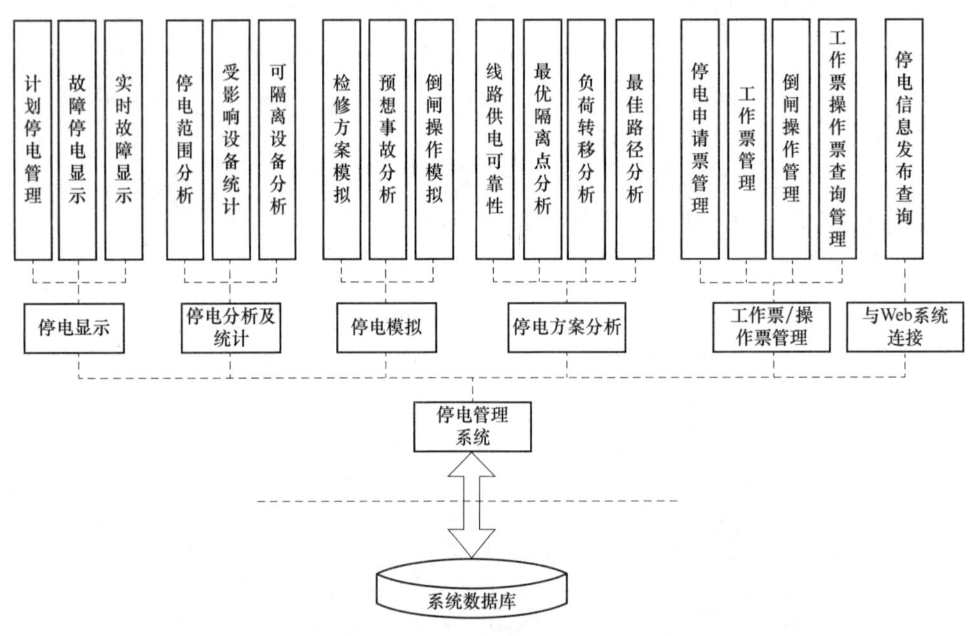


图2-3-6　停电管理系统功能框图

（5）配电系统实时状态估计与控制。未来的配电系统能够利用完善的监测系统采集的数据进行持续的分析、评估、预测整个配电系统的运行状态，以提高配电系统运行效率，最终减小停电风险。未来的实时模拟器将能够集成ADA监测系统中所有信息源，为配电系统提供一个有力的支撑。实时状态估计能够分析配电系统状态，持续预测配电系统可能存在的风险值。配电系统的运行能够根据电网实际状态和可能存在的风险进行优化，这有助于提高配电系统的安全性和可靠性。

（6）分布式电源的集成。自动配电系统能高效集成和利用各种分布式能源。这种集成系统基于实时的系统控制和双向通信能力来提高系统可靠性，并为系统效率和运作提供新的选项。分布式能源将成为配电系统管理中的一个组成部分（电压控制、无功功率控制、负荷管理），并融入整个电力市场中。

ADA 支持分布式电源的“即插即用”与优化调度，其核心支撑技术除广域保护、电压控制、无功功率控制外还包括微网技术（MG）和虚拟发电厂技术（VPP）。ADA 采用面向微网的子站和分布式智能技术，控制微网和主网的连接与脱离，实时调控微网中的 DER 与负荷，在其与主网脱离后保证电压与频率的稳定。虚拟发电厂技术将一个区域或变电站范围内的分布式电源看成是一个合成的发电厂，进行积极有效的调度和管理，以达到优化 DER 利用、降低电网峰值负荷、提高供电可靠性的目的。ADA 主站支持对 DER 的可视化管理，具备在线快速模拟仿真与分析功能，为调度员提供决策支持。其理念就是要最大化利用 DER，最小化降低系统风险。灵活的配电网络框架和开放的通信框架是实现 ADA 的两个关键因素，它能够高度整合分布式电源和储能装置，大幅提高配电系统的自动化水平和控制性能。

**三、配电网广域测控技术**

鉴于电力系统具有广域动态的特征，智能电网的保护、控制必然要进一步在数据交换的基础上，解决全局与局部功能协调和速度协调，实现广域控制与分布保护控制的协调性。配电网广域测控技术（Distribution Wide Area Monitoring and Control Infrastructure，DWAMCI）是基于广域测量技术的电力系统综合防御体系在配电网中的应用，是智能配电网的关键技术之一，是智能配电网实现全局和广域监测、保护、控制的重要解决办法。

1. 广域测量和信息交换

以全球定位系统（GPS）为基础的同步测量技术是电网广域测量、实时监控的主干支撑技术，在电网测量、保护、控制领域具有广阔的应用前景。

面向数据信息交换的通信体系是实现智能配电网的关键，而广域测量与数据交换更是实现电网智能化和建设配电网广域测控体系（DWAMCI）的重要基础。针对配电网的运行管理，电网数据信息的交换应重点考虑配电网的控制中心内外部、变电站内外部、控制中心与变电站及其与输电网之间的数据通信。

随着同步测量技术的迅速发展，同步相量测量与数据通信也日益受到业内的广泛关注。2006 年颁布的 IEEE C37. 118《同步相量测量及其数据通信》标准对同步相量的测量精确度以及 GPS 的同步信号质量等重要信息量给出了具体规定，并且同步相量测量技术正在向暂态信息测量的方向发展。基于同步测量技术的广域测量系统 WAMS 将能够准确描述系统的动态行为，为智能电网的高级保护、控制系统提供必要的技术手段。

2. 广域测控与保护的特征

智能配电网的广域测控与保护以保证配电网络的安全可靠运行以及不间断供电为基本原则，同步测量技术为面向智能电网的保护控制系统提供了必要的技术基础。仅采集信息量的后备保护无法自适应智能配电网灵活的运行方式与拓扑结构的变化，在大电网特殊运行情况下很难保证后备保护动作的可靠性，进而造成系统失稳。同步测量技术的发展，尤其是广域保护系统（Wide Area Protection System，WAPS）的建设，大大促进了广域测控与保护系统的研究与实施。

面向灵活的拓扑结构、允许多种分布式电源接入、具备高水平供电质量要求的智能配电网，其广域测控与保护必须具备许多能力，如支持广域信息测量、故障与扰动录波、子站应用、相关监控节点间实时数据交换与控制命令传输、配电网自愈能力，主保护具有更好的性能、更快的动作以及更高的可靠性、良好的开放性，集中控制与分布自治单元相互协调保护与控制集成；能够提供安全访问控制等。

同步相量测量与保护控制的功能集成将使得智能电子设备之间的信息采集与故障判断具有同步性，有利于变电站内各 IED 之间的互操作和变电站之间的数据通信。随着广域测量技术的应用与发展，实现电力系统广域测控与保护系统成为必然趋势。基于同步测量技术的广域测控、保护和控制（Wide Area Measurement，Protection and Control，WAMPAC）系统的研究分别在网络拓扑和运行方式识别、继电保护在线自适应整定、保护防连锁跳闸等方面逐渐深入开展，而配电网广域测控体系（DWAMCI）则是其应用的一个方面。

面向集中决策与分布自治的广域测控与保护系统结构如图 2-3-7 所示。其中保护控制单元既包括基于本地信息量的快速主保护、快速故障隔离与定位、同步相量测量以及本地控制系统，也包括向调度控制中心提供同步相量等信息，为全局控制的集中决策提供依据。电网中的就地主保护控制单元保持相对独立，在电气元件故障时能够快速切除故障，保证系统的安全可靠运行；广域测量系统已经满足电网后备保护及控制系统的时延要求，因此可以从系统全局的角度研究实现电网的保护控制。这就要求分布自治的保护控制单元与调度控制中心的相互协调，要求就地保护控制单元必须能够自适应网络拓扑结构的保护，根据配电网重构特征对保护定值等属性进行调整。而在广域信息基础上建立的智能调度则需研究系统快速仿真与模拟、智能预警技术、优化调度技术、预防控制技术、事故处理和事故恢复技术、智能数据挖掘技术、调度决策可视化技术等，以保证系统运行及保护控制的全局最优。

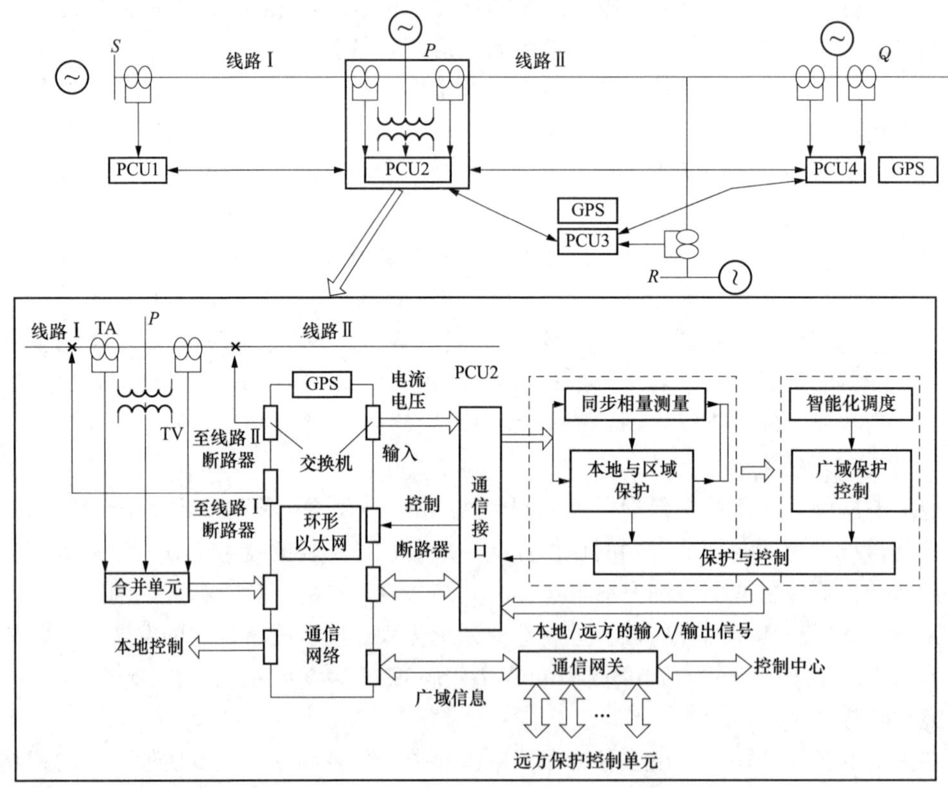


图 2-3-7 面向集中决策与分布自治的广域测控与保护系统结构图

3. 基于广域测量信息的测控与保护的系统

智能配电网中的自愈和自适应是要求可以实时掌控配电网运行状态，在尽量少的人为干预下实现故障快速隔离、自我恢复，避免大面积停电事故的发生。对继电保护系统而言，就要求能够自动适应一次系统因分布式能源接入而出现的多种运行方式，更要求继电保护系统自身出现隐藏故障时也能做到自诊断及自愈，以避免连锁故障的发生。

传统继电保护主要集中于元件保护，采集装置安装处的电流、电压量，经过计算后得到一些反映系统状况的参数值，与整定值比较，然后切除故障元件隔离故障。传统保护的各个元件的主保护相互独立，不顾及故障元件被切除后剩余的潮流转移引起的后果，如相邻元件的过载等问题。广域保护注重保护整个系统的安全稳定运行，可识别系统的各种运行状态，通过实施相应的控制手段和各种保护措施，同时实现继电保护和自动控制的功能；可能会有本地、远程开关的动作，以避免局部或整个系统大面积停电或崩溃等严重事故的发生，保证电网中出现故障后仍能保持安全稳定运行。广域保护由于需要通信并进行相对复杂的计算，在时间上很难达到传统保护快速性的要求，因此将广域保护和传统继电保护结合起来，充分利用双方优点是一个很好的选择。

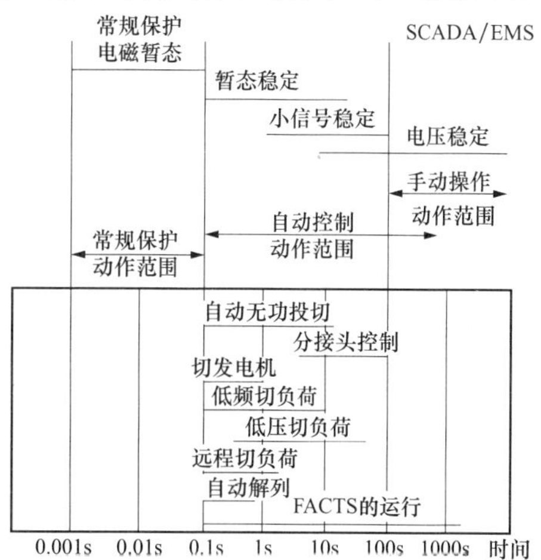

图 2-3-8 广域保护（稳控）的定义

国际大电网会议（GIGRE）将广域保护（稳控）的功能及控制手段和目的进行了定义，如图 2-3-8 所示。

（1）广域测控和保护系统的性能特点。

1）可测性：有足够的采样点来准确获得所需的系统状态，包括正常运行状态及故障状态。

2）选择性：能根据运行准则准确判别不安全的系统状态，包括预警和安全运行域的确定。这是广域保护系统（稳控）的核心要求。它不仅需要准确可靠地测量数据，还依赖于系统的实时分析能力；同时，还必须选择正确的控制策略，以避免大面积的甩负荷。

3）安全性：广域保护（稳控）系统在不必需时能随时退出运行，不能作为紧急控制的手段，除非在系统崩溃的情况下。

4）可靠性：整个广域保护（稳控）系统要有足够的可靠性。这涉及数据采集、通信系统、软件分析和执行终端（切机、切负荷）环节，考虑适当的冗余及备份，并保证关键设备故障时备用件能自动切换。

5）有效性：是指稳控措施的实施速度和精确度。速度的要求需要软件和硬件的协调配合，实施精确度直接影响到稳控的效果。

6）鲁棒性：稳控系统在动态运行或稳态运行的情况下能可靠、安全、稳定地运行。广域保护（稳控）系统的设计应能考虑到各种可能的系统运行方式，对未考虑的运行方式应有反误动措施。

7）易维护及易扩展性：采用开放式及模块式的系统结构能较好地满足这样的要求。

在广域保护（稳控）系统的设计中，还要考虑和现有稳控系统的协调、外部等值网的处理等。

（2）典型的广域测控和保护系统。

下面介绍分散式和集中式两种广域测控与保护系统。

分散式广域测控与保护系统是由把数据分析和决策过程放在分散于电力系统各处的系统保护终端（System Protection Terminal，SPT）组成的。SPT放置在不同的变电站通过环型通信网络相连。SPT从电压互感器、电流互感器或电力系统同步相量测量装置获得本地测量数据，并通过网络获得其他SPT数据库的数据。该系统在丰富信息的基础上，通过相对简单的算法和判据，可以实现多功能、可靠、灵敏的系统保护，如广域电压稳定控制、自动负荷控制、自动汽轮机投入、变压器分接头调节闭锁等。分散式广域测控与保护系统的SPT结构及其信息交换情况如图2-3-9所示。由于通信系统失效的可能性不能排除，因此SPT和通信系统应保持相对独立，SPT应能检测到通信系统的故障，而且即使通信系统部分或全部失效，保护终端依旧可以通过本地数据和本地准则执行保护措施。在分散式结构中，即使一个保护终端失效，邻近终端也可以作为此终端的后备。该结构的系统可以较好地克服集中控制方式中对控制中心设备要求过高的问题，但是SPT获得的信息有限，而且数据分析能力和决策能力有限，不能做到全局最优控制。

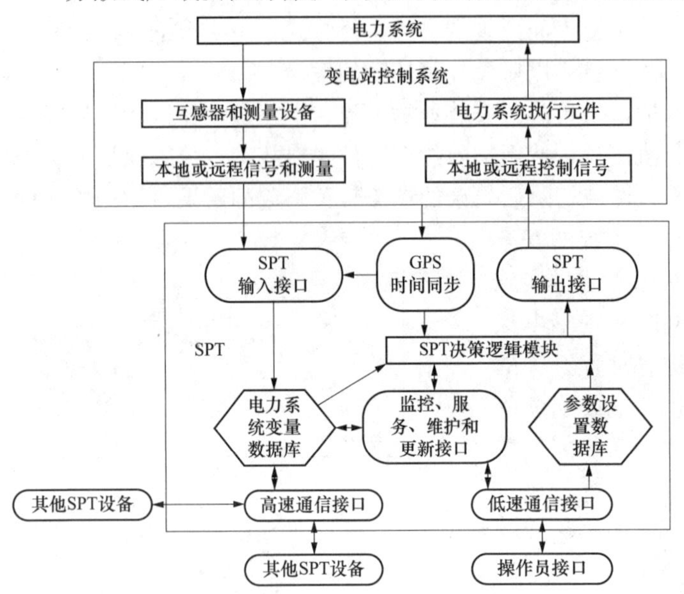


图2-3-9 分散式广域测控与保护系统的SPT结构及其通信接口

集中式广域测控与保护系统从整个电力系统采集数据，在控制中心集中进行数据分析和控制决策，然后把控制命令发给各个SPT以实施控制。由于是从整个系统的角度分析和决策，因此可以做到全局最优控制，更能体现广域保护的优势。在通信系统和分析决策系统的能力能够达到要求的前提下，集中式结构的系统优于分散式结构的系统，因此集中式广域测控与保护系统是未来广域测控与保护系统的发展方向。

集中式广域测控与保护系统结构如图2-3-10所示。从结构上来看，它包含几个子系统。在该保护中，数据采集系统负责广域测控与保护系统所需数据的收集，可能包含电流、电压幅值及相位、频率、开关位置、发电机投切状态、继电器信号等；在线数据分析和决策系统处理收集到的大量数据，

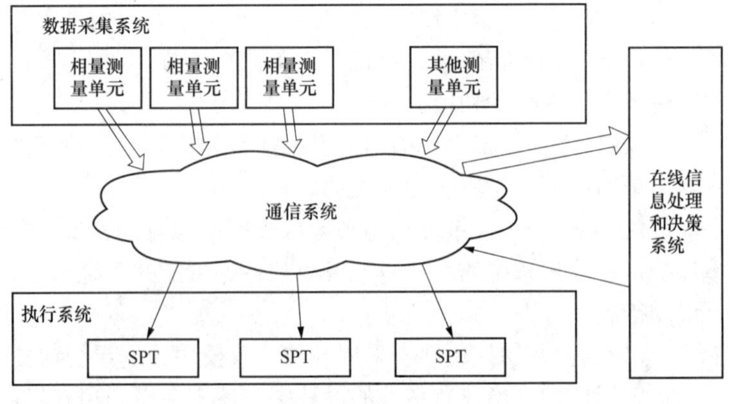


图2-3-10 集中式广域测控与保护系统结构

滤掉不正常数据，得到需要的系统参数，正确估计出电力系统的状态，从而判定系统是否处于不安全的状态。然后，从电力系统状态及不安全状态的诱导因素迅速识别出广域扰动的种类，并根据扰动激烈程度和现象持续时间把扰动分成不同等级，以选择相应的保护和控制措施，并且确定调节性措施的控制量大小。多重控制措施可能会被同时选择，这就需要预测后果并协调各种措施，以避免控制效果相互抵消。在控制命令发出之后，还需要根据实时采集数据不断估计系统状态，以调整控制措施。执行系统是控制措施的实施者，由分散于电力系统各处的多个 SPT 以及相应的电力系统执行元件组成。集中式广域测控与保护系统的 SPT 不需要有数据处理和决策功能，也不需要和其他 SPT 通信，只需要接收从控制中心发来的命令，执行相应控制。SPT 及其执行元件的控制速度和精确度将直接影响控制措施的效果。通信系统需要实现采集数据的上传和控制命令或 SPT 整定值的下传。由于 SPT 没有决策能力，因此，集中式 WAPS 对通信系统的依赖程度很高，通信系统的可靠性和实时性对整个广域测控与保护系统的功能实现与否至关重要。

由于集中式广域测控与保护系统的功能性能依赖于通信系统的负荷能力和实时性以及在线数据分析和决策系统的运算能力，电力系统的规模越大，需要的数据采集点就越多，从而数据量越大，数据传输距离也越长，这对通信系统带宽、数据分析和决策系统的运算能力都提出了更高要求。结合分散式和集中式广域测控与保护系统的优点，可将广域测控与保护系统分为三层，如图 2-3-11 所示。底层为大量的广域测控和保护终端或 SPT、PMU；中间层为几个本地保护中心（Local Protection Center，LPC），每个 LPC 与多个 PMU 通信，完成数据收集以及区域控制和保护功能，多个 LPC 相互配合共同实现系统保护方案；上层为一个系统保护中心（System Protection Center，SPC），它对各本地保护中心起到协调作用，实施系统安全防御。三层式 WAPS 可以把大量原始数据的处理分散在 LPC 进行，从而把大量原始数据传输限制在各个有限区域之内，LPC 把运算结果和少量的原始数据上传到 SPC，SPC 的系统控制命令下传到 LPC，再转发给 SPT。

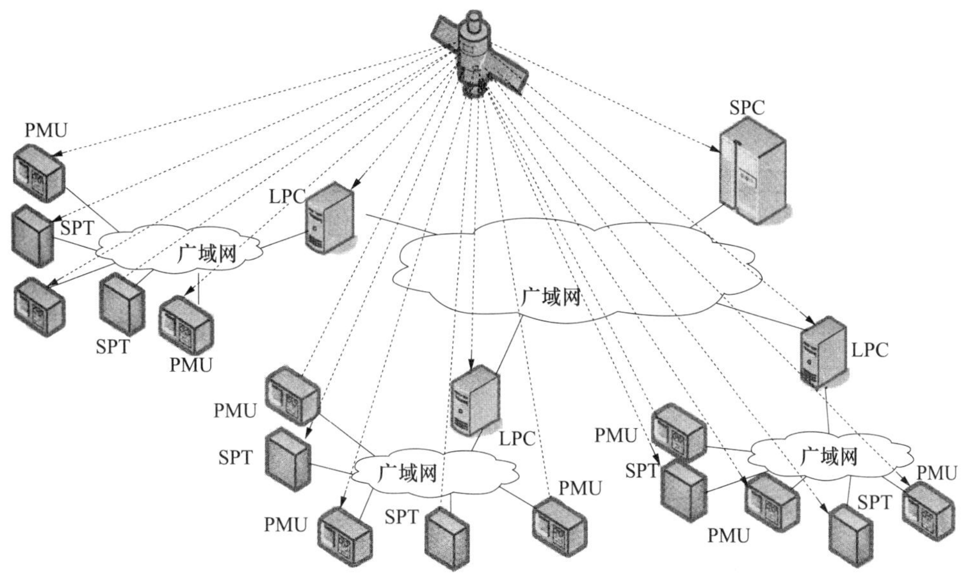


图 2-3-11 三层式 WAPS 结构

目前广域监测系统（Wide Area Measurement System，WAMS）已经得到广泛应用，而 WAMS 一般以 PMU 为基础，因此三层结构的广域测控与保护系统可在 WAMS 的基础上实现。在 WAMS 应用中，分布在一个区域的所有 PMU 设备都连接到一台被称为数据集中器（Phasor Data Concentrator，PDC）的计算机上，PDC 使用数据库大量储存相量数据。LPC 可直接访问 PDC 的数据以获取整个系统的动态行为。可以直接在 PDC 上增加控制和保护功能，使 PDC 转化成一个 LPC，再把这些 LPC 连接到 SPC 就可以整合成广域保护系统。

4. DWAMCI 的应用

DWAMCI 在自动故障隔离、电压控制、分布式发电孤岛保护中的应用如图 2-3-12 所示。在图 2-3-12（a）中馈线发生故障时，FTU 上下游之间相互交互故障检测信息，判断故障点位置，实现双电源手拉手供电、当地快速故障定位、隔离与自动恢复供电。图 2-3-12（b）中在变电站出线处自动调压装置和分布式电源保护控制装置交换实时测量数据，实现线路电压、无功功率的优化控制。在图 2-3-12（c）中测量单元实时采集出线开关状态，实时采集、比较母线与分布式发电单元并网点处的电压相量，从而，可以可靠地检测孤岛运行状态。在配电系统电压、频率扰动时，测控单元不误动；在孤岛运行状态下，在发电功率与负荷功率基本平衡时，电压、频率变化较少时不拒动，可靠地保护分布式发电孤岛。

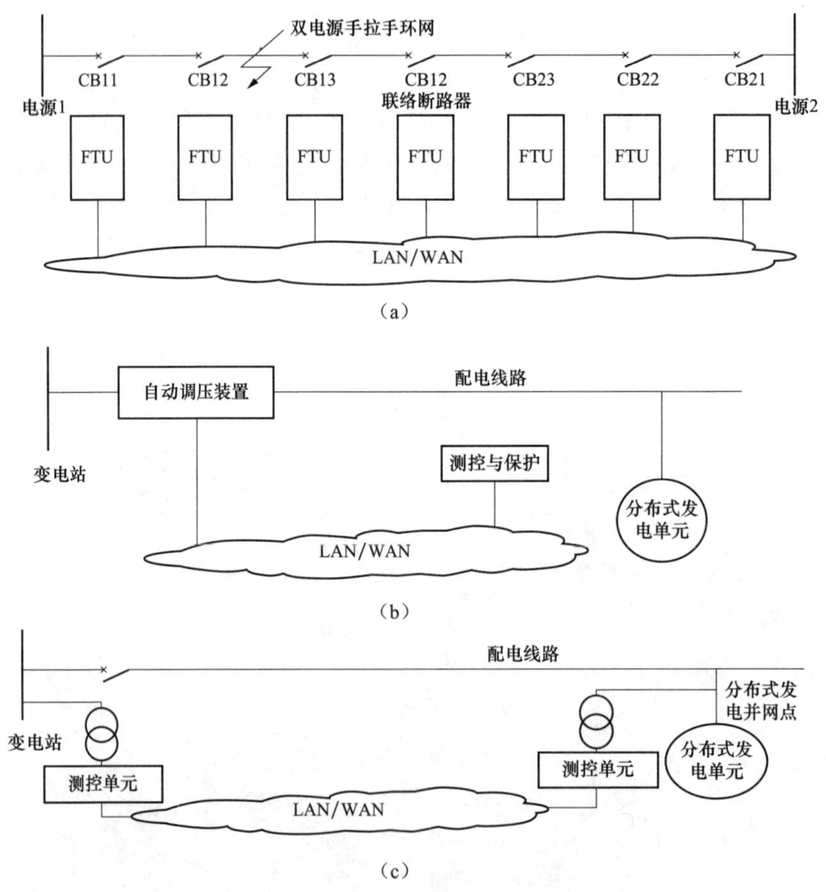


图 2-3-12　DWAMCI 在配电网自愈控制中的应用

（a）在自动故障隔离中的应用；（b）在电压控制中的应用；（c）在分布式发电孤岛保护中的应用

## 四、配电网自愈控制技术

1. 配电网自愈的基本概念

自愈控制技术是智能配电网最核心的控制技术之一，自愈是智能配电网的重要特征和建成的重要标志。配电网自愈是指配电网的自我预防、自我恢复的能力，这种能力来源于对配电网重要参数的监测和有效的控制策略。自我预防是通过系统正常运行时对配电网进行实时运行评价和持续优化来完成的；自我恢复是指配电网在经受扰动或故障时，自动进行故障检测、隔离和恢复供电。

配电网自愈控制（Self-Healing Control，SHC）通过共享和调用一切可用配电网资源，实时预测配电网存在的各种安全隐患和即将发生的扰动事件，采取配电网在正常运行下的优化控制策略和非正常情况下的预防校正、紧急恢复、检修维护等控制策略，使得配电网尽快从非正常运行状态转化为正常运行状态，应对配电网可能发生的各种事件及组合，防止或遏制电力供应的重大干扰，以减少配电网运行时的人为干预，降低配电网经受扰动或故障时对电网和用户的影响，具有提高电网稳定裕度和抵御扰动的能力，能够及时发现以及诊断和消除故障隐患，故障情况下维持系统连续运行的能力不造成系统运行损失，并且通过自治修复功能从故障中恢复的能力。

2. 配电网自愈控制的框架体系

（1）“2-3-6”框架体系。配电网自愈控制框架由密切联系的两环控制逻辑、三层控制结构、六个控制环节组成。这就是所谓的“2-3-6”框架。“2-3-6”框架是配电网自愈控制实现分布自治性、广域协调性、工况适应性的基础组织框架。该框架为配电网自愈控制的适应性和协调性奠定了结构基础。两环控制逻辑尊重配电网控制全局响应慢速、配电网动态过程快速的基本事实；三层控制结构实现全局与局部的功能协调和速度协调；六个控制环节各司其职，协同、智能地完成配电网自愈控制任务。

配电网自愈控制尊重配电网动态过程快速性的事实，考虑了局部控制保护快速性与配电网全局控制方案慢速性的矛盾，设计了慢速全局响应环和快速局部控制环的两环控制逻辑，如图 2-3-13（a）所示。

局部控制环具有毫秒/秒数量级的响应速度，对应于控制保护装置和变电站自动化系统，采取全局控制方案与局部控制功能协调的方法执行具体的控制保护行动。全局响应环具有分钟以上数量级的慢速方案形成过程，位于配电网调度控制中心。以全局测量为基础，以智能型配电网深度计算为手段，制定适应配电网变化的控制方案。

相互衔接的三层控制结构包括局部的反应层、高端的决策层、中间的协调层。反应层（毫秒/秒数量级）位于局部控制环，具有分布自治性和行动及时性，实现采集测量和控制行动两个基本功能。决策层（分钟/小时数量级）位于全局响应环，具有很强的工况适应性，实现工况评价和控制决策两个基本功能。协调层（秒数量级）在反应层与决策层之间，位于全局响应环，具有广域协调性，衔接全局与局部，实现全局与局部的速度协调和功能协调。

三层控制结构通过协调层，在全局响应环与局部控制环之间增加了协调层次，重点解决全局控制方案与局部控制保护之间的矛盾。

沿信息流方向，在三层控制结构上有采集测量、监视协调、工况评价、控制方案、部署协调、控制行动六个控制环节，如图 2-3-13（c）所示。采集测量环节位于反应层，依托局部的测量装置或自动化系统，实现稳态测量（例如 RTU、FTU）、动态测量（例如 PMU）、关键装备状态测量、配电网运行事件采集等采集测量功能。监视协调环节位于协调层，以采集测量环节为基础，实现反应层与决策层之间的信息流速协调功能、配电网基本的监视功能。信息流速协调将毫秒/秒数量级的实时断面信息转变为大量断面信息组成的分钟数量级的过程信息，使决策层来得及响应，是监视协调环节的重要功能。工况评价环节位于决策层，以监视协调环节上传的配电网实时信息为基础，采用面向过程的方式，对配电网实时运行工况的脆弱性进行评价。控制方案环节位于决策层，以工况评价环节的脆弱性评价为基础，采用智能性配电网深度计算分析方法，制定适应性控制方案。部署协调环节位于协调层，以控制方案环节为基础，将配电网控制方案解析为控制保护装备可以执行的行动指令或逻辑控制条件。控制行动环节位于反应层，其控制保护任务是根据部署协调环节下达的控制保护指令，执行全局控制保护任务和局部控制保护功能。

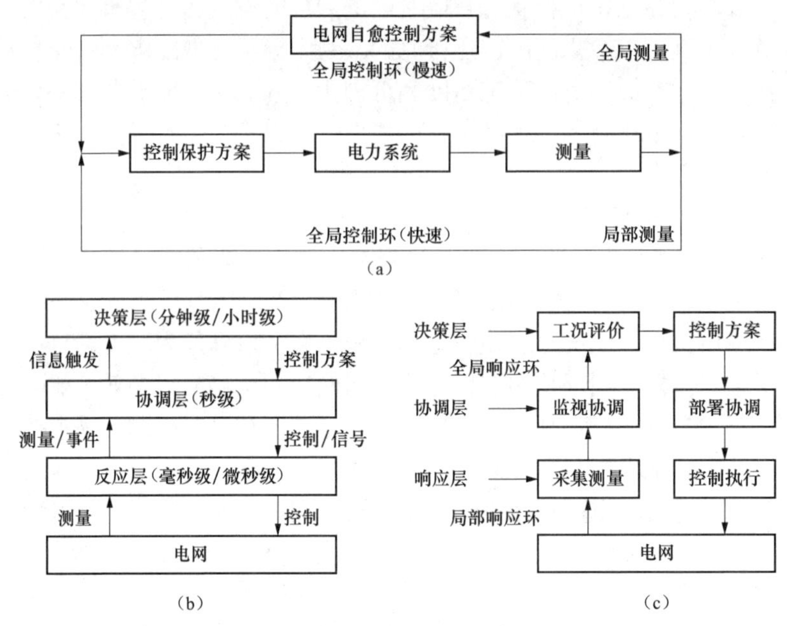


图 2-3-13 电网自愈控制的“2-3-6”框架

（a）两环控制逻辑；（b）三层控制结构；（c）六个控制环节

（2）分层框架体系。一种配电网自愈控制的分层框架体系如图 2-3-14 所示。该框架体系把智能配电网分为系统层、过程层、高级应用层。

1）系统层由配电网智能装置组成，是配电网的物理层，其智能化程度越高，则支持配电网实现自愈的能力就越强。

2）过程层是中间层，由地方智能体组成，包括双向通信、预定义控制、局部监视、数据集中、条件优先控制等。其中，预定义控制能够被事件所快速触发，不经过高级应用层控制，具有较快的执行速度，包括局部保护、微网自动形成与控制、DFACTS 装置自动投入等；条件优先控制由用户设定，具有最高优先级，且不经过高级应用层控制，在满足一定的条件下，能够快速执行，保证配电网和人员的安全和重要用户的可靠供电；局部监视用来监视区域配电网或重要装置的运行状态；数据集中收集系统层的各种数字量和模拟量，进行预处理，由过程层共享，并通过双向通信把高级应用层和系统层联系起来。

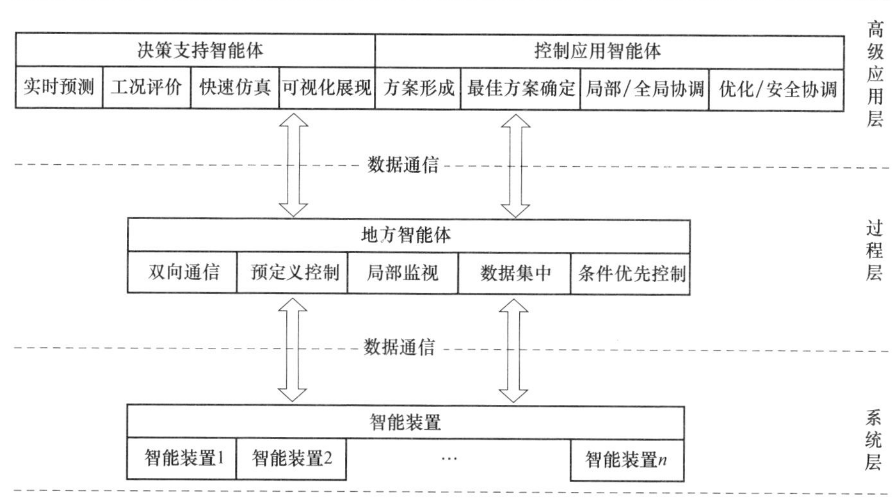


图 2-3-14　配电网自愈控制的分层框架体系

3）高级应用层由决策支持智能体和控制应用智能体组成。决策支持智能体通过利用来自过程层的数据，对配电网存在的安全隐患和即将发生的事件进行实时预测，并进行持续工况评价。快速仿真是基于数据应用的高级软件平台，为配电网提供决策支持，并将结果进行可视化展现。控制智能体包括控制方案的形成、最佳控制方案的确定、进行局部和全局控制协调、进行配电网优化和安全控制协调等。一般采取的控制手段有潮流控制或优化、变压器分接头调整、负荷需求侧管理、储能装置投入、分布式发电单元或可再生能源投入、保护动作、FACTS 装置投入、电网拓扑重构、储能装置充放电控制、电动汽车充放电、为用户提供最佳用能建议等。

配电网自愈控制的分层框架体系包含但不限定于"2-3-6"框架的内容，能够很好地协调局部和全局控制、配电网优化和安全控制（预防校正、紧急恢复、检修维护控制等），既能通过高级应用层实现集中控制，又能通过过程层实现局部控制。它是实现配电网自愈控制的分布自治、广域协调、工况适应、重视预防的基础组织架构。

3. 配电网自愈的实现方法

（1）基于状态量比较的城市配电网自愈控制方法。基于状态量比较的城市配电网自愈控制流程首先定义了与电网电压、电流、功率、频率相关的系统状态函数 $f$（$U$，$I$，$P$，$Q$，$f$），然后分别设定配电网在紧急状态、恢复状态、异常状态、警戒状态下的状态函数范围限值 $f_{ex}$、$f_{re}$、$f_{se}$、$f_{cr}$；再根据配电网数据采集量，将计算出的状态函数与系统状态函数的设定值相比较，确定配电网的运行状态，采取相应的控制手段，使城市配电网从当前运行状态向一种更好的运行状态转移。

根据该理论编制自愈控制软件，将其嵌入到城市配电网调度自动化系统，借助于利用新型的保护测控装置、在线监测装置等各种自动化装置采集实时信息，进行城市配电网自愈策略的决策，并自动传达到相应的控制设备，协调完成自愈控制策略的形成、筛选、确定、执行等整个过程，实现将数据采集、控制决策与执行设备的一体化，赋予城市配电网自我预防、自动恢复的能力，使城市电网调度系统具备应对极端灾害和大电网紧急事故的能力，提高城市电网供电的可靠性。

（2）基于智能微网和需求侧管理的配电网自愈控制方法。对于由大量的可再生能源、分布式发电和储能装置组成的微网系统，可以进行基于智能微网和需求侧管理的自愈控制。在微网系统当中，有大量的非线性负荷。通过负荷需求侧管理（Demand Side Management，DSM）控制器，可以建立起主交流系统、储能系统、非线性负荷和其他负荷之间的电气联系，并对储能系统、非线性负荷和其他负荷组成的微网进行孤岛控制。基于智能微网和负荷需求侧管理的电网自愈控制方法的最大优点是能够充分发挥微网在电网故障或受到扰动时对系统的支持作用及电网在正常运行时的持续优化作用。

（3）基于协调控制模式的配电网自愈控制方法。该方法采用基于一体化协调控制模式，信号的处理和控制策略的产生具有自适应性，无需外界干预，自动完成控制过程，协调继电保护装置、各种自动调节装置及其参数进行智能控制，从而实现城市电网的稳定、安全、可靠、经济运行，是属于电力系统理论、控制理论和人工智能的交叉技术应用领域。城市配电网的运行状态分为正常运行状态和非正常运行状态。其中，正常运行状态又可以分为隐性安全状态、显性安全状态、经济运行状态和强壮运行状态，从隐性安全状态施加预防控制可以使得配电网回到显性安全状态运行；从显性安全状态施加优化控制可以使得配电网回到经济运行状态运行；从显性安全状态施加健壮控制可以使得配电网回到强壮运行状态运行。对应地，配电网的非正常运行状态又可以分为紧急状态、恢复状态、异常运行状态，通过对在异常运行状态的配电网施加校正控制，可以使其回到正常运行状态运行；对紧急状态的配电网施加紧急控制，或对恢复状态的配电网施加恢复控制，可以使得配电网回到异常运行状态或正常运行状态运行；在条件允许的情况下，对恢复状态的配电网可以施加孤岛控制。

基于协调控制模式的城市配电网自愈控制通过进行数据采集，自动判别配电网当前所处的运行状态，并根据实际条件运用智能方法进行控制决策，对继电保护、开关、安全自动装置、自动调节装置进行自动控制，协调紧急情况与非紧急情况、异常情况与正常情况下的配电网控制，形成分散控制与集中控制、局部控制与整个配电网的综合控制相协调的控制模式，在期望时间内促使城市配电网顺利度过紧急情况、及时恢复供电，满足运行时的安全约束；对于负荷变化等扰动具有很强的适应能力，具有较高的一体化与智能化决策、自治性与协调性、冗余性与可靠性、经济性与适应性的优点。

4. 基于 PIS 的配电网自愈控制

利用生物免疫思想来建立电力免疫系统，解决电网自愈控制的复杂性问题。电力免疫系统（Power Immune System，PIS）由各种智能化的装置和设备、免疫规则、通信系统、控制系统、保护系统、智能调度系统等组成，赋予配电网自我学习、自我记忆、自我抵御的能力，注重配电网的安全预防，在配电网存在隐患时将隐患消除；在扰动或故障发生过程中就抑制其发生，能够有效应对配电网频发的扰动或故障。

PIS 类似于人体抵抗病原体的免疫系统，可以解决自愈控制中的配电网重构、电压控制、负荷控制、最优控制等问题。基于 PIS 的配电网自愈控制系统由规则层、过程层、物理层组成，如图 2-3-15 所示。配电网的自愈控制过程实质上就是电力免疫系统不断识别、应对、学习、适应、消除各种扰动的过程，只要抗原消失，则意味着自愈控制成功，配电网进入安全运行状态。

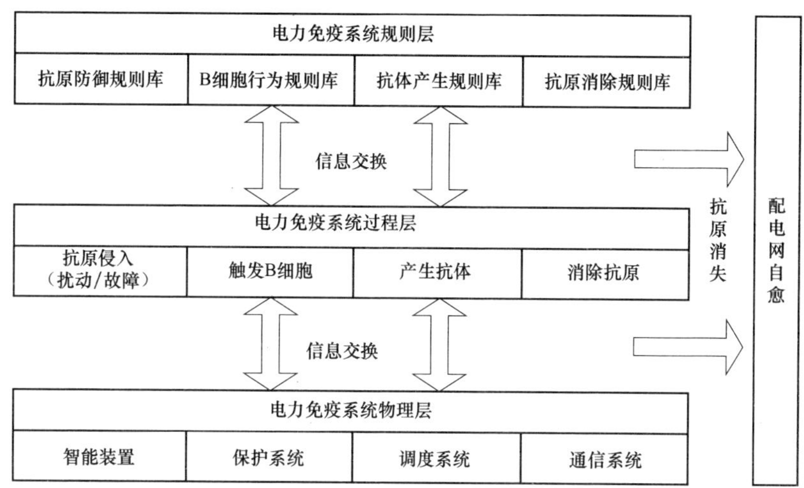


图 2-3-15　基于电力免疫系统的配电网自愈控制系统框图

基于 PIS 的配电网自愈控制系统具有以下主要功能：

（1）免疫防疫功能：预防外界对配电网运行所施加的扰动及袭击，及时清除配电网内部的扰动，保护配电网不受影响。对配电网正常稳定运行造成干扰的一切影响因素，在尚未使得配电网的运行恶化之前，及时清除，使得配电网能够健康运行。

（2）免疫监视功能：监视配电网运行中发生的各种突变，及时产生抗体予以清除。

（3）免疫耐受功能：区别配电网本身的装置或系统故障与影响配电网安全运行的扰动和故障，对配电网装置或系统故障，则进行保护，使其不受破坏；而对影响配电网安全运行的扰动和故障，则予以清除。

（4）调节功能：PIS 自动参与调节与其他系统之间的关系，通过自身动态调节，不断适应整个电力系统，成为电力系统抵御各种扰动的有效武器。

5. 基于序贯博弈的配电网自愈控制

利用博弈原理，在配电网扰动和自愈控制系统之间的博弈中，把配电网经受的扰动定义为博弈方 A，把自愈控制系统定义为博弈方 D。A 方表现为对配电网施加不同类型、不同性质的扰动，具有一定的随机性；D 方表现为对 A 方施加的扰动进行自愈控制。A 方迫使配电网运行评价指标下降，D 方保持或提升配电网运行评价指标。A 方的目标是阻止反抗配电网自愈，D 方的目标是促进、支持配电网自愈，这个过程就是配电网自愈博弈。A 方实施配电网扰动比如线路过负荷、分布电源故障、保护拒动等后，D 方在整个博弈中轮到自己选择的每一个阶段，针对已发生的各种情况作相应策略调整或选择控制行为，需要考虑 A 方各种类型的博弈策略对配电网运行带来的不利影响。配电网自愈博弈的目标就是使得博弈双方的收益最大，即 A 方最大限度地降低配电网运行评价指标，D 方不断平衡配电网运行评价指标的变化。

应用博弈理论实现更加适应配电网动态特性的自愈控制方法还需要深入研究。

6. 基于智能多代理的配电网自愈控制

代理技术源于分布式人工智能，是一个松散耦合的代理网络。这些代理通过交互解决超过单个代理能力或知识的问题。一个多代理系统中的单个代理具有独立性、社会性、学习能力、自发性、连续性、开放性、分布性的特征。基于多代理的配电网自愈控制系统如图 2-3-16所示。多代理配电网自愈控制系统能够很好地解决配电网自愈控制的分布自治性和

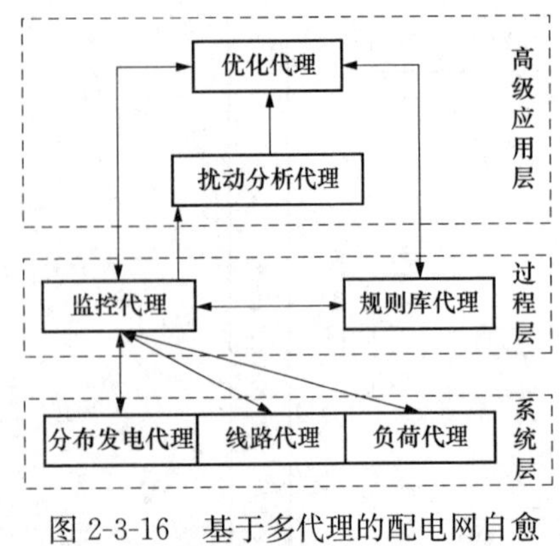


图 2-3-16 基于多代理的配电网自愈控制系统框图

广域协调性问题，是配电网实现自愈的重要技术。

（1）基于多代理的配电网分层自愈控制系统。如图 2-3-17 所示，方案将整个配电网自愈控制系统分为控制层、应用层、系统层。控制层负责整个配电网控制方案的形成和最佳控制方案的确定缺点，进行预定义控制（局部、快速）、优化控制、全局控制（慢速）之间的选择和协调，并与应用层进行信息交换，以进行控制方案的快速仿真和传送最终控制指令。应用层一方面要获得电网监控数据，进行电网运行状态评价和运行区域识别、实时预测，并且要传达各种控制命令；另一方面还要进行控制方案的快速仿真、控制效果评价。系统层用来感知电网物理设备，包括设备代理、负荷代理、分布式发电代理、集中发电代理、线路代理，通过电网监控代理与应用层进行数据交换。

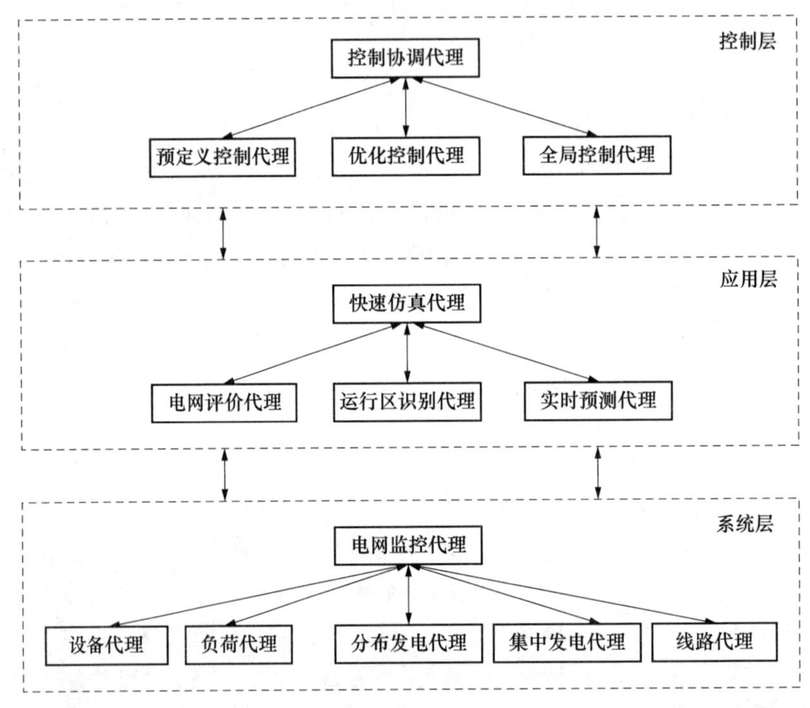


图 2-3-17 基于多代理的配电网分层自愈控制系统框图

（2）基于多代理、广域测量信息的配电网自愈控制系统。如图 2-3-18 所示，系统层由若干个广域测控代理组成，并由广域测控协调代理管理各个测控代理之间的协调和沟通问题，与数据处理层交换数据。过程层负责处理数据，由数据代理管理实时数据库、历史数据库的数据信息，并与高级应用层和系统层进行数据交换。高级应用层综合利用经过处理的广域测控信息，通过广域控制代理、电网评价代理、快速仿真代理、实时预测代理，执行自愈控制功能。用户可以通过用户接口获取高级应用层和过程层的信息。

基于智能多代理的配电网自愈控制方法可以解决电网中各个系统之间的自治和协调问

题，适应于分布范围较广、网络较复杂配电网的自愈控制，具有其他方法无法比拟的优良性能，但是从整个系统代理的功能定义和设计到实现都比较复杂，需要展开深入研究。

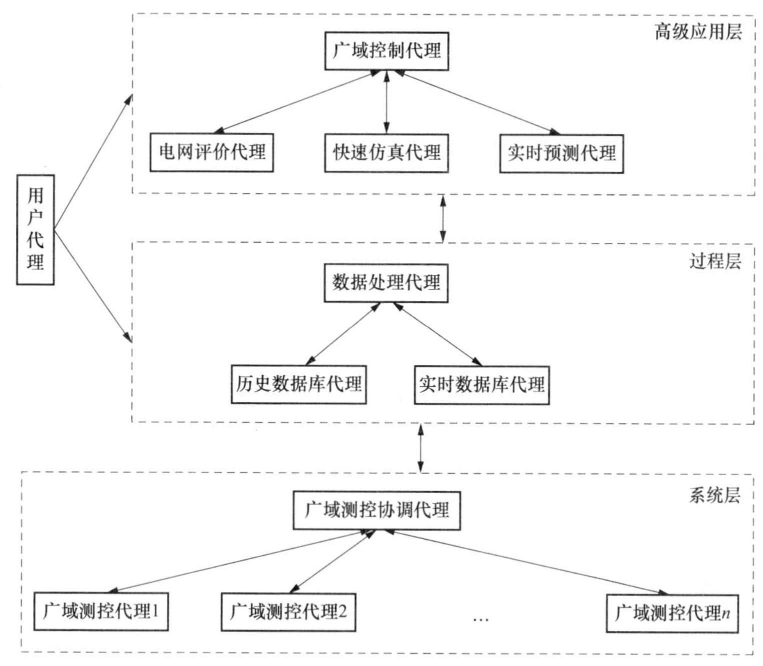


图 2-3-18 基于广域测量信息的配电网自愈控制系统框图

7. 基于混成控制理论的配电网自愈控制

混成控制是指把电网中的任何扰动看成是事件的集合，对电网采集到的数据进行处理后，判断是否存在扰动，如果存在，则综合应用控制命令和操作指令使得事件集合转化为空集。整个混成控制过程其实就是一个不断发现、处理、消除事件的过程。由于智能电网本身就是一个多指标自趋优的系统，而混成控制理论实现电网自愈正是建立多指标自趋优系统的重要途径之一，所以将混成控制系统的方法论应用到电网自愈控制中是可行的。

基于混成控制理论的配电网自愈控制系统的一般模型如图 2-3-19 所示，要最终实现基于混

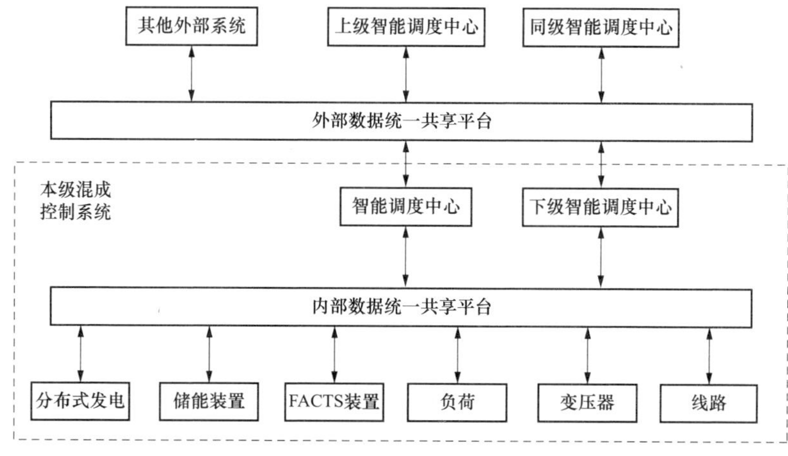


图 2-3-19 基于混成控制理论的配电网自愈控制系统的一般模型

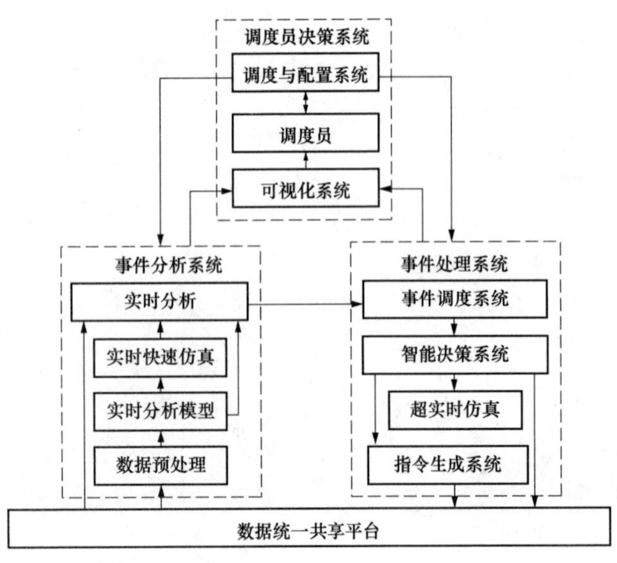


图 2-3-20 基于混成控制理论的智能调度中心框架图

成控制理论的自愈电网，需要把该方法应用到智能调度中心，如图 2-3-20 所示。基于混成控制理论的智能调度中心由调度员决策系统、事件分析系统、事件处理系统组成。事件分析系统是电网最终实现自愈的入口，对电网运行信息进行实时分析，确定有无事件产生，若有则将事件发送给事件处理系统；事件处理系统对已发生的事件进行排队和合并，并将处理后的事件交给智能决策系统进行处理；而调度员决策系统则确定整个智能调度中心的运行方式。

基于混成控制理论的电网自愈控制系统具有控制过程数字化、智能决策全局化的特点，能够实现数据的全局共享。它以事件的产生作为实施自愈控制的条件，以事件的消失作为自愈控制的目标，以一个简单的机制涵盖了复杂系统的全方位趋优的需求，既简化了问题的复杂程度，也保证了用其他方法所难以达到的全方位趋优效果，具有机理简单、全局控制、智能决策的优点。混成控制理论在自动发电控制和自动电压控制方面具有成功应用的先例，专门应用于电网自愈控制仍然需要进一步研究。

## 五、分布式发电技术

国际大型电力系统委员会（CIGRE）将分布式发电定义为“非经规划的或经中央调度型的电力生产方式，通常与配电网连接，一般发电规模在 50～100MW 之间”。分布式发电具有投资少、占地小、建设周期短、节能、环保等特点，对于高峰期负荷的调峰作用比集中式发电更经济、有效，可作为集中供电的有益补充。其用途有：①可作为备用电源为高峰负荷提供电力，提高供电可靠性；②可为边远地区用户、商业区和居民供电，可作为本地电源节省输变电的建设成本和投资、改善能源结构、促进电力能源可持续发展。

包括可再生能源发电在内的分布式发电技术已趋于成熟并在实际中得到应用。常见的分布式发电形式有热电联产与冷热电三联产、燃料电池、太阳能光伏发电、风力发电、生物质发电等，这些分布式发电的大量应用，不但能够提高资源利用率，降低甚至消除环境污染，还能提高电网的灵活性、稳定性和安全性。分布式发电与集中式发电的关系如图 2-3-21 所示。

### 1. 分布式发电并网控制技术

智能配电网的主要特性之一即是支持 DER 的大量接入，这是智能配电网（Smart Distribution Grid，SDG）区别于传统配电网的重要特征。在 SDG 里，通过保护控制的自适应以及系统接口的标准化，支持 DER 的“即插即用”。通过 DER 的优化调度，实现对各种能源的优化利用。

DER 并网技术，包括 DER 在配电网的“即插即用”以及微网（MG）两部分技术内容。DER 的“即插即用”包括 DER 高度渗透的配电网的规划建设、DER 并网保护控制与调度

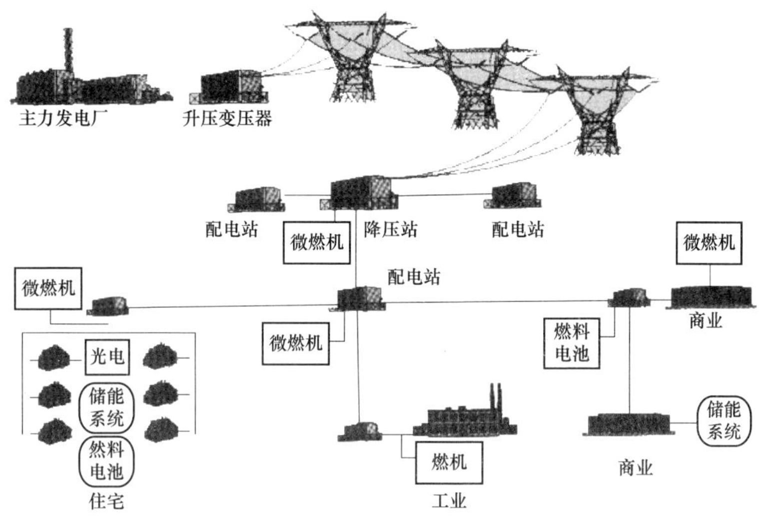


图 2-3-21 分布式发电与集中式发电的关系

管理、系统与设备接口的标准化等。微网是指接有分布式电源的配电子系统，它可在主网停电时孤立运行。

分布式发电装置并网后会给配电网带来一系列积极的影响，如提高供电可靠性、提高电网的防灾害水平、启停方便、调峰性能好、可以满足特殊场合的用电需求、减少传输损耗等。但是 DER 的大量接入改变了传统配电网功率单向流动的状况，这给配电网带来一系列新的技术问题。

(1) 电压调整问题。配电线路中接入 DER，将引起电压分布的变化。由于配电网调度人员难以掌握 DER 的投入、退出时间以及发出的有功功率与无功功率的变化，使配电线路的电压调整控制十分困难。

(2) 继电保护问题。DER 的并网会改变配电网原来故障时短路电流水平并影响电压与短路电流的分布，对继电保护系统会带来如下影响。

1) 引起保护拒动。DER 对保护动作的影响如图 2-3-22 所示。如果一个 DER 接在线路的 M 处，当线路末端 k 处发生短路故障时，它向故障点送出短路电流并抬高 M 处的电压，因此使母线处保护 R 检测到的短路电流减少，从而降低保护动作的灵敏度，严重时会引起保护拒动。

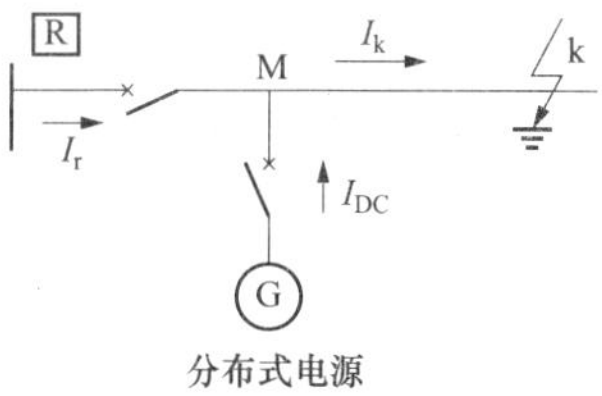

图 2-3-22 DER 对保护动作的影响

2) 引起配电网保护误动。在相邻线路发生短路故障时，DER 提供的反向短路电流可能使保护误动作。

3) 影响重合闸的成功率。在线路发生故障时，如果在主系统侧断路器跳开时 DER 继续给线路供电，会影响故障电弧的熄灭，造成重合闸不成功。如果在重合闸时，DER 仍然没有解列，则会造成非同期合闸，由此引起的冲击电流使重合闸失败，并给分布式发电设备带来危害。

4) 影响备用电源自投。如果在主系统供电中断时，DER 继续给失去系统供电的母线供电，则由于母线电压继续存在，会影响备用电源自投装置的正确动作。

(3) 对短路电流水平的影响。直接并网的发电机都会增加配电网的短路电流水平，因此提高了对配电网断路器遮断容量的要求。

（4）对配电网供电质量的影响。风力发电、太阳能光伏发电输出的电能具有间歇性特点，会引起电压波动。通过逆变器并网的DER，不可避免地会向电网注入谐波电流，导致电压波形出现畸变。

2. 分布式电源并网技术

（1）分布式电源接入的技术原则。

分布式电源接入配电网应遵循以下技术原则。

1）电源支撑。中小规模的分布式电源并网发电主要的作用是充分利用分散的可再生能源，提高能源利用效率，实现节能减排，同时，对配电网起一些辅助支撑作用。因此，不应过度依赖中小规模分布式电源来为负荷供电，分布式电源并网应满足$N-1$原则。

2）微网形成。局部有条件形成微网运行的分布式电源，可考虑以微网形式组织并网，以起到提高供电可靠性的作用。

3）接入方式。根据分布式电源的类型、容量以及接入方式对电能质量、经济性、运行、管理维护难度等因素的影响，可以采用集中接入或分散接入的方式。

4）电压等级。对于容量较小或者能分散接入的DER，就近接入0.4kV配电网，自发自用、就地消耗，且要求不能产生逆向潮流。对于容量较大、不易分组接入或输出波动较大的DER考虑接入10kV及以上电压等级，以减小分布式电源输出波动对电网的影响。

5）接入容量。对于接入0.4kV配网的DER容量应视负荷类型而定，接入同一公共连接点的分布式电源总容量原则上不宜超过上一级变压器供电区域内最大负荷的25%。

6）并网与孤岛运行。接到0.4kV电网的分布式电源，电力就地消耗，可以孤岛运行，但不允许向电网反送电力；接到10kV及以上电压等级的分布式电源，由调度中心统一调度、并网运行。

7）电能质量。分布式电源并网引起的电压波动、谐波等电能质量问题应满足相应规程规定的要求。

（2）分布式电源接入方案的选择。

按分布式电源容量大小分类，分布式电源接入可考虑的方案主要有分散接入模式、10kV支线接入模式、专线接入模式三种。分散接入模式适用于小容量的DER，可将DER直接接入配电网变压器的0.4kV侧，由0.4kV低压负荷就地消耗，不允许向配电网反送潮流，并网点装设并网断路器，安装逆功率保护，如图2-3-23所示。10kV支线接入模式适用于当DER较大时，宜接入10kV配电网，如图2-3-24所示。由于DER的并入将改变配电网原有的电流方向和大小，可能会导致原有电网的保护装置误动作，破坏保护设备之间及其与自动重合闸装置之间的协调运行。因此，需要针对DER并网调整常规保护配置。当分布式电源容量较大且对电

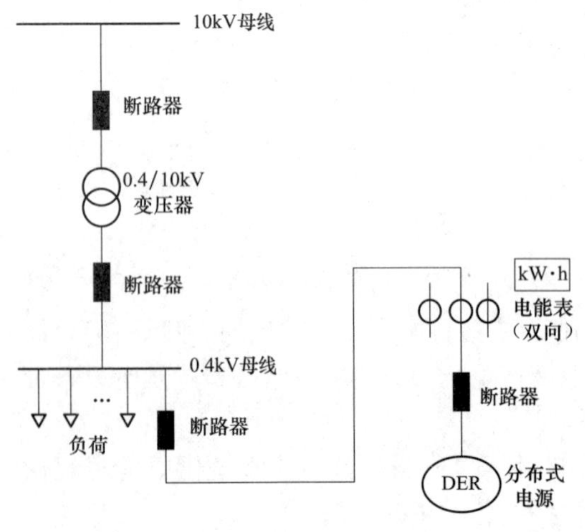

图2-3-23 分布式电源分散接入模式示意图

能质量影响较严重的情况下，为避免对用户电能质量产生影响，宜考虑以专线形式接入变电站配电母线予以消纳，如图 2-3-25 所示。

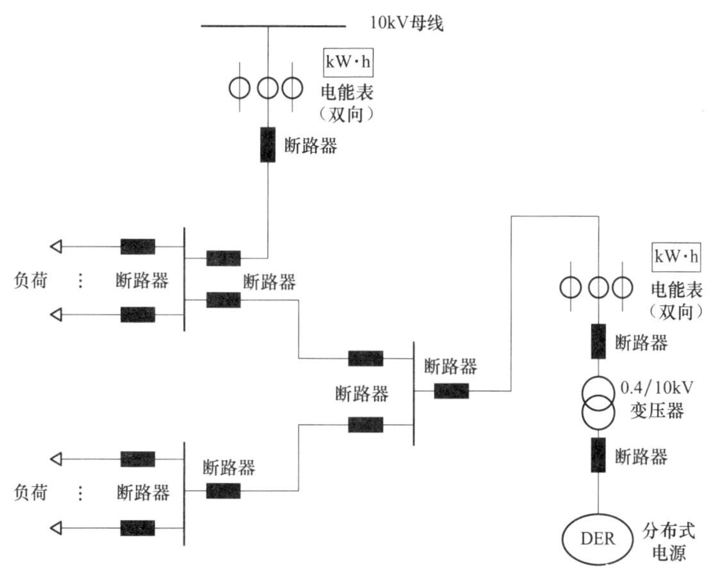


图 2-3-24 分布式电源中压支线接入模式示意图

DER 并网对配电网的影响用刚度系数和短路电流贡献比来衡量。刚度系数是指配电网中 DER 接入点的设计短路电流与 DER 额定电流的比值。短路电流贡献比是指配电网在 DER 接入点发生短路时，来自 DER 的短路电流与来自配电网的短路电流的比值。刚度系数越大，短路电流贡献比越小，则配电网运行电压与短路电流受 DER 并网的影响越小。一般认为，如果刚度系数大于 20，则 DER 并网不会对配电网运行带来实质性影响。

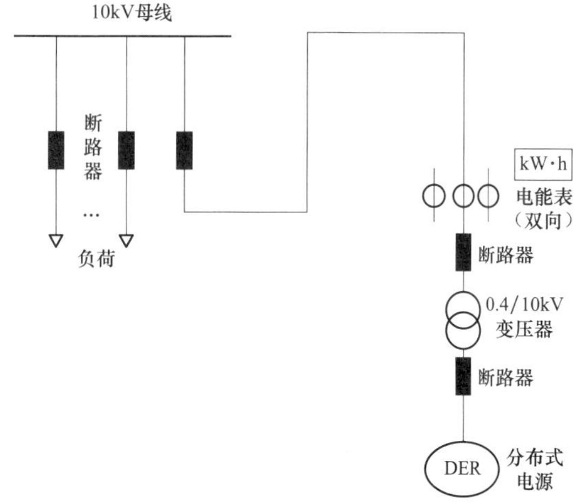


图 2-3-25 分布式电源专线接入模式示意图

（3）分布式电源的保护配置。

分布式电源在接入配电网后，由于配电网结构发生变化，将给继电保护带来一些问题，如线路保护的灵敏度降低及拒动、误动，相邻线路的瞬时速断保护误动、重合闸不成功等。在分布式电源接入配电网时，要使得配电网的继电保护能够正常工作，有下面两种解决方案。

1）方案一：并网线路采用单侧带方向式的三段式电流保护，配电网发生短路故障时，故障支路上的 DER 退出运行，此时的配电网恢复到原有的网络结构，配电网的短路电流分布也恢复到原来状态，故此时配电网的继电保护能够正常工作。DER 的切除时间必须小于配电网继电保护的动作时间；DER 具备自动重启功能，但不能重合于故障馈电线；DER 的重合时间要与上一级配电自动化或者备自投装置等配合，重合时间要躲过上述控制手段的动作时间。

对于主变压器保护，高压侧采用三段式相间电流保护，低压侧 0.4kV 采用脱扣器式电流保护。

2）方案二：并网线路可以采用和输电网类似的保护，利用反应两端电气量的一些保护，可迅速切除保护范围内的线路故障，如光纤纵联电流差动保护（带完整后备保护），保护采用专线通道。

对于主变压器保护，高压侧采用三段式相间电流保护，低压侧 0.4kV 采用脱扣器式电流保护。

分布式电源在不同接入方式下对保护的要求见表 2-3-1。

**表 2-3-1　分布式电源保护配置要求一览**

| 保护种类 | 0.4kV 分散接入 | 10kV 集中接入 |
| --- | --- | --- |
| 逆功率保护 | 要求 | 无要求 |
| 低频/过频保护 | 要求 | 要求 |
| 低电压/过电压保护 | 要求 | 要求 |
| 防孤岛保护 | 要求 | 要求 |
| 过电流保护 | 不要求（升压变压器高压侧配置过电流速断保护） | 升压变压器高压侧使用断路器防止系统故障影响，在低压侧使用断路器保护分布式电源，要求均具有过电流保护功能 |
| 雷击保护 | 室外光伏和风力发电系统使用避雷器 | 变压器高压侧使用避雷器，室外光伏和风力发电系统使用避雷器 |
| 自动重启 | 建议使用，在系统电压恢复正常 5min 后重启 | 要求具有自动重启功能，重启时间和过程由电力公司和分布式电源操作人员共同决定，需具体分析 |
| 物理隔离 | 电力公司可控断路器或负荷开关 | 电力公司可控断路器或负荷开关 |

3. 智能配电网下分布式电源并网技术

智能电网技术能够实现 DER 并网的“宽限接入”和大量接入，充分利用可再生能源，随着 DER 的大量接入，配电网就由传统的无源网络发展成为有源网络。当前，涉及这方面的技术研究主要有微电网技术与虚拟发电厂技术。

（1）有源网络。有源网络（Active Network）指的是分布式电源高度渗透、功率双向流动的配电网络。接入的 DER 对配电网的潮流、短路电流产生了实质性的影响，使得传统配电网的规划设计、保护控制、运行管理方法不再有效。有源网络的概念是针对并网技术对 DER 接入容量做出严格限制的配电网而提出的。

有源网络不再限制 DER 的接入，而是让 DER 尽可能地多发电（特别是对可再生能源）、充分地发挥作用。DER 的容量可以替代一部分配电容量，从而减少对发、输、配电系统的投资。因此，考虑 DER 对配电容量的替代作用，也是有源网络的一个重要特征。

有源网络给配电网的保护控制、运行管理提出了新挑战，它包括电压控制、继电保护、短路电流限制、故障定位与隔离、DER 调度管理等方面的问题。

（2）微电网技术。微电网简称微网，是指由分布式发电单元、控制和保护装置汇集而成的并为相应区域供电的小型发配电系统，能够不依赖大电网而正常运行，实现区域内部供需平衡。一般来说，微网是一个用户侧的电网，它通过一个公共连接点（Point of Common Coupling，PCC）与大电网连接。图 2-3-26 所示为美国电力可靠性技术解决方案协会（Consortium for Electric Reliability Technology Solutions，CERTS）提出的微电网基本结构。

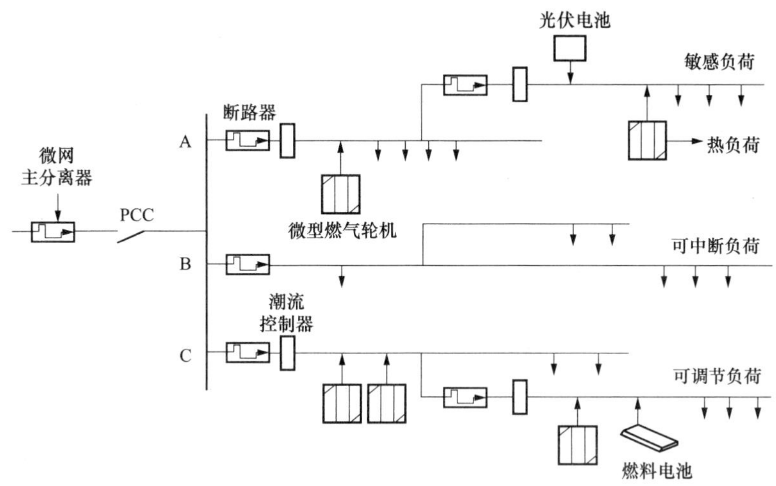


图 2-3-26 CERTS 提出的微电网基本结构

按照常规的做法，DER 必须配备孤岛保护，在大电网停电时自动与主网断开。而微网可以在与大电网脱离后独立运行，由 DER 维持区域内所有或部分重要负荷的供电，能够发挥出 DER 在提高供电可靠性方面的作用。

微网仅在 PCC 点与大电网连接，避免了多个 DER 与大电网直接连接。通过合理的设计，可使微网中 DER 主要用于区域内部负荷的供电，做到不向外输送或输送很小的功率，使得大电网可以不考虑其功率输出的影响，继续采用“即接即忘”的并网方法。这样，就较好地解决了 DER 大量接入与不改变配电网现有保护控制方式之间的矛盾。

就微网本身来说，它是一个“有源网络”，需要解决功率平衡、稳定控制、电压调整、继电保护等一系列问题。微网技术还在研究发展之中，是智能配电网的重要研究内容。

（3）虚拟发电厂技术。虚拟发电厂（VPP）技术是将配电网中分散安装的 DER 通过技术支撑平台实现统一调度并将其等效为一个发电区，实现分布式电源大量并网，达到 DER 的优化利用、降低电网峰值负荷、提高供电可靠性的目的。

VPP 的调度对象主要是可随时启动并且功率可调节的 DER，如热电联产微型燃气轮机、应急供电柴油发电机组以及各种分布式储能（DES）装置等。对于风能、太阳能发电等可再生能源发电来说，其输出具有不确定性，且一般需要在具备条件时让其足额发电，因此不能对其进行有效的调度。

实施 VPP 要有配电自动化系统（Distribution Automation System，DAS）作为技术支撑平台。VPP 是 DAS 的一个高级应用功能。DAS 需要采集、处理分布式电源的实时运行数据，并能够对其进行调节、控制。除技术问题外，实施 VPP 还涉及电价、政策法规等一系列问题，目前处于研究探讨阶段，还缺少成熟的经验。

## 六、微型电网技术介绍

在分布式电源的发展中出现了一种布置更为分散、单个机组产热规模更小、更靠近用户侧、可更灵活地适应用户需要的分散式电源（往往采用燃料电池、微燃机、屋顶太阳能电池发电等）的趋势，多个小型分散式电源（Distributed Resource，DR）组成了一个称作“微型电网”（简称微网）并仍与配电网互联的系统，由此在配电网出现故障而微型电网与其解列时，仍能维持微型电网自身的正常运行，这种微型电网的模拟、控制、保护、能量管理系统和能量储存技术等与常规分布式发电技术有较大不同，须进行专门的研究。

1. 微型电网的概念

微电网是一种负荷和微电源的集合。该微电源以在一个系统中同时提供电力和热力的方式运行。这些微电源中的大多数必须是电力电子型的，并提供所要求的灵活性，以便确保能以单一集成系统运行。这种控制的灵活性使微型电网能作为大电力系统的一个受控单元，以适应当地负荷对可靠性和安全性的要求。

传统的方法在考虑DER接入系统时，着重于DER对网络性能的影响，即当电网出现问题时，要确保联网的分布式电源自动停运，以免对电网产生不利的影响。而在微电网中主电网发生故障时微型电网与主电网无缝解列或成孤岛运行，一旦故障去除后便可与主电网重新连接。这种微型电网的优点为在电力系统中被视为一个受控的实体，保证用户电力供应的不间断，提高供电的可靠性，减少馈线损耗，对当地电压起支持和校正作用。

2. 微电网的组成

一种典型的微型电网的系统结构如图2-3-27所示。相对于大电力系统而言，微电网类似于一个独立的控制单元，其中每一个微电源都具有简单的即拔即插功能。对每一个微电源，最关键的是它本身的接口、控制、保护以及对微电网的电压控制、潮流控制和维持其运行稳定性。另一个重要的功能是微电网的并网运行和孤岛运行方式间的平稳转移。微电网主要靠微电源控制器来调节馈线潮流、母线电压及与主网的解、并网运行。由于微电源的即拔即插功能，因此调节依赖于就地信号而不依赖于通信，且响应是毫秒级的。能量管理器（Energy Manager）按电压和功率的预先整定值对系统进行调度，响应时间为分钟级。保护

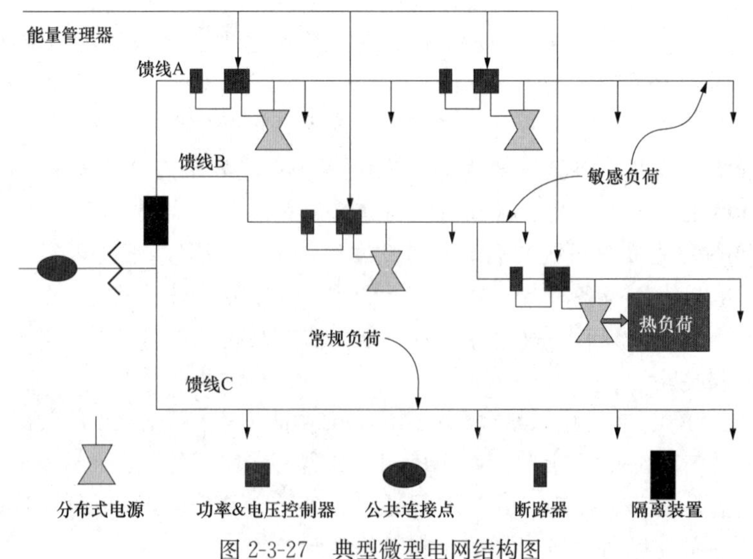


图2-3-27 典型微型电网结构图

协调器（Protection Coordinator）既用于主系统的故障，也用于微电网的故障。当主网故障时，保护协调器要将微电网中最重要的负荷尽快地与主网隔离，其作用类似于不间断电源。某些情况下微电网中重要负荷允许电压短时暂降，则在采取一定的补偿措施后可不使微电网与主网分离。当故障发生在微电网内，该保护应该在尽可能小的范围内将故障段隔离。

3. 微电网的控制方法。

微电网的控制方法如下。

（1）基本的有功功率和无功功率控制（$P$—$Q$ 控制）。由于微电源为电力电子型的，因此有功功率和无功功率的控制、调节可分别进行，可通过调节逆变器的电压辐值来控制无功功率，调节逆变器电压和网络电压的相角差来控制有功功率。

（2）基于调差的电压调节。在有大量微电源接入时用 $P$—$Q$ 控制是不适宜的，若不进行就地电压控制，就可能产生电压或无功功率振荡。而电压控制要保证不会产生电源间大的无功功率环流。在大电网中，由于电源间的阻抗很大，不会出现这种情况。微电网中只要电压整定值有小的误差，就可能产生大的无功功率环流，使微电源的额定值超标。由此要根据微电源所发电流是容性还是感性来决定电压的整定值，发容性电流时电压整定值要降低，发感性电流时电压整定值要抬高。

（3）快速负荷跟踪和储能。由于微电网中发电机的惯量较小，响应的时间常数又很长（10～200s），因此当微电网与主网解列成孤岛运行时，必须提供蓄电池、超级电容器、飞轮等储能设备，才能维持微电网的正常运行。

（4）频率调差控制。在微电网成孤岛运行时，要采取频率调差控制，改变各台机组承担负荷的比例，以使各自出力在调节中按一定的比例且都不超标。

4. 微型电网的保护

由于微型电网中具有小型电源，不同于原有的无源而仅有负荷的配电网，因此微电网的保护系统也会有很大的不同。例如，配电网一般是放射形的，由于有了微电源，保护装置上流经的电流就可能从单向变为双向。一旦微电网成孤岛运行，短路容量会有大的变化，影响了原有的某些继电保护装置的正常运行。

（1）微电网并网运行。要根据微电网中负荷的需求来确定保护的方案，也即要根据负荷对电压变化的敏感程度不同（如半导体制造工业或一般商业性负荷）和控制标准来配置保护。如故障发生在主网中，则要采用高速静止开关类隔离装置（Separation Device，SD），将微电网中的重要敏感性负荷尽快地与故障隔离。其实，微电网中的 DR（或 DER）是不应该跳闸的，以确保故障隔离后仍能对重要负荷正常供电（供热）。当故障发生在微电网中时，除了上述隔离装置动作外，微电网内的断路器也要动作，以保护非故障的微电网馈线段。而且隔离装置的动作时间要与配电网中上级保护装置协调，以免影响上一级馈线负荷。一旦主电网恢复正常，就应通过测量和比较 SD 两侧电压的幅值和角度，采用自动或手动的方式将微电网重新并网运行。

（2）微电网孤岛运行。当微电网孤岛运行时，为了使所隔离的故障区尽可能的小，微电网中保护装置的协调尤为重要。特别需要指出的是，由于微电网的电源大多为电力电子型设备，所发出的电力通过逆变器与网络连接，故障时仅提供很小的短路电流（例如 2 倍于正常负荷电流），难以启动常规的过电流保护装置，因此，保护装置和策略就应作相应的修改，如采用阻抗型、零序电流型、差分型或电压型继电保护装置。

5. 微型电网的控制策略

合理的微型电网控制策略是保证微型电网在不同的运行模式之间顺利切换的关键，特别是在微型电网独立运行时，能够维持微型电网频率和电压的稳定。微型电网主要存在两种控制策略，即下垂（对等）控制策略和主从控制策略。

底层分布式电源之间的对等控制，分布式电源之间不需要通信联系就能实现功率共享，不同分布式电源之间地位相等，控制具有冗余性，所以这种控制策略逐渐受到大家的关注。目前，应用于对等控制策略的各种控制方法都是试图模拟传统发电机的控制系统，以保证微型电网中的分布式电源在微型电网独立运行时能平等发挥作用，实现微型电网内的功率不平衡在不同分布式电源之间合理分配，且不受电源规模和电源数量的影响、保证分布式电源在微网内的“即插即用”。但由于大部分分布式电源采用逆变器接口，这与发电机直接接口有很大不同，因此如何控制微型电网中的多个分布式电源实现对等控制还需要进一步深入研究。

以一个分布式电源为主控制单元的底层分布式电源的主从控制策略，由于其底层分布式电源之间不需要很强的通信联系，使得其成本较低。但是，采取主从控制策略的整个系统对主单元有着很强的依赖性，主控制单元的失效将导致整个微型电网瘫痪。从目前国内外实用化的微型电网技术看，基于主从控制策略的微型电网系统已经逐步商业化，而基于对等控制策略的微型电网系统仍处于研究中。

6. 微型电网运行模式切换

微型电网从并网模式切换到独立运行模式，以及从独立运行模式重新切换回并网模式，可以采用无缝切换和短时有缝切换两种方案。

（1）无缝切换。采用无缝切换控制微型电网内的负荷，应当是对供电可靠性和电能质量要求较高的重要负荷。微型电网的无缝切换方案具有较高的供电可靠性，当外部电网故障时，仍可以维持微型电网内负荷不断电，但对微型电网控制要求较高。对于采用主从控制策略的微型电网，要求主电源能够快速从并网控制模式切换到独立控制模式，这就需要并网开关（如基于电力电子技术的静态开关）来快速将微型电网与主电网解列。此外，在微型电网从并网模式转入独立运行模式时，由于并网开关两端的电压频率不相同，微型电网还需要能够根据并网点的电压和频率进行自动调整，保证微型电网的电压和频率与主电网一致，然后检同期并网。

（2）有缝切换。对于允许短时停电的有缝切换方案，当外部电网故障时，微型电网内的分布式电源首先断电（对于逆变电源，停止触发脉冲；对于同步发电机，则可以处于备用状态，打开电源与电网连接的接触器），然后微型电网与外部电网的并网开关打开，微型电网内负荷短时停电。当确认微型电网与外部并网开关打开后，微型电网内主电源切换控制模式，重新建立微型电网的电压和频率，微型电网独立运行。微型电网从独立运行模式切换到并网模式的判据是检测到外部电网恢复正常，微型电网内的主电源首先退出运行（触发脉冲关断或者发电机进入旋转备用状态），微网失压，负荷短时断电，其他分布式电源在检测到并网点失压后退出运行，然后闭合微网并网开关，负荷恢复供电，经过一定时间间隔后，微型电网内的所有分布式电源重新并网。

7. 智能微网技术

智能微网即微网的智能化，通过采用先进的电力技术、通信技术、计算机技术和控制技术在实现微网现有功能的基础上，满足微网对未来电力、能源、环境和经济的更高发展需求。智能微网信息交互关系如图 2-3-28 所示，各信息类型及其说明见表 2-3-2。

智能微网应当具备真正实现自治、提供高可靠性电能、满足用户多样化的需求、更有效利用分布式能源尤其是可再生能源、实现经济效益最大化、实现环境效益最大化的特点。

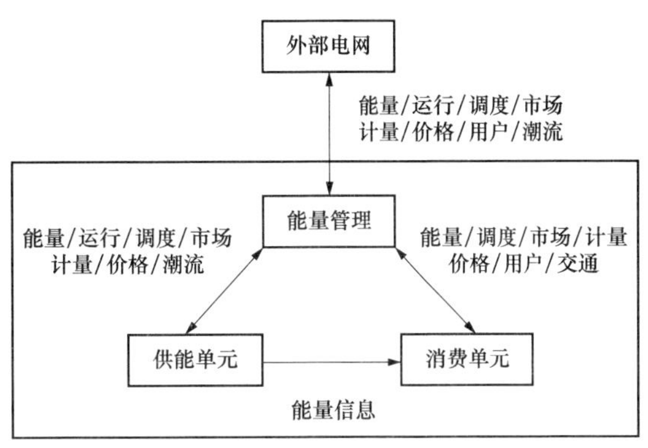


图 2-3-28　智能微网信息交互关系

**表 2-3-2　　智能微网信息类型**

| 信息类型 | 说　明 |
|---|---|
| 能量 | 电能、制冷、制热等能量利用信息 |
| 潮流 | 电压、频率、负荷、储运损耗、电能质量等信息 |
| 运行 | 保护、控制、系统状态、供需关系、气象、备用容量、短路水平、计划储运、孤岛控制、恢复时间等信息 |
| 调度 | 调度供能单元和负荷的控制信号 |
| 市场 | 电能、输电权、价格、服务、规则等信息 |
| 价格 | 电价、费率、成本等信息 |
| 计量 | 电/气/热读表、计量数据管理 |
| 用户 | 费用清单、家用设施控制、碳排放、订制选择、消费历史、客服、电网计划信息、需求侧响应等 |
| 交通 | 即插式混合动力车、汽车电网等控制信息 |

智能微网与智能配电网密不可分，结构上两者都包含系统的配电和用电环节；技术上都融合了各种先进的技术和设备；需求上都能为用户提供更好的服务，满足用户多样化的需求；效益上都是以经济效益、能源效益和环境效益作为发展智能化的驱动力，实现效益的最大化。智能化的微网能够充分利用自身特色帮助推动配电网智能化的实现，因此智能微网将是未来智能配电网新的组织形式。

智能微网的关键技术如下。

（1）集成的通信体系。提供两大基本功能，使微网自身、多个微网以及微网与配电网之间的信息交换变得实时互动：①统一开放的通信标准，使交互双方能够对信息进行识别和重组；②兼容的物理媒介，使开放的通信设施连接各种智能电子设备（IED）、智能表计、控制中心、电力电子装置、保护系统以及终端客户，创建“即插即用”的环境。

智能微网集成通信体系至少满足所有潜在对象都能有机会参与的普遍性、参与主体都能对等使用基础设施的开放性、所有通信技术基于统一技术标准的标准化、能抵御外来攻击和保障信息安全的安全性以及通信设施具有足够的带宽来支持未来的需要扩展性。

（2）高级传感与计量技术。基于数字通信技术的高级传感和计量技术能够迅速在网络各节点进行数据采集和数据融合，诊断智能微网的健康度和完整度，同时具备自动抄表、消费计额、窃电检测等功能，并能缓解电力阻塞，提供需求侧响应和新的控制策略。

高级传感技术是微网智能化技术的重要组成部分，具有很好的应用前景。例如，无线传感网络是由密集型、低成本、随机分布的节点组成，具有很强的自组织性和容错能力，不会因为某些节点在恶意攻击中的损坏而导致整个系统的崩溃。将无线传感技术引入微网，可有效提高微网的安全防御能力，并为微网实现自治提供有效基础。

未来智能微网高级计量技术能够实现：①高级读表；②实时定价和实时计费；③根据实时电价信息进行负荷调节，控制负荷开关的自动连接/断开；④即时为电力消费者和供应者提供电力消费信息；⑤远程电能质量的监测和控制；⑥远程设备性能监测和诊断；⑦电能损耗监测；⑧提供更高一级的电力服务（如电网运行信息、计划用电方案、停电信息等），与用户实现信息共享。

（3）高级能量管理。高级能量管理是智能微网的核心组成部分，能够根据能源、需求市场信息和运行约束等条件迅速做出决策，通过对分布式设备和负荷的灵活调度来实现系统的最优化运行。

（4）高级分析技术。高级分析技术是高级能量管理的功能化，是实现智能微网自治运行的工具，包括系统性能监测与模拟、测量分析系统、综合预测系统、实时潮流分析和市场模拟系统。

（5）先进设备技术。

1）高级电力电子技术。目前电力电子技术在微网中的应用体现在分布式电源和储能的并网接口、提供本地电源控制和保护以及孤岛/反孤岛检测等方面。高级电力电子技术能够极大地提高微网性能。例如：统一潮流控制器能够全面改善微网的无功功率补偿和潮流控制；配电网静止无功功率补偿器或动态无功功率补偿器能够有效提供电压支撑，抑制电压闪变，缓解分布式发电并网的影响；快速转换开关能够提供稳定的功率，实现微网在并网/离网两种模式下的无缝转换。

2）超导电力技术。作为 21 世纪关键的前瞻技术，超导电力技术已在电缆、变压器、限流器和储能等方面进入试运行阶段，尤其是超导电缆已于 2008 年 4 月在美国投入商业运行，通过 3 根 138kV 电缆可同时满足 30 万户家庭用电需求。超导电力技术是解决电力安全、高品质供电、高密度供电和高效率输电等难题的新技术途径，将其引入微网能有效保障优质电力服务，降低输电损耗，减少占地，降低电磁污染，从而为微网的高效运行提供保障。

3）新型储能技术。储能技术是微网实现自治的重要部分，按照能量转化形态可分为物理、电磁、电化学和相变储能四种类型。微网内集成了大量高渗透率的可再生能源发电单元，由于其固有的随机性和间歇性，将会带来电压和频率的稳定性、低电压穿越、电能质量和经济性等问题。由于各种储能技术在功率范围、响应时间、转化效率以及技术成熟度等方面存在差异，发展不同储能单元之间的联合控制技术是解决上述问题、实现微网智能化转变的重要环节。

智能微网通过将先进的信息技术、控制技术与电力技术相融合，不仅能够提供更高的电力可靠性、满足用户多种需求，还能实现能源效益、经济效益和环境效益的最大化，是未来智能配电网新的组织形式。

**七、在线监测**

智能配电网是集成了传统和前沿配电工程技术、高级传感和测控技术、现代计算机与通信技术的配电系统的使用，它通过大量传感器、表计、监视系统和各种现场智能电子设备(IED) 能对各类配电设备实现完善的实时监控和在线监测。通过数据采集、传输和管理，为状态维修提供理论基础和判据；对配电设备运行状态进行在线评估及剩余寿命在线预测，为资产全生命周期优化管理提供信息支持，从而大幅提高智能配电网的安全性和经济性。配电设备状态在线监测更是关键技术之一。

在智能配电网中，按照不同的检测对象，传感器会检测出反映配电设备运行状态的特征量信号并转换成数字信号，经过通信网络进行传输后，对数据进行处理和分析，提取出能真实反映配电设备状态的有效数据，从而有利于了解设备的实际运行状态和剩余寿命，为状态维修决策和资产管理提供依据。其中，SCADA 和 GIS 系统在智能配电网在线监测中有重要地位。SCADA 系统可以实现对智能配电网运行的基本监视与控制功能，它是获得智能配电网实时运行状况的基本手段，有着信息完整、提高效率、正确掌握系统运行状态、加快决策、快速诊断系统故障状态等优势，对提高智能配电网运行的可靠性、安全性与经济性，有着不可替代的作用。GIS 是以各类空间数据及其属性为基础，为各种应用目的服务的计算机信息系统。它将地理学空间数据处理与计算机技术相结合，通过系统建立、操作与模型分析，产生对资源、区域规划、管理决策等方面的有用信息。在智能配电网中，实时数据量大，对 GIS 系统依赖性很强。GIS 利用计算机技术、通信技术和网络技术将智能配电网网络分布、属性及实时信息，按其实际地理位置描述在地理背景图上，通过图形和数据库的结合对智能配电网的空间基础数据进行计算机管理和分析，以此作为实现智能配电网规划和工程设计、资产管理、工程管理等的基础，将查询统计、运行维护、分析管理等功能集于一体。

SCADA 与 GIS 的集成、相互支持及数据共享能够提供智能配电网设备准确的在线实时数据，对智能配电网的资产管理有着十分重要的作用。SCADA 系统可以从 GIS 获得地理图形背景信息、离线的图形信息和配电设备参数信息，而需要在 GIS 图形上显示的实时运行信息主要包括馈线和配变的实时运行信息、开关状态信息、馈线和配变的运行状态等。通过二者的集成和数据交换，智能配电网的数据传输和维护的工作量大大减少，降低了数据冗余度，保证了数据的完整性、一致性和可靠性。通过对配电设备的地理信息、静态属性和动态属性的有机结合，增强了智能配电网对数据的表现能力，为其他的高级应用软件系统提供了必要的原始数据。

**八、智能配电网的集成通信技术**

智能配电网通过高速、双向、集成的通信系统，能够连续不断地自我监测和校正，实现自愈；可以监测各种扰动，进行补偿，重新分配潮流，使得各种不同的智能电子设备、智能表计、控制中心、电力电子控制器、保护系统以及用户进行网络化的通信，提高对配电网的驾驭能力和优质服务水平。

智能配电网需要一个有效的广域通信网，具有通信终端节点数量大而散、通信距离短、通信数量小等特点，其通信系统必须满足以下要求。

（1）要适应苛刻的运行条件，具有很高的可靠性，必须能在恶劣环境下工作。

（2）通信速率高。数据传输速率要同时满足现在建设和将来扩建的要求，支持电力系统新的保护和控制应用所需的高速、实时通信。

（3）高覆盖。支持所有相关场所的实时监视和控制功能。

（4）在线路故障或结果发生变化时保证正常通信。

（5）双向通信。要实现信息量的上传，还要实现控制量的下达。

（6）经济及操作方便。在满足可靠性的前提下，提高系统性价比，充分考虑安装、操作、维护的方便性。

在配电网中传统的通信方式有配电线载波通信、光纤通信、公网无线通信、总线技术等。通过引入新的网络通信技术，可以在更广的范围内实现更多的信息和应用的连接和集成，使数据在整个配电网系统中的不同主体即不同的应用系统之间传递，满足智能配电网对通信系统的要求。

智能配电网中集成通信新技术有光纤以太网通信、第四代（4G）WiMAX无线通信、Zigbee/WiMedia/Wi-Fi无线通信、Internet 2、甚小口径终端卫星技术、WiFiber系统、基于IEEE 802.11b标准的无线局域网等。在电力系统通信网中常见的通信网络有电力电话交换网、数据通信网、综合业务网（ISDN）、ATM网等。其中ATM网络技术是新发展起来的新一代宽带信息传递和交换技术，是宽带业务数字网的主流技术。以ATM交换机为核心技术的宽带综合业务素质网具有业务综合（语音、数据和图像）、网络综合（从桌面、局域网到广域网）和技术综合（传输、复用、交叉连接和交换的综合），它可以保证语音、数据、图像以及多媒体信息传输的服务质量，具有完善的流量控制和拥塞控制、灵活的动态宽带分配与管理、自愈能力强以及安全等优点。采用ATM技术组网，虽然结构复杂、价格较贵，但它可以综合所有电信业务并可实现到桌面。目前ATM综合业务网已经成为电力通信网发展的一个重要方向。

## 第四节 智 能 用 电

和谐已经成为当今社会的主旋律，智能用电作为智能电网的重要组成部分，与我们的生活息息相关，它影响着我们的用电习惯，将自觉节电融入我们的生活，将我们从粗放型的用电时代带入到集约型的用电时代，进入和谐用电的新时代。智能电能表、智能交互终端、智能家电、智能用电楼宇、电动汽车、家庭太阳能发电等一系列新技术、新产品将带来一场史无前例的用电革命，带我们走入低碳、和谐、智能的生活。

### 一、用电的发展历史

从电力进入我们生活开始，电能表作为普通老百姓和电力公司结算电费的工具，就被我们所熟悉，电费作为老百姓的主要生活支出之一，成为我们关注的焦点。电能表、抄表方式、负荷调节方式的变化书写了用电发展的历史。

#### （一）电能表的变化

电能表在世界上的出现和发展已有一百多年的历史，最早的电能表是1881年根据电解原理制成的，尽管这种电能表每只重达几十千克，十分笨重，又无精确度的保证，但是，当时仍然被作为科技界的一项重大发明受到人们的重视和赞扬，并很快地在工程上采用了它。随着科学技术的发展，1888年，交流电的发现和应用又向电能表的发展提出了新的要求。经过科学家的努力，感应式电能表诞生了。由于感应式电能表具有结构简单、操作安全、价廉、耐用、又便于维修和批量生产等一系列优点，因此发展很快。我国交流感应式电能表是在20世纪50年代从仿制外国电能表开始生产，经过二十多年的努力，我国的电能表的制造已具备相当的水平和规模。随着科学技术的发展，以及对交流感应式电能表过负荷能力、使用寿命的要求，我国在 20 世纪 80～90 年代开始了对长寿命电能表、机电一体化电能表（半电子式电能表）、全电子式电能表、多功能全电子式电能表、预付费电能表、复费率电能表、最大需量表、损耗电能表等的研制生产，目前已大量使用。

随着自动抄表在全国各地的试点应用，带载波、通用分组无线服务技术（General Packet Radio Service，GPRS）、RS-485 等通信功能的网络表开始使用。网络表可以按照规定的抄表日自动冻结电能数据，并能够通过远方终端自动抄收；不需要再派抄表工上门抄表，不仅节约了大量的人力物力，而且避免了漏抄、错抄等情况，因此受到了电力公司的广泛欢迎，目前正在大面积推广。

（二）抄表方式的变化

由于早期使用的大部分是机械式、电磁式电能表，因此长期以来，供电部门获取电量数据大多采用抄表工逐户上门的抄表方式。采用传统抄表方式存在以下弊端：①人工抄表效率低下，抄表人员在单调繁琐的工作面前容易估抄、错抄、漏抄；②容易造成电量失衡，给供电部门造成麻烦；③手工抄表得到的数据进行远程数据通信时装置故障较多；④一些辅助应用软件不能满足营业抄表需求，手工录入、计算速度慢；⑤通信话路不畅通，话路不能专用；同时也有负控设备老化、容量不足、系统覆盖面小的问题。

随着计算机技术、通信技术、自动化技术的迅猛发展，自动抄表逐渐走入人们的视线。同时随着一户一表的推广，抄表的工作量越来越大，所需抄表人员越来越多，自动抄表的经济性逐步显现。自 20 世纪 90 年代后，电力公司开始了自动抄表方面的探索和实践，取得了一定的经济效益。自动抄表相比于手动抄表，存在着一定的优势：①自动化集中抄表，由于电能表具备了双向数据通信功能，可实现自动远程抄表；②易于控制，多功能电能表可实现表内数据定时抄表、定时冻结，很容易分别累计峰谷、平时段的用电量，为执行峰谷电价提供了技术手段；③实时性，该抄表系统可随时将网内所有的电能表底数冻结于某一时刻，精确地抄收系统内全部电能表某一时间段的用电量，精确地计算出配电线路的线损率；④高质量、高效率，在系统运行正常的情况下，不仅能够 100%准确无误地进行抄表，而且抄表速度很快，大大地减轻了供电部门的抄表负担，为供电部门减员增效提供了技术手段；⑤防窃电功能，电能表采集、冻结的负荷数据及时远传，为分析用户的窃电情况提供了准确的依据。

（三）负荷调节方式的变化

负荷调节的目的是调整负荷曲线形状，以便有效降低电力负荷需求，实现移峰填谷，即将高峰负荷推移到非高峰时段。通过分时电价、峰谷电价、高耗电设备交替运行和储热/蓄冷计划都可以实现负荷推移，而尽量保持高峰时的用户服务质量。移峰填谷的实施可降低系统运行费，减少调峰电源的投资。早期的负荷调节方式大多采用行政性命令的方式直接对负荷进行控制，即在电力系统负荷曲线峰荷时段，由系统调度人员直接和随时拉闸限电，降低峰荷，所涉及用户通常为城镇居民区用电或大耗电量空调负荷。

随着电力市场的改革，负荷调节方式逐渐采用可中断负荷控制，即按事先签订的合同规定，在负荷曲线高峰段时，由系统调度人员通过直接控制负荷或在直接请求用户后，中断供电，所涉及用户通常为工业和商业用电大户。对于居民用户通过季节性电价和峰谷电价，可刺激非高峰时段电力消费增长，从而降低系统平均燃料费。

战略性节电即将节电作为战略性目标。它鼓励用户采用各种终端用途的新技术，提高用电效率和改变用户消费方式，在不降低供电服务质量前提下，减少电力电量的总需求。

## 二、用电面临的新形势

### （一）用户侧分布式电源发展态势迅猛

随着全球资源和环境问题的日益突出，推动新能源的利用，特别是推动用户侧新能源分布式发电，减少对化石燃料的依赖，是未来能源技术发展的方向。分布式发电将电源分散、灵活地建在居民小区、建筑物，甚至是每户家庭，不仅能在高峰时期为用户供电，还能根据需要向电网倒送电。未来大范围、小容量的分布式电源接入后，因其存在随机性、间歇性等特性，对配电网调度、配电网规划、电能质量、配电网络线损、供电可靠性等都将造成重大影响。合理接入用户侧分布式电源、优化运行控制策略、保证电网安全稳定运行是供电服务面临的新要求。

### （二）储能设备大范围应用成为新趋势

随着新型用能技术的不断发展以及用户侧分布式电源数量的快速增长，用电储能设备运用将更加广泛，其不仅是一个终端用电户，还是一个系统备用电源，势必改变传统的供用电模式。目前，电动汽车等储能装置技术日趋成熟，并将逐步推广应用，优化制定电动汽车等储能装置充放电策略，合理安排充放电时间，充分发挥削峰填谷功能，避免负荷快速增长造成的网络拥堵，提高配电系统运营效率和可靠供电水平是营销服务面临的新课题。

### （三）电力资源优化配置已成为全社会共识

随着社会各界对环保的重视程度不断提高，改变传统的用电模式及习惯，提高终端用电效率，减少电能浪费已成为政府部门、电力企业和电力用户各方的共识。如何优化配置发供用三方资源，利用经济和技术手段，充分调动各方积极性，提高设备利用效率和运营效率，改变片面依靠扩大电厂、电网建设满足用电增长的模式，进一步推动节能减排、保护环境是营销服务面临的新任务。

### （四）社会对供电服务的需求日趋多样化

随着客户的服务需求升级，客户对电网企业的服务理念、服务方式、服务内容和服务质量不断提出新的更高要求，除希望降低用电成本、安全可靠用电外，还希望享受更加个性化、多样化、便捷化、互动化的服务。随着分布式发电及储能设备的发展，电网购售关系和售电侧管理发生了变化。用电客户可能转变为既向电网购电又向电网卖电，供电服务将从单一的售电服务向多元的购售电服务转变，进一步丰富服务渠道、拓展服务内涵、改变服务模式、提升服务效率，是营销服务面临的新挑战。

### （五）分布式电源对计量提出的新要求

分布式电源的频繁投入和退出，以及潮流的双向流动，对计量器具提出了新要求。如何正确计量双向电能、如何正确计算电价，关系到百姓的切身利益。

### （六）电力销售市场迎来较大发展机遇

电能消费量是衡量一个国家现代化程度和人民生活水平的重要标志。电能作为一种清洁高效的能源，必将进一步替代燃煤、燃油等高污染、低效率的能源，得到更加广泛的运用。同时，随着技术手段和激励政策的完善，有利于更好地细分用电目标市场、了解客户用电需求，制定更具针对性的市场开拓组合策略，进一步提升电能占终端能源的消费比重。

综上所述，在新的用电形势下，必须采取新方法、新思路，对出现的新情况、新问题加以解决，进一步迎接挑战，满足用户需求，突破用电发展瓶颈，提升效率效益。

## 三、感受和谐的智能电网

寒冷的冬天，眼看还有一个多小时就要下班了，在办公室里，轻点鼠标，敲击几下键盘，一组指令信息迅速送到了家里。于是，电饭煲开始煮饭了，热水器开始烧热水了，空调也打开了。下班后，悠闲地开着电动汽车回家。到家后，打开房门，屋子里温暖舒适、饭香扑面，热水澡也能洗了，这就是智能电网带给我们的全新生活方式，而这样的生活并不是遥不可及的传说，如图 2-4-1 所示。

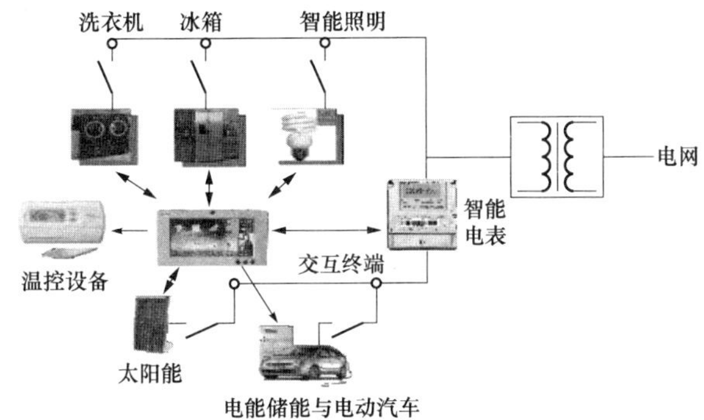

图 2-4-1 智能电网带来的全新生活

智能电网，正是建立在集成的、高速双向通信网络的基础上，通过先进的传感和测量技术、先进的设备技术、先进的控制方法以及先进的决策支持系统技术的应用，实现电网的可靠、安全、经济、高效、环境友好和使用安全的目标，其主要特征包括自愈、激励用户、抵御攻击、提供用户需求的电能质量、容许各种不同发电形式的接入以及资产的优化高效运行。

## 四、智能用电的概述

### （一）智能用电的概念

智能用电依托坚强电网和现代管理理念，利用高级量测、高效控制、高速通信、快速储能等技术，实现市场响应迅速、计量公正准确、数据采集实时、收费方式多样、服务高效便捷，构建电网与客户电力流、信息流、业务流实时互动的新型供用电关系。

将供电端到客户端的所有设备，通过传感器连接，形成绵密完整的用电和信息交互网络，并对其中信息加以整合分析，指导用户直接进行用电方式调整，实现电力资源的最佳配置，达到降低客户用电成本、提高供电可靠性和用电效率的目的。

### （二）智能用电的特征

智能用电的主要特征为技术先进、经济高效、服务多样、灵活互动、友好开放。

（1）技术先进：自主创新并消化吸收计量、控制、通信、储能、超导等新技术。

（2）经济高效：推动可再生能源利用、经济用电和提高能源效率。

（3）服务多样：满足客户多元化、个性化需求。

（4）灵活互动：实现电能、信息和业务的双向交互。

（5）友好开放：充分利用电网资源为客户提供增值服务。

### （三）智能用电的体系架构

以坚强智能电网为坚实基础，以智能用电管理组织架构和标准规范体系为坚强支柱，以营销技术支持平台为可靠支撑，通过建立与完善双向互动营销平台，实现与客户进行电力流、信息流、业务流的友好互动，如图 2-4-2 所示。

### （四）智能用电的功能

依托智能用电技术支持平台，形成电网与客户间电力流、信息流、业务流的双向互动，提供满足电网发展及客户需求的智能化应用，增强客户服务能力，实现电网经济运行和客户

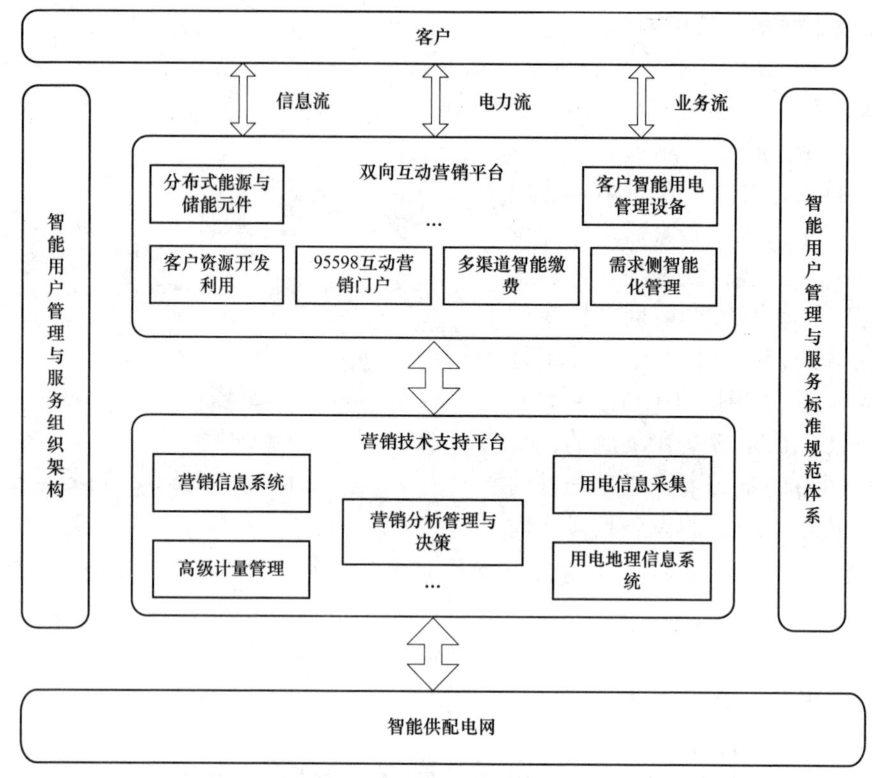


图 2-4-2 智能用电体系构架

安全、可靠、合理用电的有机融合。

1. 智能化客户服务

（1）用电方案优化制定：整合供配电资源，自动生成最优的客户业扩方案；多渠道缴费，依托社会化资源和自助缴费渠道，实现电费收取多样便捷；帮助客户实现故障自动诊断、快速排除，自动寻找替代供电线路。

（2）用电情况在线监测：客户用电信息实时监测，异常状态在线分析、动态跟踪和自动控制。

（3）客户服务定制：为客户提供标准化或定制服务选择。

（4）客户获取相关信息：利用智能电能表或智能终端获取电网供需信息和用电价格，实现用能状况、电费构成可视化展示和智能控制。

2. 智能化量测及控制

（1）数据采集：实现电能双向计量；自动采集客户电能量数据、电能质量数据、各种电气和状态（事件）数据，对数据进行合理性检查、分析和存储管理。

（2）控制：功率定值控制、电量定值控制、费率定值控制、远方控制、电费催收辅助控制、预付费管理控制；客户根据电价变化，远程对家用电器进行设置和控制，如低谷时开启用电设备。

（3）数据共享：所有数据通过统一的平台进行管理和发布，实现信息共享。

3. 智能化营销业务管理与决策

（1）智能双向结算：实现客户与电网企业间互供电量、电费的自动结算。

(2) 电能质量管理：远程监测客户侧电能质量（电压、无功功率、谐波等），自动进行信息发布。

(3) 线/变损实时分析：基于用电、配电、输电实时数据，完成电网分层、分级的实时线/变损自动分析。

(4) 电费回收保障：实现客户价值、信用等级、风险评价。

(5) 市场分析与预测：自动完成购、售电市场分析与预测，为输配电网络规划、建设提供依据。

(6) 供用电安全隐患检测：按照客户重要程度分级判据，对照客户供电方式、自备应急电源配备等客户资料，分析检测客户供用电安全隐患。

(7) 工作质量控制：对业务处理、流程执行、工作时限、工作效果等情况进行评价、考核。

(8) 智能分析决策：对营销指标进行统计、查询、分析、预测，为国家电价政策、节能减排政策的制定提供决策信息，为经营管理提供决策依据。

4. 智能化需求侧管理

(1) 用电设备智能控制：实现客户用电设备在线监测、停/投运控制，满足社会有序用电、客户经济用电的需要。

(2) 用电设备状态智能诊断：实时诊断客户用电设备健康状况，为客户提供安全用电服务。

(3) 能耗监测与能效诊断：为客户用能系统提供能耗监测与能效诊断、能效项目实施效果验证等服务。

(4) 有序用电管理：有序用电方案自动编制和优化、自动实施、过程跟踪、自动监测、效果评价。

(5) 分布式能源入网监控：对客户分布式能源上下网及运行情况进行监控，实现故障情况自动隔离。

5. 客户资源开发利用

(1) 客户资源管理：对客户用电资产信息、信用信息、用电信息等进行有效利用，开展金融产品开发和营销。

(2) 客户营销服务支持：支持各金融平台面向客户的直销、电话营销、信函销售等营销模式。

(3) 客户增值服务：与保险、信托、证券等业务相结合，为客户提供深化服务；提供客户节能衍生品（二氧化碳等）转化服务。

(4) 社会诚信服务：实现客户信用评价信息化，并纳入社会信用体系。

### （五）智能用电新技术

智能用电技术涵盖了高速实时通信、智能电能表、智能采集、双向交互和需方响应等多方面的技术，是计算机应用技术、现代通信技术、高级量测技术、控制理论和图形可视化等学科交叉的技术集群。

1. 高速实时通信技术

高速实时通信技术是支撑智能电网的关键技术，对于智能用电也不例外。其主要特征如下：骨干、大容量光纤通信网络到台区和到有条件的小区和居民家中，满足用电数据采集和交互信息传输；基于广域同步时钟（如 IEEE 1588）对时功能，确保重要节点负荷、功率等采集量在同一时间断面上；抗干扰能力强的无线通信技术和无线组网技术，应用包括 Zigbee 在内的微功率无线通信方式；公网通信（包括 3G 在内的新一代公网通信方式），基于语音、数据、视频的传输；在条件不具备的地区，可考虑电力线载波作为补偿；信息安全加密。

2. 智能电能表技术

安装在用户侧的智能电能表是对传统电能表的全面技术变革，应满足自动抄表、自动测量管理的功能。其主要特征如下：智能电能表应满足分布式电源双向供电模式下，双向独立计量；具备动态浮动电价的快速响应、快速切换、电价实时结算等功能；具备用于存储双向计量电度独立的存储区间，可对月度电能数据、当日整点数据及有特定要求的数据进行快速冻结；用电异常事件记录功能；对双向的需量数据进行计算，最大需量数据的统计和保存；负荷曲线数据的保存和检索；具备抄收和存储智能燃气表、智能水表的功能，具备自动管理、自动抄收气表和水表的功能；具备对居民家居参数的采集，实现对智能家居电器的有序、合理化和最经济用电管理；就计量误差进行自我修复、自我矫正，确保计量精确度在表计生命周期能满足计量精确度要求；可对自身硬件运行状况进行自诊断、自评估和自修复。

3. 智能采集技术

智能采集终端对大用户专变、公变和低压居民用户用电信息进行自动采集，实现用户侧电能量、负荷数据采集，用电设备数据采集及在线诊断，支持实时数据的远传。其主要特征如下：实时采集电力用户侧电能量信息，并计算出实时负荷、整点电量、月累计电量、已购电费（电量）、剩余电费（电量）等用电数据以及计量工况；根据主站设置的超限定值，对采集的用电信息进行统计、分析，判断数据是否超限，并根据统计结果生成相应的事件记录；根据主站设置，终端定时冻结日、月、抄表日用户负荷数据，以及终端设备运行工况，生成用电负荷曲线；根据主站下发的控制定值，实时监测用户用电情况，自动执行本地功率闭环控制、本地电量闭环控制，并能够执行主站遥控、保电/剔除、催费告警、控制解除等控制命令，引导用户合理有序用电；进行变压器、断路器、电源分配箱等设备数据的采集，进行在线设备故障诊断和分析，提高设备使用的安全性；采集更多的电网实时运行数据（电压、电流、功率等），从而掌握更加详细的用户负荷情况，加强需求侧管理，为电网规划和扩容提供决策支持数据；采集终端间支持快速通信，可装置级在线分析用电异常情况；电能质量的实时监测和预警，必要时提供无功功率补偿和谐波治理方案；支持装置级的线损和变损分析，统计和曲线的存储；基于 IPv6 技术下的终端设备的管理，实现采集终端与主站、电能表及终端之间数据的无缝传输；实现用户定制模式下的个性化数据采集；能够实现厂矿、企业、家庭电器工作参数、环境参数等多种数据的定时采集和召唤采集；可进行用电效能分析，为客户提供经济、安全的电能。

4. 双向交互技术

智能交互终端为电力企业和电力用户之间的交互提供了友好、可视的交互平台，是电力企业提供人性化管理，连接客户的桥梁。基于网络化、人机交互，融合业务与功能的原则，凭借用电信息采集系统的网络平台，直接向用户显示用电信息、用电方式、告警信息以及电价政策等相关内容；对于居民用户，将用电信息采集系统通信网络向用户家庭延伸，可在家中安装用电显示终端，终端采用 TFT 液晶屏显示，可以直接连接到家庭电气线路上，以采集器或者电能表为网关，通过电力载波通道，自动监测自家的电能表，提供实时用电信息，也可以接收用户用电信息采集系统下发的各类信息。用户还可以通过简单操作，主动查询历史用电记录、历史交费记录、历史数据统计图形等其他信息服务；居民及大专变用户可及时获得用电量、电价、预付电费、剩余电费等信息；供电局可根据剩余电量情况对居民发送停电通知、缴费通知以及电价政策宣传等；欠费、违约金提醒，家中购电，社区信息发布；查询功能，用户通过各类终端设备（手机、网络等）进行用电信息的查询；对用户用电设备的监测，及时发现客户受电装置隐患，以“隐患整改通知书”等书面形式通知客户，履行告知义务，避免出现安全事故，减少企业不必要的经济损失；终端具备可视化功能，满足电力企业和电力用户之间的可视化交互沟通。

5. 需方响应技术

需方响应技术通过电力用户接收电力企业发布的用电信息，及时响应用电负荷变化的措施，以达到削峰填谷、减少负荷波动的目的。其主要特征如下：通过用户改变自己的用电方式主动参与市场竞争，获得相应的经济利益，而不像以前那样被动地按所定价格行事；电力企业基于负荷特征召唤用户接入或退出分布式电源，制定有客户参与需方响应的补偿结算机制；用户可得到连续即时的计量信息、负荷信息，还可获得连续即时的电价信息；对参与市场的用户提供实时电价，并实现同实时电价相结合的自动负荷控制；编制和发布有序用电方案，远程监视电能质量与实施电压控制，快速的系统故障定位和响应，能量损耗的检测；为系统调度、规划和运行提供精确的系统负荷信息，在新一代的智能设备和高级服务之间实现信息共享。

## 五、智能用电——构建和谐新生活

智能用电，将为电力建设注入春天般的活力，奏响我们和谐生活的序曲，开启我们美好生活的新篇章。

### （一）促进经济增长，拉动社会就业

党和政府一直着力解决人民群众最关心的社会就业问题，国家一直在千方百计通过各种手段提高社会就业能力，确保社会的长治久安。

建设智能用电，为制造业和高新技术企业注入了新的活力，拉动了国民经济的发展。单以建设电动汽车充电设施为例，将为电动汽车的发展迎来春天。而电动汽车的发展又会带动电池制造、钢铁、新材料等诸多行业，为社会提供极大的就业机会，促进社会的和谐。

智能用电建设，带动智能设备、电子信息产业、电动汽车产业等相关产业的发展；光智能电能表及用电信息采集系统的产业规模将是 2000 亿元、拉动电子信息产业 5000 亿元，拉动智能家居产业 1.3 万亿元，再加上电动汽车推广、电动汽车充电站建设，预计整体拉动产业规模将达到 2 万亿元。

### （二）改变能源结构，确保能源安全

我国能源结构长期以来以煤、石油为主，特别是石油，对外的依存度太高，我国的能源安全形式十分严峻。应合理利用各种发电能源，搞好煤、电、运综合协调规划，加快开发利用可再生能源，包括风能、太阳能、生物能等新能源。但新能源的随机性、间隙性、波动性对传统电网的安全稳定带来严重影响，增加了电网运行控制的难度，因此需要建设智能电网为新能源提供快速接入的通道，真正发挥新能源发电的作用。

智能用电的建设，一方面可以优化能源调度；另一方面，智能用电支持家庭太阳能、风能的上网发电，可实现能源供应的多元化。通过逐步提高新能源发电在整个电力生产中的比重，保证国家能源安全。

（三）提高用电能效，促进节能减排

用电是电力生产的最终目的，用户使用电力的过程中，能效水平大约为62.9%，16.7%的能量损耗在这个环节发生，因此用电环节也是节能减排效益空间比较大的环节，这个环节不但能效比较低，而且各类用户使用电力的规模与方式直接影响到能源消耗与污染物排放的总规模。

智能用电的建设，通过智能家居设备、能效管理系统等技术可以减少能源消耗，达到节能环保。发展新能源发电、发展电动汽车，可以减少温室气体的排放，提高能源利用效率，促进节能环保。2020年智能用电建成后，指导和实施终端用户节能项目可节约标准煤量11 900万t，分布式能源发展可替代化石能源，节约标准煤量6400万t。2020年智能用电建成后，智能用电节能累计带来的二氧化碳减排量效益33 896万t，二氧化硫减排量22万t，替代化石能源带来的二氧化碳减排量效益83 539万t，二氧化硫减排量54万t，电动汽车技术应用带来的二氧化碳减排量效益6000万t。

（四）提高用电水平，实现和谐生活

电力是脱贫致富、提高生活水平、实现全面小康的重要物质基础，电力作为构建和谐社会的一项重要内容，随着经济社会的发展，需求将越来越大。智能用电建成后，将提高用电水平、提高负荷利用效率、减少电力的投资。智能电能表、智能交互终端对大功率负荷的合理安排，将起到负荷削峰填谷的作用，节省电费开支，改变人们的用电习惯。太阳能、风能发电，智能家电、电动汽车走进千家万户，将提高人们的现代化水平，实现城乡经济的共同发展，实现和谐新生活。

（五）提供优质电力，享受舒适生活

回家前空调自动开启，控制到适宜的温度；电能表显示实时电价，指导我们如何合理安排大功率电器用电；电动汽车，让我们不再受尾气的熏染，这一切将不再是梦。

智能家电、智能用电楼宇等这所有的一切智能设备，将为我们提供舒适、便利、和谐的生活。

通过智能电能表，我们及时了解实时的电价信息，合理安排大功率家电在电价低谷时段工作；让我们的电动汽车夜间低谷时充电，白天正常运行。这一切都是在不增加电费的同时，享受到智能用电带来的舒适生活，夯实了构建和谐社会的电力基础。

社会要和谐，首先要发展，电力要保障。现代社会经济、文化、生活的进步发展，必须借建设智能电网这股东风，促进电力规模更快更好的发展，不断提高城乡居民用电水平，提高服务指向，构建和谐社会的电力基础。

## 六、智能家电定义和概念

（一）智能家电定义

智能家电指的是将先进的控制技术、网络技术以及通信技术应用于传统家电，使家电具备智能化和信息网络功能。与传统家电相比，智能家电不仅具有使人类生活更为舒适、安全、有效、方便的传统功能，还由原来被动静止的物体转变为具有主动智慧的工具，提供全方位的信息交换功能，优化人们的生活方式，增强家居生活的安全性，甚至为各种能源费用节约资金。远程控制就是智能家电的应用之一。

（二）智能电网中的智能家电

1. 智能家电与电网的互动

智能电网用户服务是智能电网用电环节的重要组成部分，是实现电网与用户之间实时交互响应、增强电网综合服务能力、满足互动营销需求、提升服务水平的重要手段。智能电网用户服务可满足智能家电的各类潜力特性，兼容智能家电提升智能家庭用户服务水平。

（1）网络化：智能电网用户服务为智能家电提供远程控制功能，并可为智能家电提供多媒体服务。

（2）节能化：接入智能电网用户服务，可在智能家电自身节能的基础上，提供用户用电信息，在指导用电的信息提示下用户进行用电管理。可通过实行分时电价、阶梯电价或实时电价的政策实现用电费用节约。

（3）架构化：智能电网用户服务可完美结合智能家电的架构化发展，可为采样检测点提供远程采样，并对采样检测点的数据进行系统管理，还可为智能家电提供系统显示状态功能。

（4）技术化：智能电网用户服务可兼容智能家电的技术发展趋势。智能电网用户服务平台包含采集主站以及社区服务主站，实现智能家电的系统整合；利用网络进行远程服务。

2. 智能家电发展对用电的影响

对于电力企业来说，通过电网与智能家电之间的有效沟通，引导智能家电错峰用电，可以实现电能使用的削峰填谷，平滑用电负荷曲线，相当于在电网上建设了“虚拟电厂”，节省电源点和输电网建设的费用。同时在用电高峰可以有更充裕的电量卖给企业，从而提高电网经济效益。

智能家电的出现，使百姓在节省不必要的消费和开支的同时，也意识到了在家庭能源消耗种类中的“电能”与其他如气、煤等能源相比存在清洁、安全、方便等诸多优点。通过智能家电的使用，人们会更加倾向于电能的应用，如原本使用燃气做饭、烧水、取暖等，会逐渐地被更加为人们所接受的电能所取代。在降低一次能源使用的同时，也会使“电”在用户的终端能源消费中的比重大大增加。

智能家电的发展可提高社会的节能环保意识，同时促进用户形成新的用电习惯。智能家电的方便、健康、环保等特点使人们能够意识到电能是清洁、高效的能源，随着智能家电的智能化程度的不断提高，人们会逐渐改变使用能源的方式，转向使用清洁、高效的电能，必将促进和加快一个崭新的电气化时代的到来。

（三）智能家电研究进展

目前，智能家电应具备的功能包括以下几点。

（1）家电用电信息采集：支持智能交互终端或机顶盒对其用电信息进行查询，如总用电量、功率、电源质量等参数，并实时更新。

（2）家电控制：应支持本地或远程控制功能，可通过智能交互终端、机顶盒、插座、电话、互联网对其进行如通/断电、待机、启动等操作。

（3）家电联动：不同智能家电之间可以支持建立联动，当某一个或几个网络家电达到控制参数的设置限值时，将会触发其他智能家电的某项控制操作。

（4）网络访问：智能家电根据不同的网络访问级别，可以提供不同的网络服务，如家庭网络或外部网络的远程访问。

（5）存储功能：智能家电有存储数据的能力，存储的信息根据需要随时可以修改，具备断电记忆能力。

（6）负荷分类：家电按照对电源使用的敏感程度进行划分，可以分为不允许断电的家电负荷、允许断电但需要用户介入操作的家电负荷、允许断电且不需要用户介入可以由系统自动调度的家电负荷，负荷的实际分类由家庭用户自行确定。

目前，智能家电系列产品包括空调、热水器、洗衣机、洗碗机、电饭煲、饮水机、空调扇、加湿器、空气净化器、灯光、背景音乐、窗帘、安防报警设备。通过智能交互终端可对上述所有智能家电进行统一管理和控制，如图 2-4-3 所示。

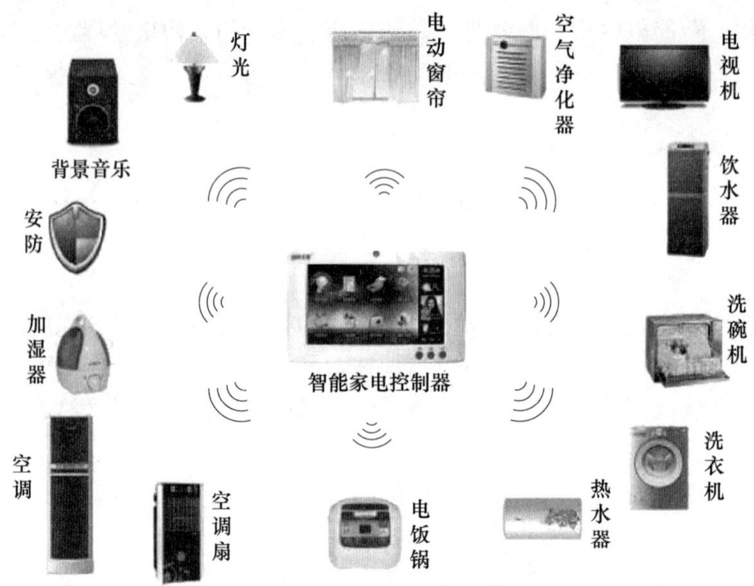


图 2-4-3　通过智能交互终端对智能家电进行管理和控制

## 七、智能楼宇

21 世纪是现代化城市的世纪，数字化、网络化、智能化是其普遍的特征。高新技术突飞猛进，建筑面临质的飞跃。由于信息技术、计算机技术、控制技术的高速发展，建筑的智能化技术越来越成熟，并且得到了广泛的应用。

智能用电楼宇是为了适应现代信息社会对建筑物的功能、环境和高效率管理的要求，特别是对建筑物应具备信息通信、办公自动化和建筑设备自动控制和管理等一系列功能的要求而在传统建筑的基础上发展而来的，如图 2-4-4 所示。

### （一）智能用电楼宇的概念

什么样的建筑才算是智能化楼宇？目前世界上对楼宇智能化的提法很多，欧洲、美国、日本、新加坡及国际智能工程学会的提法各有不同，其中，日本的国情与我国较为相近，其提法可以参考。日本电机工业协会楼宇智能化分会把智能化楼宇定义为：综合计算机、信息通信等方面的最先进技术，使建筑物内的电力、空调、照明、防灾、防盗、运输设备等协调

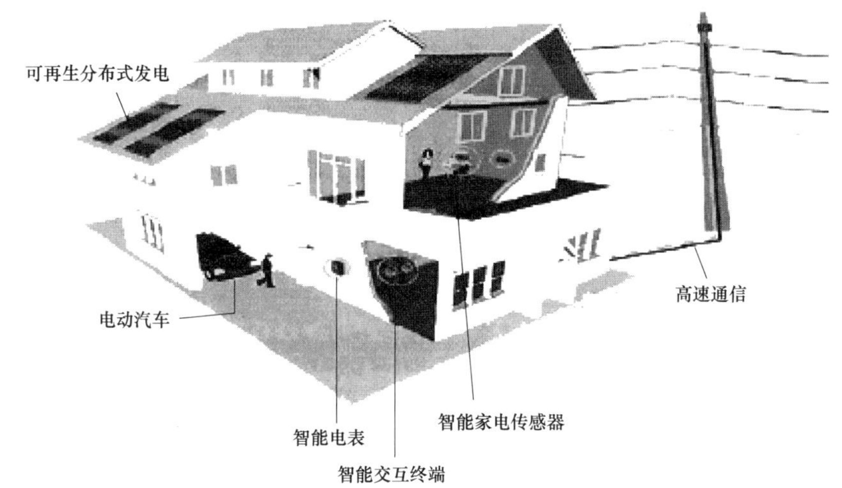


图 2-4-4 智能用电楼宇的结构组成

工作，实现楼宇自动化（Buildings Automation）、通信自动化（Communications Automation，CA）、办公自动化（Office Automation，OA）、安全保卫自动化系统（Security Automation System，SAS）和消防自动化系统（Fire Automation System，FAS），将这 5 种功能结合起来的建筑，外加结构化综合布线系统（Structured Cabling Systems，SCS ）、结构化综合网络系统（Structured NetWork Systems，SNS）、智能用电楼宇综合信息管理自动化系统（Management Automation System，MAS）组成的，就是智能用电楼宇。

（二）智能用电楼宇的起源和发展

近年来，电子技术（尤其是计算机技术）和网络通信技术的发展，使社会高度信息化，在建筑物内部，应用信息技术、古老的建筑技术和现代的高科技相结合，于是产生了“楼宇智能化”。楼宇智能化是采用计算机技术对建筑物内的设备进行自动控制、对信息资源进行管理，为用户提供信息服务，它是建筑技术适应现代社会信息化要求的结晶。

1984 年美国联合科技的 UTBS 公司在康涅狄格（Connecticut State）州哈伏特（Hartford）市将一座金融大厦进行改造并取名 City Place（都市大厦），主要是增添了计算机设备、数据通信线路、程控交换机等，使住户可以得到通信、文字处理、电子函件、情报资料检索、行情查询等服务。同时，对大楼的所有空调、给排水、供配电设备、防火、保安设备改由计算机进行控制，实现综合自动化、信息化，使大楼的用户获得了经济舒适、高效安全的环境，使大厦功能发生质的飞跃，从而诞生了世界上第一座智能化楼宇。自此以后，世界上楼宇智能化建设走上了高速发展轨道。

（三）智能用电楼宇的目标及要求

智能化楼宇的基本要求是，有完整的控制、管理、维护和通信设施，便于进行环境控制、安全管理、监视报警，并有利于提高工作效率，激发人们的创造性。简而言之，楼宇智能化的基本要求是：办公设备自动化、智能化，通信系统高性能化，建筑柔性化，建筑管理服务自动化，如图 2-4-5 所示。

楼宇智能化提供的环境应该是一种优越的生活环境和高效率的工作环境。

1. 舒适性

使人们在智能化楼宇中生活和工作（包括公共区域），无论是心理上还是生理上均感到

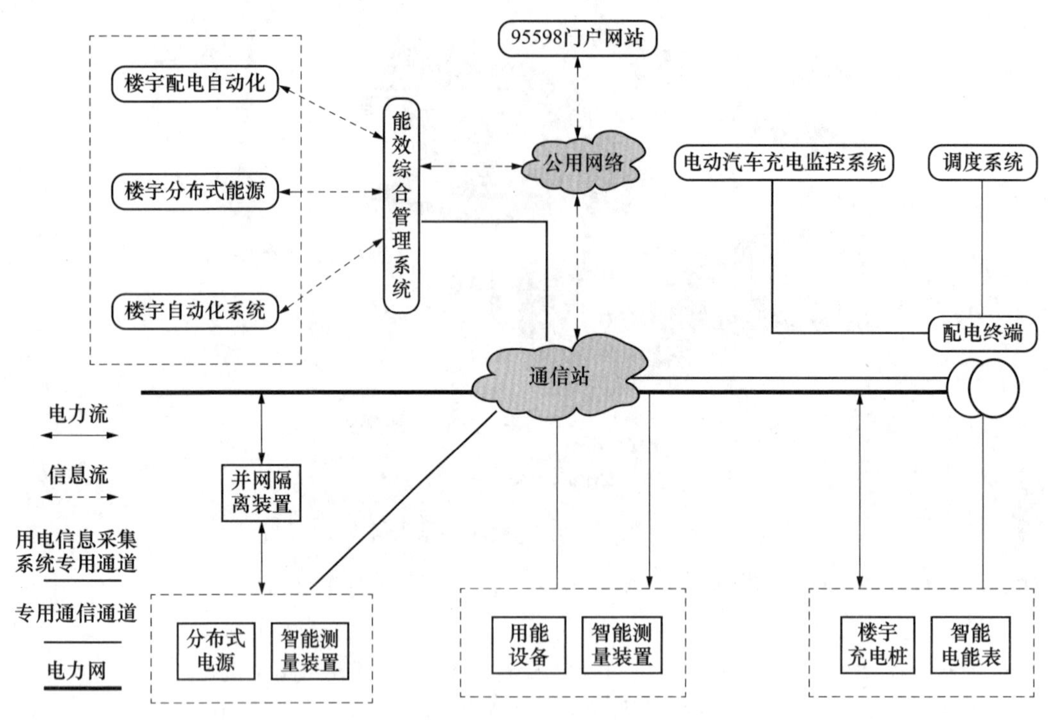


图 2-4-5　智能用电楼宇的管理系统

舒适，为此，空调、照明、噪音、绿化、自然光及其他环境条件应达到较佳或最佳状态。

2. 高效性

提高办公业务、通信、决策方面的工作效率，节省人力、时间、空间、资源、能耗、费用，以及建筑物所属设备系统使用管理的效率。

3. 方便性

除了集中管理、易于维护外，还应具有高效的信息服务功能。

4. 适应性

对办公组织机构、办公方法和程序的变更以及设备更新的适应性强，当网络功能发生变化和更新时，不妨碍原有系统的使用。

5. 安全性

除了要保证生命、财产、建筑物安全外，还要考虑信息的安全性，防止信息网中发生信息泄露和被干扰，特别是防止信息数据被破坏、被篡改，防止黑客入侵。

6. 可靠性

选用的设备硬件和软件技术成熟，运行良好，易于维护，当出现故障时能及时修复。

（四）智能用电楼宇的组成

智能用电楼宇包括建筑结构、环境、设备（水、暖、强电）、弱电系统几部分。其中主要由：楼宇自动化（BA）、通信自动化（CA）、办公自动化（OA）三大主系统构成。三者须通过结构化综合布线系统和计算机网络技术进行有机集成（通常称为 3A 集成），进行管理信息的收集。随着信息技术和建筑等级的提高，将消防自动化（FA）和保安自动化（SA）放入 BA 中，又将信息管理自动化（MA）放入 OA 中，有的说是 6A，国际惯例来看，通常称为 3A。

1. 智能建筑的办公自动化

办公自动化（OA）系统提供先进的信息处理功能，具有决策支持体系。OA 系统包括共用信息处理系统和用户专用信息处理系统。共用信息处理系统包括公用数据库、主计算机系统（如计算中心或信息中心的计算机系统）及会议电视系统等。用户专用信息处理系统，例如，分布式办公信息管理系统等，不同的用户一般拥有自己专用的系统。

2. 智能建筑的设备管理自动化

设备管理自动化（BA）系统是采用计算机及其网络技术、自动控制技术和通信技术组成的高度自动化的综合管理系统，它确保建筑物内舒适和安全的办公环境，同时实现高效节能要求。BA 系统从功能上可以分为以下几部分。

（1）物业管理：可提供设备运行管理和楼宇经营管理，包括大楼内各种空间服务设施的预约，使用分配、调度及费用管理。

（2）节能控制：包括空调、供配电、照明、给排水等系统的控制管理。

（3）安全防范：包括消防报警系统、防盗保安系统、出入管理系统等。

3. 智能建筑的通信自动化

智能建筑的信息通信自动化（CA）系统是保证楼内的语音、数据、图像传输的基础，它同时与外部通信网（如公用电话网、数据网及其他计算机网）相连，并与世界各地互通信息。

可以说，CA 是智能建筑的中枢，是把构成智能建筑的三大子系统连接成有机整体的核心。CA 系统主要包括电话通信网、局域网及广域网、综合业务数据网、卫星通信网等。随着现代生活水平的提高，人们对智能用电楼宇（建筑）的要求越来越高。建筑的安保系统、通信系统已进入百姓家中，集成度、现代化程度还有待提高，在不久的将来，智能用电楼宇（建筑）将会有一个很好的发展空间。

（五）智能用电楼宇的能效管理

1. 我国建筑节能发展现状

随着经济的不断发展和科技的突飞猛进，人们对其生活和工作环境的舒适性要求不断提高，建筑能耗也逐渐增大，工业发达国家的建筑能耗达到总能耗的 40%～50%，我国的建筑能耗也达到 30%以上。而目前人类所消费的能源几乎均属于枯竭性能源（石油、煤炭、天然气等矿物燃料及核燃料），据专家估计，按目前的消费增长率持续下去，枯竭性能源只能维持 200～300 年左右。能源问题已经到了非常严峻的地步，“保护环境，科技创新，提高能源资源的利用效率，是缓解我国能源资源与经济社会发展矛盾的有效途径之一。”

早期建筑设备控制主要用于满足正常运行，而能耗是次要问题，因此那时的控制根本谈不上节约能耗，比如冷机的启/停、性能调节等基本是手动的，也有气动或电动比例分析监控设备。例如用手动或气动恒温器来保持冷却水的供水温度于某一特定温度范围内。

20 世纪 70 年代的能源危机，使空调控制在满足负荷、保证系统稳定性的条件下开始注意节能，这时的空调控制也逐步开始向更节能方向发展，采取了如优化设备的启停时间、新风量的焓差控制等节能控制策略，但是由于控制设备分散而独立，实现系统的优化控制和管理很困难。

近年来，随着直接数字控制器（Direct Digital Controller，DDC）的应用，使得控制器间的信息交换非常方便，大大提高了建筑设备的监视和诊断的效率。当今大型中央空调系统的控制通常由楼宇自控系统来完成，它包括低层次的局部控制和较高层次的全局性控制。前者一般通过反馈控制（PID 控制器）来实现和维持预先给定的各种设定值；而后者从全局的角度对设备进行综合管理，给出设定值及各种时变运行模式，方便用户的使用和管理。

当前，计算机技术的高速发展促使建筑系统集成技术日趋成熟，从而为建筑设备节能提供更广阔的发展条件，一场新的建筑设备控制技术的革命即将引发。在系统集成平台上，楼宇自控系统、冷水机组、电量计量系统、热量计量系统、智能照明系统、消防火灾报警系统、门禁系统等各个子系统的信息可以自由通信，建筑设备的控制不再仅仅局限于单一设备或单一系统的反馈控制，而是从建筑整体能耗的角度考虑各个系统的协调控制。在建筑系统集成平台上，对建筑进行综合能耗管理，使实现建筑设备系统的协调运行和综合性能优化成为可能。

2. 智能用电楼宇能效管理系统

能效管理系统就是利用先进的计算机、Internet、控制技术和系统集成技术，以建筑节能为目标，实现能源优化管理的集成控制系统。其特点如下。

（1）按需供给。改变过去单纯以增加资源供给来满足日益增长的需求的做法，将提高需求侧的能源利用率从而节约的资源统一作为一种替代资源，以提高资源的利用效率和利用效益；同时不限制发展和降低建筑物的服务标准，将有限的资金投入能耗终端（需求侧）的节能所产生的效益要远高于投资能源生产的效益，建立终端节能优先的思想。

（2）动态负荷跟随，实现高效节能。突破了传统空调系统的运行方式，实现系统负荷的跟随性，实现系统运行的趋势预测和动态调整，确保主机始终处于优化的工作状态下，使主机始终保持高的热转换效率，既确保空调系统的舒适性，又实现节能。

（3）多参量控制，运行安全可靠。采用系统模型控制，在系统出现外来扰动（如负荷变化）时，能自适应地调整系统并消除扰动，使系统能很快趋于新的优化的运行状态，不会引起振荡，系统运行稳定可靠。

（4）人性化设计，使用操作简便。遵循“以人为本”的人性化设计理念，系统的软、硬件设计都从用户操作使用的方便出发，提供了全汉化的中文软件界面，以及非常直观的图形和图表，以满足不同管理人员和操作人员的使用习惯，使操作人员易于理解、易于学习，让不熟悉计算机的人员也能快速掌握和操作整个系统，很快胜任运行管理工作。

（六）智能用电楼宇的功能

国际智能建筑物研究机构认为“通过对建筑物的结构、系统、服务和管理方面的功能以及其内在联系，以最优化的设计，提供一个投资合理又拥有高效率的优雅舒适、便利快捷、高度安全的环境空间。

智能用电楼宇能够帮助楼宇的主人、财产的管理者和拥有者等意识到，他们在诸如费用开支、生活舒适、商务活动和人身安全等方面将得到最大利益的回报。”据此，智能用电楼宇应具有如下基本功能。

（1）智能用电楼宇通过其结构、系统、服务和管理的最佳组合提供一种高效和经济的环境。

（2）智能用电楼宇能在上述环境下为管理者实现以最小的代价提供最有效的资源管理。

（3）智能用电楼宇能够帮助其业主、管理者和住户实现他们的造价、舒适、便捷、安全、长期的灵活性以及市场效应的目标。

（七）智能用电楼宇的优越性

和普通建筑相比，智能化楼宇的优越性体现在以下几个方面。

（1）具有良好的信息接收和反应能力，提高工作效率。

（2）提高建筑物的安全、舒适和高效便捷性。

(3) 具有良好的节能效果。对空调、照明等设备的有效控制，不但提供了舒适的环境，还有显著的节能效果（一般节能达15%～20%）。

(4) 节省设备运行维护费用。一方面系统能正常运行，发挥其作用，可降低机电系统的维护成本；另一方面，由于系统的高度集成，操作和管理也高度集中，人员安排更合理，从而使人工成本降到最低。

(5) 满足用户对不同环境功能的需求。

(6) 高新技术的运用能大大提高工作效率。

## 第五节 智能电能表

未来的电价可能每隔几分钟或半小时就会发生高低变化，你在手机或智能电能表上就能看到实时电价，可以挑电价低时洗衣服、吸尘或给电动车充电，电价高时则减少用电，还能用充电的电动车或风能、太阳能、氢电池、生物沼气灯等输出电力赚钱。

这个场景，就是我们未来要面对的“智能电网”。智能电网建成后，将实现“互动”用电——不仅电力输出部门可以调节用电高峰，根据用户的多少调节电价，并容许各种发电形式的接入，用户也可错峰用电。这样，使用者选择更经济的方式用电，电网可靠性也将提高，停电次数和时间会更少。

### 一、传统电能表

电能表是用来测量电能的仪表，俗称电度表、火表。电能表按用途主要分为居民表、工业表、商业表和标准表；按结构和工作原理分为感应式（机械式）、静止式（电子表）和机电一体式（混合式）；按用电设备分为单相表、三相三线制表和三相四线制表。

对于普通居民来说，原来大多是单相机械式电能表，目前已经大量使用电子式或多功能电能表，如图2-5-1所示。

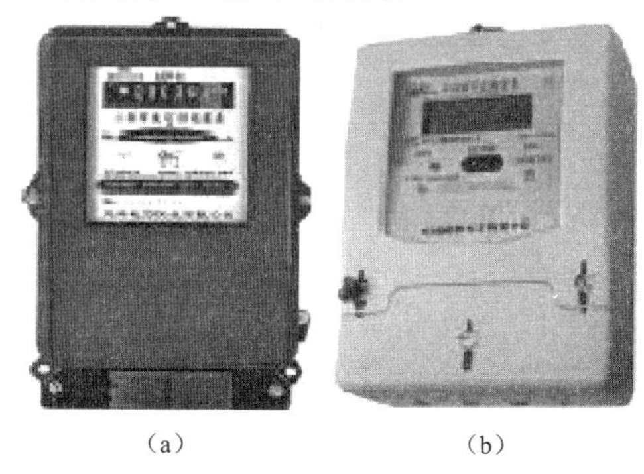

(a)　　(b)

图2-5-1 机械式和电子式电能表

(a) 机械式电能表；(b) 电子式电能表

### 二、电价政策

#### (一) 峰谷分时电价

峰谷分时电价是对不同的用电时间采取不同的电价，它提供了一个在现行条件下比较合理的电价制度。电力公司根据电网负荷特性确定峰谷时段，在高峰期提高电价，而在低谷期降低电价，例如某市居民正常电价为$W_1$元/(kW·h)（俗称度），峰时段（8：00～21：00）的电价为$W_2$元/(kW·h)，谷时段（21：00～8：00）的电价为$W_3$元/(kW·h)（$W_3<W_1<W_2$）。某居民申请了峰谷分时电价，如果他在某月峰时段用电$Y_1$kW·h，谷时段用电$Y_2$kW·h，那么他的电费合计=峰时段电费+谷时段电费，电费总计$=W_2\times Y_1+W_3\times Y_2$元；假设他没有申请峰谷电价，那么他的正常电费支出$=W_1\times(Y_1+Y_2)$元，可见峰谷分时电价可以刺激用户采取相应的措施，做出恰当的反应，从而实现移峰填谷的目的，缓解峰期用电紧张局面，挖掘低谷电力市场，提高电能的社会效益。

峰谷分时电价目前已经在全国许多城市得到了广泛的应用，它对调节负荷的峰谷差起到了明显的作用。

（二）阶梯电价

阶梯电价全名为阶梯式累进电价，是指把户均用电量设置为若干个阶梯，第一阶梯为基数电量，此阶梯内电量较少，每千瓦时电价也较低；第二阶梯电量较高，电价也较高一些，第三阶梯电量更多，电价也更高。随着户均消费电量的增长，每千瓦时电价逐级递增。

对安装“一户一表”的居民用户按阶梯式累进电价进行计收电费。例如，月用电量低于 $Y_1$ 部分，电价不调整，仍为 $W_1$ 元/(kW·h)；$Y_2$（$Y_1<Y_2$）部分，电价为 $W_2$ 元/kW·h（$W_2>W_1$）。若某市某居民 4 月份的用电量为 $Y_3$（$Y_3>Y_1$）kW·h，其电费计算如下：基本电费部分为 $Y_1\times W_1$ 元；超出 $Y_1$ 的调价电费为（$Y_2-Y_1$）$\times W_2$ 元；电费合计 $Y_1\times W_1+(Y_2-Y_1)\times W_2$ 元。阶梯式电价机制可有效地抑制电力浪费现象，引导居民节约用电，合理用电。

目前阶梯电价在国内多个城市开始试点，目的是让居民养成自觉节电的习惯。

## 三、智能电能表

### （一）智能电能表介绍

智能电能表是以最新的计算机应用技术、现代通信技术、量测技术为基础的进行数据采集、数据处理和管理的先进计量设备。智能电能表是在电子式电能表的基础上，近年来开发面世的高科技产品，主要由电子元器件构成。其工作原理是先通过对用户供电电压和电流的实时采样，再采用专用的电能表集成电路，对采样电压和电流信号进行处理，并转换成与电能成正比的脉冲输出，最后通过单片机进行处理、控制，把脉冲显示为用电量并输出，原理如图 2-5-2 所示。

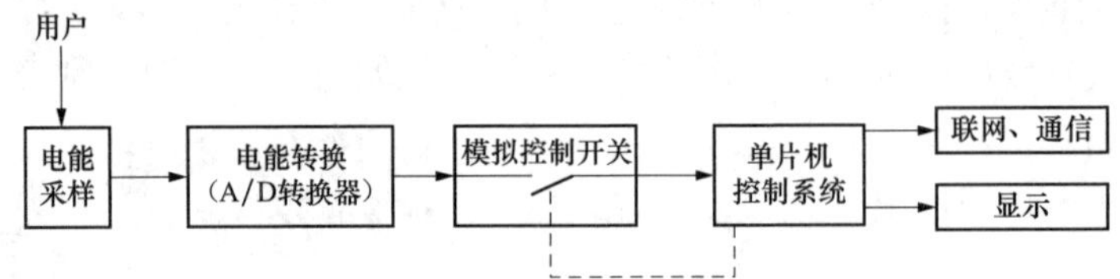


图 2-5-2 智能电能表构成原理图

智能电能表能够作为电力公司与用户户内网络进行通信的网关，使得用户可以近于实时地查看其用电信息和从电力公司接收电价信号。当系统处于紧急状态或需求侧响应并得到用户许可时，电能表可以中继电力公司对用户户内电器的负荷控制命令。

智能电能表还具有预付费功能，原理如图 2-5-3 所示。

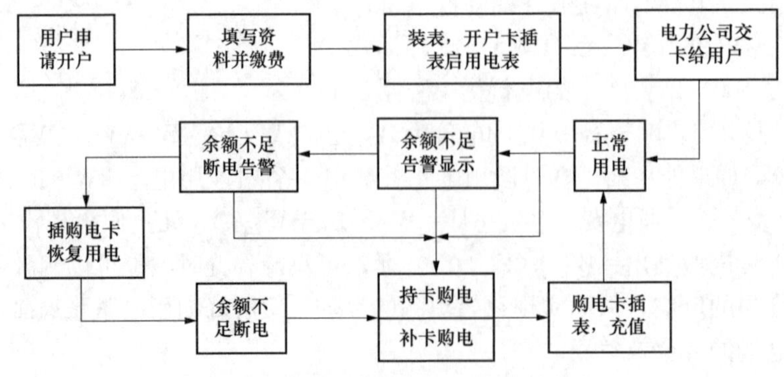


图 2-5-3 预付费电能表工作流程

值得一提的是，智能电能表不仅仅局限于终端用户，有的电力公司也计划在配电变压器和中压馈线上安装电能表。其中的一部分将与实时数据采集和控制系统相结合，以支持系统监测、故障响应和系统实时运行等功能。

（二）智能电能表国内外现状

根据英国政府披露的计划，到 2020 年，每个英国家庭都必须安装“智能电能表”以降低能源耗用量，并为低碳“智能电网”铺平道路。消费者可以通过更加留意能源的消耗量，从所节省的开支中获益。

新型智能电能表可以发送家庭和小型企业的实时用电量和用气量信息；顾客就不必待在家中等待抄表或收取高估的账单。英国政府估计在全国的 2600 万家庭中安装智能电能表后，可以为顾客和能源公司在随后的 20 多年中节省 25 亿～36 亿英镑。

英国能源与气候变化部召开了一次推广智能电能表的协商会议，宣称该计划将是世界上最大的智能电能表计划。英国推出的智能电能表如图 2-5-4 所示。

智能电能表无需抄表员，也无需顾客花费时间处理估算账单，这能削减电力公司的运营成本。消费者和小型企业主可以更好地留意其能源消耗，从而节省开支并从中获益。已经有研究表明，智能电能表能够促使房东减少 3%～15%的能源消耗。

安装智能电能表后，户主能更容易地把利用风力或太阳能所发的电“卖”回给电网。同时，供应商也可以借此消除英国用电的高峰和低谷，通过在低需求时降低电费和在高需求时提高电费就可以做到。减少用电高峰意味着减少待命发电站的数量，从而降低碳排放量。

最终，智能电能表为用电设备提供电价参考。这可能意味着用户在用电高峰时把冰箱关掉几分钟，在用电低谷时给电动车充电。如果能利用太阳、风、潮汐以及各种天气发电并供应充足的清洁可再生能源，那么这种灵活性就显得至关重要。

从 2008 年 12 月开始，中国国家电网公司就开始着手编写智能电能表技术规范，并进行了多次意见征询修改，赋予了智能电能表新的内涵。2009 年 9 月，关于智能电能表的规范标准完成审定，国家电网公司对智能电能表有了明确的型式规范和功能规范，智能电能表正式开始推广应用，如图 2-5-5 所示。

图 2-5-4 英国推出的智能电能表

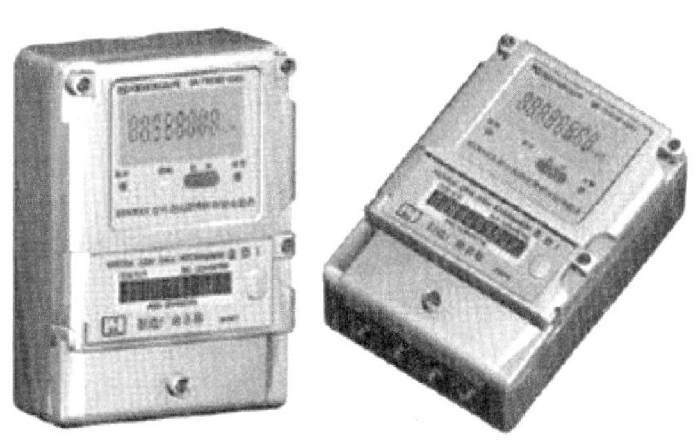

图 2-5-5 国家电网公司的智能电能表

国家电网公司对智能电能表功能配置、型式种类、技术性能、安全防护等，由功能规范、型式规范、技术规范、安全防护规范等进行了规范统一，功能上完全满足智能电能表的要求，型式上的统一便于统一管理、方便安装维护。

（三）智能电能表分类

1. 单相费控智能电能表

（1）2级单相本地费控电能表DDZY411C、DDZY411S。

（2）2级单相本地费控电能表（载波）DDZY411C-Z、DDZY411S-Z。

（3）2级单相远程费控电能表DDZY411。

（4）2级单相远程费控电能表（载波）DDZY411-Z。

单相费控智能电能表如图2-5-6所示。

(a)
外形尺寸（160mm×112mm×58mm）

(b)
外形尺寸（160mm×112mm×71mm）

(c)
外形尺寸（160mm×112mm×71mm）

图2-5-6 单相费控智能电能表

(a) 单相远程费控智能电能表；(b) 单相本地费控智能电能表；(c) 单相本地费控智能电能表（载波）

2. 三相智能电能表（无费控功能）

（1）0.2S级三相智能电能表。

（2）0.5S级三相智能电能表。

（3）1级三相智能电能表。

三相智能电能表如图2-5-7所示。

3. 三相费控智能电能表

（1）0.5S级三相费控智能电能表（无线）。

（2）1级三相费控智能电能表（无线）。

（3）1级三相费控智能电能表（载波）。

三相费控智能电能表如图2-5-8所示。

（四）智能电能表相关术语

（1）智能电能表（Smart Electricity Meter）：由测量单元、数据处理单元、通信单元等组成，具有电能量计量、信息存储及处理、实时监测、自动控制、信息交互等功能的电能表。

（2）需量（Demand）：规定时间内的平均功率。

（3）需量周期（Demand Interval）：测量平均功率的连续相等的时间间隔。

（4）最大需量（Maximum Demand）：在规定的时间段内记录的需量的最大值。

（5）滑差时间（Sliding Window Time）：依次递推用来测量最大需量的小于需量周期的时间间隔。

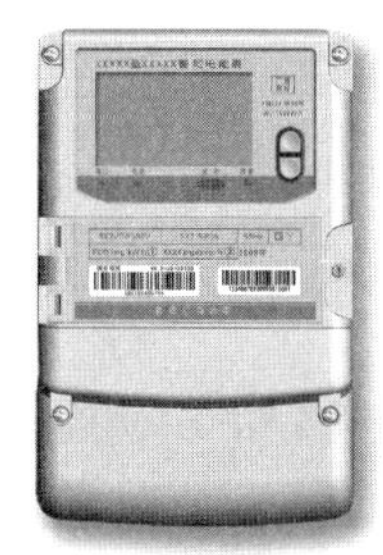

外形尺寸(265mm×170mm×75mm)

图 2-5-7 三相智能电能表

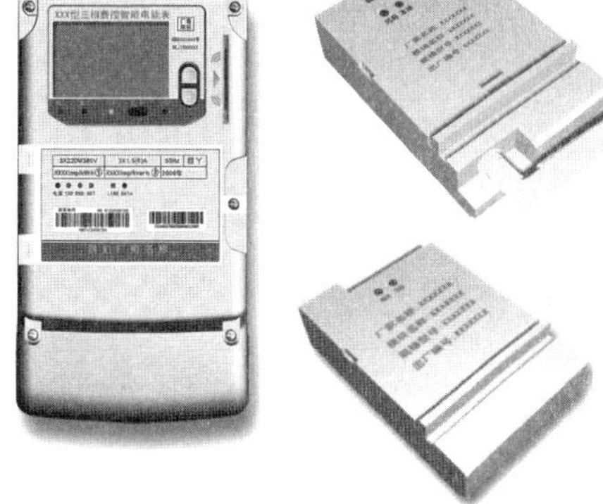

外形尺寸(290mm×170mm×85mm)

图 2-5-8 三相费控智能电能表

(6) 冻结 (Freeze):存储特定时刻重要数据的操作。

(7) 时段、费率 (Time Consumption, Rates):将一天中的 24h 划分成的若干时间区段称之为时段;一般分为尖、峰、平、谷时段。与电能消耗时段相对应的计算电费的价格体系称为费率。

(8) 介质 (Intermediary):用于在售电系统与电能表之间以某种方法传递信息的媒体。根据使用不同,可以将介质分为两类,即固态介质和虚拟介质。

(9) 固态介质 (Solid Intermediary):具备合理的电气接口,具有特定的封装形式的介质,如接触式 IC 卡、非接触式 IC 卡 (又称射频卡) 等。

(10) 虚拟介质 (Virtual Intermediary):采用非固态介质传输信息的介质,可以为电力线载波、无线电、电话或线缆等。

(11) CPU 卡 (CPU Card):配置有存储器和逻辑控制电路及微处理 (MCU) 电路,能多次重复使用的接触式 IC 卡。

(12) 射频卡 (Radio Frequency Card):一种以无线方式传送数据的具有数据存储、逻辑控制和数据处理等功能的非接触式 IC 卡。

(13) ESAM 模块 (ESAM Module):嵌入在设备内,实现安全存储、数据加/解密、双向身份认证、存取权限控制、线路加密传输等安全控制功能。

(14) 剩余金额 (Charge Balance):在电能表中记录的可供用户使用的电费金额,该金额应大于等于零。

(15) 透支金额 (Overdraft):用户已使用但未缴纳电费的金额值,该值小于零。

(16) 透支门限金额 (Limiting Overdraft):允许用户合法使用的最大透支金额。

(17) 报警金额 (Limiting Charge):剩余金额的报警值,当剩余金额小于或等于报警值时,电能表给出光报警。

(18) 阶梯电量 (Step Power Quantity):在一个约定的用电结算周期内,把用电量分为两段或多段,每一分段对应一个单位电价;单位电价在分段内保持不变,但是可随分段不同而变化。

(19) 阶梯电价 (Step Tariff):针对阶梯电量制定的单位电价。

(20) 临界电压 (Critical Voltage):电能表能够启动工作的最低电压,此值为参比电压下限 (对宽量程的电能表此值为参比电压下限) 的 60%。

(21) 失电压 (Loss of Voltage)：在三相（或单相）供电系统中，某相负荷电流大于启动电流，但电压线路的电压低于电能表参比电压的 78%时，且持续时间大于 1min，此种工况称为失压。

(22) 全失电压 (No-Voltage)：若三相电压（单相表为单相电压）均低于电能表的临界电压，且负荷电流大于 5%额定（基本）电流的工况，称为全失电压。

(23) 断相 (Loss of Phase)：在三相供电系统中，某相出现电压低于电能表的临界电压，同时负荷电流小于启动电流的工况。

(24) 失电流 (Loss of Current)：在三相供电系统中，三相电压大于电能表的临界电压，三相电流中任一相或两相小于启动电流，且其他相线负荷电流大于 5%额定（基本）电流的工况。

(25) 掉电 (Power Fail)：三相电压（单相表为单相电压）均低于电能表临界电压，且负荷电流不大于 5%额定（基本）电流的工况。

（五）智能电能表功能要求

(1) 电能量计量。

(2) 需量测量。

(3) 实时硬时钟。

(4) 费率和时段。

1) 至少支持尖、峰、平、谷四个费率。

2) 至少可设两个年时区；至少可以设 8 个日时段；时段可以跨越零点设置。

3) 支持节假日、公休日特殊费率时段。

4) 具有两套可编程的费率和时段，可在设定时间切换。

(5) 电能表清零、需量清零。

(6) 数据存储。

1) 存储上 12 个结算日的单向或双向总电能和各费率电能数据。

2) 存储上 12 个结算日的单向或双向最大需量、各费率最大需量及其出现的日期和时间数据；月末转存的同时，当月最大需量值应自动复零。

3) 在电能表断电的情况下，所有与结算有关的数据应至少保存 10 年，其他数据至少保存 3 年。

(7) 冻结。

1) 定时冻结：按照约定的时间及间隔冻结电能量数据；每个冻结量至少应保存 12 次。

2) 瞬时冻结：冻结当前的日历、时间、所有电能量和重要测量量的数据；应保存最后 3 次数据。

3) 日冻结：存储两个月以上每天零点时刻的电能量。

4) 约定冻结：在新老两套费率/时段转换、阶梯电价转换或特殊需要时，冻结电能量以及其他重要数据。

5) 整点冻结：存储 96 个以上整点或半点的有功总电能置。

(8) 事件记录。

1) 记录各相失电压的总次数，最近 10 次失电压发生时刻、结束时刻及对应的电能量数据等信息。

2) 记录各相断相的总次数，最近 10 次断相发生时刻、结束时刻及对应的电能量数据等信息。

3）记录各相失电流的总次数，最近10次失电流发生时刻、结束时刻及对应的电能量数据等信息。

4）记录最近10次全失电压发生时刻、结束时刻及对应的电流值；全失电压后数据保存时间应不小于180天。

5）记录电压（流）逆相序总次数，最近10次发生时刻、结束时刻及其对应的电能量数据。

6）记录掉电的总次数，最近10次掉电发生及结束的时刻。

7）记录需量清零的总次数，最近10次需量清零的时刻、操作者代码。

8）记录编程总次数，最近10次编程的时刻、操作者代码、编程项的数据标识。

9）记录校时总次数（不包含广播校时），最近10次校时的时刻、操作者代码。

10）记录最近10次远程拉闸、最近10次远程合闸事件，记录拉、合闸事件发生时刻及对应的电能量数据。

11）记录最近10次过负荷总次数、总时间。

12）记录打开表盖的总次数，最近10次打开表盖事件的发生时刻、结束时刻。

13）记录打开端钮盖的总次数，最近10次打开端钮盖事件的发生时刻、结束时刻。

14）永久记录电能表清零事件的发生时刻及电能量数据。

15）支持故障、窃电等重要事件记录主动上报。

（9）RS-485通信。

1）与电能表内部电路实行电气隔离，有失效保护电路。

2）接口应能耐受交流电压380V、2min不损坏。

3）速率可选1200、2400、4800、9600bit/s。

（10）红外通信。

1）具备调制型或接触式红外接口。

2）调制型红外接口的默认通信速率为1200bit/s。

（11）载波通信。

1）电能表可配置窄带或宽带载波模块。

2）载波通信接口应有失效保护电路，即在未接入、接入或更换通信模块时，不应对电能表自身的性能、运行参数以及正常计量造成影响。

（12）公网通信。

1）当有重要事件发生时，应主动上报主站。

2）无线（GSM/GPRS、CDMA等）通信模块应符合通信行业标准YD/T 1214—2006《900/1800MHz TDMA数字蜂窝移动通信网通用分组无线业务（GPRS）设备技术要求：移动台》和YD/T 1208—2002《800MHz CDMA蜂窝移动通信网无线智能网（WIN）阶段1：接口技术要求》的有关要求。支持TCP与UDP两种通信方式；在TCP方式下，到心跳周期时，应主动与主站心跳3次；支持“永久在线”、“被动激活”两种工作模式，可由主站设定。

（13）电能量脉冲输出。

（14）多功能信号输出。

可选择输出时间信号、需量周期信号或时段投切信号；电能表上电后，多功能信号输出初始化为时间信号输出。输出信号为80ms±20ms的脉冲信号。

（15）控制输出。

输出控制外部报警装置或负荷开关的电脉冲或电平开关信号。

（16）显示。

显示分为循显、键显两种。循显间隔可设置；键显时应启动背光。可显示电能量、需量、电压、电流、功率、时间、剩余金额等各类数值；可显示功率方向、费率、象限、编程状态、相线、电池欠电压、故障（如失电压、断相、逆相序）等符号；显示内容编码、出错代码；显示内容可通过编程进行设置。具有停电后唤醒显示的功能。

（17）测量。

可测量总及分相有功功率、无功功率、功率因数、分相电压、分相（含中性线）电流、频率等运行参数。测量误差不超过±1%。

（18）编程开关。

（19）密码验证。

通过密码验证才能执行编程或其他特殊操作。密码采用两级管理，密码权限等级不同，可执行的操作不同。连续三次密码输入错误，自动关闭编程功能24h。

（20）费控功能。

本地费控通过CPU卡、射频卡等固态介质实现；远程费控通过公网、载波等虚拟介质和远程售电系统实现。

当剩余金额≤报警金额时，以声、光等方式提醒用户；当剩余金额≤透支门限金额时，控制负荷开关中断供电；续费后，电能表处于允许合闸状态，由用户人工恢复供电。剩余金额不能超过囤积金额；完成电费预存后，应能将剩余金额、用电参数等信息，返写至固态介质或通过虚拟介质传回售电系统。

电能表应能对非指定介质或非法操作进行有效防护。购电卡插入电能表后3s内，应完成相应的读写操作。不提倡通过载波通信实现用电参数的远程预置。

（21）负荷记录（仅三相表）。

负荷记录内容由“电压、电流、频率”、“有、无功功率”、“功率因数”、“有、无功总电能”、“四象限无功总电能”、“当前需量”六类数据项中任意组合。间隔时间可在1～60min内任意设置；不同类别的负荷记录间隔时间可相同，也可不同。至少保证在记录有功总电能、无功总电能，间隔时间为1min的情况下不少于30天的数据量。

（22）阶梯电价。

阶梯电价具有两套阶梯电价，可在设置时间点启用另一套阶梯电价计费。

（23）停电抄表。

在停电状态下，能通过按键或非接触方式唤醒电能表抄读数据。电能表停电唤醒后应能通过红外通信方式抄读表内数据。

（24）报警。

发光或声音报警输出，光报警采用红色常亮指示。声报警生效后，可通过按键关闭。报警事件包括失电压、失电流、逆相序、过载、功率反向（双向表除外）、电池欠电压等。

（25）辅助电源（仅0.2S、0.5S的非费控表）。

电能表可配置辅助电源接线端子。辅助电源供电电压为100～240V交、直流自适应。应以辅助电源供电优先；线路和辅助电源两种供电方式应能实现无间断自动转换。

（26）安全认证。

通过固态介质或虚拟介质对电能表进行参数设置、预存电费、信息返写和下发远程控制命令操作时，需通过严格的密码验证或 ESAM 模块等安全认证，以确保数据传输安全可靠。ESAM 模块建议使用 SM1 国密算法。

### （六）智能电能表功能配置

#### 1. 单相费控智能电能表功能配置

单相费控智能电能表功能见表 2-5-1。

**表 2-5-1　　单相费控智能电能表功能配置**

| 计量及结算日转存 | 正向有功总电能 | 时间 | 日历、计时和闰年切换 | 通信 | RS-485 接口 |
|---|---|---|---|---|---|
| | 正向各费率有功电能 | | 两套费率、时段转换 | | 红外接口 |
| 瞬时/约定/定时/日冻结 | 正向总有功电能 | | 两套阶梯电价转换 | | 载波接口 |
| | 正向各费率有功电能 | | 广播对时 | 测量 | 分相电压 |
| | 总有功功率 | 事件记录 | 清零事件 | | 分相电流 |
| | 冻结时间 | | 编程事件 | | 零线电流 |
| 整点冻结 | 正向总有功电能 | | 校时事件 | | 总有功功率 |
| | 反向总有功电能 | | 开表盖事件 | 其他 | 停电显示 |
| | 冻结时间 | | 拉闸事件 | | 安全保护 |
| 清零 | 电能表清零 | | 合闸允许事件 | | 费控功能 |
| 输出 | 控制信号（外控） | 显示 | 自动循环显示 | | 阶梯电价 |
| | 电量脉冲 | | 按键循环显示 | | |
| | 时钟信号/时段投切 | | 自检显示 | | |

#### 2. 三相费控智能电能表功能配置

三相费控智能电能表功能见表 2-5-2。

**表 2-5-2　　三相费控智能电能表功能配置**

| 计量以及结算日转存 | 正向有功总电能 | 显示 | 自动循环显示 | 通信 | RS-485 接口 |
|---|---|---|---|---|---|
| | 反向有功总电能 | | 按键循环显示 | | 红外接口 |
| | 正向各费率有功电能 | | 自检显示 | | 载波接口（仅载波） |
| | 反向各费率有功电能（0.5S） | 测量 | 分相电压 | | 公网模块（仅无线） |
| | 正向分相有功电能 | | 分相电流 | 时间 | 日历、计时和闰年切换 |
| | 四象限无功电能（0.5S） | | 总有功功率 | | 两套费率、时段转换 |
| | 组合无功电能 1 | 事件记录 | 失电压（A，B，C）事件 | | 两套阶梯电价转换 |
| | 组合无功电能 2 | | 断相（A，B，C）事件 | | 广播对时 |
| | 正向有功最大需量 | | 失电流（A，B，C）事件 | 输出 | 控制信号 |
| 瞬时/约定/定时/日冻结 | 正向总有功电能 | | 全失电压事件 | | 电量脉冲 |
| | 正向各费率有功电能 | | 掉电事件 | | 时钟信号/时段投切 |
| | 反向总有功电能 | | 清零事件 | | 需量周期信号 |
| | 四象限无功电能（0.5S） | | 编程事件 | | 停电抄表 |
| | 组合无功电能 | | 校时事件 | | 停电显示 |
| | 正向有功最大需量 | | 电压逆相序 | | 安全保护 |
| | 总有功功率 | | 开表盖事件 | 其他 | 负荷记录 |
| | 冻结时间 | | 开端钮盖事件 | | 费控功能 |
| 清零 | 需量清零 | | 拉闸事件 | | 阶梯电价 |
| | 电能表清零 | | 合闸允许事件 | | |

3．三相智能电能表功能配置

三相智能电能表功能见表 2-5-3。

**表 2-5-3　三相智能电能表功能**

<table>
<tr><td rowspan="12">计量以及结算日转存</td><td>正向有功总电能</td><td rowspan="10">瞬时/约定/定时/日冻结</td><td>正向总有功电能</td><td rowspan="11">事件记录</td><td>失电压（A，B，C）事件</td></tr>
<tr><td>反向有功总电能</td><td>正向各费率有功电能</td><td>断相（A，B，C）事件</td></tr>
<tr><td>正向各费率有功电能</td><td>反向总有功电能</td><td>失电流（A，B，C）事件</td></tr>
<tr><td>反向各费率有功电能</td><td>反向各费率有功电能</td><td>全失电压事件</td></tr>
<tr><td>正向分相有功电能</td><td>四象限无功电能</td><td>掉电事件</td></tr>
<tr><td>四象限无功电能</td><td>组合无功电能</td><td>清零事件</td></tr>
<tr><td>组合无功电能 1</td><td>正向有功最大需量</td><td>编程事件</td></tr>
<tr><td>组合无功电能 2</td><td>总有功功率</td><td>校时事件</td></tr>
<tr><td>正向有功最大需量</td><td>分相有功功率</td><td>电压逆相序</td></tr>
<tr><td>正向有功各费率最大需量</td><td>冻结时间</td><td>开表盖事件</td></tr>
<tr><td>反向有功最大需量</td><td rowspan="2">清零</td><td>需量清零</td><td>开端钮盖事件</td></tr>
<tr><td>反向有功各费率最大需量</td><td>电能表清零</td><td rowspan="2">通信</td><td>RS-485 接口</td></tr>
<tr><td rowspan="3">输出</td><td>电量脉冲</td><td rowspan="3">显示</td><td>自动循环显示</td><td>红外接口</td></tr>
<tr><td>时钟信号/时段投切</td><td>按键循环显示</td><td rowspan="6">其他</td><td>停电抄表</td></tr>
<tr><td>需量周期信号</td><td>自检显示</td><td>停电显示</td></tr>
<tr><td rowspan="4">测量</td><td>分相电压</td><td rowspan="4">时间</td><td>日历、计时和闰年切换</td><td>安全保护</td></tr>
<tr><td>分相电流</td><td>两套费率、时段转换</td><td>辅助电源</td></tr>
<tr><td>总有功功率</td><td>广播对时</td><td>负荷记录</td></tr>
<tr><td>分相有功功率</td><td></td><td></td></tr>
</table>

## 四、用电信息采集系统

### （一）用电信息采集系统简介

用电信息采集系统是对电力用户的用电信息进行采集、处理和实时监控的系统。系统实现了用电信息的自动采集、计量异常和电能质量监测、用电分析和管理，具备电网信息发布、分布式能源的监控、智能用电设备的信息交互等功能，如图 2-5-9 所示。

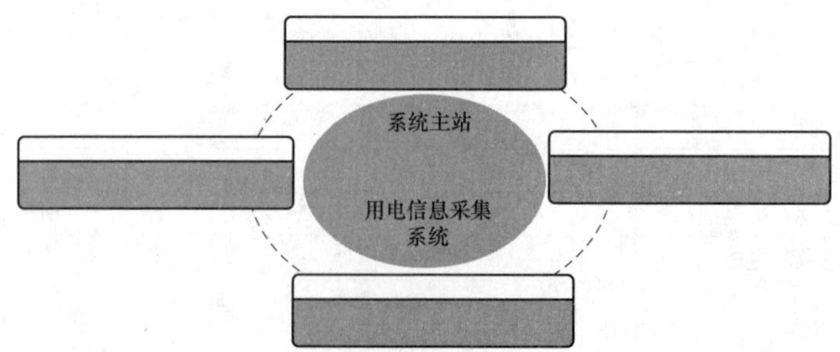


图 2-5-9　用电信息采集系统

用电信息采集主要由主站、通信信道、现场终端等部分组成，全面采集大型专变用户、中小型专变用户、三相一般工商业用户、单相一般工商业用户、居民用户和公用配变考核计量点等六类用户，以及分布式能源接入、充放电与储能接入计量点的电能信息等数据，构建完善的电能信息数据平台，是智能电网用电环节的重要基础和用户用电信息的重要来源。系统主要功能包括数据采集、数据管理、终端管理、档案管理、控制、自动抄表管理、费控管理、有序用电管理、用电情况统计分析、异常用电分析、电能质量数据统计分析、线/变损分析、运行维护管理、权限和密码管理、安全防护等，为智能用电服务技术支持平台提供数据支持。

（二）用电信息采集系统现状

从 20 世纪 90 年代开始，国家电网公司系统各单位陆续开展了用电信息采集系统试点建设，包括负荷管理系统、集中抄表系统等相关系统。经过多年营销信息化的工作推进，用户用电信息自动采集覆盖率逐年提高，应用范围和效果逐步扩大，在公司系统营销、安全生产和经营管理中已经发挥了积极作用。

对于作为用电信息采集系统的基础环节——电力信息采集终端经过近几年的发展和技术沉淀，逐步形成了特色鲜明、对象明确的产品系列，包括以抄收和管理发电站和变电站关口计量点的厂站终端、以监测和管理用电大客户的负荷管理终端、以监测公用配电变压器和综合配电变压器的公变监测终端、以采集和抄收居民电能表的采集器和集中器等，如图 2-5-10 所示。

厂站采集终端
专变采集终端
主站系统
公变采集终端
低压集中抄表终端

图 2-5-10 用电信息采集终端

（三）用电信息采集系统定位

满足国家电网公司的用电信息采集系统要求，统一实现购电侧、供电侧、售电侧三个环节电能信息的采集与处理，构建完善的电能信息数据平台。全面整合原有负荷管理系统、低压集中抄表系统、关口电能信息采集系统、配变监测系统等系统业务应用，不再出现信息“孤岛”。

在省公司设立集中的服务器，承担全省电能信息采集与管理，全省仅部署一套系统，一个统一的通信接入平台，各地市公司、基层供电单位通过全省的电力信息网访问省公司电能信息采集与管理系统，实现电能信息的采集和业务的全省统一集中处理。

在省公司以及各地市公司分别部署一套系统，形成 $N$（地市公司）+1（省公司）的系统构成模式。各个地市公司分别单独存储各自的数据，承担各自的业务应用。省公司从各地市抽取相关的数据，完成省公司的监管业务应用。

国家电网公司为了更好地规范用电信息采集终端，从外观尺寸、功能规范上制定了相关的企业标准，对用电信息采集终端进行了规范。国家电网公司的用电信息采集终端如图 2-5-11 所示。

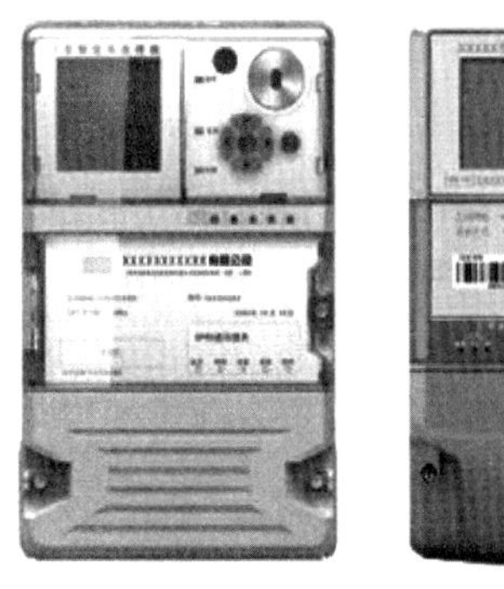
（a）

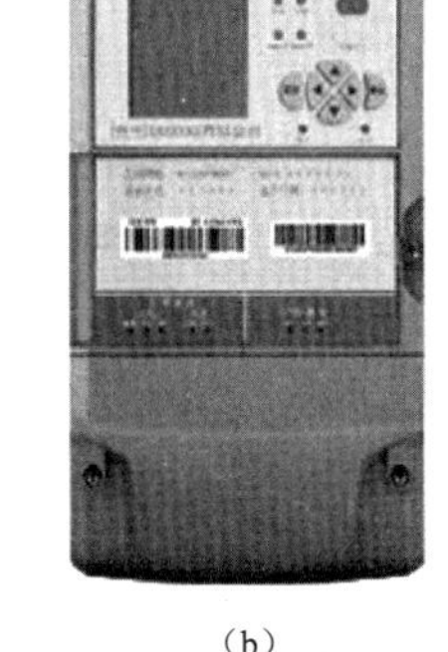
（b）

图 2-5-11 用电信息采集终端
（a）专变采集终端；（b）集中器终端

## 五、高级计量系统

（一）高级计量系统简介

高级计量系统以用电信息采集系统为数据支持，提供智能化的高级计量管理，实现智能化的计量检定、检测。主要功能包括计量装置自动化检定、精益需求预测、现代仓储和物流配送、状态运行管理、数字化校验、计量投诉和故障管理、寿命评估、动态轮换、优化派工、装接移动作业等高级计量应用。通过智能量测、通信和控制技术，满足各类客户计量计费、信息交互、实时监测、智能控制的要求。

智能电能表能实现连续的带有时标的多种间隔的用电计量，远远超过传统电能表单一电能计量功能，它实际上成为分布于网络上的系统传感器和测量点。利用其完整的通信设施和信息系统，高级计量系统将为电力公司提供系统规范的测量和可观性。高级计量系统的通信网络，也可以进一步支持配电自动化、变电站自动化等高级应用；同时，也为系统的运行和资产管理提供可靠的依据和支持。通过双向通信，高级计量系统将电力公司和用户紧密相连，它既可以使用户直接参与到实时电力市场中来，又促进电力公司与用户的配合互动。辅以灵活的定价策略，可以激励用户主动地根据电力市场情况参与需求侧响应。智能电能表的双向计量功能也能够使用户拥有的分布式电源比较容易地与电网相连。

高级计量系统中的智能电能表可以取得用户详细的用电信息，促成分时电价实施，使用户直接参与电力市场。高级计量系统通过其通信网络，把用户和电力公司紧密相连，成为实现配电自动化的智能电网的一个基础性功能模块。高级计量系统提供遍及系统的测量和前所未有的大量系统信息，将大幅提升电力公司的运行机制和资产管理流程。

高级计量系统是一套完整的包括硬件及软件的系统。它利用双向通信系统和能记录用户详细负荷信息的智能电能表，可以定时或即时取得用户带有时标的分时段的或实时（或准实时）的多种计量值，如用电量、用电需求、电压、电流等信息。因此，高级计量系统是智能电网的一个基础性功能模块，也称为智能量测体系。

高级计量系统是一个用来测量、收集、储存、分析和运用用户用电信息的完整的网络处理系统，由安装在用户端的智能电能表、位于电力公司内的量测数据管理系统和连接它们的通信系统组成。近年来，该体系又延伸到了用户住宅之内的室内网络，以使得用户可以分析和利用其详细的用电信息。高级计量系统的智能电能表能按照预先设定的时间间隔（min、h等）记录用户的多种用电信息，把这些信息通过通信网络传到数据中心，并在那里根据不同的要求和目的，如用户计费、故障响应和需求侧管理等进行处理和分析；还能向电能表发送信息，如要求更多的数据或对电能表进行软件在线升级等。

（二）高级计量系统的优越性

高级计量系统的实施对电力公司、电力用户乃至全社会都有十分重要的意义。

高级计量系统的应用可以实现以下功能。

（1）减少电力公司的运行费用，因为无需人工读表、能快速进行故障定位和恢复以及减少事故等，降低用户用电成本。

（2）通过提供给用户准确和及时的电费清单，改善计费过程并提高用户满意度。

（3）运用电能表远程诊断和可即时读取的功能，改善对用户的服务。

（4）具有远程接通和断开的功能，可有效地进行用户管理。

（5）为用户提供更多电价和服务的选择。

（6）提供大量的用电和网络状态信息，使得用户可以为节能或减少开支而调整用电习惯，而电力公司则可制定更有针对性的系统改造计划。

（7）提供系统范围内的负荷测量和系统可观性，这将帮助电力公司评估设备运行状况，优化资产利用和延长设备寿命，优化维护和运行管理费用，准确定位电网故障，改进电网规划，识别电能质量问题，探测及减少窃电行为。

(8) 支持消除峰荷和节能的需求侧响应和分时计费，减少对系统发、输、配环节中的固定资产投资，减少网络阻塞费用和网损，提高资产利用率，减少废气的排放量。

(9) 能支持用户侧的分布式发电的接入。

(10) 为智能电网和其他系统未来高级应用建立基础设施体系。

## 第六节　智能电网用户端解决方案

电力公司将电力送达到电力用户，以计量电能表作为与用户的交界面，通常电能表以上的资产归电力公司所有，电能表以下的属于用户资产。从电网角度看，电能表以上是供电侧，电能表以下是用电侧或需求侧。用户端是从用户角度来理解和研究用电侧或需求侧电能的来源、控制、管理和使用。随着分布式电源和分布式电力储能在用户端的推广使用，供电侧和需求侧电流之间可能双向流动，用户端在一定条件下可能由用电侧转变为供电侧。需求侧管理通常理解为电网对用户用电需求和用电行为的管理，而用户端管理则可理解为电力用户除对自身用电需求和用电行为的管理外，还包括对用电设备、分布式电源、储能设备以及用电能效的管理。

随着智能电网技术的蓬勃发展，智能电网用户端技术则相应地更加千变万化。用户端系统解决方案，基本可以反映智能电网用户端技术范畴、现状以及未来发展态势。鉴于智能电网整体发展处于研究和示范实践阶段，由大量新技术和新产品构成的解决方案正在或有待实验验证和实际应用的检验，甚至有些解决方案尚处于概念阶段或设想阶段。

在电力系统的发电、输电、变电、配电和用电等诸多环节中，用户端主要从用户侧（也称用电侧、用户端）角度来考虑、研究和解决有关用电智能化问题。用户端通常指电力公司计量用的电能表出口以下，从电力变压器到用电设备之间，对电能进行传输、分配、控制、保护和能源管理的设备及系统。

用户端主要有工矿企业、商用楼宇和居民住宅三大类用户，分布于国民经济的各个领域和社会生活的家家户户，消耗着80%以上的电能，关系国计民生。用户端发展智能化是实现浮动电价、发电与用电互动、平衡电网峰谷、节能降耗减排、提高用电效率的前提条件。用户端智能化是发展绿色能源的必备条件，未来电动汽车、分布式储能和分布式可再生能源都将通过用户端接入电网。

用户端技术包括智能配电、智能表计、设备监控、智能家居、电力储能、分布式可再生能源转换、电动汽车充电、通信系统架构、电力监控系统、智能变电站、微电网、能效管理、电能质量等技术以及相关的芯片与半导体技术。

### 一、智能交互终端

智能交互终端作为用户与电网公司之间实时连接、互动的媒介，是实现电力流、信息流、业务流的有机融合，满足双向互动营销需求，增强电网综合服务能力的重要手段，提供通信与能源一体化服务，构建新型客户关系、提高全社会能源利用率的目的。主要实现双向智能电表、风光互补发电、水气表等信息实时显示；通过简单操作主动查询历史用电记录、历史缴费记录、历史数据统计图形以及停电通知、电力政策宣传等其他信息服务；通过智能插座实现了家庭灵敏负荷的用电信息采集和控制；结合无线技术可以建立智能家庭安防系统；与智能家电互动实现家居的自动化、智能化管理；与物业主站交互实现增值服务；开通集视频点播、IP电话和宽带接入服务于一体的“三网合一”服务。

智能交互终端是智能家居系统必不可少的装置，智能家居系统利用计算机技术、网络通信技术、综合布线技术，依照人体工程学原理，提高系统的稳定性。在正常情况下，微电网系统与配电网络并网运行。微电网具有孤岛运行能力，当主网发生故障时，微电网与主网断开，可以保证微电网独立于主网而单独运行，从而更好地满足用户对供电可靠性/安全性的需要，减少用户供电受系统扰动和故障的影响。

将来，配电网络的控制可能会向微电网分散控制方向发展，这将有助于缩小配电网络中的故障影响范围，从而提高配电系统的可靠性。目前，由于技术上的局限性，微电网技术的应用尚不广泛。随着技术的发展，微电网技术将会得到更多的应用。

分布式电源多采用变流器技术（如风力发电/光伏发电）。大量的分布式电源接入系统后，会影响配电网络的潮流和短路电流，产生电压/无功功率控制问题，配电网原有的保护系统也不完全适应分布式电源发展的需要，这些将会对配电系统的安全稳定运行和供电质量带来很大影响。此外，由于分布式可再生能源的间歇性以及负载的变化，需要更好的解决方案以实现分布式电源和负荷之间的协调控制。

#### （一）智能交互终端的功能

在用电信息采集的基础上，智能交互终端通过电力光纤复合电缆、电力载波、无线通信技术实现用户与电网之间的互动，其功能如下。

（1）实现了电热水器、空调、电饭煲等家庭灵敏负荷的用电信息采集和控制，实现科学用电。

（2）实现对灯光、窗帘等的自动控制，实现宜居的生活空间。

（3）建立了集紧急求助、燃气泄漏、烟感、红外探测于一体的家庭安防系统。

（4）与社区管理中心交互实现增值服务，提供社区内的信息推送和检索。

（5）可以对风光互补等分布式发电系统进行管理，实现绿色新能源的柔性接入。

（6）延伸至水、气表数据的抄收，通过采集通道对第三方的租用实现系统的增值。

#### （二）智能交互终端的技术参数

（1）CPU：32位处理器667MHz。

（2）操作系统：Linux。

（3）存储器：支持SD卡。

（4）摄像头：200万像素摄像头。

（5）网络：10/100Mbit/s以太网。

（6）工作电压：100～240V AC。

（7）额定功耗：＜10W。

（8）标准接口：RJ-11、RJ-45、USB、UART、TV-out、Line-out。

（9）通信方式：以太网、RF 433MHz无线、PLC电力线载波、红外。

#### （三）智能交互终端的特点

（1）终端采用高性能32位嵌入式ARM11处理器搭载Linux操作平台，整体构架优良，可扩展性强。

（2）终端功能满足电力营销双向互动的需要，同时提供智能家居接入平台，实现了家庭科学用电、智能管理家电、智能楼宇对讲，具有较高的新颖性和实用性。

(3) 提供与紧急救助中心的接口，能够及时发出告警信息，最大限度地降低意外伤害。

## 二、智能配电系统

智能化配电系统是集计算机技术、数据传输、控制技术、现代化设备以及管理于一身的综合信息管理系统。它通过各种通信网络把众多的带有通信接口的低压断路器和控制设备与主计算机连接起来，由计算机进行智能化管理，实现集中数据处理、集中监控、集中分析和集中调度。智能化配电系统具有稳定性好、可靠性高、利于集中控制、能实现无人值守、组网后能降低大量费用等优点。

在此情况下，国外多家著名电器制造商都推出了智能变配电系统综合性解决方案。例如施耐德的“透明工厂”、ABB公司的ESD3000系列等。这些方案的推出也使国内厂商看到了配电自动化的发展方向。2006年国内生产厂家推出了配电监控系统，系统采用专业的配电监控组态软件，配合公司的智能配电元件，形成了一个完整的产品体系。

1. 配电监控系统结构

配电监控系统采用分层、分布式结构设计，按间隔单元划分、模块化设计，整个系统分为系统软件层、通信网络层、智能元件层三层，如图2-6-1所示。

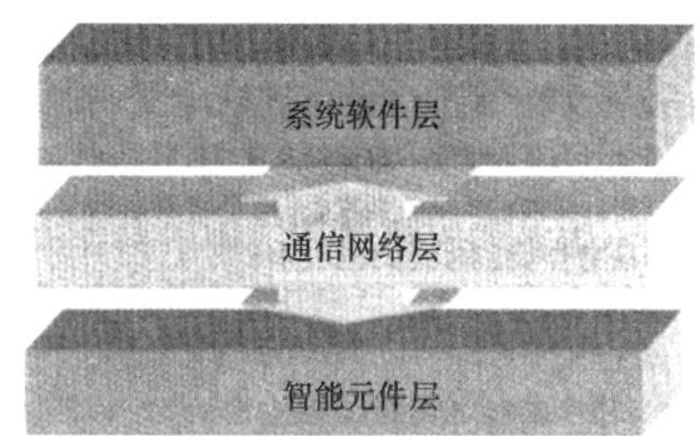

图2-6-1 系统结构层

(1) 系统软件层：由系统软件、监控主机、打印机、UPS（不间断电源）等组成。通过计算机软件，实现系统管理功能，提供用户界面、系统组态、数据存储管理、报警提示、故障记录等功能，是整个系统的核心。

(2) 通信网络层：提供底层智能元件和上位监控主机间的连接，进行数据传输，包括通信协议的转换。系统提供包括现场总线、工业以太网等多种解决方案，实现底层设备和监控主机间的无缝连接。

(3) 智能元件层：是指现场安装的智能仪表和装置，各类现场智能元件负责采集底层信息和现场智能控制，并通过数据通信接口和通信总线提供给监控主机管理，是系统的基础。

2. 系统主要功能

配电监控系统主要用于变配电自动化项目中，用于实现变配电站的无人值守，其主要功能如下。

(1) 实时监视。用户可以即时察看现场配电系统的各种运行状态和电气参数，直观显示电气线路、运行曲线，数据实时更新。通过系统软件的“遥视”功能，用户可以更加直观地了解配电室内的工作状况。

(2) 远程控制。用户可以在监控主机或者远程的工程师站对现场的各种配电元件进行操作，点击界面对象方便实施远程操作、设备定值管理、参数整定。

(3) 遥视功能。在原来“遥控、遥信、遥调、遥测”四遥的基础上，系统软件提供“遥视”的功能，即在变配电室内安装视频探头，可远程对变配电室进行全方位的视频监控，有效地对人员进入、火灾、水浸、自然灾害、站内设备安全等问题进行监控。

(4) 报警故障。当现场发生报警或者故障，系统可以通过多种方式（如语音、图形闪烁、GSM短消息等）将当前状况和故障原因通知值班人员，并且帮助维修人员快速排除故障。其中 GSM 短消息报警模块可以同时通知多人，将故障信息发送至手机。

（5）数据曲线。系统包含一个历史数据库，用于存储指定变量长时间的变化趋势，方便用户对现场情况进行分析。包含历史曲线、实时趋势曲线、数据报表等，对各种重要数据进行有效处理和汇总。

（6）数据库、历史记录。系统可对各种报警、故障以及操作进行记录，可通过标准 ODBC 接口存储到各种通用数据库中，并通过系统数据库提供包括各种数据报表、曲线分析、事件记录和设备维护信息等方面的完善管理功能。

（7）打印功能。系统可以对各种报警、故障、数据报表等提供实时、定时、历史打印功能。

（8）用户编辑、权限设置。系统提供用户编辑及权限设置，从而可以实现多人分权限访问功能，便于用户更好地管理配电监控系统。配电监控系统示意图如图 2-6-2 所示。

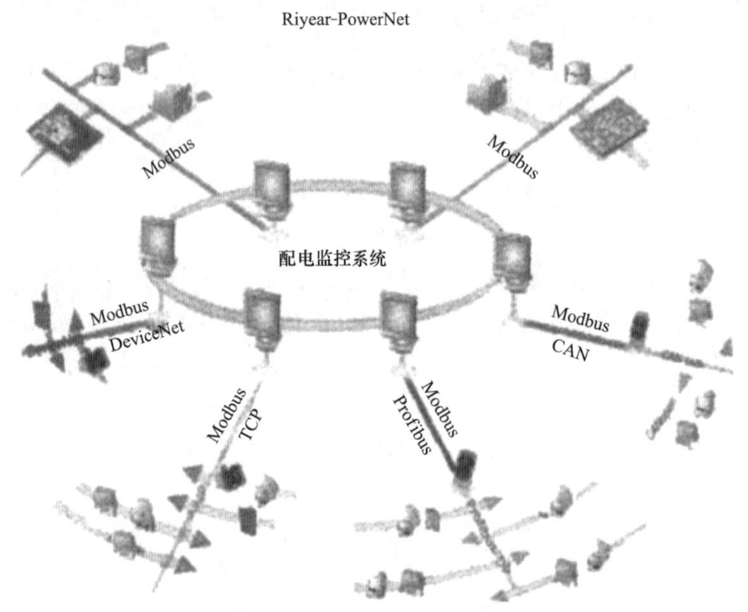


图 2-6-2 配电监控系统

3. 关键设备描述

配电监控系统也可支持其他第三方厂商的设备，其主要原因是软件采用了统一驱动程序设计，驱动程序设计成统一的 COM 接口，可根据需要按照通信协议对 COM 接口进行编程，开发出特定的驱动，实现第三方设备的通信。

4. 采用的通信协议

配电监控系统可支持目前常用的多种现场总线，包括 Modbus、CAN、Profibus、DeviceNet 等，并支持 Modbus/TCP 等工业以太网，对于电力行业中的常用通信规约，如 IEC 101、IEC 103、DL/T 645—2007《多功能电能表通信协议》等通过开发设计，也能实现支持。

5. 适用范围

Riyear-PowerNet 配电监控系统是一套完整的软硬件平台，满足电力系统的“遥信、遥测、遥调、遥控”要求，并具有“遥视”功能，可广泛应用于工业企业、矿山、医院、酒店、智能小区等的配电自动化领域，实现变配电的智能化，达到变配电室无人值守的要求。

无论是传统电网还是智能电网，配电系统都是用户端电能管理和控制的基础。智能配电系统是在传统配电系统中，集成了计算机技术、数据通信技术、现代控制技术，通过各种通信网络把众多的带有通信接口的低压断路器和控制设备与主计算机连接起来，实现对电能的监视、控制和智能化管理。随着技术发展，用户端智能配电系统将逐步具备以下功能。

(1) 由计算机进行智能化管理，实现配电管理、设备管理、负荷管理、远程监测等功能。

(2) 可对配用电设备和线路等运行参数和状态进行在线检测，及时发现和处理故障，判断和隔离故障区域，恢复非故障区域供电，实现自愈。

(3) 分析实时和历史负荷数据，实现科学的负荷控制和管理，提高电网安全经济运行水平。

(4) 对电能质量进行实时分析统计和采取相应的调控策略，提高供电质量，降低网损。

(5) 远程抄表可减轻抄表员的劳动强度，并通过智能电能表实现与用户的友好互动。

(6) 分布式电源、电动汽车和微型电网接入，促进低碳。

(7) 具有柔性特色，可满足不同规模配电网需求。

### 三、用户端能源管理系统

能源管埋系统（EMS）是电力用户信息化系统的重要组成部分。其主要功能是实现能源系统分散数据的采集和控制、集中管理调度和能源供需平衡，以及实现所需能源的预测，为在生产全过程中实现较好的节能、降耗和环保的目标创造条件。EMS对生产能源数据进行采集、加工、分析、处理及实现对能源设备、实绩、计划、平衡、预测等全方位的监控和管理功能，以达到企业节能增效的目的。EMS将综合降低产品能源消耗，降低能源生产和供应消耗，提高能源动力系统运行的安全性和可靠性，同时减少人力成本，提高能源管理效率和质量，提高企业信息化水平。作为能源管理计划的重要组成部分，EMS的核心地位和价值显而易见。

已有的先进的能源管理执行手段，主要是通过不同措施的单独或组合执行的方式来影响给定范围内用电特征的变化。从总体上看，这些管理手段和措施主要可分为以下七类。

(1) 通过安装智能电能表的电力传感设备对电力数据的监测计量，将历史用能数据进行汇总、统计、分析，对用电特征进行审计和评价，分析、确定和解决存在的用电不合理问题。

(2) 通过改进现有终端用能设备和生产过程的运行和维护方式，减少电力消耗量、电力需求量和材料消耗量等。

(3) 用节能设备更换或改造现有终端用电设备或生产过程，减少用电量、电力需要和/或材料消耗，同时提高生产能力，也可能包括可替代燃料的替换等（如将热处理技术替代为点处理技术）。

(4) 调整电力负荷波形的策略，如通过储能技术将峰期负荷转移到非峰期，减少负荷形成的峰谷差，提高电力设备的利用效率，降低供电成本。

(5) 配置终端设备的自动投切和控制装置，减少电能量消耗和需求，包括进行设备的本地控制和建立楼宇的能源管理系统。

(6) 实施需求响应策略，临时削减峰期电力需求。

(7) 充分利用分布式能源，取代或减少中断用电对公用电网的依赖性。

在某些情况下，终端用户可能会主动采取上面提出的一项或几项措施。然而，不同用电策略的实施，通常均需有一个劝说用户参与的过程。这些具有一定强制性但参与者又可能得到相应好处的措施，通常以单独或零碎的方式被采用。对这些用电策略的经济评估，也是定量评估用电管理方案中预期成本、节能效果、投资回收期和投资回报率的重要内容。

用户端管理所涵盖的内容还远不止以上提及的内容，因为它包括了用户端所有能源管理形式。此外，除了电力部门外，包括天然气供应商、政府机构、非营利组织和私人团体等其他团体，也实施了用户端管理策略。

一般来看，在用户端管理中，包含了能源规划中以下几个方面的内容。

(1) 用户端管理会影响用户的用电行为。任何旨在影响用户用电行为与模式的方案都可以被认为是用户端管理方案。

(2) 用户端管理必须达到选定的目标。未来达到期望的负荷波形变化目标，选择的方案必须能进一步达到其确定的目标，如降低平均用电水平、提高用户满意度、达到供电可靠性等目标。

(3) 通过评估用户端管理成功率以抵制非用户端管理方式。这种观念要求被选用户端管理方案至少要能达到或远超过非用户端管理所能达到的要求，如减少发电机组、减少购买电力或节约供电侧设备等。换句话说，要求用户端管理方案与供电侧方案进行对比，要具有明显的优势。在方案评估阶段，用户端管理是综合资源规划的一部分。

(4) 用户端管理可以识别用户想要的方式。用户端管理着眼于实际，需要的标准规划还没有发生预期变化，还需作进一步的积极努力。因此，用户端管理总是围绕着这样一个过程进行，即识别用户将来如何响应，而不是用户应如何响应。

(5) 用户端管理能带来的价值受负荷波形变化的影响。最终定义用户端管理概念的重点是负荷波形，这意味着应根据系统负荷波形对日、周、月、年用电成本和效益的影响来评估用户端管理方案的价值。

因此，用户端管理这一术语一开始的含义就十分广泛，包括上面所有能满足能源规划中各方面的相关行动。此外，用户端管理包含了现有用电管理的七项措施（前面已列举），甚至可以认为还包含了动态能源管理者的大多数实质性内容。然而，在动态能源管理概念建立之初，还无法实现能代表其动态特性的双向通信。因此，这也有助于更新用户端管理的观念。此外，用户端管理本身也没有规定用户端管理措施需与动态能源管理同步实现。

尽管用户端管理的内容很广泛，但在一般情况下用户端管理仅需涵盖以下四方面内容。

(1) 终端用电设备的节能（包括更新现有设备和用户的生产过程、配置新的节能设备和生产过程）。

(2) 附加能调节负荷波形的设备、系统和控制装置（如热储能设备）。

(3) 按需求控制终端用电设备的“开/关”或“上/下”按钮的标准控制系统。

(4) 建立终端用户与第三方之间的联系（但是，一般不会大范围采用）。

在通常情况下，这些用户端管理措施是分别或单独执行的，很少同时实施。

**四、智能电网中低压一体化配用电监控管理系统**

本系统立足于智能电网配电和用电两个环节，面向 20kV/10kV/0.4kV 中低压配用电，实现基于 GIS 的配网自动化、配电管理、设备管理、负荷管理、远程抄表等功能。

1. 系统组成

系统由配电主站、配电子站、配电终端、通信系统组成，上级调度自动化系统、地理信息系统、故障报修系统、营销管理系统、企业资源管理系统等为外部系统（如图 2-6-3 所示）。

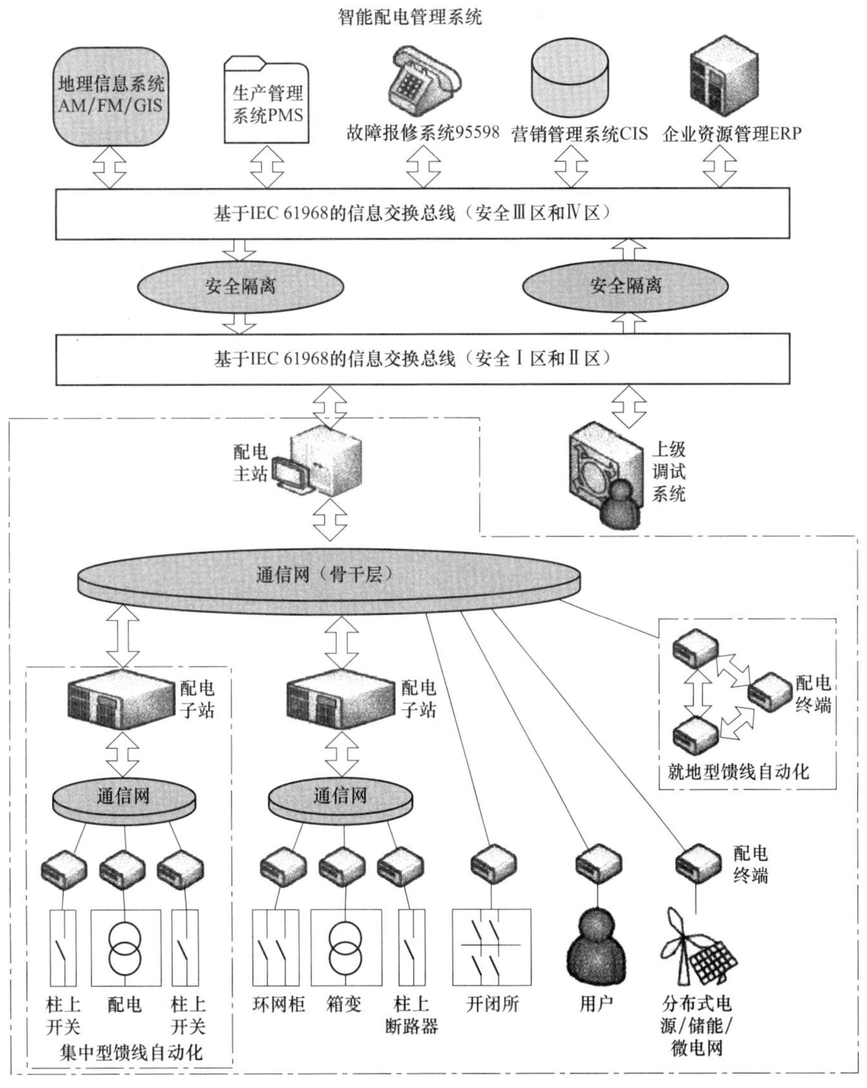


图 2-6-3 智能电网中低压一体化配用电监控管理系统

系统借助光纤、GPRS、3G、电力载波等多种通信手段，实现数据采集和远方控制；通过就地型或集中型馈线自动化，实现故障区段的快速切除与自动恢复供电；通过信息交换总线，与外部系统进行互连，建立完整的配电网模型，支持配电调度、生产、运行以及用电营销等业务的闭环管理。可以扩展对于分布式电源/储能/微电网等接入；通过电网分析应用软件，实现配电网的经济运行分析，实现与上级电网的协同调度以及与智能用电系统的互动。

2. 系统功能

（1）配电 SCADA：数据采集、状态监视、远方控制、交互操作、智能防误操作、图形显示、越限告警、事件顺序记录、事故追忆、数据统计、报表打印和配电网通信网络工况监视等；分析并计算电压合格率、三相电压不平衡度、三相负载不平衡率等，遇有越限便发告警信息。

（2）馈线自动化（FA）：可实现集中型的馈线自动化。在配电网正常运行时，实时监视其运行情况并实现远方控制；当配电网发生故障时，判断故障区域和隔离故障区域，恢复非故障区域供电，实现自愈。

（3）配电管理：采用信息化工具将配电工作管理纳入到整体的自动化平台。一方面由计算机自动完成配电运行参数的分析统计，另一方面则实现工作票和操作票管理系统，从而减轻电力部门工作人员的劳动强度，并最大可能地杜绝由于人工计算和操作而导致的错误和遗漏。

（4）远程抄表：通过智能电能表和通信网络，自动化远程抄表系统可准确及时地采集用户电能计量和电能质量信息，为改善电能质量、防止偷电漏电提供数据支持。远程抄表则实现定时和随机抄表、数据存储和查询、数据异常提取、设备维护、拉闸控制、报警管理功能。

（5）设备管理：实现基于配电网 GIS 的电力设备台账管理、设备操作管理以及设备报修管理。

（6）负荷管理：提供每个台变和每回馈线的负荷分配情况，以及全所各回线的负荷比例，便于供电部门进行科学的管理和负荷控制。

（7）配电 GIS：配电 AM/FM/SCADA 系统进行了一体化的设计，以 DA、负荷信息管理、远程抄表等子系统的地理信息管理为目标，并将相关的 MIS 管理系统和实时信息管理融合进来，实现图形和属性的双重管理功能。

3. 关键设备描述

（1）TD1-5S02 配电终端测控综合装置（TTU）。本系列装置主要用于完成柱上变压器、配电室、箱式变电站等场所的配电变压器监视、控制和保护等自动化功能，并可与通信系统配合组成配电自动化及远程集中抄表系统。

其基本功能为：可同时测量配电变压器高、低压两侧的 $I$、$U$、$P$、$Q$、$f$、功率因数以及有功电量、无功电量；2 路开入，2 路开出，两路 RS-485 通信，IEC 870-5-101 通信规约；过负荷告警、电压越限告警、电流越限告警、电压合格率统计和告警、三相不平衡度计算和告警。

（2）TD1-5F01 馈线远方监控终端（FTU）。在配电自动化系统中，该装置可满足就地型或集中型馈线自动化的要求，实现馈线故障判断、故障区段隔离、恢复正常区段供电。

其主要技术特点为智能“群保护”功能，即采用一种全新的保护配合方式，在多分段、多分支的配电线路上，通过多节点间信息相互交换，各装置就地完成逻辑判断，多个执行元件（包括断路器与自动负荷开关）按顺序动作。

（3）TD1-5DNK 电能质量智能监控装置。该系列装置可安装于配电变压器低压侧或配电线路，可自动实现对配电变压器或配电线路运行参数、运行状况的在线监控、电能质量在线分析、无功补偿电容器的三相共补和分相补偿的优化控制。

（4）ST6000 智能复合管理单元。作为智能配电网主要节点（开关站、环网柜、配电房、箱式变压器、台式变压器）的关键设备，ST6000 智能复合管理单元致力于实现数字化配电房、数字化箱式变压器、数字化台式变压器的信息化、自动化和互动化，是建立智能电网中低压一体化配用电管理系统的构成基础。

ST6000 智能复合管理单元采用集中机架式结构，按照标准模数安装独立功能模块。ST6000 基于组件式设计，通过按需定制和搭配使用主控模块和不同扩展模块，可实现电源管理、电力参数采集、数据记录与分析、逻辑判断及执行、主站现场总线通信接口、变压器经济运行控制、低压无功综合控制、环境温湿度控制、母线/触头温度报警、谐波分析、自动抄表、视频传输、消防报警、安防报警等功能。

4. 通信架构及采用的通信协议

配电自动化通信系统组网方案如下。

（1）配电主站和配电子站之间的通信：采用光纤通信方式，同步数字通信网络（SDH）。

（2）配电子站与 FTU 之间的通信：选用光纤通信方式。

（3）配变终端 TTU 的通信方式：从经济性、实用性上考虑，可以采用无线通信方式（GPRS 或 CDMA 通信方式）。利用移动公司成熟的无线通信网络实现 TTU 直接和配电主站通信。

（4）集中抄表的通信方式：由于专用的智能电能表分散安装且只需定时采集，故可采用无线通信方式或电力线载波。

5. 适用范围和应用情况

本系统面向全国量大面广的中、小城市及农村电网等 20kV/10kV/0.38kV/0.22kV 中低压配电网，以保证中低压配电系统的安全、可靠、经济、高效、清洁。

**五、面向智能电网的网络化控制系统应用方案**

智能电网是以智能一次设备和二次设备为基础，深度集成电力与网络通信技术形成的未来电网体系架构，其应用主要包括发电、输电、变电、配电、用电和调度等六个环节。未来10 年我国将建成具有网络化、自动化、统一的、坚强的智能电网，面向智能电网的网络化通信控制系统应具有网络实时通信、远程/本地控制、双向互动、自我故障诊断、自我保护和自愈功能。面向智能电网的网络化通信控制系统针对智能电网楼宇的用户端配电系统、太阳能发电监控系统、电池储能监控系统、照明智能控制系统等多个典型应用，提供完整的网络化控制系统解决方案、产品和标准的网络化控制组件。

针对楼宇智能配电系统的方案，可实现配用电设备和线路的多级负荷实时监控，对用电峰值负荷和用电需量实时分析统计，提供短信安全预警，及时发现故障区域，避免关键设备过载或系统超载运行。系统主要产品包括通信网关、电能表、电量显示终端软件和远程 I/O 模块。

针对太阳能发电系统的方案，可实现开关、逆变器、防雷器、汇流箱工作状态的实时巡检，计量发电量，实时监测太阳能发电系统设备，及时发现设备故障，预警并及时短信通知干预。系统主要产品包括通信网关和远程 I/O 模块。

针对电池储能监控系统的方案，可实现蓄电池电压的巡检，远程控制充放电开关，防止电池过充电或电池欠电压。系统主要产品包括通信网关、远程 I/O 模块、可编程控制器。

针对照明控制系统的方案，可根据全球经纬度不同、一年四季的日照时间长短不同自动控制照明系统开关灯的时间；在自然光不足的特殊天气，光照度传感器自动补偿，实现照明系统的自动调整；在特定时间段，可接受人工控制照明系统；通过自动稳压技术、自动关闭部分分路照明灯具技术实现照明系统的节能；稳压技术还可保护照明灯具不受过电压冲击。系统主要产品包括可编程控制器和通信网关。

上海电器科学研究所（集团）有限公司（以下简称上电科）的网络化控制系统面向智能电网多种应用提供解决方案和完全自主知识产权的产品，网络化控制系列产品可以自由搭配、灵活应用，同时针对典型的配电控制柜提供标准的网络化控制组件，方便安装和调试，适用于楼宇配电、电力监控、市政路灯、太阳能发电等多个应用领域。

1. 楼宇中低压配电系统

在常规配电柜内增加上电科的智能电量模块、电力控制器、远程 I/O 通信模块、通信网关和电力监控软件，就可实现对中低压配电系统的监控和实时数据汇集、故障报警、事件处理、远程操作、负荷调节与控制、故障分析等功能，达到远程监控和能源管理的目的，形成智能配电监控系统。中低压配电监控系统如图 2-6-4 所示。

图 2-6-4　中低压配电监控系统

通常配电柜内很多部件已配置有通信接口，如框架开关、继电保护等产品，通过上电科的串口—以太网通信网关产品转换以后，即可接入网络，将现场数据传到监控系统。

智能电量测量模块是可以分散布置用于测量电力实时信息并内置通信接口的模块，通过通信网关可将现场信息上传至组态软件或智能电量显示终端。电量测量模块本体不带数字量I/O和显示屏，但该产品可以配合远程I/O通信适配器级联使用，也可以使用内置的Modbus通信接口。

可编程控制器具有用户可编程的逻辑控制功能，可集成数字量I/O和模拟量I/O，用来监测开关的状态，操作继保或控制小型开关，可供中压及需要更多安全考虑和控制逻辑的低压配电回路应用。通常为了确保配电系统远程操作的灵活性和安全功能，可以增加一个可编程序控制器，通过实时采集本地状态，经过逻辑判断以后再输出控制信息至开关量输出端，确保了远程操作的安全，避免了远程与本地状态不一致造成的不当操作。

组态软件用于实现监控数据采集、数据的处理存储和呈现、报警和故障处理，是智能配电系统集中的监控平台。本系统支持工业以太网通信，支持多级负荷远程监控、临界峰值预警、需量控制、故障检测的管理功能。

智能配电监控系统还可以扩展对于分布式电源/储能/微电网的接入，实现与分布式能源网络、国家电网的协同调度与互动。

2. 太阳能发电监控系统

针对太阳能发电监控系统（如图2-6-5所示），本方案可通过可编程序控制器、远程I/O模块实现直流汇流箱开关I/O状态、升压系统开关I/O状态的巡检，通过电量采集模块采集交流逆变器发电量，通过通信方式读取防雷器状态，及时发现设备故障，预警并及时短信通知干预。太阳能发电监控系统大大地减少了故障定位、系统维护的工作量。系统主要产品包括可编程序控制器、通信网关、电量模块和远程I/O模块。

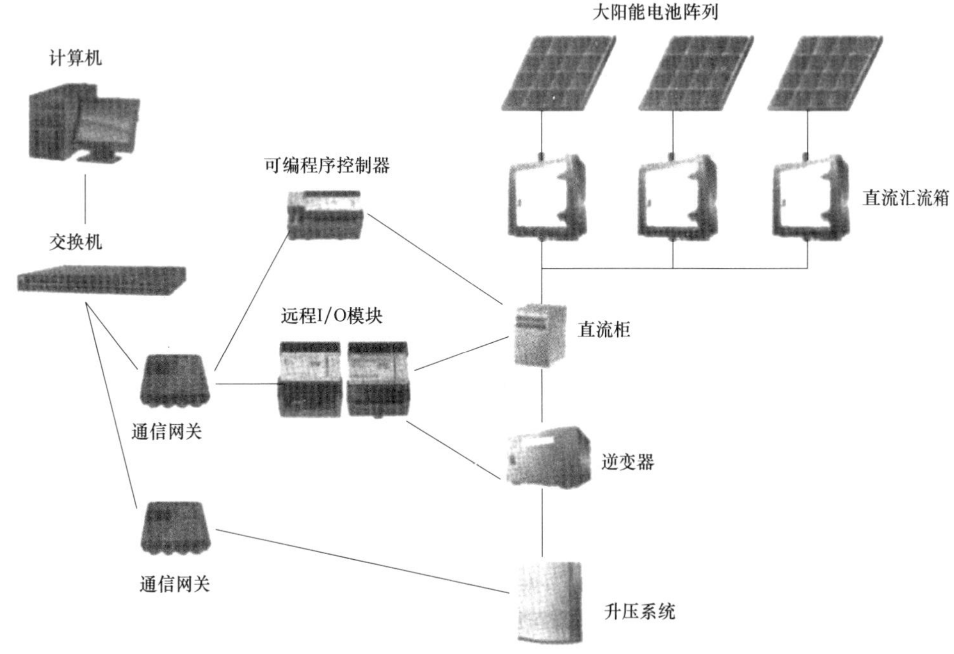


图2-6-5 太阳能发电监控系统

3. 电池储能监控系统

电池储能监控系统（如图 2-6-6 所示）是智能电网分布式新能源的子系统，本方案针对储能蓄电池的工作状态进行实时监控，通过对充电电压、充电电流的实时巡检，在电池充电电压、充电电流过大时，自动切换充电开关，防止电池损坏；在电池放电工作到接近欠电压时，提前断开放电开关，防止电池过度放电。电池组的实时状态通过通信网关远传到远程监控系统。系统主要产品包括可编程序控制器、通信网关、电量测量模块。

4. 照明智能控制系统

面向智能电网用户端智能照明控制系统（如图 2-6-7 所示）的应用，具有节能、保护照明设备、自适应照明控制、照明设备故障管理等特性。针对智能照明控制系统的网络化通信控制产品主要包括可编程序控制器、通信网关和光照探头等，可编程序控制器内置全球经纬度四季光照时间表，可根据经纬度不同自动控制照明系统开关灯的时间；光照探头提供补偿信号，在自然光不足的场合，照明系统根据光照度信息自适应调整控制；通过调压器稳压技术保护照明灯具不受过电压冲击，后半夜通过分路照明关闭技术和降压照明技术实现节能；单个照明灯具有设备地址，故障时报警并定位到该灯具，方便维护管理。

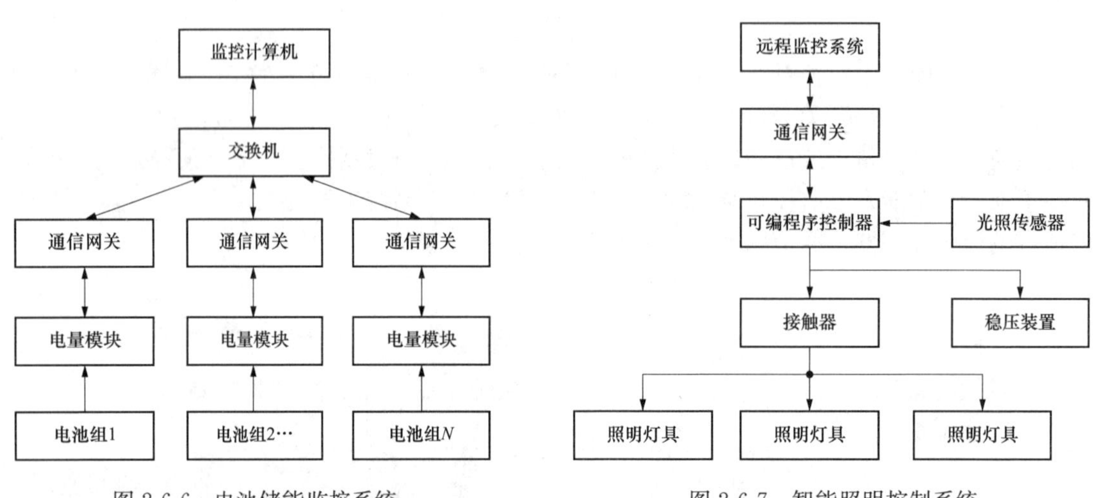


图 2-6-6　电池储能监控系统　　图 2-6-7　智能照明控制系统

5. 网络化控制系统主要功能

（1）网络通信。

基于工业以太网、现场总线的实时通信技术是智能电网双向信息互动、多个异构网络互联的基础。通信网络的兼容性、可靠性至关重要，网络通信技术以工业以太网为骨干网，提供 Modbus、CANopen、DeviceNet、Profibus-DP、Modbus/TCP、EtherNet/IP 等多种现场总线、工业以太网的转换技术和系列产品，为智能电网异构网络通信、双向互动通信提供了核心的产品和解决方案。

（2）电量量测技术。

电量量测技术是智能电网的基础技术，电压、电流、功率等实时参数的测量可用于监控统计用电情况；用电需量统计、峰值测量技术是广域范围调峰、大电网经济运行的技术基础，还可用于避免关键设备过载和系统超负荷运行，防止发生系统故障。

（3）可编程控制技术。

可编程控制技术为用户现场控制提供了灵活的手段，可实现现场设备连锁、逻辑控制。可编程序控制器产品提供了可灵活搭配的数字量、模拟量、温度量采集模块，可用于采集开关状态、电力系统的电压、电流等一系列状态，实现数字量、模拟量的输出控制，是控制系统的核心产品。

（4）人机界面技术。

用户需要在监控终端、监控主机或者远程的工程师站通过人机界面对智能电网各级设备进行远程/本地监控和操作，组态软件技术、触摸屏技术是重要的人机界面技术，是智能电网重要的人机界面接口。

6. 网络化控制系统关键设备描述

（1）通信网关/智能通信网关（如图 2-6-8 所示）。

图 2-6-8　通信网关/智能通信网关

1）智能通信网关对连接的 Modbus RTU 从设备是并发访问的，将采集到的 Modbus 从设备的通信数据通过存储器共享技术支持上位机组态软件的以太网快速访问，访问周期小于 0.5s。智能通信网关还可运行用户程序，支持用户的数据搬移和逻辑运算等功能。

2）1 个以太网口，RJ-45 接口，10/100Mbit/s 自适应，最大 32 个 Modbus/TCP 连接。

3）4 个串口，RS-485 通信，通信速率 2.4～115.2kbit/s，每个串口最大连接 8 个 Modbus RTU 设备。

4）通信地址支持上位机软件设定。

5）DC 24V 电源。

图 2-6-9　可编程序控制器

（2）可编程序控制器（如图-2-6-9 所示）。

1）支持运行用户逻辑程序，实现远程监控功能，采集 I/O 量信息，通过逻辑连锁控制输出 I/O 信息，支持 Modbus RTU 远程通信。

2）两个串口，1 个 RS-232 通信，1 个 RS-485 通信，通信速率 2.4～115.2kbit/s。

3）60 点、32 点、20 点 I/O，DI 36×DC 24V，DO 24×DC 24V 晶体管漏型输出。

4）AC 220V 电源。

（3）通信适配器及 I/O 模块（如图 2-6-10 所示）。

**通信适配器：**

1）通信适配器用于支持智能通信网关、组态软件的访问，通信适配器通过扩展的 I/O

模块采集开关状态、温度、电量信息等，并将信息传送到智能通信网关或上位机组态软件。

图 2-6-10　通信适配器及 I/O 模块

2）1 个以太网口，RJ-45 接口，10/100Mbit/s 自适应，最大 32 个 Modbus/TCP 连接。

3）通信地址支持上位机软件设定。

4）DC 24V 电源。

**I/O 模块系列：**

1）I/O 模块用于采集开关量信息、控制开关量；采集模拟量（电压、电流、温度）信息、控制模拟量输出。

2）数字量输入：光耦隔离，DC 24V 电源。

3）数字量输出：继电器型，DC 24V 电源。

4）模拟量输入：4～20mA，DC 0～10V，DC 24V 电源。

5）模拟量输出：4～20mA，DC 0～10V，DC 24V 电源。

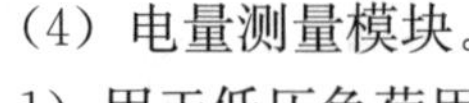

（4）电量测量模块。

1）用于低压负荷用电信息的采集，电量信息通过通信网关/智能通信网关最终送到上位机组态软件。

2）导轨式安装，配合通信适配器，多模块可级联使用。

3）可直接测量 380V 线电压，可检测每相的正/反向有功/无功电能和功率。

4）支持 Modbus RTU，可输出电能脉冲。

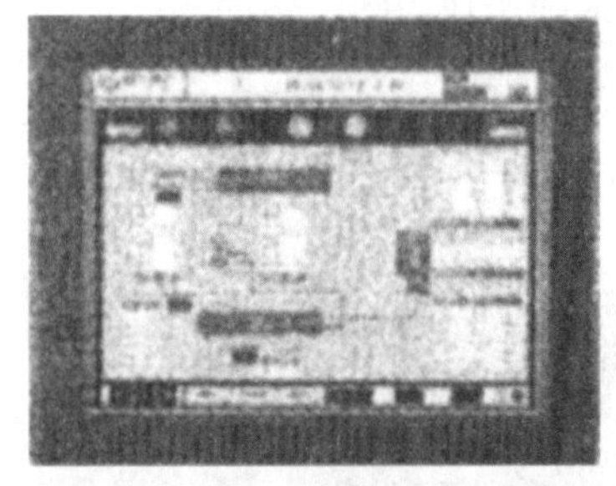

图 2-6-11　电力监控软件界面

（5）电力监控软件（如图 2-6-11 所示）。

1）电力监控软件可以是触摸屏、工控机，用于配电柜或远程显示配电信息，同智能网关通信，内嵌丰富的软元件显示模板，直接显示用电信息，支持电力信息的监控，具备单相临界值监测报警功能。

2）支持 RS-485、RS-232，Modbus 主站通信。

3）支持以太网通信，Modbus/TCP 主站通信。

4）电压、电流、功率显示。

7. 通信架构及采用的通信协议

整体通信架构采用以太网作为上层骨干网，多种现场总线作为下层设备通信网，现场总线通过通信网关转换到上层以太网。上层以太网支持 Modbus/TCP 通信协议，现场总线支持 Modbus、CANopen、DeviceNet、Profibus-DP 等多种通信协议。

8. 适用范围

网络化系统面向智能电网应用的多个环节提供完整的解决方案，适应面广泛。目前，在上海浦东区、普陀区、虹桥区，江苏常州，宁夏，西藏等地的智能配电、太阳能发电监控、电池储能、照明控制系统投入使用。

**六、能源管理解决方案**

无论是电、水，还是天然气，鉴于不断提高的价格和较高的环境问题敏感性，能源已经成为一种日益宝贵的资源，因此特别是在高能源量、最大可用性和连续降低成本方面形成了巨大挑战。

企业能源管理系统的目的是识别和发挥能源节约潜力。如 2009 年 8 月生效的 EN 16001 新标准等标准为企业能源管理系统的推出提供了基本条件。将来，企业将能够获得类似于质量管理的能源管理认证。

同时，智能园区建设作为智能电网建设的重要组成部分，已经被纳入国家电网公司“十二五”电网智能化规划，以园区企业节能减排，提高能源利用率，保证电网安全、稳定、可靠运行为目的，实现园区内多种能源信息的全面采集和监测，降低用户运营能耗，提高电网设备利用效率，实现电网与用户的双向互动。

1. 系统组成（如图 2-6-12 和图 2-6-13 所示）

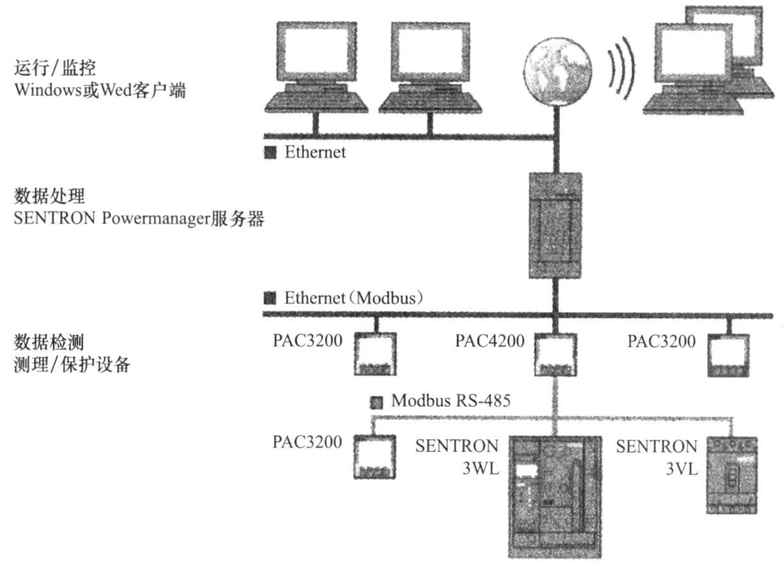


图 2-6-12　系统架构图

低压配电能源管理系统的硬件和软件组件可使能源消耗变得透明，并能够记录相关结果，从而为企业能源管理提供支持。

（1）采用智能测量方法。

SENTRON PAC 系列电能监控设备通过准确、可重现和可靠的方式检测并记录馈电、输出馈线或单独负荷的能源值。它们还提供重要的测量值，以用于分析系统状态和电能质量。为了进一步处理测量数据，这些设备具有通用的通信能力，可以轻松地被集成到上位自动化和能源管理系统中。

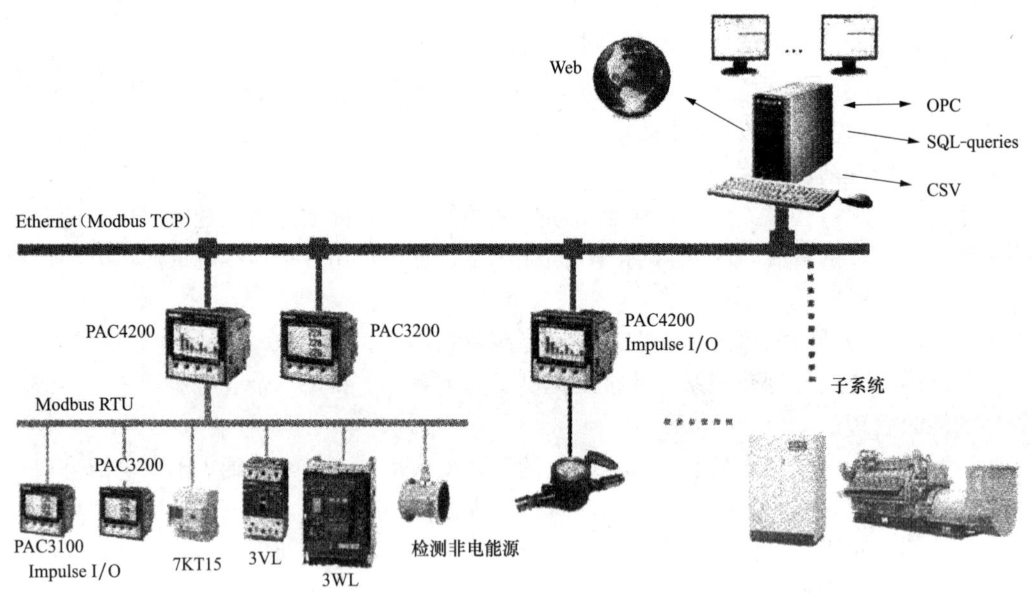


图 2-6-13　系统应用示例图

（2）具有通信能力的断路器和保护设备。

空气断路器 SENTRON 3WL 和塑壳断路器 SENTRON 3VL 作为低压配电系统的组成部分不只是断路器和保护设备。它们通过使用标准化的总线系统提供诊断、故障、维护或能源管理方面的测量值和重要信息，因此为实现具有收益性的高可用性配电系统提供新的可能性。

（3）可将其他组件集成到该能源管理系统中。

通过自身的通信接口或 S0 接口，可以将其他断路器、保护或测量设备集成到能源管理系统中。例如，通过这种方式，可以在能源管理系统中分析如天然气或水等非电能载体的消耗值以及不具有通信能力设备的断路器状态。

（4）用于基础设施的 SENTRON powermanager 软件。

SENTRON powermanager 软件可用于所有基础设施应用场合。凭借包含各种测量值收集、分析和监控功能的现有标准软件包，可以轻松地建立能源管理系统。使用软件包可以满足其他的客户特定要求。

2. 系统功能

（1）成本中心会计。

如大学、购物中心或零售连锁店等的行政办公室必须能够将能源成本分配到它们各自的使用者，通过结构化的方式显示消耗数据并记录在图表或表格中。

1）精确地将能源成本分配至成本中心。

2）在不同的成本中心之间比较基准。

3）提高节能意识。

（2）检测能源消耗大户和负荷峰值。

对于采用能源密集型过程的企业，重要的是要记录并分析负荷峰值和高能源消耗。一方面，绘制的负荷影响供应条件，另一方面，通过提供能源密集型过程的无缝证明可以节省税款。

1）检测能源密集型过程和负荷。

2）通过修正供电协议节约成本。

3）通过无缝记录应用特定消耗节省税款。

将具有通信能力的测量设备（例如 SENTRON PAC）安装在企业某些最重要的负荷上，归档它们的测量值并整理好这些数值供进一步分析；趋势分析识别馈电峰值以及输出侧产生最高负荷的区域。对这些进行分析后，可以快速地检测负荷峰值并归于单独负荷，从而改善消耗行为，减少峰值负荷。更进一步，用户可以基于负荷流重新商谈和优化供电协议。并且，记录的能源消耗也可能会产生退税。

（3）负荷监控。

在工业中，可能会出现不合需要的负荷峰值，并导致电力供应商收取额外款项。通过改变过程或关闭相关负荷就可以防止这些情况发生。

1）通过负荷峰值识别改变消耗行为。

2）一旦超过极限值，则会及早地进行干预。

3）由于遵守合同条款，因而不会产生附加款项。

将具有通信能力的测量设备（例如 SENTRON PAC）安装在企业最重要的地点，SENTRON powermanager 软件定义极限值，如果超过这些极限值，将发送警告通知，并且可以手动关闭相关的系统区段。通过减少由于超过电能极限而造成的消耗，能够可靠地遵守与电力供应商达成的协议规定，并避免产生附加款项。通过监控消耗行为可以不断地优化过程，快速发出超过极限值警告通知，从而及早地干预，避免出现负荷峰值。

（4）提高工厂安全性。

如数据中心、银行或医院等设施必须保护敏感元件不会出现在极端情况下可能导致停机或火灾的临界条件（如过载或谐波），这时候需要通过监控临界供电条件防止发生系统故障。

1）可以避免过载造成的设备故障。

2）保护敏感设备免受谐波影响。

3）发出通知（例如通过文本消息通知），以实现及早干预。

利用测量设备 SENTRON PAC 和断路器 SENTRON 3WL/3VL 监控配电特性；SENTRON powermanager 检查极限值数据并对它们进行相应的处理；在 SENTRON powermanager 中定义并输入基于电流平均值和单独谐波的关键特性极限值（如电缆负荷）；同时，选择通知概念，例如通过文本消息通知。通过这种方式监控临界设备值，并在必要时发出警告。这样可以主动地避免配电故障以及相关损坏。

（5）提高系统可用性。

对于停机时间代价非常高昂的区域或者过程不应中断的区域，必须保证不间断配电。比如，在机场航站楼中，电源对于平稳运行来说至关重要。遵守维护计划也可以提高设备的可用性和保持较低的维护费用。

1）维护优化。

2）快速的服务部署。

3）提高系统可用性。

例如，使用 SENTRON PAC3100，通过数字输入和输出，可以将具有通信能力的断路器或不具有通信能力的断路器集成到能源管理系统中；可以立即报告并定位断路器事故，从而可以通过及时而有针对性的方式对其进行处理；通过记录所有断路器事故可以优化断路器维护。在可以自由组态的 SENTRON powermanager 单线图中，可以轻松地定位故障。

（6）多站点能源管理（如图 2-6-14 所示）。

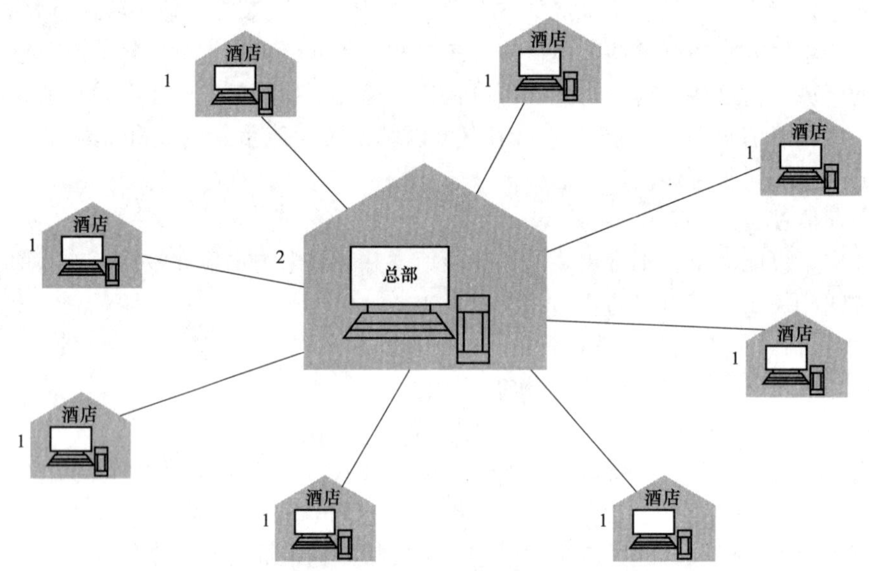


图 2-6-14　多站点能源管理

具有多个地点的公司，如公司、酒店和连锁超市集团，使用集中能源管理系统。

1）通过标准 IT 网络进行集中的多站点能源管理。

2）在各个企业单位中树立标杆，提高节能意识。

3）通过捆绑供电量提高供电条件。

利用测量设备 SENTRON PAC 和断路器 SENTRON 3WL/3VL 监控单独站点处的配电特性。SENTRON powermanager 在控制中心收集数据并相应地对其进行处理，包括直接来自各个站点的服务和维护信息。通过 LAN、WLAN 或 GPRS 将消耗数据转发至中心并相应地进行分析。因此，能源管理不仅在本地执行，而且还可以从控制中心管理多个地点，并比较基准。通过在公司电能协议中捆绑供电量，公司能够提高其供电条件。

3. 关键设备描述

（1）SENTRON PAC1500：简易经济的电能测量仪表。

1）导轨式安装，4 个模数宽度，可与微型断路器并列安装于导轨。

2）可直接测量 480V（线电压）/125A（电流），可检测每相的正/反向有功/无功电能和功率，测量准确度为 1 级，支持复费率；符合欧盟计量器具指令。

3）支持 Modbus RTU 和 KNX/EIB 通信，可输出电能脉冲。

（2）SENTRON PAC3100：可靠测量的高性价比多功能仪表。

1）可检测 30 多种电气参数，如电压、电流、功率、电能、频率、功率因数等，还可检测测量值的最小值和最大值。

2）带有 2DI/2DO 的数字量输入/输出点，其中 DI 点还为有源输入，不必外在配置电源。

3）标配为开放式 Modbus RTU 通信协议的螺钉接线接口，满足工业通信的需求。

（3）SENTRON PAC3200：进行可靠、准确测量的基础。

1）可检测 50 多种电气特性，如电压、电流、额定值、功率值、频率、功率因数、对称性和总谐波失真等。除当前测量值外，还可检测测量值的最小值和最大值。测量准确度（误差）分别为 0.5 级（0.5%）（对于有功能量和功率）、0.3 级（0.3%）（对于电压）和 0.2 级（0.2%）（对于电流）。

2）可直接测量高达 830V 的相电压，因此可在 690V 电网中使用。另外，也可以通过变比可调的电压互感器进行测量。

3）可针对高费率和低费率来检测有功、无功和视在能量值。它通过四个象限来测量额定值和功率值，即对电能的输入和输出分别进行测量。还有助于检测某个测量周期内有功功率和无功功率的平均值。这些值可在一个电源管理系统中进一步被处理成负荷曲线。

4）可监视最多 6 个参数的上下限值，可通过内置的逻辑功能联系在一起。

5）配有一个标准多功能数字量输入和输出。输出可被用作脉冲或开关量输出，或用于限值信号发送。

（4）SENTRON PAC4200：方便地全面概览系统状态。

1）可检测大约 200 个电气参数。除了 SENTRON PAC3200 也可提供的 50 多个基本值之外，还可以生成用于分析电能质量的测量数据（如图 2-6-15 所示）。除总谐波失真外，还可检测从 3 次到 31 次的电压和电流奇次谐波、失真电流强度、相角以及电压与电流在幅度和相位上的不对称性。这将促进提前采取干扰预防措施，例如，防止由电源污染所引起的干扰。

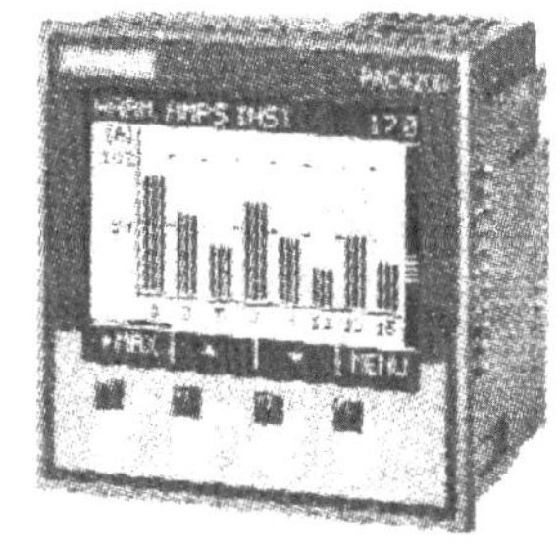


图 2-6-15 电能质量的测量

2）极高的准确度和安全性：PAC4200 在设备级中建立了新的准确度标准。该设备具有符合 IEC 61557-12 的 0.2%的电压、电流、有功功率和能量准确度（参考于测量值），不仅准确度高，而且符合最新标准。这就保证了该电能监视设备能够满足现代工业系统对性能、安全和运行状况方面的要求。

3）全面存储功能：PAC4200 可将负荷曲线存储在其内部存储器中，将存储 40 天内以 15min 为测量周期的视在功率、有功功率和无功功率平均值。这些数据构成了对系统进行精确测定和优化的基础，用以降低电能成本和提高系统效率。PAC4200 可记录 4000 多个运行及系统事件，并可单独对它们进行调节。由于具有一个集成的实时时钟，所有事件都可被追溯到精确到秒的时间，这样在发生故障时就节省了宝贵的故障排查时间。

4）用户自定义的屏幕显示：总共四个可单独配置的屏幕显示提供了进一步的操作舒适性。用户能够以条形图的形式显示数值，或以数字形式进行指示，以便直接在设备上概览系统的状态。

5）集成的网关功能：通过集成网关功能，可将带有简单 RS-485 串行接口的设备方便地集成在以太网网络中。这样，若干台附属设备（如简单测量设备或断路器）就可通过 Modbus RTU 将其数据发送到 SENTRON PAC4200。SENTRON PAC4200 可通过集成的 10/100Mbit/s 以太网接口，将这种数据转送到一个能源管理系统。

### 七、智能配用电统一数据采集与信息支撑平台

智能配用电统一数据采集与信息支撑平台遵循 IEC 61970/61968/61850 标准，在可缩放矢量图形（SVG）标准的基础上，以统一电网对象模型为核心，实现各系统模型、图形的统一建立、整合，为各不同应用提供其各自所需的模型和图形。平台集配用电监控、地理定位和可视化于一体，具备面向配电网海量信息的实时处理技术。从电网信息集成和互动特征的技术要求出发，不仅考虑控制中心与终端层的纵向信息交换，而且考虑配电环节自身以及与输变电环节、用户环节、电源环节的信息横向交互；考虑分布式电源的接入与控制给配电网建模带来的影响等因素，提出了适应我国智能配电网的信息标准化模型，掌握智能配电网的信息互操作技术；注重实现信息的网络交换的同时，更加注重信息的互换互用以及智能化应用，使智能配电网在网络信息交互共享的基础上实现信息互用，以实现智能配电网各环节间双向贯通和高度整合的信息集成，为实现电网的自动化和互动化提供信息化基础。

1. 系统组成

智能配用电统一数据采集与信息支撑平台的系统架构如图 2-6-16 所示，主要有底层、中间层、最高层三个层次。底层包括电能量采集装置，如大用户计量终端、变电站计量终端、居民表计集中器，以及配电自动化终端，如 FTU、TTU 和 DTU 等；中间层为网络层，如光纤、拨号、GPRS、CDMA、GSM 等；最高层为服务器层，包括数据库服务器、配用电应用服务器、前置服务器和 WEB 服务器等。

智能配用电统一数据采集与信息支撑平台能够实现与调度自动化、配电自动化、配电台区监测、低压用户及分布式电源相关的配用电信息采集等实时数据传输系统和管理信息系统的安全数据交换、共享及分析、展示和管理功能。该平台具有如下特点：集智能配用电信息集成架构和交互体系架构于一体、集智能配用电架构系统的信息交换及集成方法于一体，具有面向配用电海量信息的实时数据处理技术；具有集配用电监控、地理定位和可视化于一体的支撑平台技术。

2. 系统功能

智能配用电统一数据采集与信息支撑平台，应具备面向变电站、配电线路、配电台区及用户用电信息的统一数据采集功能，并适用于大中城市的配用电数据采集及信息系统建设，支持的配电线路规模不小于 1000 条，并发访问客户端数不少于 1000 个。智能配用电统一数据采集与信息支撑平台的功能架构如图 2-6-17 所示，系统的特色功能如下。

（1）智能配电网信息支撑平台集成和交互体系架构。

智能配电网的信息支撑平台集成和交互体系不仅要充分考虑实时信息与非实时信息的高度集成、深度整合及高效交互，还要考虑分布式电源、储能系统接入配电网后的信息流、用电新模式的信息流、电网获取外部环境信息的架构策略和交互体系，涉及分布式电源接入、互动化、多能源互补等条件下智能配电网信息平台采集与交互；配电网中多种即插即用设备的状态监测与信息采集接口的标准化技术；智能配电网信息平台的综合评价技术。

（2）异构系统信息交互及集成方法。

基于 IEC 61970/61968/61850 的各个不同系统，包括不同操作系统和不同业务分类系统之间的信息互操作方法。

（3）面向配用电海量信息的实时数据处理技术。

其主要包括：数据采集与信息支撑平台的技术服务和数据服务的封装技术，建立数据引

擎，对多系统的数据互连互通提供支撑；配电网信息支撑平台的海量数据解析技术；配电网信息平台各个应用系统数据的抽取、清洗及整合技术。

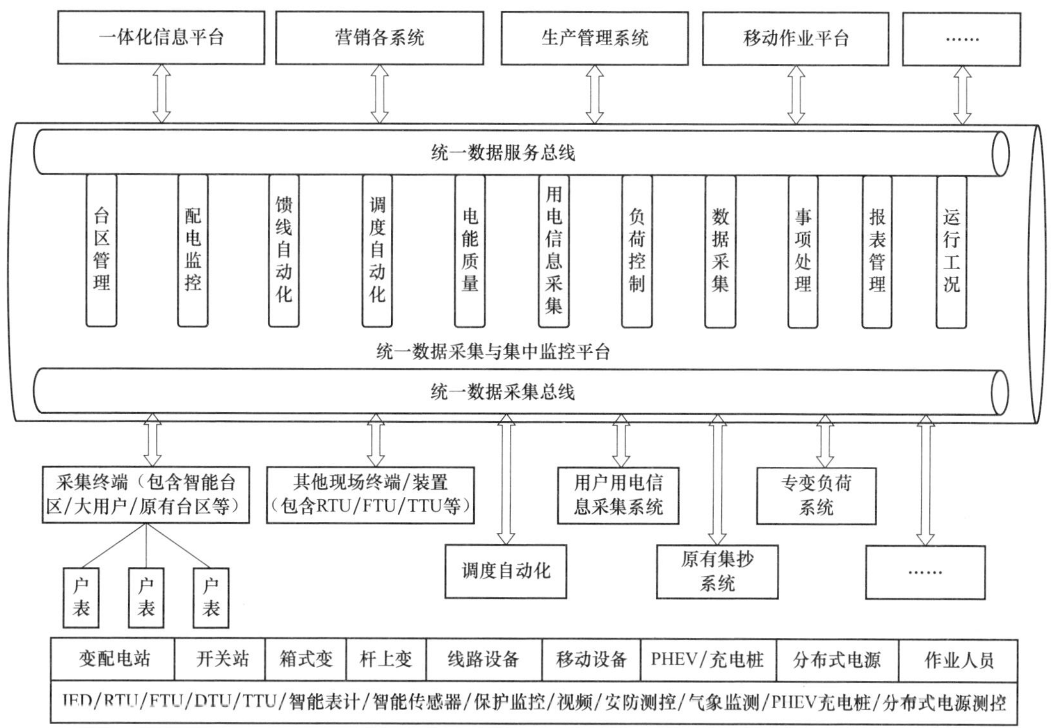


图 2-6-16 智能配用电统一数据采集与信息支撑平台的系统架构图

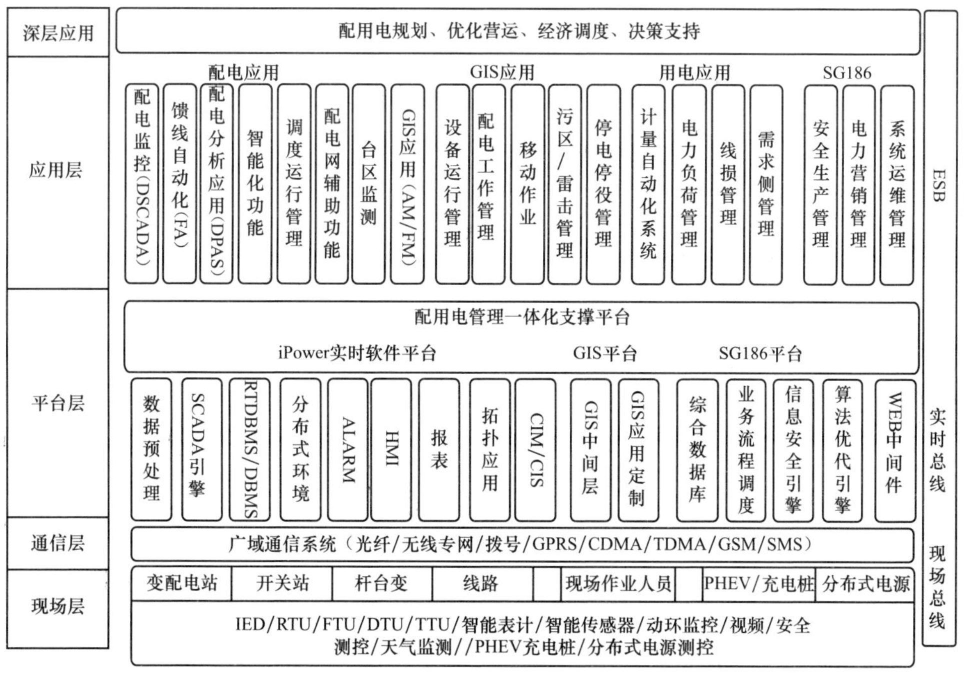


图 2-6-17 智能配用电统一数据采集与信息支撑平台功能架构图

(4) 支撑服务共享和业务流转的多引擎协同机制。

基于多网格环境，构建服务共享的多计算引擎协同机制，其特征在于开放式网格服务架构（Open Grid Service Architecture）。

(5) 集配用电监控、地理定位和可视化于一体的支撑平台。

在 IEC 61970/61968/61850 标准及命名规范的基础上，采用一体化设计的思路对来自不同系统的模型、图形以及实时和非实时数据进行整合处理的数据采集与信息支撑平台开发，其能够提供调度自动化、配电自动化、配电台区监测、低压用户及分布式电源相关的用电信息采集系统、地理定位和可视化系统的数据交换和共享的平台。

3. 关键设备描述

(1) FTU（馈线终端设备）：FTU 是装设在馈线断路器旁的断路器监控装置。这些馈线断路器指的是户外的柱上断路器，如 10kV 线路上的断路器、负荷开关、分段断路器等。一般来说，1 台 FTU 要求能监控 1 台柱上断路器，主要原因是柱上断路器大多分散安装，若遇同杆架设情况，这时可以 1 台 FTU 监控两台柱上断路器。

(2) TTU（配变终端设备）：监测并记录配电变压器运行工况，根据低压侧三相电压、电流采样值，每隔 1～2min 计算一次电压有效值、电流有效值、有功功率、无功功率、功率因数、有功电能、无功电能等运行参数，记录并保存一段时间（一周或一个月）和典型日上述数组的整点值，电压、电流的最大值、最小值及其出现时间，供电中断时间及恢复时间，记录数据保存在装置的不挥发内存中，在装置断电时记录内容不丢失。配网主站通过通信系统定时读取 TTU 测量值及历史记录，及时发现变压器过载及停电等运行问题，根据记录数据，统计分析电压合格率、供电可靠性以及负荷特性，并为负荷预测、配电网规划及事故分析提供基础数据。如不具备通信条件，使用掌上电脑每隔一周或一个月到现场读取记录，事后转存到配网主站或其他分析系统。

(3) DTU（开关站终端设备）：一般安装在常规的开关站、户外小型开关站、环网柜、小型变电站、箱式变电站等处，完成对断路器设备的位置信号、电压、电流、有功功率、无功功率、功率因数、电能量等数据的采集与计算，对断路器进行分合闸操作，实现对馈线断路器的故障识别、隔离和对非故障区间的恢复供电。部分 DTU 还具备保护和备用电源自动投入的功能。

4. 通信架构及采用的通信协议

底层的计量监控终端装置与主站服务器层之间的通信支持多种有线和无线方式，如光纤、拨号、GPRS、CDMA、GSM 等。终端和主站服务器之间的通信协议支持 IEC 101、IEC 102、IEC 104、CAN-BUS 等多种方式。

5. 适用范围

其适用于大型的厂矿企业，如油田、冶金、矿山等。

## 思 考 题

1. 特高压输电的优点有哪些？
2. 柔性输电的优点有哪些？
3. 输电线路状态监测的关键技术有哪些？

4. 何谓同步测量技术?
5. 智能变电站的关键技术有哪些?
6. 智能配电网的主要功能有哪些?
7. 何谓微电网技术?
8. 简述智能用电的概念及特征。
9. 简述智能用电技术能够实现的功能。
10. 简述智能用电双向交互技术的内涵。
11. 简述智能楼宇概念、特点及组成。
12. 简述智能电能表分类及各自特点。
13. 简述阶梯电价与传统计费方式的不同。
14. 简述预付费电能表工作流程。
15. 简述智能交互终端的功能。

# 第三章　智能电网的信息化

## 第一节　智能电网的信息通信

应用现代通信技术构建的电力通信网已成为现代化电网不可分割的重要组成部分，是现代化电网的重要特征之一。通信是监控系统的基础，智能输电网监控系统的设备分散在很大的范围内，覆盖了电网的不同地方，采集终端 PMU 或 RTU 通过通信网络连接到一个或多个控制中心。因此，控制信息的延时和信号质量取决于通信系统，通信系统的性能决定了控制系统的效率。通信技术与信息技术建立高速、双向、实时、集成的通信系统是实现智能电网的基础，智能电网的数据获取、保护和控制、需求侧响应都依赖于高速双向通信系统的支持，因此高速双向通信系统是迈向智能电网的第一步。

### 一、智能电网的信息通信系统业务需求

为满足智能电网发展各阶段对电力信息通信网络的需求，需全面建设高速、宽带、自愈的坚强电力信息通信网络，支持多业务的灵活接入，即支持任何时间、任何地点、任何设备、任何业务、无所不在的信息通信接入方式，为电力智能化系统或设备提供"即插即用"的电力信息通信保障。

智能化电网对 ICS 的业务性能需求包括：毫秒级时延要求、毫秒以下的同步时间偏差要求、毫赫兹以下的频率同步偏差要求，以及宽带高速要求。

智能电网对信息通信通道的时延要求是：变电站内部小于 1ms，其他小于 500ms，同步时间偏差小于 1ms。据 IBM 对带宽需求的预测，每个先进的变电站需 0.2～1Mbit/s 带宽，连续抄表每百万先进的电表需 1.85～2.0Mbit/s 带宽，每万个智能传感器需 0.5～4.75Gbit/s 带宽。电网友好型电器的频率响应范围是±5mHz，所以信息通信通道的频率同步精度要小于 1mHz。

目前存在的各种信息通信技术都能用于支撑智能电网。具体可以分为有线和无线通信技术。有线通信可以是光纤通信、电力线通信 PLC（包括工频通信、窄带和宽带电力载波通信）、电缆通信等。其中，光纤通信包括架空/直埋/管道/隧道普通光缆、光纤复合架空地线（Optical Fiber Composite overhead Ground Wires，OPGW）、全介质自承式光缆（All Dielectric Self-Supporting Optical Fiber Cable，ADSS）、光纤复合相线（Optical Fiber Composite Phase Conductor）等技术。无线通信可以是无线个人局域网（WPAN，IEEE 802.15）、无线局域网（WLAN，IEEE 802.11）、无线城域网（WMAN，IEEE 802.16）、无线广域网（WWAN，IEEE 802.20）、3G/B3G 通信、卫星通信、微波通信、短波/超短波通信、空间光通信等。也可以按照运动性分为固定与移动（漫游、慢速/快速移动）通信。

### 二、信息通信技术

建立高速、双向、实时、集成的通信系统是实现智能电网的基础，没有这样的通信系

统，任何智能电网的特征都无法实现，因为智能电网的数据获取、保护和控制都需要强大的通信系统来支持。现代通信技术的种类繁多，常见的类型有高速互联网、光纤、电力线通信（BPL）、无线通信等。这些技术近年来都以惊人的速度迅速发展，受到广泛关注，但在智能电网中的应用，不同的技术则各有利弊。

1. 高速互联网技术

智能电网的通信节点数量众多，传统的基于 IPv4 的互联网技术难以满足通信节点对于 IP 地址的需求。Internet 2 作为下一代高速互联网骨干网，采用 IPv6 协议和 128bit 编码，地址资源极端丰富，可以满足智能电网对于 IP 地址的需求。在 Internet 2 中，借助于高性能主干网和多协议标签交换（MPLS）服务质量（QoS），可直接支持集成 QoS 敏感的应用。作为新一代的因特网技术，Internet 2 在网络服务协议和服务质量上均有重大改进，并显示出卓越的应用优势。

（1）网络空间的拓展。

因特网上的每个主机和路由器都有一个地址，它包括网络号和主机号。这个编码的组合是唯一的，因特网中不可能有两台具有相同地址的主机存在。

Internet 2 已采用扩充到 128bit（16byte）的网络地址编制方式克服这一原有困难。在这种方式下地址总数是 $2^{128}$，从而提供了一个充足的地址空间，甚至可以为将来世界上所有作为因特网节点的家庭电视分配足够的地址。

（2）服务质量（QoS）。

到目前为止，现行因特网在供应商提供的服务质量上是没有任何选择余地的。也就是说，用户不能按照自己所涉及的应用、会话、时间或参加情况来请求相应的服务与付款。而 Internet 2 将会使这一要求得以实现。用户可以选择带宽、延迟、可靠性等参数，从而获得可预测的 QoS。同时，Internet 2 还将对下一代网络技术，尤其是支持 QoS 的技术进行实验，并进一步研究新技术，如 IP 网和 ATM 网的接入控制、计费和优先权等。

（3）安全性。

网络与数据安全始终是互联网中的关键问题，在 E-mail、网络资源使用和地址等方面所出现的欺诈行为，正是由于缺乏强有力的安全机制而致。

Internet 2 所采用的新 IP 协议将包含两个提供高级通信安全的功能，即文电鉴别首部与安全性封装首部。文电鉴别首部将为出自于熟悉和可信赖的消息提供保证，保证一旦上网后能追踪到信息源。换言之，文电鉴别首部将识别消息的来源和识别出消息是熟人或可信赖的人发过来的；安全性封装首部是一种保证消息从源头到终点完整无缺的手段，同时保证消息的内容不让黑客看到，该首部的定义支持多种可能的格式与算法。

（4）多点群播。

普通 IP 通信是在一个发送者和一个接收者之间进行的，但对于有些应用，如视频会议、推送技术、大规模协作计算和为用户群进行软件升级等，则要求具有能够从一个主机向多个主机或从多个主机向多个主机发送同一信息的能力。换而言之，信息发布者不用考虑接收者的数量，而只需要向网络发送一份拷贝，网络就将在需要时复制这份数据，并寻找到目的主机。很明显，这种群播功能有利于减少网络传输的数据量。就目前而言，群播只能在因特网的虚拟子网上执行，而且受到网络速度的严重制约。

Internet 2 是具有多播能力的网络，允许路由器一次将数据包复制到多个通道上，多发送方只要发送一个信息包而不是很多个，所有目的地同时收到同一信息包，更加及时同步，可以把信息发送到任意目的地，减少了网络上传输的信息包的总量，使单台服务器能够对几十万台桌面机同时发送连续数据流而无延时，大大降低了带宽要求，减轻了服务器的负荷，并且改善了传送数据的质量，达到了从未有过的传输能力。

（5）多媒体传输。

高速互联网络多媒体包含了两个或两个以上连续媒体的组合，也就是说，在一段已定义好的时间间隔中播放媒体，并且常常伴有用户的交互。实际上，通常用到的媒体就是音频和视频，即声音加上运动的图片。Internet 2 的高速数据传输能力和多点群播功能为大量多媒体信息传输提供了保证，智能电网的各种综合信息都可以以多媒体的形式方便地传输。

目前，绝大多数信息系统应用都是基于网络平台开发的，智能电网也不例外。可以预见，网络仍将是信息化建设，包括智能电网实现最主要的平台。而具有高容量、高传输效率、高服务质量的 Internet 2 无疑会对智能电网的实施和完善产生巨大影响。

2. 光纤以太网通信技术

随着智能电网对数据信息的实时性和高效性的需要，以及普遍提供实时视频、音频通信及动态监测数据等方面的服务，使得智能电网内部的通信网上的数据量大增。由于光纤通信的诸多优点，它在电力系统中得到了广泛的推广和使用，很多电力企业已经建立了连接全省各个地区的光纤网络。光纤通信在电力系统中的信息传输、数据实时监测系统等方面发挥了巨大的作用，包括提供 ATM、吉比特以太网、SDH 等形式的信号，并使得数据能够以透明的格式进行传输。在智能电网中，变电站无人值班和综合自动化程度的普遍提高，要求有一种更为可靠、高效的方式作为通信支持，而光纤正好可以满足这种需要。原有的基于现场总线的电网信息系统在网络的开放性和兼容性上不能够满足要求，因此，为进一步提高信息系统的网络性能，可以构建一个基于光纤以太网的自动化通信模型，同时结合光纤的宽带通信性能和以太网的易于维护特性，使得智能电网信息系统能够更好地与电力企业的信息网络实现无缝连接，完成数据的实时监测和显示功能。

（1）光纤通信的基本原理。

基本的光纤传输系统的组成如图 3-1-1 所示，系统由传输介质、光发射机和光接收机三个部分组成。传输介质是超细玻璃、熔硅纤维或其他形式的光纤，具有低损耗、高带宽、传输距离长、抗电磁干扰等优点。光发射机的核心是由发光二极管（LED）或激光二极管（LD）形成的光源，通过驱动电路数字信号对光源进行调制，形成光脉冲，通过光纤线路进行传输。在接收机中，光检测器检测光信号的变化趋势并转换成电信号，经过放大器进行功率放大后再进行其他处理。光检测器可以是光电二极管（PIN）或雪崩二极管（APD）。发送端的电信号调制成光信号，沿光纤向前传输，在接收端再将光脉冲转变成电信号，这样就构成了一个单向的光纤传输系统。

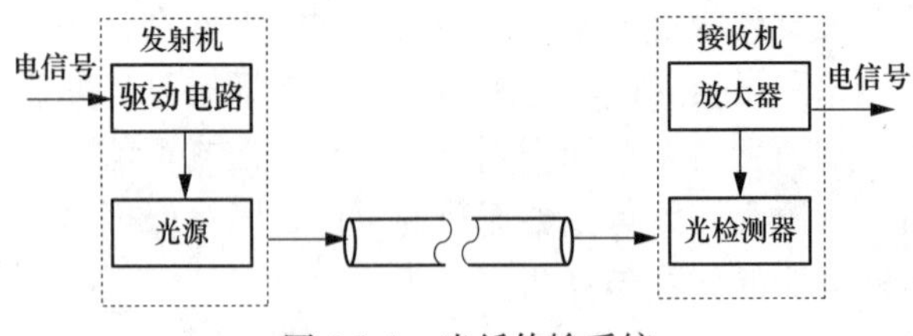

图 3-1-1 光纤传输系统

（2）光纤吉比特以太网技术。

以太网最初是由美国施乐（Xerox）公司于 1975 年研制成功的，它以无源的电缆作为总线传送数据帧，并以历史上表示传播电磁波的以太（Ether）来命名。以太网最初采用的物理媒质是同轴电缆，传输距离较短（约为几百米），基带传输速率为 10Mbit/s。20 世纪 90 年代以后，以太网进入高速发展的时期。1990 年首先推出了 10BASE-T Ethernet 以太网，IEEE 802 工程组也对 100Mbit/s 以太网的各种标准，如 100BASE-TX、100BASE-T4、中继器、全双工等标准进行了研究。1995 年 3 月 IEEE 宣布了 IEEE 802.3u 规范，开始了快速以太网的时代。1998 年，IEEE 推出了 802.3z 吉比特以太网标准 1000BASE-X。IEEE 802.3z 吉比特以太网标准有 1000BASE-FX 基于光缆的标准，该标准使用了与以前的以太网相同的帧格式，规定了长波光纤、短波光纤和短铜跳线三种介质上的 1000Mbit/s 的传输。1999 年又推出了名为 IEEE 802.3 ab 的标准 1000BASE-T，成为宽带的局域网乃至城域网的解决方案。

吉比特以太网技术采用全双工介质访问控制并使用传统的 CSMA-CD（Carrier Sense Multiple Access with Collision Detection，带有冲突检测的多路载波访问）技术，这项技术也可以支持多种传输介质，包括长、短波激光，同轴电缆及非屏蔽双绞线等。吉比特以太网是基于 CSMA/CD 技术的，当网络负荷较重时，会造成效率的降低，这可以使用交换技术来弥补。采用光导纤维作为传输介质，则可支持 62.5μm 和 50μm 的多模和 9μm 的单模光纤，在以太网架构下达到 1.25Gbit/s 的传输速率。1000BASE-LX 基于 1300nm 的单模光缆标准，使用 8B/10B 编码解码方式，最大传输距离为 3000m。基于 50μm 或 62.5μm 多模光缆标准，使用 8B/10B 编码解码方式，传输距离为 300～550m。由于只是单纯的数据传输业务，在考虑节约成本的情况下，选择吉比特以太网作为集控站系统的网络通信模型，而且采用光纤作为传输介质，可以获得更高的传输速率，并保证数据能够可靠、实时和有效地传输。

吉比特以太网具有以太网的易移植、易管理特性，在处理新应用和新数据类型方面具有灵活性，它是在赢得了巨大成功的 10M 和 100M IEEE 802.3 以太网标准基础上的延伸，提供了 1000Mbit/s 的数据带宽，使得吉比特以太网成为高速、宽带网络应用的战略性选择。

（3）通信协议的选择。

使用光纤以太网无疑可以极大地改善通信网络性能，但在光纤网络上，电力系统大部分通过 SDH 方式复用，以点对点方式传输传统的远动协议所给定的数据格式。这些协议（CDT/Polling）是面向 300～9600bit/s 的低速通道设计的，根本不适合在当今的光纤高速通道上使用，既造成通信资源的极大浪费，也难以满足有几百个变电站数十个控制中心的庞大电网的监控技术要求。因此，采用新的通信协议势在必行。

国际电工委员会第 57 技术委员会（IEC TC57）制定国际标准是在已有国际标准的基础上，并考虑与有关国际标准兼容。IEC TC57 专门成立了第 7 工作组，研究制定了基本远动任务配套标准 IEC 60870-5-101、IEC 60870-5-104，一般用于变电站远动设备和调度计算机系统之间，能够传输遥测、遥信、遥脉、遥控、保护事件信息、保护定值、录波等数据。其传输介质可为双绞线、电力线载波和光纤等，采用 FT1.2 帧格式，一般采用点对点方式传输，信息传输采用平衡方式（主动循环发送和查询结合的方法）。该协议传输数据容量是 CDT 协议的数倍，可传输电网信息传输网内包括保护和监控的所有类型信息，因此可满足智能电网的信息传输要求。目前已经作为我国电力行业标准推荐采用，且得到了广泛的应用。目前，集控站自动化系统网络推荐使用 IEC 60870-5-101、IEC 60870-5-104 协议，无人值班变电站的通信协议推荐使用 IEC 60850 协议。

3. 电力线通信技术

电力线通信是一种利用电力系统的电力线资源进行数据、语音传输的通信技术。基于电力线通信技术的高速数据通信实际上利用目前已有的宽带骨干和城域网，使用特殊的转换设备，将因特网运营商提供的宽带网络中的信息信号接入小区局端电力线，用户终端只要通过电力调制解调器连接到交流电源插座即可实现宽带传输业务。

（1）电力线通信技术的应用优势。

相比较于其他有线通信方式，电力线通信在宽带接入应用领域具有其独特的应用优势。

1）成本低。对运营商而言，由于利用电力线上网，直接使用现有的电力网就可以实现通信，而不需要另外铺设电话线、光电缆等，大大减少了在基础网络上的投资。对用户而言，通过电力线上网，无需通过电话线，相对减少了通话费用，且享受到价格低廉的互联网接入服务。

2）覆盖广。无所不在的电力线网络是此技术的优势，电力线是最基础的网络，它的规模之大是其他网络所无法比拟的，运营商可以轻松地将网络接入服务渗透到每一个电网终端。

3）传输速率高。利用电力线上网能够为用户提供高速的数据传输速率，信息传送速度可达到 200Mbit/s，基本可以满足智能电网的数据传输速率要求。

4）适用性强。此技术能够通过电力线将整个智能电网的终端设备与数据传输网络联为一体，在终端设备之间构筑起可自由交换信息的局域网，使人们能够通过网络来控制自己电网里的设备。

（2）电力线通信技术在智能电网中的应用。

在智能电网系统中，控制中心需要与系统中的 FTU（馈电终端单元）、TTU（变压器终端单元）等远端监控设备进行通信，来获取智能电网中的各种信息，并对一次设备（变压器、分段开关、环网联络开关、断路器等）进行监控。对通信系统的要求取决于智能电网的规模、复杂程度以及预期达到的自动化水平。总体来说，有如下要求：具有较高的可靠性和抗干扰能力，并且网络扩展方便；双向通信（个别情况下不需要）容易操作、维护方便；此外，建设成本要低，并且通信要不受停电的影响。

由于智能电网系统功能的复杂性，单一的通信方式一般无法满足所有要求。可供选择使用的通信方式主要有：有线通信方式，包括光纤通信、公用电话网、ISDN 等；无线通信方式，包括微波通信、GSM 通信、卫星通信等。其中，光纤通信由于其可传输距离远，抗干扰、抗辐射能力，保密性高，以及传输容量高等优点，获得了广泛的使用，尤其是在主干通信网中。但光纤通信也有诸如成本高、技术要求高、维护和扩展不方便等不足之处。

若使用 GSM 网中 GPRS 作为传输通道，由于是公用网络，则保密性较差；另外，它不是专用的数据通信网，在网络中语音优先，在通话多的情况下，不能保证数据的及时传输。

近几年，随着通信技术以及相应数字信号处理技术的发展，使得直接在智能电网上实现可靠的数据传输成为可能。直接利用电力线本身无疑具有最大的吸引力，它组网方便，不用布线，能最大限度地减少投资，并且覆盖范围广，可扩展性好，可以容易地覆盖整个配电网。由于电力线通信先天具有的这些优势，使得电力线通信技术可以成为智能电网系统通信技术的重要选择之一。

在智能电网中实现可靠的通信，需要解决两个关键难点：一是解决噪声的干扰问题，以及长距离情况下的信号衰减问题；二是如何跨越变压器以及各种开关等问题。针对第一个问题，可以通过使用如 OFDM、扩频通信等合适的调制技术，自适应均衡技术，以及纠错编码技术等来解决。对于第二类问题，目前常用的解决方法是为通信信号另辟一条通路，直接跨越变压器和各种开关进行传输。

电力线通信技术可作为智能电网中的通信方式之一，其具有投资少、建设维护方便以及可扩展性能佳等优点，但仍需要根据电网的传输特性解决一些问题。例如，如何高质量地使通信信号穿越变压器、如何尽量地延伸传输距离，以及如何在通信点繁多的情况下保证高效通信等，这些都需要在理论研究与实际应用中逐步解决。

民网中的电力线通信技术已经取得了一定成功，并在国内外进行了一定范围的应用。但作为一项新兴的技术，总有其从发展到成熟的过程，还需要解决的问题主要有：如何保持稳定的通信质量；如何解决电能表对信号的衰减问题，以达到“零布线”；如何向用户提供不同等级的业务；对多种业务的 QoS 保证；电磁干扰等问题。此外，民网中的电力线通信技术还没有一个全世界统一的标准，存在不同产品之间的兼容问题。在运营方面，有些国家（如日本）已明文规定禁止电力线通信的研究与商业化运营。在很多国家，包括我国在内，也还没有颁布运营合法化的条例，这在国家政策上造成了其发展的障碍。

4. 宽带移动通信技术

在智能电网的建设中，宽带移动通信技术的作用非常重要。当前投入运行的比较先进的宽带移动通信技术主要是第三代移动通信技术。目前，在我国投入运营的第三代移动通信技术标准有 WCDMA、CDMA2000 和 TD-SCDMA 三种，随着技术的发展移动 WiMAX 也许会在不远的将来也投入使用。第三代移动通信技术最主要的特征是以宽带形式提供多媒体业务，传输速率更大，灵活性更高，能处理图像、音频、视频流等多种媒体形式，支持多种单向和交互式多媒体、多呼等新业务。对于个人用户，除了传统的通信业务，还可随时随地用手机高速上网，享受各种宽带多媒体业务。对于行业和企业用户，不但可以提供包括移动办公、电话视频会议、视频监控等多种应用，还可根据不同行业和企业特点，定制个性化移动通信解决方案。

（1）宽带移动通信技术的技术特点。

宽带移动通信技术的技术特点主要表现在以下几方面。

1）有全球范围设计的，与固定网络业务及用户互联，无线接口的类型尽可能少和高度兼容性。

2）具有与固定通信网络相比拟的高话音质量和高安全性。

3）第三代移动通信技术的数据传输速率可达到 2Mbit/s 以上，通信容量是 GPRS 等二代半移动通信技术的 2～5 倍。

4）移动终端可连接地面通信网和卫星网，可移动使用和固定使用，可与卫星业务共存和互连。

5）能够处理包括国际互联网和视频会议、高数据率通信和非对称数据传输的分组和电路交换业务。

6）终端体积小、质量轻，具有真正的全球漫游能力。

7）具有根据数据量、服务质量和使用时间为收费参数，而不是以距离为收费参数的新收费机制。

（2）智能电网信息通信需求。

美国能源部发布了一份美国电网改革纲领性的文件“GRID2030”，文件中指出

GRID2030 计划采用先进的材料技术、超导技术、电力电子技术和控制技术、广域测量技术、实时仿真技术、储能技术、可再生能源发电技术、微型燃气轮机发电技术等，构建全美骨干电网、区域性电网、地方电网和微型电网等多层次的电力网络，以保障大电网的供电可靠性及电能质量。它的最终目标是在多层次的电力网上同步覆盖一个综合通信网和控制系统，最终形成电力与通信一体化系统体系结构（Integrative Electric Power and Communication System Architecture，IEPCSA）的 21 世纪的现代化的 GRID2030 电网。IEPCSA 电力系统要求下一代信息通信网络必须做到以下四点。

1）高速率：支持电力系统新的保护和控制应用所需要的高速、实时通信。

2）高带宽：支持电力系统开展新业务和新功能所需求的高带宽和高速率。

3）高覆盖：支持所有相关场所的实时监视和控制功能。

4）高可靠：如果部分网络损坏后，通信网仍能继续运行。

（3）宽带移动通信技术在智能电网中的应用优势。

宽带移动通信技术应用到智能电网中，其优势主要表现在高速的数据传输速度，满足了电力系统大量信息数据传输的要求，高速可靠的数据交互为智能电网开放性地兼容各类设备提供了可靠的通信机制；视频业务功能将增加电网与需求侧、发电商、环境和谐相处的能力，为其提供完成交易的信息处理平台和物理载体；安全性和可靠性是满足智能电网防御信息攻击、提高信息安全、提高自愈能力的重要保证，为智能控制、负荷调度、电力抢修、智能需求等功能管理提供了准确可靠、实时的数据信息。宽带移动通信技术在智能电网中的具体功能应用如下。

1）电网视频监控。在配电网中有大量的检测终端、变压器监测设备，并需要向调度中心传送各种信息，如遥测、遥信、遥控、主要设备状态和报警信息等。随着视频监控技术的发展，越来越多的变电站和机房采用无人值守的方式。为了提高安全性和可靠性，对传输通道的可达性和带宽提出更高的要求。采用固定宽带与移动通信技术相结合，可实时传送清晰的动态视频信息，满足电力网络利用视频进行实时监测的要求。

将移动视频业务与电力系统已有的视频监控系统相结合，一方面，在有线宽带不能通达的监测点安装移动视频监测装置，实现视频监控；另一方面，使监控维护人员可使用移动终端或手机，实时了解运行状况。由于移动视频监控对带宽的要求较高，只有使用宽带移动通信网络才能获得较好的业务质量。

2）线路巡检。高压架空输电线路是电力系统的重要组成部分，其传输距离长，沿线地理环境复杂。目前国内主要采用人工检测故障的方法对线路进行维护，巡检人员工作强度很大，故障检测困难。随着电子芯片和机器人技术的飞速发展，日、美等国已经成功研制出以机器人作为载具，以摄像机作为图像采集设备进行巡线的技术。而且借助移动通信技术（掌上电脑、条码扫描技术、RFID 射频识别技术等），巡检人员可利用掌上电脑、手机、PC 以文字、图片、视频的方式将现场情况实时发送到巡检中心，保证了现场数据的准确性、完整性，提高了工作效率，使巡检维护规范化，提高了维护和管理水平。

3）负荷管理。负荷管理是电力需求侧管理（DSM）的重要组成部分，是缓解电力供需矛盾、提高电力使用效率、保障电力系统安全运行的重要措施。DSM 中的负荷管理主要有降压减负荷、对用户可控负荷进行周期性控制、直接切除用户可控负荷三种方式。通过采用宽带移动通信网络的无线通信方式，以视频对电网进行全面监测，同时信息高度共享，多部门联动，增强协调能力，加速信息流转，实现远程监控与操作，准确及时地进行负荷管理和人员调度，降低人力成本，提高响应速度。

4）应急抢险指挥。智能电网的自治和自愈能力是指电网维持自身稳定运行、评估薄弱环节和应对紧急状态的能力。由于一些突发情况造成电力网络故障或电力系统损坏的情况时有发生，需迫切提高应急抢险指挥能力，快速恢复电网的正常运行。在电力应急抢修车中加装宽带移动通信终端，通过音频和视频传输远程现场信息，将抢修现场情况与电网运行情况、设备运行系统资料、客服中心的报修系统、事故抢修决策预案等系统互联，以保证各部分信息迅速流通与互动，使远端指挥人员实时了解电网的现场状况，作出正确判断和指挥，提高现场的指挥调度能力，缩短抢险时间，提高应急能力，减少灾害造成的影响。

目前，中国移动和中国联通在内的各类商业运营商都在竞先开展 3G 服务。按照以往的经验，商业运营商网络覆盖范围可高达 95%，并且拥有先进的服务。利用现有的和将来的 3G 商业运营商的蜂窝数据网络可能是高性价比的解决方案，它可避免建立专门的无线网络所需的大量投资。由于我国政府对 3G 无线通信的大力支持，这一技术目前已经投入运行，而且将在未来拥有更大的发展空间，随着其应用范围和领域的扩展，也将可能在智能电网建设中发挥更大的作用。

5. 近距离无线传输技术

Zigbee 联盟的 Zigbee 标准（IEEE 802.15.4）使用跳频扩频无线技术，提供可靠的、低速的、远距离传输性能，并免受传输堵塞和干扰。IEEE 802.15.4 文件为现代电网元件常见的传感器和控制装置联网提供了一个公共的标准。

随着通信技术的发展，以无线个域网为代表的近距离无线传输技术具有能耗低、效能高、稳定可靠等特点，可以作为智能电网各通信节点的末端互联手段，这样不仅可以减少线缆、光纤等传输介质的器材消耗，还可以大大降低整个电网的维护管理难度以及运营成本，使智能电网具有更高的经济效益。当前应用比较广泛的近距离无线传输技术主要有以下几种。

（1）Wibree 技术。

Wibree 是诺基亚在赫尔基辛的研究中心宣布的一种新的短距离无线通信技术。该技术可以在设备间进行连接，并且突破了蓝牙固有的能量局限，功耗仅为蓝牙的 1/10。2007 年 6 月 12 日，SIG 与 Wibree 论坛宣布 Wibree 并入蓝牙，Wibree 将作为蓝牙的超低耗电通信标准重新进行定义。Wibree 的低功耗特点为其在智能电网的末端应用提供了良好的技术支持。

（2）超宽带（UWB）技术。

超宽带是一种基于 IEEE 802.15.3 标准的超高速的短距离无线接入技术。它在较宽的频谱上传送极低功率的信号，能在 10m 左右的范围内实现每秒数百兆比特的数据传输率，具有抗干扰性能强、传输速率高、带宽极宽、消耗电能小、保密性好、发送功率小等诸多优势。UWB 早在 1960 年就开始开发，但仅限于军事应用，美国 FCC 于 2002 年 2 月准许该技术进入民用领域，目前已经成为无线个域网领域的热门技术之一。

（3）Zigbee 技术。

IEEE 802.15.4 无线标准研制开发的关于组网、安全和应用软件等方面的技术标准，是 IEEE 802.15.4 的扩展集，它由 Zigbee 联盟与 IEEE 802.15.4 工作组共同制定。Zigbee 工作在 2.4GHz 频段，共有 27 个无线信道，数据传输速率为 20～250kbit/s，传输距离为

10～75m。

（4）Z-Wave 技术。

2005 年 1 月，为了开发家庭自动化应用市场，美国芯片和软件开发商 Zensys 公司与其他 60 多家厂商在 CES（Consumer Electronics Show）大会上宣布成立 Z-Wave 联盟。该联盟推出了基于射频的、低成本、低功耗、高可靠的适于组网的双向无线通信技术，即 Z-Wave。Z-Wave 的数据传输速率为 9.6kbit/s，信号有效覆盖范围在室内是 30m，室外可达 100m，适合窄宽带应用场合。相对于现有的各种无线通信技术，Z-Wave 技术是最低功耗和最低成本的低速率无线个域网技术，主要用于家居、商场里的照明控制、身份识别和小型的工业电力控制。目前 Z-Wave 主要专注于无线传感网络领域，力求为用户提供一个更加实用、高效的智能控制网络。

（5）RFID 技术。

RFID 俗称电子标签，它是一种非接触式的自动识别技术，通过射频信号自动识别目标对象并获取相关数据。RFID 由标签、读写器和数据管理系统三个基本要素组成。RFID 可被广泛应用于物流业、交通运输、医药、食品等各个领域。然而，由于成本、标准等问题的局限，RFID 技术和应用环境还很不成熟，主要表现在制造技术复杂、生产成本高、标准尚未统一、应用环境和解决方案不够成熟、安全性还需要接受考验。

6. NFC 技术

NFC（Near Field Communication）是由飞利浦、诺基亚和索尼主推的一种由 RFID 衍生出来的短距离无线通信技术。使用双方只需互相接近，就可以完成信息交换，并访问内容和服务。NFC 可以对无线网络进行快速、主动设置，也可以用作虚拟连接器，服务于无线个域网设备。

总而言之，现代通信技术在智能电网中的应用前景广阔，但要使之真正能够服务于智能电网并逐渐完善，还有很多问题需要解决。

首先，通信基础平台的规划建设要充分考虑未来资源及数据量的增加。随着接入站点的增加，以及快速增长的采集数据量的不断汇聚，对传输网络带宽和网络传输可靠性都会提出更高的要求。因此，通信平台在建设初期，就应充分考虑到这些因素，为未来的网络扩展和维护更新做好冗余配置。

其次，通信基础平台的建设不是独立的，还要兼顾考虑电网全公司管理业务的需求。所以数字化通信平台的发展应全面考虑未来生产、管理、安全等各方面需求，同时考虑技术发展和投资效益，选择合适的建设模型和方向。

另外，要形成集成的通信系统光有载体还不够，还需要发展和实施被使用者、供应商和其他主体广泛接受的通信标准。目前，在配电站自动化等有限领域建立了通信标准，尚有诸如需求侧响应等的通信标准正在研究中，但标准化工作还需要继续加强。

总之，通信技术作为智能电网实现的基础，随着智能电网的建设和发展，将拥有巨大的潜在发展空间。各类现代通信技术特性及优缺点各有不同，究竟哪种技术会成为智能电网的应用主流，还要看其技术本身的发展和智能电网设计者的规划和实际需要。在这个过程中，通信技术应用还有很多问题需要解决，使之适应智能电网的运行要求。

## 三、ICS 体系信息通信框架

智能电网的信息通信保障体系框架构想如图 3-1-2 所示。中国智能电网（ICS）通信体系架构涉及行政、组织与政策研究等多个方面，基础理论与方法研究，技术与工具研究及系统研究和应用等四个方面。在系统方面，主要探讨系统形式、系统功能、开发方法及开发工具。在信息通信管理方面，主要涉及网络安全及信息通信保障、组织架构与响应流程等。

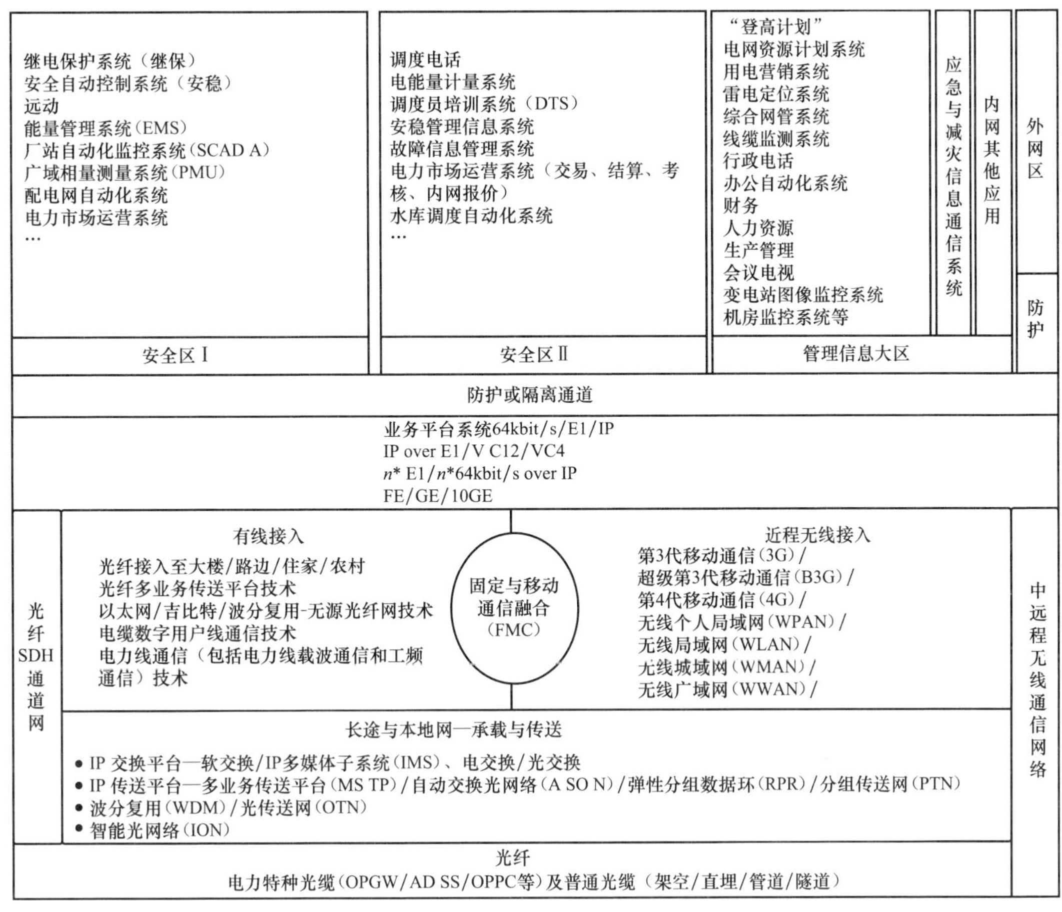


图 3-1-2 智能电网的信息通信保障体系框架

中国智能电网信息通信的目标是提供一种集成信息通信能力，构筑分布式虚拟系统，把责任机构、决策与汇报职责、职权追踪、监督管理等功能，明确地体现在用以建立人际网络的信息通信支持的软件中。涉及的相应人员能够在任何地方开展工作，其虚拟指挥中心不需要相关人员必须集中在同一地点，以提高信息通信网对智能电网各类业务的服务保障能力。

ICS 是对中国特色智能化电网实施监视、控制和管理的中枢神经，是保障智能电网安全稳定经济运行的重要技术手段，是提高智能电网企业信息化水平的重要支撑。

电力行业内各类资产的运行使用寿命为：机械/土建类资产 40～70 年，电气类资产 20～30 年，通信设备类资产 8～10 年，信息设备类资产 4～5 年。可见电力行业内各类资产的运行使用寿命差异巨大。若以电气类资产一代 20 年作为参考，则其对应两代的通信设备类资产、四代的信息设备类资产。所以，对应中国智能电网一代电气类资产的运行使用寿命周期，需要先后建设二、三、四代信息通信系统。若按照二代来规划信息通信体系架构，则第一代的重点是如何通过基础技术的改进来可靠地保障网络与物理设施的生存能力；第二代的重点是如何采用基于博弈论的虚拟组织理论，提供一种集成信息通信能力来构筑分布式虚拟系统。

中国智能电网信息通信体系架构主要包括三个方面，一是立体全方位的信息通信系统，承载的形式大致有五类，太空的卫星、平流层的气球/飞艇/飞机、空中的直升飞机、地面的应急通信车辆/人员的便携装置/固定台站/通信线缆、地下通信线缆台站等，具体如图 3-1-3 所示；二是资源的储备和共享，包括公司内部、电力行业、公用信息通信网、国内各行业及国际相关组织；三是信息通信人才。

## 四、ICS 网络管理

电力信息通信网承载了电力调度管理系统、电力市场交易、电力电量计量系统、语音和视频等大数据量业务，对网络的性能和业务连续性也提出了很高的保障要求，因此必须组建科学严密的防火墙体系，并在关键位置装入入侵检测系统、安全监控系统，采取入侵防护、病毒防护、服务器核心防护、专用安全隔离装置、专用数字证书等防护措施对其重点防范。

支撑中国智能化电网 ICS 的网络管理模型如图 3-1-4 所示。以网元/设备为起点，进行网元管理、网络管理、服务管理和业务管理，从故障、配置、统计、性能和安全等五个维度进行管理，提供运营、管理、维护和供应。同时，重视以“人、财、物”为中心的信息通信资源管理，达到合理利用、优化配置的目标。

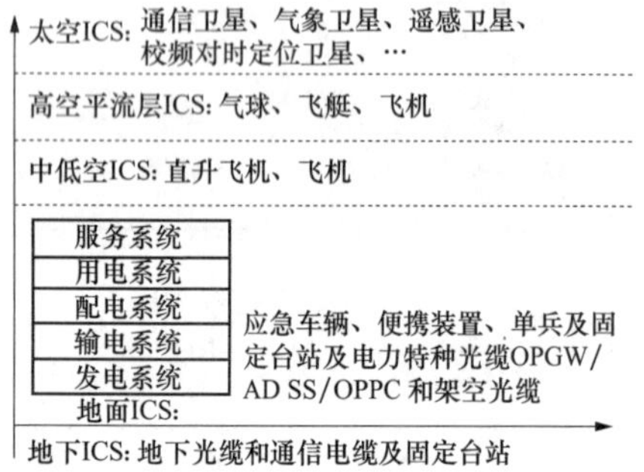


图 3-1-3 智能电网的立体全方位信息通信系统结构

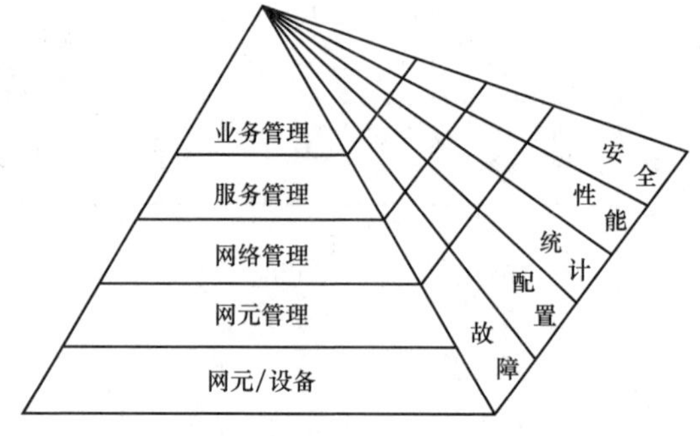


图 3-1-4 支持智能化电网的 ICS 网络管理模型

## 五、ICS 网络安全防护

信息通信网络安全是指，在利用网络提供的服务进行信息传递的过程中，通信网络自身（即承载网和业务网）的可靠性、生存性；网络服务的可用性、可控性；信息传递过程中信息的完整性、机密性和不可否认性。网络安全涉及“攻（攻击）、防（防范）、测（检测）、控（控制）、管（管理）、评（评估）”等多方面的基础理论和实施技术。

智能电网相对传统电网将更多依赖信息交换，电网具有跨地域广阔、设备元件众多等特点，任意节点都可能引发信息安全问题，导致电网发生故障，因此智能电网信息安全防护内涵广泛，影响重大。智能电网信息系统的安全防护应该是一个系统化的体系，该体系的主要内容包括以下四点。

（1）脆弱性和风险评估。

对信息系统的脆弱性和风险定期进行评估，指定包括改进措施的一系列指导原则。调查指出，虽然工作站、服务器、路由器都提供了安全机制，但是用户并未对安全进行有效配置，甚至配备有 IT 维护团队的顶级大公司也依然存在这个问题。据统计，约有超过 90%的信息系统入侵是通过已知的系统漏洞和操作系统、服务器、网络设备错误配置侵入的。

（2）对威胁的应对能力。

对电网安全构成威胁的行为，如信息系统攻击发生时，相应的应对和报警机制即随之启动。在极端情况下，体现为当电网信息系统遭受大规模攻击，导致电网信息系统发生故障时，电网公司与其他机构，包括政府机构的联动响应。

（3）重要系统的可靠性。

2002 年 5 月中华人民共和国国家经贸委 30 号令《电网和电厂计算机监控系统及调度数据网络安全防护的规定》指出重要系统包括电力数据采集与监控系统、能量管理系统、变电站自动化系统、换流站计算机监控系统、发电厂计算机监控系统、配电自动化系统、微机继电保护和安全自动装置、广域相量测量系统、负荷控制系统、水调自动化系统和水电梯级调度自动化系统、电能量计量计费系统、实时电力市场的辅助控制系统、各级电力调度专用广域数据网络、用于远程维护及电能量计费等的调度专用拨号网络、各计算机监控系统内部的本地局域网络等，必须切实防范对上述电网计算机监控系统及调度数据网络的攻击侵害及由此引起的电力系统事故，抵御病毒、黑客等通过各种形式对系统发起的恶意破坏和攻击，防止通过外部边界发起的攻击和侵入，尤其是防止由攻击导致的一次系统的控制事故。

（4）敏感信息的安全。

对敏感信息需要从内部和外部全面杜绝窃取，如电网的发电、输电、配电等环节的重要数据等。防止未授权用户访问系统或非法获取电网运行和调度敏感信息以及各种破坏性行为，保障电网调度数据信息的安全性、完整性。需重点关注电力市场系统、电网调度信息披露的数据安全问题，防止非法访问和盗用，可以通过具有认证、加密功能的安全网关来实现；此外，确保信息不受破坏和丢失，则通过系统冗余备份来实现。

在国家和行业安全防护管理的指导下，将安全等级保护、安全风险评估、灾难备份与恢复三部分工作有机结合，互为依托、互为补充，明确安全防护要求和安全防护检测要求，共同构成支撑中国智能化电网的信息通信系统安全防护体系，如图 3-1-5 所示。

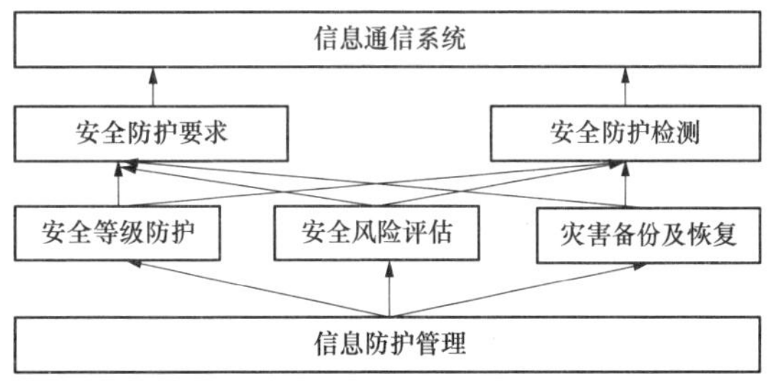

图 3-1-5　ICS 网络安全防护体系

由物理安全层面、传送网安全层面和业务网安全层面构成信息通信网络安全层面，主要是针对各层面具有的不同安全脆弱性，制定相应的措施保障安全。

网络安全侧面是受保护的网络活动，包括控制管理、灾备恢复和终端用户等侧面，一个安全侧面与其他安全侧面需要完全隔离。

网络安全维度是安全措施的集合，用于解决特定的网络安全问题，包括访问控制、认证、抗抵赖、数据保密性、通信安全、数据完整性、可用性、私密性等。

支撑中国智能化电网的信息通信网络安全框架体系由网络安全层面、网络安全侧面和网络安全维度等三个方面构成，如图 3-1-6 所示。

**六、信息通信技术标准体系简介**

在经济全球化的进程中，技术标准担当着产业主流技术载体的重要角色，成为国际市场

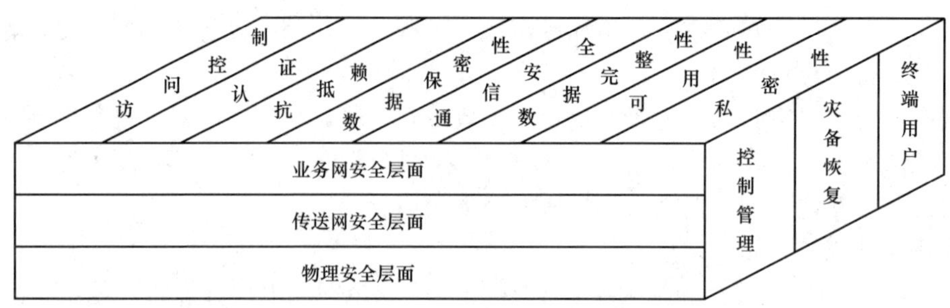


图 3-1-6　信息通信网络安全框架体系

和产业竞争的制高点。对于支撑中国智能化电网的信息通信技术而言，建立和完善技术标准体系，从可持续发展的角度具有战略意义。

智能电网涉及范围广泛，因此潜在的标准领域非常庞大和复杂。但是，不能每次都从零重新开始，不能重复各种相同的发现和昂贵的错误。现已有各种成熟的标准和最佳做法，可以很容易地使用以推进智能电网的部署。所以，从需求和规范性出发，罗列、梳理、筛选和汇总现有的相关标准和实践非常必要。

现有的相关标准和实践中，支撑中国智能化电网的信息通信技术标准体系将涉及多个国内外标准化组织。代表性的国外组织有国际电信联盟电信标准局（ITU-T）、国际电信联盟无线电通信局（ITU-R）、欧洲电信标准协会（ETSI）、国际互联网工程工作小组（IETF）、美国电信产业解决方案联盟（ATIS）、国际大电网会议电力信息与通信专业委员会（CIGRESCD2）、国际标准化组织（ISO）、国际电工委员会（IEC）、美国电气和电子工程师协会（IEEE）、美国国家标准协会（ANSI）。可能支撑中国智能化电网的信息通信国外标准有 IEEE 802《局域网/城域网》、IEEE 1588《精确时间同步协议》、IEC 61850—2004《变电站通信网络与系统》、IEC TR 62210—2003《电力系统控制及其通信、数据和通信安全》、IEC 62351 TS Ed. 1—2007《数据和通信安全》、IEC 60794《光缆》及 G. 8110/Y. 1370《多协议标签交换层次化网络结构》等。

支撑智能电网的信息通信技术（Information and Communication Technology，ICT）可能涉及的中国标准包括国家标准、行业标准和企业标准。其中，国家标准包括国家标准（GB）、工程建设国家标准（GBJ）、国家推荐标准（GB/T）、国家指导标准（GB/Z）；行业标准包括通信行业标准（YD）、通信标准类技术报告（YDB）、通信标准参考性技术文件（YDC）、电力行业强制标准（DL）、电力行业推荐标准（DL/T）等。

支撑智能化电网的 ICT 标准体系建立过程如图 3-1-7 所示。随着滚动、迭代和逼近流程的推进以及技术创新和实践，将会产生越来越多的新标准。

支撑智能化电网的 ICT 标准体系主要包括基础标准、通用标准（包括技术标准、管理标准和工作标准）、产品/建设类标准（包括产品类标准和工程建设类标准），其金字塔型结构如图 3-1-8 所示。产品类标准涉及产品、方法、管理、安全环保和服务。工程建设类标准涉及勘察、设计、施工和安装。按照标准的法规性可划分为强制标准、推荐标准和标准化指导性技术文件。

标准编写要遵循基本要求、统一性、标准间的协调性、适用性、计划性和专利的处理等基本规则，以目的性、性能和可证实性为原则，来确定 ICS 产品的标准内容。

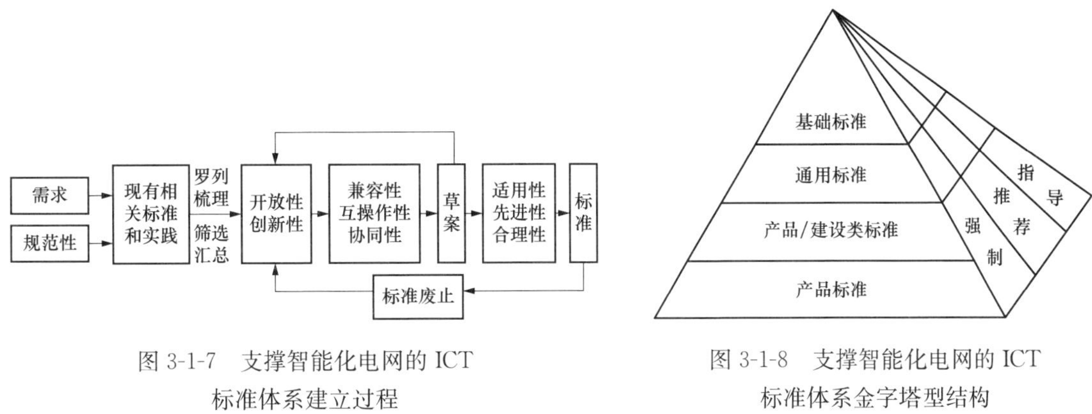


图 3-1-7　支撑智能化电网的 ICT 标准体系建立过程

图 3-1-8　支撑智能化电网的 ICT 标准体系金字塔型结构

## 第二节　智能电网的信息安全

信息安全通常是指信息在采集、传递、存储和应用等过程中的完整性、机密性、可用性、可控性和不可否认性。信息安全包括操作系统安全、数据库安全、网络安全、病毒防护、访问控制、加密和鉴别七个方面。保证 ICS/MCS 系统的信息安全，就是防止信息财产被故意地或偶然地非授权泄露、更改或破坏，以防止信息被非法的系统辨识、控制，从而达到确保智能电网通信信息的完整性、保密性、可用性和可控性基本目的。

随着信息通信技术在电力系统中的广泛应用，目前的电网自动化程度显著提高，互联网的规模也越来越大。电力系统的运行、控制以及管理是依靠跨越各个分布系统或终端的信息交换来实现的，ICS/MCS 网络出现的任何安全方面的问题都可能影响电力系统的安全、稳定、经济运行，进而影响电网的可靠供电，甚至影响国家、社会的安全稳定。

智能电网是基于数字控制的，大量的设备连接到电网的小型或微型计算机，恶意攻击者可以利用这些设备传播恶意代码破坏数据。电力信息安全同计算机网络安全一样需要面临客观和主观两大类威胁：客观威胁来源于通信和信息系统自身的故障，以及因工作人员的疏忽大意而导致的误操作；主观威胁是指有预谋的攻击，来源于存在不满情绪的内部工作人员、电力市场环境下的商业间谍、恶意破坏的犯罪团伙、网络黑客、计算机木马病毒程序、恐怖组织或国家的敌对分子等。

### 一、智能电网信息安全的需求

1. 信息安全与电力系统生存性

信息安全对电力系统生存性的影响主要表现在以下两个方面。

(1) 网络间功能的强耦合性。

一方面，分布广泛的信息网络需要与之配套的电力网络为其提供工作电源；另一方面，电力网络中几乎所有功能的实现都需要借助于信息网络提供的服务。电力网和信息网的这种强耦合性，使得大停电事故更加容易发生。例如，通过对信息网中的关键节点发动攻击，使得相应的电力网络中的关键电厂停机或重要输电线出现过载，可以造成与该信息节点对应的电力节点失效。换言之，在智能电网条件下，信息网络和电力网络之间的故障可以相互转化。由于信息网络目前具有许多已知安全漏洞，可以用来发起攻击的入口很多，且不受时间、地点和天气等因素的影响，因而对电力系统的危害性也更大。因此，未来对智能电网的攻击形式很有可能从传统的对物理电力系统的直接攻击转为对与之相对应的信息系统的攻击。

（2）网络间故障的传播性。

对于相互依存的两个网络，当其中一个网络中的某个节点失效时，将会引发另一个网络中相关节点的失效。随着这一过程在两个网络中的交替出现，失效节点数将迅速增加，网络出现大面积故障，最终导致全网崩溃。值得担忧的是，未来的智能电网为网络间故障的传播提供了很好的平台。

2. 智能电网发展带来的信息安全风险

智能电网的建设在为电力企业以及用户带来效益和实惠的同时，也带来新的安全风险，具体包括以下几点。

（1）电力系统复杂度的增加，增加了安全防护的难度。

智能电网的安全问题越来越得到关注，虽然欧美已经提出了一些安全策略，但还没有形成统一的智能电网安全标准规范体系。缺乏一套完整的安全标准规范体系，智能电网今后的安全性将无法得到保障，这也是智能电网将会面临的一个非常严峻的问题。

（2）智能电网安全标准规范的缺乏。

随着智能电网规模的扩大，互联大电网的形成，电力系统结构的复杂性将显著增加，电网的安全稳定性与脆弱性问题将会越显突出。同时复杂度的增加，将导致接口数量激增、电力子系统之间的耦合度更高，因此很难在系统内部进行安全域的划分，这使得安全防护变得尤为复杂。

（3）网络环境更加复杂，攻击手段智能化。

智能电网的建设，信息集成度更高，网络环境更加复杂，病毒、黑客的攻击规模与频繁度会越来越高；此外随着很多新的信息通信技术的采用，比如 Wi-Fi、WCDMA、3G 等，它们在为智能电网的生产、管理、运行带来支撑的同时，也会将新的信息安全风险引入到智能电网的各个环节；为了提高数据的传输效率，智能电网可能会使用公共互联网来传输重要数据，这也将会对智能电网的安全稳定运行造成潜在的威胁，甚至可能会造成电网运行的重大事故。不安全的智能网络技术将会给黑客提供他们所附属的不安全网络的快速通道。这都将会给电力系统带来严峻考验。

（4）用户的安全威胁。

未来用户和电网之间将会出现更加广泛的联系，实现信息和电能的双向互动。基于 AMI 系统，用户侧的智能设备（比如智能电器、插拔式电动车等）都将直接连到电力系统。这不可避免地给用户带来安全隐患，一方面用户与电力公司之间的信息交互涉及公共互联网，用户的隐私将会受到威胁；另一方面家用的智能设备充分暴露在电力系统中，易受到黑客的攻击。因此智能电网中端到端的安全就显得非常关键。

（5）智能终端的安全漏洞。

随着大量智能、可编程设备的接入，已实现对电网运行状态实时监控、进行故障定位以及故障修复等，从而提高电网系统的效率和可靠性。这些智能设备一般都可以支持远程访问，比如远程断开/连接、软件更新升级等，这将会带来额外的安全风险，利用某些软件漏洞，黑客可以入侵这些智能终端，操纵和关闭某些功能，暴露用户的使用记录，甚至可以通过入侵单点来控制局部电力系统。因此这些智能终端可能会成为智能电网内新的攻击点。面对更加复杂的接入环境、灵活多样的接入方式，数量庞大的智能接入终端对信息的安全防护提出新的要求。

3. 智能电网信息安全需求

智能电网作为物联网时代最重要的应用之一，将会给人们的工作和生活方式带来极大的变革，但是智能电网的开放性和包容性也决定了它不可避免地存在信息安全隐患。和传统电力系统相比较，智能电网的失控不仅会造成信息和经济上的损失，更会危及到人身和社会安全。因此，智能电网的信息安全问题在智能电网部署的过程中必须充分考虑。针对智能电网的运营特点，其安全需求主要包括物理安全、网络安全、数据安全及备份恢复等方面。

（1）物理安全。智能电网的物理安全是指智能电网系统运营所必需的各种硬件设备的安全。这些硬件设备主要包括智能表计、测量仪器在内的各类型传感器，通信系统中的各种网络设备、计算机以及存储数据的各种存储介质。物理安全主要指保证硬件设备本身的安全和智能电网系统中其他相关硬件的安全，是智能电网信息安全控制中的重要内容。物理安全的防护目标是防止有人通过破坏业务系统的外部物理特性以达到使系统停止服务的目的，或防止有人通过物理接触方式对系统进行入侵。要做到在信息安全事件发生前和发生后能够执行对设备物理接触行为的审核和追查。

智能输电网信息通信具有集中化管理的特点，输电网对信息的实时性和可靠性要求很高。智能输电网通过远距离输电线路运送大量电能，同时与智能电网中分散的能源与负荷中心连接，并有高压储能设施和分布式能源接入。智能控制中心通过智能输电通信网络控制智能输电网络和智能变电站，以信息流控制电力流，因此信息安全直接影响着电网的物理安全。

（2）网络安全。在传统电力系统基础上，智能化的通信网络架构的智能电网应具有较高的可靠性。该通信网络必须具备二次系统安全防护方案。防护的原则是安全分区、网络专用、横向隔离、纵向认证。根据这个原则，智能电网的通信网络可划分为四个分区：安全区Ⅰ（实时控制区）、安全区Ⅱ（非控制生产区）、安全区Ⅲ（生产管理区）、安全区Ⅳ（管理信息区）。其中，安全区Ⅰ、安全区Ⅱ和安全区Ⅲ之间必须采用经相关部门认定核准的电力专用安全隔离装置，必须达到物理隔离的强度。网络纵向互联时，互联双方必须是安全等级相同的网络。要避免安全区纵向交叉，同时在网络边界要采用逻辑隔离。信息系统网络运行过程中要充分利用防火墙、虚拟专用网，采用加密、安全隔离、入侵检测以及网络防杀病毒等技术来保障网络安全。

现代电网控制系统本质上是计算机网络，电力系统信息安全问题本质上是计算机网络的信息安全问题。网络是信息的重要载体，从信息系统特点出发，信息安全的主要属性表现在网络信息系统的机密性、完整性、可用性、可控性、不可否认性等方面。

1）可用性：即使在突发事件下，依然能够保障数据和服务的正常使用，如网络攻击、计算机病毒感染、系统崩溃、战争破坏、自然灾害等。

2）机密性：能够确保敏感或机密的传输和存储不遭受未授权的浏览，保证只有获得授权的接收方才能获得正确的信息，甚至可以做到不暴露保密通信的事实。

3）完整性：能够保障被传输、接收或存储的数据是完整的和未被篡改的，在被篡改的情况下能够发现篡改的事实或者篡改者的位置，保证接收方收到的消息和发送方发送的消息是一致的。

4）不可否认性：能够保证信息系统的操作者或信息的处理者不能否认其行为或者处理结果，这可以防止参与某次操作或通信的一方事后否认该事件曾发生过。

5）真实性：也称可认证性，能够确保实体（如人、进程或系统）身份或信息、信息来源的真实性。

6）可控性：能够掌握和控制信息与信息系统的基本情况，可对信息和通信系统的使用实施可靠的授权、审计、责任认定、传播源追踪和监管等控制。

（3）数据安全及备份恢复。在智能电网中，数据安全的含义有两点：其一，数据本身的安全，即采用密码技术对数据进行保护，如数据加密、数据完整性保护、双向强身份认证等；其二，数据防护的安全，即采用信息存储手段对数据进行主动防护，如通过磁盘阵列、数据备份、异地容灾以及云存储等手段保证数据的安全。

智能电网整体的信息安全不能通过将多种通信机制的安全简单叠加来实现。除了传统电力系统的信息安全问题之外，智能电网还会面临由多网融合引发的新的安全问题。

4. 由多网融合引发的新的安全问题

（1）感知测量节点的本地安全问题。由于智能电网中的智能设备可以取代人来完成一些复杂、危险和机械的工作，因此智能电网的感知测量节点多数部署在无人监控的电力系统环境中。攻击者可以轻易地接触到这些设备，从而对它们造成破坏，甚至通过本地操作更换机器的软硬件。

（2）感知网络的传输与信息安全问题。感知测量节点通常情况下功能唯一、能量存储有限，使得复杂的安全保护技术无法应用。而智能电网的感知网络形式多样，从功率测量到稳压监控，再到电价实时控制，它们的数据传输没有特定的标准，所以没法提供统一的安全保护体系。

（3）核心通信网络的传输与信息安全问题。核心通信网络具有相对完整的安全保护能力。但是由于智能电网中节点数量庞大，且以集群方式存在，因此会导致在数据传播时，由于大量机器的数据发送使网络拥塞，产生例如拒绝服务攻击等一系列安全威胁。此外，现有通信网络的安全架构都是从人与人之间通信的角度设计的，并不适用于机器之间的通信。简单套用现有安全机制不符合智能电网的设备之间的逻辑关系。

（4）智能电网业务的安全问题。由于智能电网中的设备可能是先部署后连网，同时又会面临无人看守的情况，因此如何对智能电网中的设备进行身份认证和业务配置就成了难题。庞大且内部多样化的智能电网需要一个强大而统一的信息安全管理平台来统一管理，否则独立化的子平台会被各式各样的智能电网应用所淹没。另外，如何实现在对智能电网中设备的日志等安全信息进行管理的同时，不破坏通信网络与业务平台之间的信任关系也是必须研究的问题。

## 二、智能电网信息安全的关键技术

1. 解决信息安全应遵循的原则

（1）系统分级原则。

智能电网的信息系统，将以实现等级保护为基本出发点进行安全防护体系建设，依据系统定级情况进行安全域划分，并参照国家信息安全管理部门、国家电网公司和电监会的安全要求进行防护措施设计。

信息系统包括电力二次系统和管理信息系统两个大类。电力二次系统包括能量管理系统、变电站自动化系统等；管理信息系统包括企业门户、财务、营销、物资管理和人力资源、安全生产等系统。根据系统的重要性可分为 2 级、3 级、4 级系统，重要性依次提升。所有 2 级系统可以归为一个安全域，3 级以上系统需要单独成域。对智能电网信息系统分级，将提高电网抗击风险的能力，有效地维护智能电网安全可靠运行。

(2) 防护分域原则。

划分安全域是构建智能电网信息安全网络的基础，具体可划分为网络核心区域、核心服务器区域、桌面办公区域、分支机构区域、互联机构区域、测试服务器区域和安全设备区域。网络核心区域是电网信息安全网络的心脏，它负责全网的路由交换以及和不同区域的边界隔离。这个区域一般包括核心路由设备、核心交换设备、核心防火墙以及主动防攻击和流量控制设备等。

(3) 积极管控原则。

信息安全网络的建设并没有随着分区防御的建设而结束，智能电网的建设对整体信息网络的监控和控制以及对安全网络提出了更高的要求，这就是智能电网信息系统要求的积极管控原则。智能电网安全设备区域包括网络管控的必要工具，具体为部署在安全设备区域中的网管平台、日志分析系统、IDS 攻击分析报警系统、安全审计系统等一系列系统。

(4) 充分灾备原则。

在近期自然灾害和黑客攻击频发的环境下，充分灾备原则已经逐渐被电网各级管理人员所重视。随着国家电网公司智能电网的建设和信息化工作的大力推进，信息系统的安全在公司生产、经营和管理工作中的作用日益凸显，电网信息系统及其数据信息已成为公司的重要资源，公司各部门对建设容灾中心的需求也日益强烈。

2. 智能电网信息安全的关键技术

智能电网信息安全工作一定要坚持安全分区、网络专用、横向隔离、纵向认证，以保证智能电网的安全运行。对于大量分散用户的信息接入，也要采取类似办法，将其影响范围局限在变电站甚至更低的等级，以防止对整个电网产生灾难性的后果。

(1) 安全分区：根据电力二次系统的特点，各相关业务系统的重要程度和数据流程、目前状况和安全要求，将整个电力二次系统分为四个安全区，即Ⅰ实时控制区、Ⅱ非控制生产区、Ⅲ生产管理区、Ⅳ管理信息区。不同的安全区确定了不同的安全防护要求，从而决定了不同的安全等级和防护水平。其中安全区Ⅰ的安全等级最高，安全区Ⅱ次之，其余依次类推。

(2) 网络专用：要求对实时控制类信息采用专用网络进行传输。

(3) 横向隔离：在调度中心、信息中心内采用单向隔离装置隔离Ⅰ区、Ⅱ区向Ⅲ区和Ⅳ区的安全访问，而Ⅲ区和Ⅳ区内的各 VPN 访问也需要通过防火墙严格的白名单方式实现访问。在厂站、二级单位内Ⅰ区、Ⅱ区和Ⅲ区、Ⅳ区各业务 VPN 不能实现互访，Ⅱ区 VPN 如需要访问Ⅲ区 VPN 应增加单向隔离装置。各业务 VPN 内主机或网络设备应通过不同物理接口接入防火墙。单向隔离装置和防火墙设备由各应用系统专业配置。

(4) 纵向认证：厂站和二级单位与调度中心、信息中心业务 VPN 互相访问必须通过防火墙接入调度数据网和综合数据网，调度数据网和综合数据网采用 MPLS VPN 严格隔离业务的互通。各业务 VPN 接口防火墙建议采用不同物理防火墙（采用不同物理接口）接入调度数据网和综合数据网，也可采用单设备内的虚拟防火墙实现，Ⅰ、Ⅱ区与Ⅲ、Ⅳ区业务不得接入同一台物理防火墙。

智能电网体系架构中的感知测量层对应信息采集安全，信息通信层对应信息传输安全，调度运维层对应信息处理安全。

信息采集安全主要保障智能电网中的感知测量数据，这一层需要解决智能电网中使用无线传感器、短距离超宽带以及射频识别等技术的信息采集设备的安全性。信息传输安全主要保障传输中的数据信息安全，这一层需要解决智能电网使用的无线网络、有线网络和移动通信网络的安全性。信息处理安全主要保障数据信息的分析、存储和使用，这一层需要解决智能电网的数据存储安全以及容灾备份、数据与服务的访问控制和授权管理。

（1）信息采集安全。

1）无线传感器网络安全。无线传感器网络中最常用到的是 Zigbee 技术。Zigbee 技术的物理层和媒体访问控制层（MAC）基于 IEEE 802.15.4，网络层和应用层则由 Zigbee 联盟定义。Zigbee 协议在 MAC 层、网络层和应用层都有安全措施。MAC 层使用 ABE 算法和完整性验证码确保单跳帧的机密性和完整性；而网络层使用帧计数器防止重放攻击，并处理多跳帧；应用层则负责建立安全连接和密钥管理。Zigbee 技术在数据加密过程中使用三种基本密钥，分别是主密钥、链接密钥和网络密钥。主密钥一般在设备制造时安装。链接密钥在个域网络（PAN）中被两个设备共享，可以通过主密钥建立，也可以在设备制造时安装。网络密钥可以通过信任中心设置，也可以在设备制造时安装，可应用在数据链路层、网络层和应用层。链接密钥和网络密钥需要进行周期性的更新。

2）短距离超宽带通信安全。短距离超宽带（UWB）协议在 MAC 层有安全措施。UWB 设备之间的相互认证基于设备预存的主密钥，采用四次握手机制来实现。设备在认证过程中会根据主密钥和认证时使用的随机数生成对等临时密钥（PTK），用于设备之间的单播加密。认证完成之后，设备还可以使用 PTK 分发组临时密钥（GTK）用于安全多播通信。数据完整性是通过消息中消息完整性码字段实现的。UWB 标准通过对每一个 PTK 或者 GTK 建立一个安全帧计数器实现抗重放攻击。

3）射频识别安全。由于射频识别（RFID）的成本有严格的限制，因此对安全算法运行的效率要求比较高。目前有效的 RFID 的认证方式之一是由 Hopper 和 Blum 提出的 HB 协议以及与其相关的一系列改进的协议。HB 协议需要 RFID 和标签进行多轮挑战——应答交互，最终以正确概率判断 RFID 的合法性，所以这一协议还不能商用。由于针对 RFID 的轻量级加密算法现在还很少，因此有学者提出了基于线性反馈移位寄存器的加密算法，但其安全性还需要进一步证明。

（2）信息传输安全。

1）无线网络安全。无线网络安全主要依靠 802.11 和 Wi-Fi 保护接入（WPA）协议、802.11i 协议、无线传输层安全协议（WTLS）。

① 802.11 和 WPA 协议。802.11 中加密采用有线等效保密协议（WEP）。由于使用一个静态密钥加密数据，因此比较容易被破解，现在已经不再使用。WPA 协议是对 802.11 的改进。WPA 采用 802.1x 和临时密钥完整性协议（TKIP）来实现无线局域网的访问控制、密钥管理和数据加密。802.1x 是一种基于端口的访问控制标准，用户只有通过认证并获得授权之后才能通过端口访问网络。

② 802.11i 协议。802.11i 协议是对 802.11 协议的改进，用以取代 802.11 协议。802.11i 协议的认证使用可扩展认证协议（EAP），基本思想是基于用户认证的接入控制机制。具体内容包括用户认证、密钥生成、相互认证、数据包认证及防字典攻击等。可以使用各种接入设备，并且可以有效支持未来的认证方式。802.11i 的数据保密协议包含 TKIP 和计数器模式/密文反馈链接消息认证码协议（CCMP）。TKIP 采用 RC4 作为核心算法，包含消息完整码和密钥获取与分发机制。CCMP 的核心加密算法采用 128bit 的计数模式高级加密标准（AES）算法，不仅能够抵抗重放攻击，而且使用密码分组链接模式也可以保证信息的完整性。

③ 无线传输层安全协议。WTLS 位于国际标准化组织（ISO）七层模型的传输层之上。WTLS 基于安全套接层（SSL）并对传输层安全协议（TLS）进行了适当的修改，加入了对不可靠传输层的支持，减小了协议开销，使用了更先进的压缩算法和更有效的加密方法，可以用于智能电网的无线网络部分。WTLS 主要应用于无线应用协议（WAP），用于建立一个安全的通道，提供的安全特性有鉴权、信息可信度及完整性。同 SSL 一样，WTLS 协议也分为握手协议和记录协议两层。

2）有线网络安全。有线网络安全主要依靠防火墙技术、虚拟专用网（VPN）技术、安全套接层技术和公钥基础设施（PKI）。

① 防火墙技术。防火墙技术最初的原型采用了包过滤技术，通过检查数据流中每个数据包的源地址、目的地址、所用的端口号、协议状态或它们的组合来确定是否允许该数据包通过。在网络层上，防火墙根据 IP 地址和端口号过滤进出的数据包；在应用层上检查数据包的内容，查看这些内容是否能符合企业网络的安全规则，并且允许受信任的客户机和不受信任的主机建立直接连接，依靠某种算法来识别进出的应用层数据。

② 虚拟专用网。虚拟专用网是指在一个公共 IP 网络平台上通过隧道以及加密技术保证专用数据的网络安全性。VPN 是一种以可靠加密方法来保证传输安全的技术。在智能电网中使用 VPN 技术，可以在不可信网络上提供一条安全、专用的通道或隧道。各种隧道协议，包括网络协议安全（IPSec）、点对点隧道协议（PPTP）和二层隧道协议（L2TP）都可以与认证协议一起使用。

③ 安全套接层。安全套接层技术提供的安全机制可以保证应用层数据在智能电网传输中不被监听、伪造和窜改，并且始终对服务器进行认证。SSL 还可以选择对客户进行认证，提供网络上可信赖的服务。SSL 可以用于智能电网的有线网络部分。SSL 是基于 X.509 证书的 PKI 体系的一种应用，主要由记录协议和握手协议构成。SSL 记录协议建立在可靠的传输协议（如 TCP）之上，为高层协议提供数据封装、压缩、加密等基本功能支持；SSL 握手协议建立在 SSL 记录协议之上，用于在实际的数据传输开始前，通信双方进行身份认证、加密算法协商、加密密钥交换等。

④ 公钥基础设施。公钥基础设施能够为所有网络应用提供加密和数字签名等密码服务及所必需的密钥和证书管理体系。PKI 可以为不同的用户按不同安全需求提供多种安全服务，主要包括认证、数据完整性、数据保密性、不可否认性、公正和时间戳等服务。

3）移动通信网络安全。移动通信网络安全主要包括 GSM 网络安全、3G 网络安全、LTE 安全。

① GSM 网络安全。在 GSM 网络中，基站采取询问—响应认证协议对移动用户进行认

证，制止非授权用户使用网络资源。在无线传输的空中接口部分对用户信息加密，防止窃听泄密。

② 3G网络安全。在3G网络中，终端和网络使用认证与密钥协商（AKA）协议进行相互认证，不仅网络可以识别终端的合法性，终端也会认证网络是否合法，并在认证过程中产生终端和网络的通信密钥。3G网络还引入了加密算法协商机制，加强了信息在网络内的传送安全，采用了以交换设备为核心的安全机制，加密链路延伸到交换设备，并提供基于端到端的全网范围内的加密。

③ LTE安全。在长期演进3GPP（The 3rd Generation Partnership Project）系统架构演进（LTE/SAE）中将安全措施在接入层（AS）和非接入层（NAS）信令之间分离开，无线链路和核心网需要有各自的密钥。这样，LTE系统有两层保护，第一层为用户层安全，第二层是EPC中的网络附加存储（NAS）信令安全。用户和网络的相互认证和安全密钥生成都在AKA流程中进行。该流程采用了基于对称加密体制的挑战—响应机制，产生128bit的密钥。

（3）信息处理安全。

1）存储安全。存储可以分为本地存储和网络存储。

本地存储需要提供文件透明加密存储功能和加密共享功能，并实现文件访问的实时解密。本地存储严格界定每个用户的读取权限。用户访问数据时，必须经过身份认证。

网络存储主要分NAS、存储区域网络（SAN）与IP存储三类。在文件系统层上实现网络存取安全是最佳策略，既保证了数据在网络传输中和异地存储时的安全，又对上层的应用程序和用户来说是透明的；SAN可以使用用户身份认证和访问控制列表实现访问控制，还可以加密存储，当数据进入存储系统时加密，输出存储系统时解密；IP存储安全需要提供数据的机密性、完整性及提供身份认证，可以用IPSec、防火墙技术等技术实现，在进行密钥分发的时候，还会用到PKI技术。

2）容灾备份。容灾备份可以分为三个级别，即数据级别、应用级别和业务级别。从对用户业务连续性的保障程度来看，它们的可用级别逐渐提高。前两个级别都仅仅是对通信信息的备份，后一个则包括整个业务的备份。智能电网业务的实时性需求很强，应当选用业务级别的容灾备份。备份不仅包括信息通信系统，还包括智能电网的其他相关部分。整个智能电网可以构建一个集中式的容灾备份中心，为各地区运营部门提供一个集中的异地备份环境。各部门将自己的容灾备份系统托管在备份中心，不仅要支持近距离的同步数据容灾，还必须能支持远程的异步数据容灾。对于异步数据容灾，数据复制不仅要求在异地有一份数据拷贝，同时还必须保证异地数据的完整性、可用性。对于网络的关键节点，要能够实时切换。同时，网络还要具有一定的自愈能力。

3）访问控制和授权管理。访问控制技术分为三类，即自主访问控制、强制访问控制和基于角色的访问控制。自主访问控制即一个用户可以有选择地与其他用户共享文件，主体全权管理有关客体的访问授权，有权修改该客体的有关信息，而且主体之间可以权限转移。强制访问控制即用户与文件都有一个固定的安全属性系统，该安全属性决定一个用户是否可以访问某个文件。基于角色的访问控制即授予用户的访问权限由用户在组织中担当的角色来确定。根据用户在组织内所处的角色进行访问授权与控制。当前在智能电网中主要使用的是第三类技术。

授权管理的核心是授权管理基础设施（PMI）。PMI与PKI在结构上非常相似。信任的基础都是有关权威机构。在PKI中，由有关部门建立并管理根证书授权中心（CA），下设各级CA、注册机构（RA）和其他机构。在PMI中，由有关部门建立授权源（SOA），下设分布式的属性机构（AA）和其他机构。PMI能够与PKI和目录服务紧密集成，并系统地建立起对认可用户的特定授权。PMI对权限管理进行了系统的定义和描述，完整地提供了授权服务所需过程。

未来的信息安全技术必须要与智能电网信息通信系统相互融合，而不仅仅是简单的集成。在制订智能电网标准的时候就需要考虑到可能存在的各种信息安全隐患，而不能先制订标准再去考虑信息安全，否则就会重蹈互联网的覆辙。

未来智能电网作为物联网在电力行业的应用，将会融合更多的先进的信息安全技术，如可信计算、云安全等。智能电网将会发展成基于可信计算的可信网络平台。智能电网中的可信设备通过网络搜集和验证接入者的完整性信息，依据安全策略对这些信息进行评估，从而决定是否允许接入，以确保智能电网的安全性。同时，可信计算还可以协助智能电网建立合理的用户控制策略，并依据用户的行为分析数据来建立统一的用户信任管理模型。智能电网还将会融合云安全技术，借助于云端的数据信息，在病毒未危害到设备时就提前阻止危害发生。云端数据信息的实时更新将会是物联网时代应对病毒的有效手段。

3. 智能电网信息安全的目标策略

安全策略是安全防护体系的核心。安全策略分为总体策略、面向各个系统的具体策略两个层次。策略定义了安全风险的解决思路、技术路线以及相配合的管理措施。安全策略是系统安全技术体系与管理体系的依据。

电力监控系统和调度数据网络的安全防护有以下策略。

（1）分区防护、突出重点。根据系统中的业务的重要性和对一次系统的影响程度进行分区，重点保护电力实时控制以及生产业务系统。

（2）所有系统都必须纳入到统一的安全防护体系中来，并置于相应的安全区内，不符合安全防护要求的系统必须整改。

（3）安全区间隔离。生产控制大区和管理信息大区之间必须允许采用物理隔离；安全区Ⅰ与安全区Ⅱ之间必须采用逻辑隔离。

（4）网络隔离。电力调度数据网与电力数据通信网实现物理隔离。

（5）纵向防护。生产控制大区接入电力调度数据网时，必须采用国家指定部门监测认证的电力专用纵向加密认证装置或者加密认证网关及相应设施；管理信息大区应采用硬件防火墙或更高安全强度的设备接入电力企业数据网。

对于面向每个安全目标的具体策略，从目标安全的层次上考虑，可采用以下安全策略。

（1）物理层。加强对所有物理设备的安全管理，防止未授权用户对调度控制系统及网络设备的物理接触。

（2）网络层。调度专用调度数据网络必须在物理层面上与其他网络物理隔离，同时剥离调度数据网上的非生产性业务；调度控制系统与生产管理系统必须有效安全隔离；综合设计和应用网络控制技术、信息加密技术、信息确认技术等技术手段，实现各种技术手段之间的联动机制。

（3）系统层及应用层。采用安全的操作系统、安全审计、漏洞扫描、防病毒措施等保证应用系统的安全，同时对关键系统及关键数据同时热备份和冷备份来防止出现系统崩溃或数据丢失。在调度数据网的广域网和局域网内，建立必要的信任与授权机制，保证用户的身份真实和行为的不可抵赖，以及应用系统的授权与访问控制。

（4）设备管理层。调度数据网络中将统一设置全网的安全管理模式，如对接入调度数据网的所有系统制定相同的安全策略；对全网的系统运行进行统一的安全监测，并对发现的可疑事件进行统一的安全分析与检测；对关键系统的访问提供身份认证机制。

总之，智能电网的信息安全工作面临着比传统电网更大和更艰巨的挑战，这也是实现智能电网所必须克服的困难之一。因此必须在安全策略的指引下，根据实际情况，因地制宜地采用各种安全措施和手段，以保证智能电网的信息安全不被破坏。

4. 智能电网信息安全标准

（1）与智能电网信息安全标准有关的国际标准化组织及标准研究动态。

1）美国国家标准技术研究院（NIST）。美国国家标准技术研究院（NIST）的“网络安全协同工作组”于2009年9月25日发布了《NIST智能电网互操作标准框架与路线图》和《智能电网网络安全策略与要求》的报告草稿。《NIST智能电网互操作标准框架与路线图》描述了用于智能电网的高级参考模型，确定了大约80项支持智能电网发展的标准，以及14个需优先发展的问题，并讨论了网络安全方面的风险管理框架与策略。

《智能电网网络安全策略与要求》在网络安全风险管理框架和策略的基础上，进行了智能电网私有性影响评估（Privacy Impact Assessment）和逻辑界面分析（Logical Interface Analysis），提出了先进测量基础设施（Advanced Metering Infrastructure）的安全需求。

NIST强调，网络安全不仅来自少数分子的蓄意破坏，也常来自因错误操作、设备故障或自然灾害引起的信息基础设施损坏。信息基础设施方面存在的漏洞可能允许攻击者渗透网络、获取控制软件或改变配置条件，以不可预期的方式破坏智能电网。美国国家标准技术研究院（NIST）在智能电网信息安全方面出版了以下三份重要的出版物。

① SP800-82《工控系统安全指南》。这是一份针对包括SCADA、DCS和其他控制系统组件如PLC在内的工业控制系统的安全指南，并分析了这些设备或系统的特性、可靠性，提出了其安全要求。

② SP800-53《联邦信息系统推荐安全指南》，是为保障联邦政府信息系统安全而制定的。该安全指南的附录1针对工控系统提出了基于其特点的系统安全措施选取指南、安全基准措施补充和安全措施补充说明。

③ IR 7628草案《智能电网网络安全策略与要求》。它明确了智能电网信息安全研究的五个阶段的战略步骤，提出了清晰的涵盖组件和接口的智能电网功能逻辑架构，并针对接口定义了安全要求。

2）国际电工委员会（IEC）。国际电工委员会（IEC）有多个委员会或其下属工作组都在从事智能电网信息安全方面的标准化工作。IEC在信息安全方面的主要贡献有：IEC 62351《电力系统管理及信息交换——数据和通信安全性》，该标准是IEC TC57/WG15为保障电力系统安全运行，针对有关通信协议而制定的数据和通信安全标准，是当前IEC 60870-5、IEC 61850等常用电力系统通信协议和规约的安全增强标准；IEC 62443《工业控制过程测量和控制的安全性 网络和系统安全》，该系列标准从通用基础标准、系统安全程序设计要求、系统技术要求和系统主件技术要求等方面做出了规范。

IEC 62351 包含以下七个部分。

① IEC 62351-1：引言部分，介绍了电力系统安全标准产生的背景和 IEC 62351 标准的导言信息。

② IEC 62351-2：术语描述，介绍了 IEC 62351 标准所使用的术语和缩写词的定义。这些定义将建立在尽可能多的现有的安全性和通信行业标准定义上，所给出的安全性术语广泛应用于电力系统及其他工业领域。

③ IEC 62351-3：包括 TCP/IP 平台的整体描述。IEC 62351-3 提供任何包括 TCP/IP 协议平台的安全性规范，包括 IEC 60870-6 TASE.2、基于 TCP/IPACSI 的 IEC 61850 ACSI 和 IEC 60870-5-104。它指定了通常在互联网上包括数据认证、保密性和完整性的安全配合的传输层安全性（TLS）的使用。这部分介绍了在电力系统运行中有可能使用的 TLS 的参数和整定值。

④ IEC 62351-4：包括 MMS 平台的安全性。IEC 62351-4 提供了包括制造报文规范（MMS）（9506 标准）平台的安全性，包括 TASE.2（ICCP）和 IEC 61850 的安全描述。它主要与 TLS 一起配置和利用其安全措施，特别是身份认证。它也允许同时使用安全和不安全的通信，所以在同一时间并不是所有的系统都需要使用安全措施升级。

⑤ IEC 62351-5：IEC 60870-5 及其衍生规约的安全性。IEC 62351-5 对该系列版本的规约（主要是 IEC 60870-5-101，以及部分的 102 和 103）和网络版本（IEC 60870-5-104 和 DNP 3.0）提供不同的解决办法。具体来说，运行在 TCP/IP 上的网络版本，可以利用在 IEC 62351-3 中描述的安全措施，其中包括由 TLS 加密提供的保密性和完整性。因此，唯一的额外要求是身份认证。串行版本通常仅能与支持低比特率通信媒介，或与受到计算约束的现场设备一起使用。因此，TLS 在这些环境使用的计算/或通信会过于紧张。因此，提供给串行版本唯一的安全措施，包括地址欺骗、重放、修改和一些拒绝服务攻击的认证机制，但不尝试解决窃听、流量分析或需要加密的拒绝。这些基于加密的安全性措施，可以通过其他方法来提供，如虚拟专用网（VPN）或“撞点上线”技术，依赖于采用的通信和有关设备的能力。

⑥ IEC 62351-6：IEC 61850 对等通信平台的安全性。IEC 61850 包含变电站 LAN 的对等通信多播数据包的三个协议，它们是不可路由的。所需要的信息传送要在 4ms 内完成，因而采用影响传输速率的加密或其他安全措施是不能接受的。身份认证是唯一可以被选用的安全措施，IEC 62351-6 这些报文的数字签名提供了一种涉及最少计算要求的机制。

⑦ IEC 62351-7：网络和系统管理的安全性。在 TC57 委员会的要求下，WG15 工作组除了为 SCADA 系统的规约制定安全措施外，还开展了第五项工作，即端对端的安全防护，如安全策略、访问控制机制、密钥管理、审计记录，还有其他关键设施的安全防护等；WG15 工作组确定在安全体系下进行信息设施的网络和系统管理，信息设施的管理对于电力系统安全可靠运行的重要性不亚于安全体系下的加密和访问安全管理。

3）国际标准化组织（ISO）。国际标准化组织（ISO）和 IEC 成立了 ISO/IEC JTC1，负责信息技术领域的标准化工作，下属 SC27 安全技术分委员会所制定的信息安全标准在智能电网信息安全方面也有着重要的影响，尤其是 ISO/IEC 27000 系列信息安全管理标准和 ISO/IEC 15408《信息技术-安全技术-信息技术安全性评估准则》在电力企业的信息安全管理和电力系统安全性评估方面有着广泛的应用。

4）电气电子工程师协会（IEEE）。

电气与电子工程师协会（IEEE）的标准制定主要集中在电子工程和计算机领域。在智能电网信息安全方面，IEEE 电力工程协会的变电站委员会制定了 IEEE 1686—2007《变电站 IED 信息安全能力》标准。该标准定义了变电站 IED 设备的基本安全要求和特征，解决了包括变电站 RTU 在内的 IED 的访问、操作、配置、固件更新和数据重传的安全问题。

（2）我国智能电网信息安全标准化工作现状。

1）我国智能电网信息安全标准化工作相关组织。我国智能电网信息安全标准化工作的相关组织有：全国信息安全标准化技术委员会（TC260），承担我国信息安全标准化工作，2009 年立项编制《工控 SCADA 安全指南》；全国电力系统管理及其信息交换标准化技术委员会（TC82）下设通信工作组，涉及部分智能电网通信安全标准化工作；全国工业过程测量与控制标准化技术委员会（TC124）的 SC 分委会，负责全国工业通信及系统等专业领域的标准化工作，承担部分工业控制系统信息安全的标准制定工作。国家电网公司作为我国智能电网建设的提出者和实施者，2009 年 6 月底，在国家电网公司科技部等部门的共同组织下，成立了智能电网标准体系研究工作组，针对我国智能电网信息安全标准化需求，制定和完善相关标准，为我国智能电网信息安全标准化工作提供战略发展指导。

2）我国智能电网信息安全相关标准现状。智能电网信息安全标准作为智能电网标准体系的核心部分之一，主要包括信息系统安全等级保护基本要求、电力二次系统安全防护规定、信息安全管理体系要求与信息安全管理实用规则、信息技术安全性评估准则等 4 个部分。

① 信息系统安全等级保护基本要求如下。

信息安全等级保护制度作为国家信息安全战略和策略，在今后的智能电网中，所有信息技术系统都必须满足等级保护要求。GB/T 22239—2008《信息系统安全等级保护基本要求》是描述信息安全等级保护基本技术要求和管理要求的基本标准，该标准也是等级保护方面其他标准的基础。我国已在 GB/T 22239—2008《信息系统安全等级保护基本要求》基础上针对信息安全保障体系的各部分内容制定和规划了一系列的标准。国家电网公司在此标准基础上制定了《国家电网公司信息化“SG186”工程安全防护总体方案》。

② 电力二次系统安全防护规定如下。

电力二次系统的安全防护是智能电网信息安全的关键内容，也是电网安全生产的基础。智能电网安全稳定运行要求必须实现电力二次系统的安全保障。电力二次系统安全防护规定（电监会 5 号令）用以指导电力系统实现对二次系统的安全防护。标准包含了《电力二次系统安全防护总体方案》、《省级以上调度中心二次系统安全防护方案》、《地、县级调度中心二次系统安全防护方案》、《变电站二次系统安全防护方案》、《发电厂二次系统安全防护方案》、《配电二次系统安全防护方案》等六部分内容，是我国电力系统信息安全核心标准，标准文本为国家秘密。

③ 信息安全管理体系要求与信息安全管理实用规则如下。

信息安全保障是一项结合了技术和管理两个方面的工作，ISO/IEC 27000 系列标准综合了信息安全技术和管理两方面的内容，适用范围不仅包括信息技术，同时内容涵盖了“信息”的全生命周期。ISO/IEC 27000 系列标准是目前国际上应用范围最广的信息安全标准，由英国国家标准 BS7799 发展而来，目前已经由原先的两部分规划发展为包含 35 个部分的标准族。其中最核心的两部分是 ISO/IEC 27001 信息安全管理体系——要求、ISO/IEC 27002 信息安全管理实用规则，我国已经引用这两个标准为国家标准，分别是 GB/T 22080—2008/ISO/IEC 27001：2005《信息安全管理体系要求》和 GB/T 22081—2008/ISO/IEC 27002：2005《信息安全管理实用规则》。国家电网公司 2009 年已经启动了 ISO/IEC 27000 标准的研究和应用工作，主要针对信息安全管理体系的建设和运行。

④ 信息技术安全性评估准则如下。

ISO/IEC 15408 标准定义了一套能满足各种需求的信息技术安全准则，核心内容是在安全保护框架（PP）和安全目标（ST）中描述评测对象（TOE）的安全要求时，应尽可能使其与标准定义的安全功能组件、安全保证组件相一致。ISO/IEC 15408 标准采用了结构化的表述方式，在信息技术产品、系统的安全设计、测评方面具有重要作用。ISO/IEC 15408 自发布后已经更新了 3 版，标准的 3 个部分已经被我国全面引用，对应的国家标准为 GB/T 18336—2008《信息技术安全性评估准则》。2006 年国家电网公司结合 GB/T 18336—2008 制定了《国家电网公司信息应用通用安全要求》，用以指导系统开发和测评工作。智能电网建设中信息技术应用的必然结果是形成信息系统或信息技术产品，这些软硬件应用的安全保障都需要在设计、开发中得以考虑，否则系统总源头就缺乏安全考虑，在今后的运行中则难以实现信息安全目标。ISO/IEC 15408 对软硬件应用的安全功能及其实现进行了结构化设计，可广泛应用于系统开发设计和系统安全性测评方面。

（3）我国智能电网信息安全的标准化。

1）通信网安全防护技术系列导则。电网智能化发展对电力通信网的发展提出了更高的要求，由于电力通信网络的覆盖范围越来越广，其结构也越来越复杂，电力通信网的安全运行将对智能电网的安全稳定产生更大的影响。同时“宽带、安全、灵活、互动”是坚强通信网的基本技术特征。为了保证支撑发电、输电、变电、配电、用电、调度及信息的通信网络的安全，对信息化、自动化、互动化过程中电力通信网络造成的潜在安全风险的防护，需要建立电力通信网安全防护技术系列导则。该标准应覆盖设计、建设、验收、测试和运维管理。

2）信息系统与设备安全技术系列规范。智能电网覆盖范围大，网络结构复杂，数据传输形式众多，导致其继承了 IP 网、无线传输等 IT 信息架构的风险；不同业务类型采用不同应用系统、不同厂商设备采用不同的标准和接口，使得其结构上出现了更多可以被利用的脆弱点；未来智能电能表、智能变电站等传统电网不包含的设备和设施的广泛采用将可能引入未知的风险。因此，急需在智能电网的信息网络层面、信息系统层面和设备层面制定统一的信息安全技术标准。该系列标准包括通信安全标准、智能设备安全技术规范、网络和终端设备隔离部件安全技术要求以及信息网络安全接入技术规范等。

3）信息技术安全性评估准则系列标准。智能电网建设中信息技术应用的必然结果是形成信息系统或信息技术产品，这些软硬件应用的安全保障都需要在设计、开发中得以考虑，若系统总源头缺乏安全考虑，在今后的运行中则难以实现信息安全目标。另外，信息安全等级保护制度作为国家信息安全战略和策略，未来智能电网中的所有信息系统都必须满足等级保护要求，等级保护符合性评估和测评工作需通过标准化进行规范。因此，该系列标准需要制定和完善包含软件产品安全性评估准则、硬件产品安全性评估准则和信息系统安全评估准则等。

4）信息安全管理体系系列标准。智能电网信息安全保障既包括信息安全技术保障，也包括信息安全管理，而且应涵盖“信息”的全生命周期。应针对智能电网中信息系统面临的信息安全风险，建立起一套能够持续改进的信息安全管理体系。

## 第三节 智能电网与物联网

### 一、物联网的概念

物联网是新一代信息技术的重要组成部分，是近几年业界最为关注的热点之一。国外的一个调查机构还提出了“物联网产业规模比互联网大 30 倍”的观点。有人说“所谓物联网，通俗地说是将生活中的每个物件安装芯片，再通过无线系统综合联系起来，通过一个终端就能控制包括家中和户外的所有设备”。这其实只是一小部分。那么，什么是物联网呢？

1. 物联网的定义

物联网的英文名称为“the Internet of Things”，简称 IoT。顾名思义，物联网就是“物物相连的互联网”。这有以下两层意思。

（1）物联网的核心和基础仍然是互联网，是在互联网基础上延伸和扩展的网络。

（2）其用户端延伸和扩展到了任何物体与物体之间，进行信息交换和通信。

因此，物联网的定义是：通过射频识别（RFID）、红外感应器、全球定位系统、激光扫描器等信息传感设备，按约定的协议，把任何物体与互联网相连接，进行信息交换和通信，以实现对物体的智能化识别、定位、跟踪、监控和管理的一种网络。

物联网是一场更大的科技创新。这场科技创新的本质是将会使得全世界每一个物品存在一个唯一的编码。通过细小却功能强大的无线射频（RFID）、二维条码等识别技术，将物品的信息采集上来，转换成信息流，并与互联网相结合，以此为基础形成人与物之间、物与物之间全新的通信交流方式。这种全新的通信交流方式，终将彻底改变人们的生活方式和行为模式。另外，物联网的出现，为政府公共安全监管提供了强有力的技术支持手段，提高了早期发现与防范能力。特别是突发社会安全事件和自然灾害、核安全、生物安全等的监测、预警、预防，能够及时有效地透过物联网传达到政府的各个相关决策部门，增强应急救护综合能力。部分城市正在试点公共安全智能视频监控服务平台，也正是基于此。

2. 物联网与互联网的不同之处

首先，物联网是各种感知技术的广泛应用。物联网上部署了海量的多种类型传感器，每个传感器都是一个信息源，不同类别的传感器所捕获的信息内容和信息格式不同。传感器获得的数据具有实时性，按一定的频率周期性地采集信息，不断更新数据。

其次，它是一种建立在互联网上的泛在网络。物联网技术的重要基础和核心仍旧是互联网，通过各种有线和无线网络与互联网融合，将物体的信息实时准确地传递出去。在物联网上的传感器定时采集的信息需要通过网络传输，由于其数量极其庞大，形成了海量信息，在传输过程中，为了保障数据的正确性和及时性，必须适应各种异构网络和协议。

还有，物联网不仅仅提供了传感器的连接，其本身也具有智能处理的能力，能够对物体实施智能控制。物联网将传感器和智能处理相结合，利用云计算、模式识别等各种智能技术，扩充其应用领域，从传感器获得的海量信息中分析、加工和处理出有意义的数据，以适应不同用户的不同需求。

物联网和互联网发展有一个最本质的不同点是两者发展的驱动力不同。互联网发展的驱动力是个人，因为互联网改变了人与人之间的交流方式，极大地激发了以个人为核心的创造力。而物联网概念下的服务平台的驱动力必须是来自政府和企业。物联网的实现首先需要改变的是企业的生产管理模式、物流管理模式、产品追溯机制和整体工作效率。实现物联网的过程，其实是一个企业真正利用现代科技技术进行自我突破与创新的过程，这一阶段的主要工作是最大限度地把需要感知的事物连接到管理平台，实际上是一个采集终端规模推广的过程。这个过程刚开始肯定会遇到阻力和困难，但只要坚定不移地去实践，一定会进入一个全新的世界。

3. 物联网技术架构

从技术架构上来看，物联网可分为三层，即感知层、网络层和应用层。感知层由各种传感器以及传感器网关构成，包括温度传感器、湿度传感器、二维码标签、RFID 标签和读写器、摄像头、GPS、二氧化碳浓度传感器等感知终端。感知层的作用相当于人的眼、耳、鼻、喉和皮肤等神经末梢，它是物联网识别物体、采集信息的来源，其主要功能是识别物体、采集信息。

网络层由各种私有网络、互联网、有线和无线通信网、网络管理系统和云计算平台等组成，相当于人的神经中枢和大脑，负责传递和处理感知层获取的信息。

应用层是物联网和用户（包括人、组织和其他系统）的接口，它与行业需求结合，实现物联网的智能应用。

物联网的行业特性主要体现在其应用领域内，目前绿色农业、工业监控、公共安全、城市管理、远程医疗、智能家居、智能交通和环境监测等各个行业均有物联网应用的尝试，某些行业已经积累了一些成功的案例。

4. 物联网的开展步骤

一般来讲，物联网的开展主要有如下几步。

（1）对物体属性进行标识。属性包括静态和动态的属性，静态属性可以直接存储在标签中，动态属性需要先由传感器实时探测。

（2）设备完成对物体属性的读取，并将信息转换为适合网络传输的数据格式。

（3）将物体的信息通过网络传输到信息处理中心（处理中心可能是分布式的，如各个环保局信息中心；也可能是集中式的，如云计算中心），由处理中心完成物体信息的相关计算。

5. 物联网分类

物联网分成以下四类，如图 3-3-1 所示。

（1）私有物联网（Private IoT）：一般为单一机构内部提供服务。可能由机构或其委托的第三方实施和维护，主要存在于机构内部的内网（Intranet）中，也可存在于机构外部。

（2）公共物联网（Public IoT）：基于互联网（Internet）向公众或大型用户群体提供服务，一般由机构（或其委托的第三方）运行和维护。

（3）社区物联网（Community IoT）：向一个关联的“社区”或机构群体（如一个城市政府下属的各个部门，包括公安局、交通局、环保局、城管局等）提供服务。可能由两个或以上的机构协同运维，主要存在于内网和专网（VPN）中。

（4）混合物联网（Hybrid IoT）：是上述的两种或以上的物联网的组合，但后台有统一运维实体。

6. 物联网应用案例

在交通领域，除了人们熟知的视频监控、GPS定位外，物联网与手机技术的结合还将带来更多方便。比如，在东莞地区，在车位上装了无线传感器，车辆只要停在这里，系统就能感知，并把信息通过电话或手机客户端，传递给用户，告诉用户究竟停了多长时间车，以精确收费。另外，人们出门前可提前了解哪里有空余车位，甚至获得预约服务。实现这种功能的小小一个传感器由于是无线的，安装起来并不麻烦。

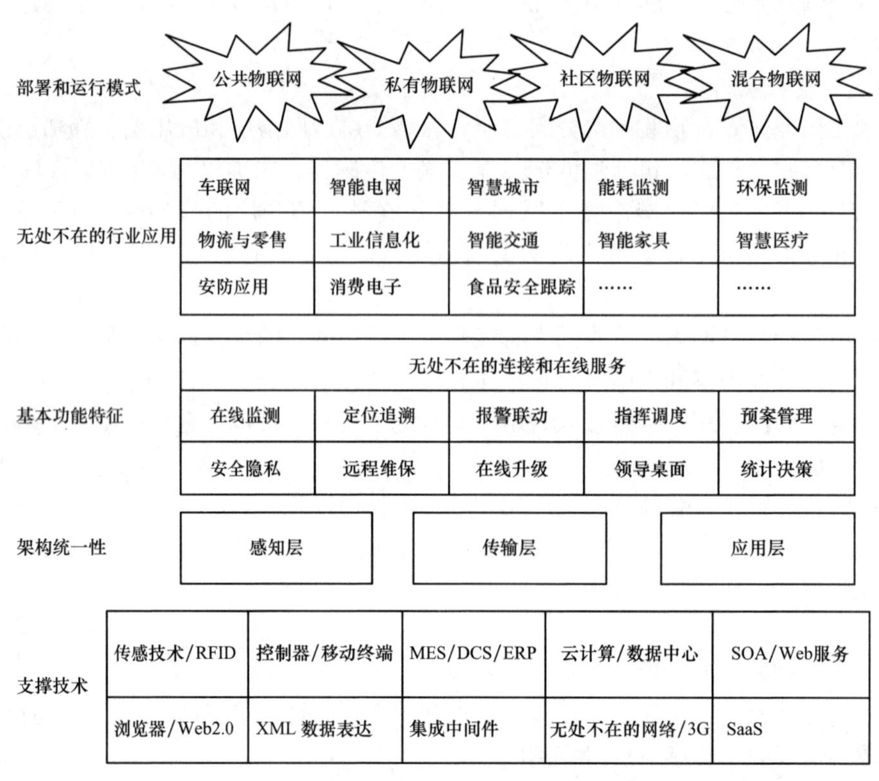


图 3-3-1 物联网的分类及四大部署方式

在环保行业，巨正公司最近推出的环保云平台就是一个结合云计算和物联网技术的应用案例。它充分利用物联网和云计算等新一代信息技术，把数据采集与传输网络、监测数据存储与共享、监测数据管理与应用、突发环境事故与应急指挥为主要建设内容，运用和集成在线监测技术、计算机技术、网络技术、通信技术、视频音频和影像技术以及GIS技术，建立一个能够覆盖各级环保系统，实时掌控监测区域、流域、空间的当前环境状况。这个平台既能实现对重点污染源（污水、废气等）、高危污染源排放情况及污染治理设施、监测设施运行状况的实时自动在线监测，帮助环保部门及时、准确、全面地了解环境状况，为环境监管、环境评价、执法与决策提供有力支持，又能对各种事故等灾害信息进行科学有序的管理，并进行分析、预测和评估，为事故应急指挥部门进行科学决策和正确的指挥提供可靠的现代化手段，把事故应急反应的工作提高到了一个新的层次，真正地实现了应急管理的信息化和现代化。

针对智能电网用户环节上，通过智能插座和智能传感器实现对家用各类表计（电能表、水表、气表）和家用电器的各种运行情况，如功率、能耗、运行时间等数据进行智能监控，通过多种通信方式进行复合组网的家庭智能用电传感局域网，可以解决单一通信手段难以满足全部需求的问题，实现一网多用，提高网络利用率。物联网智能用户服务系统如图 3-3-2 所示。

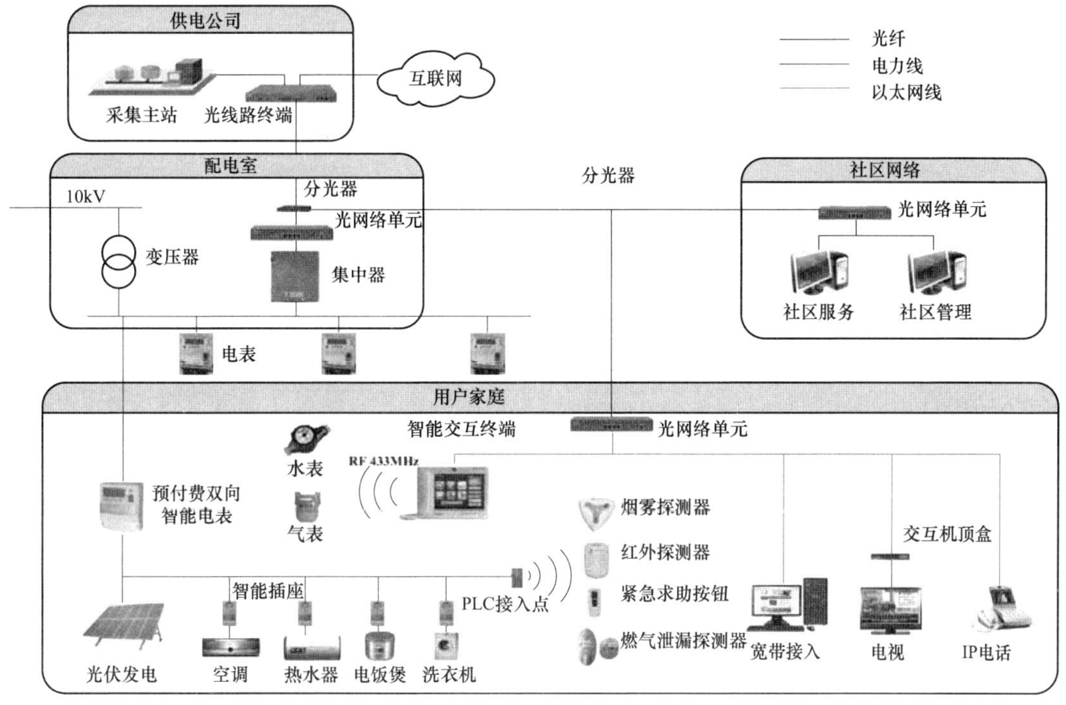


图 3-3-2 物联网智能用户服务系统示意图

## 二、物联网在智能电网各环节的应用

物联网技术将在智能电网建设中大展拳脚，实现人与人、人与物乃至物与物之间随时随地地沟通正在变为现实，并走进人们的生活。采用物联网技术可以全面有效地对电力传输的整个系统，从电厂、大坝、变电站、高压输电线路直至用户终端进行智能化处理，包括对电力系统运行状态的实时监控和自动故障处理，确定电网整体的健康水平，触发可能导致电网故障发展的早期预警，确定是否需要立即进行检查或采取相应的措施，分析电网系统的故障、电压降低、电能质量差、过载和其他不希望的系统状态，基于这些分析，采取适当的控制行动。物联网在智能电网的发电、输电、变电、配电、用电、调度等各环节中发挥着重要的作用。

1. 输电线路工作状态和环境状态综合监测采集

采用不同的传感器可以监测包括微风振动、风偏、线路舞动、线路温度、线路覆冰、杆塔倾斜等输电线路状态，环境温度、风速、障碍物距离、危险接近等环境状态等综合信息采集。电网线路在线监测物联网结构示意图如图 3-3-3 所示。

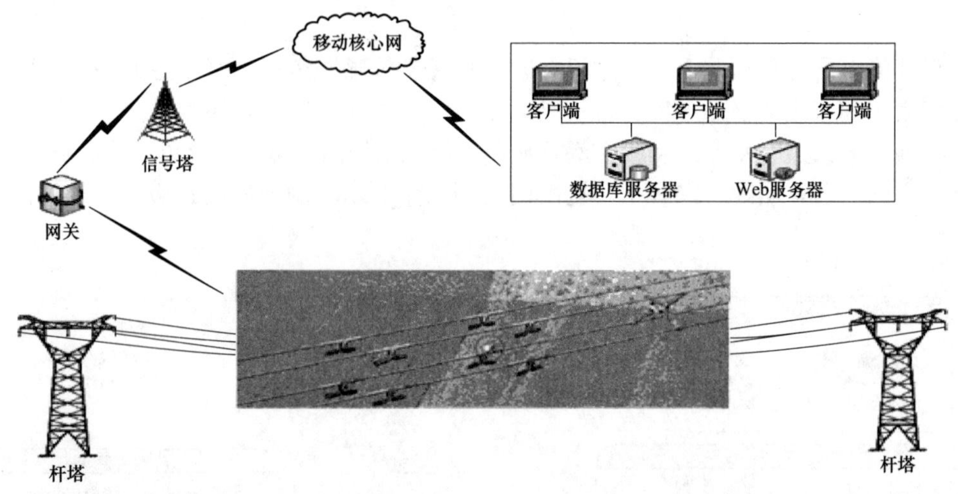


图 3-3-3 电网线路在线监测物联网结构示意图

2. 物联网技术在发电环节的应用

智能发电环节大致分为常规能源、新能源和储能技术这三个重要组成部分。常规电源包括火电、水电、核电、燃气机组等。物联网技术的应用可以提高常规机组状态监测的水平，结合电网运行情况，实现快速调节和深度调峰，提高机组灵活运行和稳定控制水平。在常规机组内部布置传感监测点，有助于深入了解机组的运行情况，包括各种技术指标和参数，以及其他主要设备之间有机互动，有效地推进电源的信息化、自动化和互动化。

利用物联网技术，研究水库智能在线调度和风险分析的原理和方法，开发集实时监视、趋势预测、在线调度、风险分析为一体的水库智能调度系统。根据水库来水和蓄水情况及水电厂的运行状态，对水库未来的运行进行趋势预测，对水库异常情况下水库调度决策进行实时调整，并提供决策风险指标，规避水库运行可能存在的风险，提高水能利用率。

物联网技术的发展和进步，可以加快风电、光伏发电等新能源发电及其并网技术研究，规范新能源的并网接入和运行，实现新能源和电网的和谐发展。结合物联网技术可以研究不同类型风电机组的稳态特性和动态特性及其对电网电压稳定性、暂态稳定性的影响；建立风能实时监测和风电功率预测系统、风电机组/风电场并网测试体系；研究变流器、变桨控制、主控及风电场综合监控技术。

利用物联网可以加快钠硫电池、液流电池、锂离子电池的模块成组、智能充放电、系统集成等关键技术研究；开展储能技术在智能电网安全稳定运行、削峰填谷、间歇性能源柔性接入、提高供电可靠性和电能质量、电动汽车能源供给、燃料电池以及家庭分散式储能中的研究应用，推动大型压缩空气储能等多种蓄能技术的研究应用。

3. 物联网技术在输电环节的应用

利用物联网技术，可以提高电网设备的感知能力，并很好地结合信息通信设备，实现联合处理、数据传输、综合判断等功能，提高电网的技术水平和智能化程度。输电线路状态检测是输电环节的重要应用，主要包括雷电定位和预警、输电线路气象环境监测与预警、输电线路覆冰监测与预警、输电线路在线增容、导地线微风振动监测、导线温度与弧垂监测、输电线路风偏在线监测与预警、输电线路图像与视频监控、输电线路运行故障定位及性质判断、绝缘子污秽监测与预警、杆塔倾斜在线监测与预警等方面。这些都需要物联网技术的支持，包括传感器技术、分析技术和通信技术等。物联网技术可以更好地提高输电环节的智能化水平和可靠性程度。

我国于 2006 年开始开展 500kV 输电线路状态检修和在线监测系统应用研究，在输电线路上安装气象传感器、温度传感器、触碰及振动传感器等，实现对输电线路的在线监测。

4. 物联网技术在变电环节的应用

变电环节是智能电网中一个十分重要的环节，特别是设备状态检修、资产全寿命管理、变电站综合自动化。利用物联网的相关技术，可以提高电网变电环节的自动化和数字化水平、设备检修模式以及设备状态自动诊断，提高电网变电环节各方面的技术水平。

通过物联网技术实现实时状态检修，物联网随时将重要设备的状态通过传感器感知到管理中心，实现对重要设备状态的实时监测和预警，提前做好设备更换、检修、故障预判等工作。结合物联网技术，智能电网中的变电环节可以实现各种技术改进和高级应用，可以提高环境监控、设备资产管理、设备检测、安全防护等应用水平，提高变电环节的智能化水平和可靠性程度。

(1) 变电站巡检。

过去变电站设备巡检主要依靠巡检人员定期定时进行人工巡检，由于受气候条件、环境因素等多方面客观因素的制约，巡检质量和到位率无法保证。近年来，为切实解决无人值班变电站设备巡检中的质量监督的难题，我国部分电力企业采用了智能变电巡检系统，通过可识别标签辅助设备定位，实现到位监督，指导巡检人员执行标准化和规范化的工作流程。

(2) 变电站温度监测。

高压输变电线路、设备由于各种原因会导致发热，高压线路、设备的运行温度是表征设备是否正常的一个重要参数。为了保证电网安全运行，我国部分地区针对 500kV 变电站和 220kV 变电站采用无线传感网络技术，实现对设备的运行温度的实时监测。

5. 物联网技术在配电环节的应用

物联网在配电网设备状态监测、预警与检修方面的应用主要有对配电网关键设备的环境状态信息、机械状态信息、运行状态信息的感知与监测；配电网设备安全防护预警；对配电网设备故障的诊断评估和配电网设备定位检修等方面。

(1) 配电网现场作业管理。

由于配电网的复杂性，配电网作业监管难度很大，常会出现误操作和安全隐患。物联网技术在配电网现场作业监管方面的应用，可以进行身份识别、电子标签与电子工作票、环境信息监测、远程监控等，实现确认对象状态，监控工作程序和记录操作过程，减少误操作风险和安全隐患，实现调度指挥中心与现场作业人员的实时互动。基于物联网的电力现场作业示意图如图 3-3-4 所示。

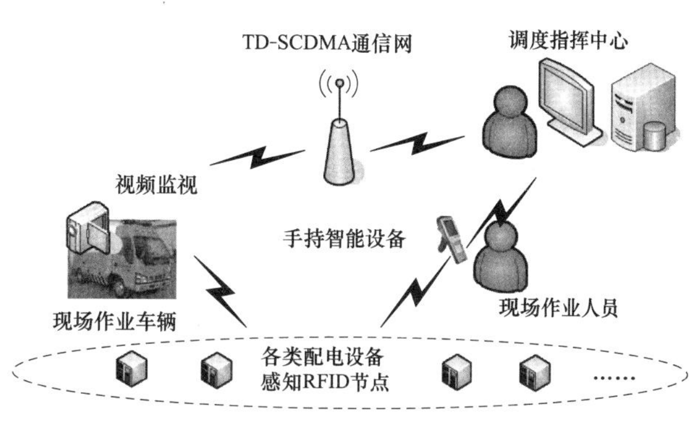


图 3-3-4　基于物联网的电力现场作业示意图

（2）智能巡检。

随着配电网规模的扩大，配、用电设备数量迅速增多，运行情况更加复杂，带来了大量的巡检工作，仅依靠人力或离线电子设备进行巡视，很难保证电网的安全。利用物联网技术可以很容易地实现智能巡检，确定巡检人员的定位，监控设备运行环境、掌握运行状态信息，进行辅助状态检修和标准化作业指导等。

6. 物联网技术在用电环节的应用

智能用电环节作为智能电网直接面向社会、面向客户的重要环节，是社会各界感知和体验智能电网建设成果的重要载体。随着智能电网的快速发展，将快速实现电网与用户的双向互动，提高供电可靠率与用电效率，大量分布式电源、微网、电动汽车充放电系统、大范围应用储能设备接入电网，这些都需要物联网技术的支撑。物联网技术在智能用电环节拥有广泛应用空间，例如，智能表计及高级量测、智能插座、智能用电交互与智能用电服务；电动汽车及其充电站的管理；绿色数据中心与智能机房；能效监测与管理和电力需求侧管理等。

## 三、面向智能电网应用的物联网基础设备

1. 电力智能感知装备

提高面向智能电网的物联网信息感知能力，需要信息采集装备的智能化，这将推动智能感知装备制造技术的发展，研制并推出具有更多种类、更高级、可靠、灵活的智能感知装备。

面向智能电网的物联网应用的信息采集前端产品需求，在智能电网的发电、输电、变电、配电、用电环节要大量使用智能电网系列专用智能感知装备。

2. 信息通信网络

信息通信网络是智能电网和物联网的重要支持系统，同时也是贯穿智能电网发电、输电、变电、配电、用电等环节的基础支撑平台。

物联网要优化信息通信网络架构，要有完善健全的骨干传输网、配电和用电通信网、通信支撑网、信息化基础设施、信息安全与运维、信息系统与高级应用等方面的关键设备。物联网要使用不同电压等级电力特种光缆及其配套通信设备，具有大容量、高速实时、超长站距的业务感知能力，实现智能电网各类智能应用在高可信赖环境中安全运行，实现智能电网信息高度共享和业务深度互动，实现智能电网的智能决策。

## 思 考 题

1. 智能化电网对 ICS 的业务性能需求包括哪些方面？
2. 中国智能电网信息通信体系架构主要包括哪几个方面？
3. 宽带移动通信技术在智能电网中有哪些应用优势？
4. 智能电网对信息通信网络有哪些要求？
5. 信息安全对电力系统生存性影响的主要表现有哪些？
6. 智能电网发展带来的信息安全风险有哪些？
7. 智能电网信息安全需求主要有哪些方面？
8. 电力信息安全面临的两大威胁是什么？

9. 信息安全的主要属性表现在哪些方面？
10. 在智能电网中，数据安全的含义是什么？
11. 智能电网的物理安全是什么？
12. 智能电网的物理安全的防护目标是什么？
13. 信息采集安全、信息传输安全、信息处理安全的主要作用是什么？
14. 什么是物联网？
15. 物联网与互联网的区别有哪些？
16. 物联网在智能电网中有哪些应用？

# 第四章　智能电网与清洁能源发电

清洁能源是指对环境不产生污染或产生较小污染的能源，也称为绿色能源。随着地球上化石能源的日益枯竭，以及常规能源对环境的污染给人类带来的健康问题和不可估量的经济损失，使得人们对清洁能源的开发利用尤为重视。以风能、太阳能、潮汐能、地热能、生物质能等为代表的清洁能源，不仅具有储量丰富、污染小的优点，而且可以循环利用，可持续发展，既是目前能源需求的重要补充，又是未来能源结构的基石，对能源的可持续发展起着重要的作用。

## 第一节　风力发电及入网控制技术

风能是地球表面大量空气流动所产生的动能。作为一种清洁、无污染、可再生的绿色能源，风能在地球上的储量十分丰富，有着大规模开发利用的前景，在面临能源危机的今天，无疑是一种最具竞争力的规模能源。

19 世纪末，丹麦人研制出世界上第一台风力发电机组，并建成了世界上第一座风力发电站。但由于技术和经济等方面的原因，风力发电的发展十分缓慢，一直未能成为电网中的电源。直到 1973 年世界石油危机爆发后，美国、西欧等发达国家和地区为寻求替代化石燃料的能源，投入大量经费，研制现代风力发电机组。20 世纪 90 年代中期，带变桨距控制、变速和齿轮箱的三叶风力机设计成为主流机型。近年来，随着风电技术的日趋成熟，单机容量不断增大，并网性能不断改善，发电效率不断提高，风力发电成为电能供应中不可或缺的一部分。

### 一、现代风力发电设备

风力发电是利用风能来发电，而风力发电机组是将风能转化为电能的设备。风力发电的原理是利用风能带动风车叶片旋转，将风能转化为机械能，再通过变速齿轮箱增速驱动发电机，将机械能转变成电能。理论上，最后的风轮只能将约 60%的风能转化为机械能，现代风力发电机组风轮的效率可以达到 40%。在风电机组输出达到额定功率之前，其功率与风速的立方成正比，即风速增加 1 倍，输出功率增加到 8 倍，可见风力发电的效率与当地的风速关系极大。

从能量转换的角度来看，风力发电机组主要包含两大部分，一部分是风力机，将风能转换为机械能；另一部分是发电机，将机械能转换为电能。风力发电机组可以根据风力机和发电机的不同而有着多种分类方式。

风力发电机组根据风力机类型不同可以分为：根据风机旋转主轴的方向（即主轴与地面相对位置）分类，可分为水平轴式风机和垂直轴式风机；按桨叶接受风能的功率调节方式，可分为定桨距（失速型）机组和变桨距机组；按叶轮转速是否恒定可分为恒速型机组和变速型机组；按功率传递的机械连接方式不同，可分为有齿轮箱风力机和无齿轮箱风力机。

根据发电机类型不同，风力发电机组主要可以分为异步发电机型和同步发电机型两大类，其中异步发电机按其转子结构不同又可分为笼型和双馈异步发电机；同步发电机按其产生旋转磁场的磁极类型又可分为电励磁同步发电机和永磁同步发电机两类。

现代风力发电机组多为水平轴式。由于水平轴风力发电机组启动容易、效率高，是目前世界各国应用最广泛、技术也最成熟的一种形式。一部典型的现代水平轴式风力发电机组主要由叶轮、发电机、齿轮箱、塔架、偏航系统、液压系统、刹车系统和控制系统等组成，如图 4-1-1 所示。

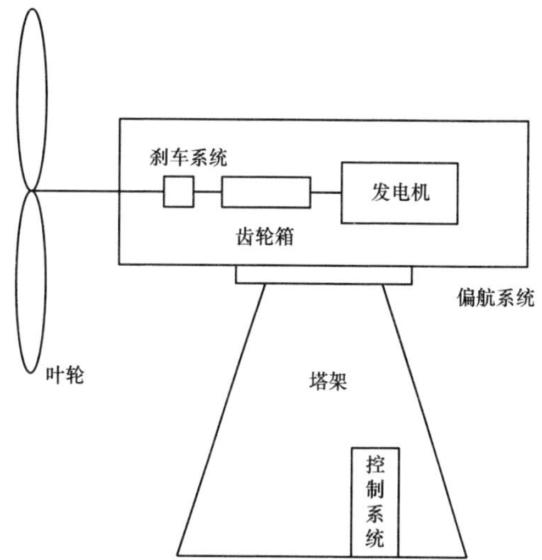


图 4-1-1　现代风力发电机组的主要结构

齿轮箱可以将很低的风轮转速（600kW 的风机通常为 27r/min）变为很高的发电机转速（通常为 1500r/min），同时也使得发电机易于控制，实现稳定的频率和电压输出。偏航系统可以使风轮扫掠面积总是垂直于主风向。通常 600kW 的风机机舱总质量 20 多 t，使这样一个系统随时对准主风向有相当的技术难度。

风机是有许多转动部件的。机舱在水平面旋转，随时跟风。风轮沿水平轴旋转，以便产生动力。在变桨距风机中，组成风轮的叶片要围绕根部的中心轴旋转，以便适应不同的风况。在停机时，叶片尖部要甩出，以便形成阻尼。液压系统就是用于调节叶片桨距、阻尼、停机、刹车等状态下使用的。

现代风机是无人值守的，控制系统就成为现代风力发电机的神经中枢。就 600kW 风机而言，一般在 4m/s 左右的风速自动启动，在 14m/s 左右发出额定功率。然后，随着风速的增加，一直控制在额定功率附近发电，直到风速达到 25m/s 时自动停机。风机的控制系统要根据风速、风向对系统加以控制，在稳定的电压和频率下运行，自动地并网和脱网，并监视齿轮箱、发电机的运行温度以及液压系统的油压，对出现的任何异常进行报警，必要时自动停机。

### 二、风力发电控制技术

由于自然风风速的大小和方向随机变化，风力发电机组切入电网和切出电网、输入功率的限制、风轮的主动对风以及对运动过程中故障的检测和保护必须能够自动控制。风力发电系统的控制技术从定桨距恒速运行至基于变桨距技术的变速运行，已经基本实现了风力发电机组从能够向电网提供电力到理想地向电网提供电力的最终目标。

#### 1. 定桨距失速风力发电技术

定桨距风力发电机组于 20 世纪 80 年代中期开始进入风力发电市场，主要解决了风力发电机组的并网问题、运行安全性与可靠性问题，采用了软并网技术、空气动力刹车技术、偏行与自动解缆技术。桨叶节距角在安装时已经固定，发电机转速由电网频率限制，输出功率由桨叶本身性能限制。当风速高于额定转速时，桨叶能够通过失速调节方式自动地将功率限制在额定值附近，其主要依赖于叶片独特的翼型结构。在大风时，流过叶片背风面的气流产生紊流，降低叶片气动效率，影响能量捕获，产生失速。由于失速是一个非常复杂的气动过程，对于不稳定的风况，很难精确计算出失速效果，因此很少用在兆瓦级以上的大型风力发电机组的控制上。

2. 变桨距风力发电技术

从空气动力学角度考虑，当风速过高时，可以通过调整桨叶节距、改变气流对叶片攻角，从而改变风力发电机组获得的空气动力转矩，使输出功率保持稳定，采用变桨距调节方式，风机输出功率曲线平滑；在阵风时，塔筒、叶片受到的冲击较失速调节型风力发电机要小很多，可减少材料使用率，降低整机质量。其缺点是需要一套复杂的变桨距机构，要求其对阵风的响应速度足够快，减小由于风的波动引起的功率脉动。

3. 主动失速/混合失速风力发电技术

这种技术是前两种技术的组合。低风速时采用变桨距调节可达到更高的气动效率，当达到额定功率后，风机按照变桨距调节时调节桨距的相反方向改变桨距。这种调节将引起叶片攻角的变化，从而导致更深层次的失速，使功率输出更加平滑，综合了前两种方法的优点。

4. 变速风力发电技术

变速运行时风机叶轮跟随风速变化改变其旋转速度，保持基本恒定的最佳叶尖速比、风能利用系数最大的运行方式。与恒速风力发电机组相比，变速风力发电机技术具有低风速时能够根据风速变化在运行中保持最佳叶尖速比获得最大风能，高风速时利用风轮转速变化储存的部分能量以提高传动系统的柔性和使输出功率更加平稳，进行动态功率和转矩脉动补偿等优越性。

## 三、风力发电机组并网技术

交流发电机并网条件是发电机输出的电压与电网电压在幅值、频率以及相位上完全相同。随着风力发电机组单机容量的增大，在并网时对电网的冲击也越大。这种冲击严重时不仅会引起电力系统电压的大幅度下降，还可能对发电机和机械部件造成损坏。如果并网冲击时间持续过长，还可能使系统瓦解或威胁其他挂网机组的正常运行。因此，采用合理的并网技术是一个不容忽视的问题。

（一）基于普通异步发电机的恒速风电机组并网控制

异步发电机又叫感应发电机，当交流发电机的电枢磁场的旋转速度落后于主磁场的旋转速度时，这种交流发电机称为异步交流发电机。该类型风电机组采用普通的异步发电机、三叶片风轮，风电机组低速轴与发电机高速轴之间有齿轮箱，发电机机端有时还装有并联电容器等无功补偿装置，其结构如图 4-1-2 所示。

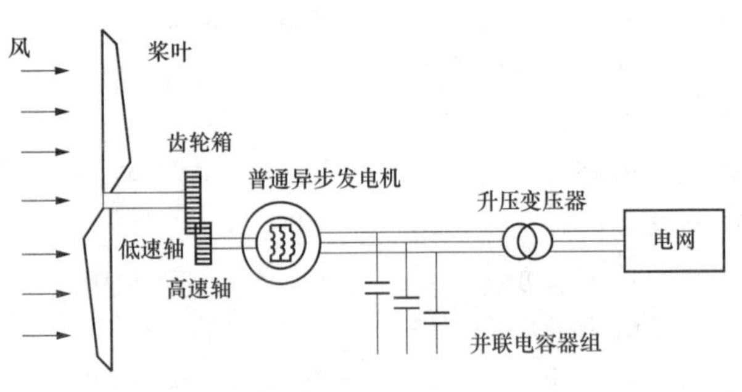

图 4-1-2　基于普通异步发电机的恒速风电机组

异步发电机投入运行时，由于靠转差率来调整负荷，因此对机组的调速精确度要求不高，只要转速接近同步转速就可并网。显然，风力发电机组配用异步发电机不仅控制装置简单，而且并网后不会产生振荡和失步，运行非常稳定。然而，异步发电机并网也存在一些特殊问题，如直接并网时产生的过大冲击电流造成电压大幅度下降，对系统安全运行构成威胁；本身不发无功功率，需要无功补偿，等等。所以运行时必须采取相应的有效措施才能保障风力发电机组的安全运行。目前国内外采用的异步发电机的风力发电机组并网方式主要有直接并网、准同期并网、降压并网、软并网等。

1. 直接并网方式

这种并网方式要求并网时发电机的相序与电网的相序相同，当风力机驱动的异步发电机转速接近同步转速的 90%～100%时，即可完成自动并网。自动并网的信号由测速装置给出，然后通过低压断路器合闸完成并网过程。这种并网方式比同步发电机的准同步并网简单，但并网瞬间存在三相短路现象，并网冲击电流达到额定电流的 4～5 倍，会引起电力系统电压的瞬时下降，因此这种并网方式只适用于异步发电机容量在百千瓦级以下。

2. 准同期并网方式

与同步发电机准同步并网方式相同，在转速接近同步转速时，先用电容励磁建立额定电压，然后对励磁建立的发电机电压和频率进行调节和校正，使其与系统同步。当发电机的电压、频率及相位与系统一致时，将发电机投入电网运行。该并网方式合闸瞬间尽管冲击电流小，但必须控制在最大允许的转矩范围内运行，以免造成网上飞车。

3. 降压并网方式

降压并网是在异步发电机和电网之间串接电阻或电抗器，或者接入自耦变压器，以便降低并网合闸瞬间冲击电流幅值及电网电压下降的幅度。因为电阻和电抗器等元件要消耗功率，并网后进入稳定运行时应将电抗器和电阻退出运行。这种并网方式要增加大功率的电阻或电抗器组件，其投资随着机组容量的增大而增大，经济性较差。

4. 晶闸管软并网方式

这种并网方式是在异步发电机的定子与电网之间每相串入一只双向晶闸管连接起来，实现对发电机输入电压的调节，接入双向晶闸管的目的是将发电机并网瞬间的冲击电流控制在允许的限度内。风速变化的随机性，使发电机的输出功率在达到额定功率前是随机变化的，因此对补偿电容的投入与切除也需要进行控制，一般是在控制系统中设有几组容量不同的补偿电容，根据输出无功功率的变化，控制补偿电容的分段投入或切除。这种并网方法的特点是通过控制晶闸管的导通角来连续调节加在负荷上的电压波形，进而改变负荷电压的有效值。

(二) 基于双馈感应发电机的变速风电机组并网控制

双馈感应发电机的定子绕组由具有固定频率的对称三相电源鼓励，转子绕组由具有可调节频率的三相电源鼓励，由于其定子、转子都能向电网馈电，双馈因此而得名。该机组的结构如图 4-1-3 所示。

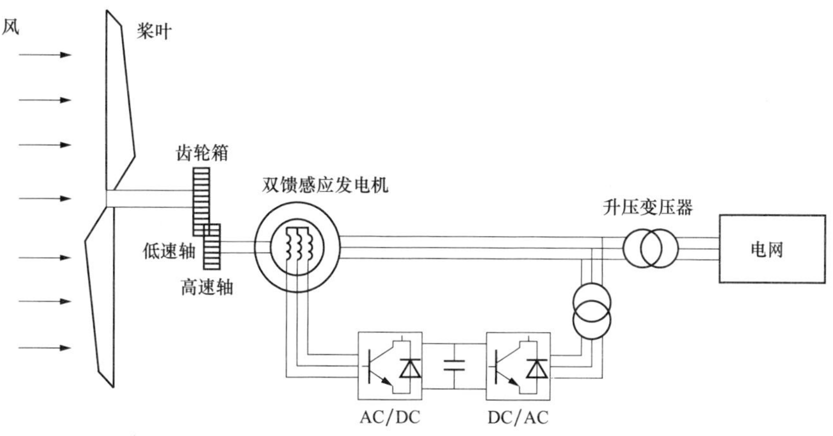


图 4-1-3　基于双馈感应发电机的变速风电机组

双馈异步发电机的转子通过变频器与电网的连接，能够实现功率的双向流动。当风力机变速运行时，发电机也为变速运行。因此，为了实现发电机的并网，将由双馈异步电机和变频器组成的系统采用脉宽调制技术控制整个并网过程。采用双馈异步电机，只需通过调整转子电流频率，就可以在风速与发电机转速变化情况下，实现恒频控制。

交流励磁变速恒频发电机采用双馈型异步发电机，与传统的直流励磁同步发电机及通常的异步发电机相比其并网过程有所不同。同步发电机与电力系统之间为“刚性连接”，发电机输出频率完全取决于原动机的速度，与其励磁无关。并网之前发电机必须经过严格的整步和（准）同步，并网后也须严格保持转速恒定。异步发电机的并网对机组的调速精确度要求低，并网后不会振荡失步，但它们都要求在转速接近同步速（90%～100%）时进行并网操作，对转速仍有一定的限制。采用交流励磁后，双馈发电机和电力系统之间构成了“柔性连接”，即可根据电网电压和发电机转速来调节励磁电流，进而调节发电机输出电压来满足并网条件，因而可在变速条件下实现并网。

双馈异步发电机的并网过程是风力机启动以后，当发电机转速接近同步转速时，转子回路中的变流器通过对转子电流的控制，实现电压匹配、同步和相位的控制，以便迅速地并入电网，并网时基本上无电流冲击。

双馈发电机通过控制转子励磁，使定子的输出频率保持在工频。当转子绕组通过三相低频电流时，在转子中会形成一个低速旋转磁场，这个磁场的旋转速度与转子的机械转速相叠加，使其等于定子的同步转速，从而在发电机定子绕组中感应出相应于同步转速的工频电压。当风速变化时，转速随之而变化，相应地改变转子电流的频率和旋转磁场的速度，就会使定子输出频率保持恒定。

当发电机的转速低于气隙旋转磁场的转速时，发电机处于亚同步运行状态，为了保证发电机发出的频率与电网频率一致，需要变频器向发电机转子提供正相序励磁，给转子绕组输入一个其旋转磁场方向与转子机械方向相同的励磁电流，此时转子的制动转矩与转子的机械转向相反，转子的电流必须与转子的感应电动势反方向，转差率减小，定子向电网馈送电功率，而变频器向转子绕组输入功率；当发电机的转速高于气隙旋转磁场的转速时，发电机处于超同步运行状态，为了保证发电机发出的频率与电网频率一致，需要给转子绕组输入一个其旋转磁场方向与转子机械方向相反的励磁电流，此时变频器向发电机转子提供负相序励磁，以加大转差率，变频器从转子绕组吸收功率；当发电机的转速等于气隙旋转磁场的转速时，发电机处于同步运行状态，变频器应向转子提供直流励磁，此时，转子的制动转矩与转子的机械转向相反，与转子感生电流产生的转矩方向相同，定子和转子都向电网馈送电功率。

为了控制发电机转速和输出的功率因数，必须对发电机有功功率、无功功率进行解耦控制。这一过程是采用磁场定向的矢量变换控制技术，通过对用于励磁的PWM变频器各分量电压、电流的调节来实现的。调节有功功率可调节风力机转速，进而实现捕获最大风能的追踪控制；调节无功功率可调节电网功率因数，提高风电机组及所并电网系统的动、静态稳定性。

现有的双馈式异步发电机发出的电能都是经变压器升压后直接与电网并联，加之在转速控制系统中采用了电力电子装置，会产生电力谐波。同时发电机在向电网输出有功功率的同时，还必须从电网吸收滞后的无功功率，使功率因数恶化，加重了电网的负担。因此必须进行无功补偿，提高功率因数，通常都是在风电场母线集中处安装电容器组，但这种补偿方式受电容器的级数和容量等的制约，无法实现最佳补偿状态。目前，一种基于电力电子逆变技术的无功补偿装置——静止同步补偿器——很有可能将取代传统的电容器补偿方式。

（三）基于直驱型永磁同步发电机的变速风电机组并网控制

在传统的变速恒频风力发电系统中，机械系统结构通常包含三个主要部分，即风力机、增速箱和发电机。风力机转速在 20～200r/min 之间，而传统风力发电机转速为 1000～1500r/min 之间，这就意味着风力机和发电机之间必须用增速箱连接。然而，增速箱不仅增加了机组的重量，而且会产生噪音，存在需要定期维护以及增加损耗等缺点，因此增加了风机的维护成本。

在新型的变速恒频风力发电系统中，采用永磁同步发电机直接连接风力机，能使风力机与发电机之间取消增速箱，成为无增速箱的直接驱动型，其结构如图 4-1-4 所示。

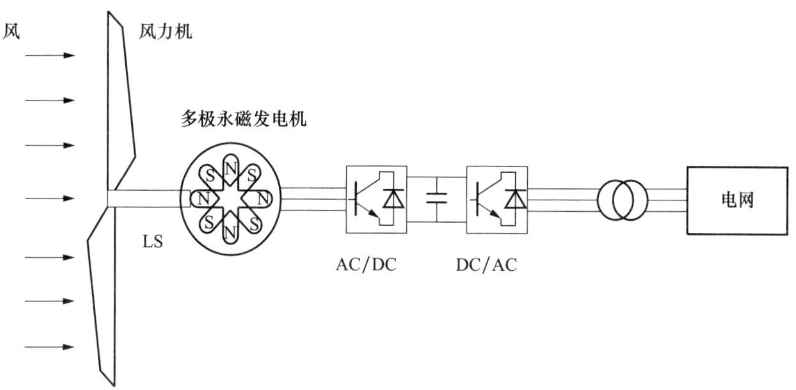


图 4-1-4　基于同步发电机的变速风电机组

永磁直驱风力发电机组采用的是永磁体励磁，消除了励磁损耗，提高了效率，实现了发电机无刷化；在运行时，不需要从电网吸收无功功率来建立磁场，可以改善电网的功率因数；采用风力机对发电机直接驱动的方式，取消了齿轮箱，提高了风力发电机组的效率和可靠性，降低了设备的维护量，减少了噪声污染。风能变化时，机组可通过恒频控制优化系统的输出功率，电网侧变频器可调节功率因数，并在一定范围内改善输出电压。

永磁直驱风力发电机组的风力机不经齿轮箱，直接与发电机转子相连，即运行时风机转速等于发电机转速。在低于额定风速时，风轮转速根据最大风能获取曲线随风速变化而变化，最大限度地捕获风能，提高发电效率；在等于或高于额定风速时，由于发电机和变频器容量的限制，必须要控制桨距角以限制捕获的风能，使机组的输出功率在额定值附近运行。由于变频器的解耦控制，使得此种风电机组与电网完全解耦，其特性取决于变频器控制系统的控制策略。在定子侧的变频器需要变换发电机所发出的全部功率，对于大容量的风电机组，其变频器的容量显著增加，与其所连接的发电机的容量相同。

**四、大规模风电并网面临的主要问题**

实际运行经验表明，大规模风电的并网给电网带来了一些技术和理论方面的难题，这些难题已成为制约风电开发规模的主要因素。

1. 稳定性问题

由于受到风资源随机波动性和间歇性的影响，风电场输出功率会随机变化，因此，大规模风电并网会引发系统稳定性问题。由于异步风电机组在启动及运行过程中需吸收大量无功功率，从而导致风电接入电网公共连接点（Public Common Coupling，PCC）的电压波动，容易引起电网薄弱地区的电压稳定性问题；而在有功功率备用不足的孤立电网中，过高比例的风电将会导致系统调频困难，频率稳定问题突出。

2. 电压稳定性问题

风电并网引起的电压稳定问题，主要包括静态电压稳定问题和动态电压稳定问题。静态电压稳定问题是指电力系统受到小扰动后，系统电压保持在允许的范围内，不发生电压崩溃的能力，若风电场吸收无功功率，则风电场的容量越大，系统的无功裕度越小，静态电压稳定问题越突出。

3. 频率稳定性问题

风电并网的频率稳定性问题主要表现在两个方面：一是有功波动带来的频率变动；二是风电改变系统的惯性时间常数导致频率波动速度的增加。受风速波动的影响，风电机组有功输出也时刻发生变化，在备用容量不足的孤立电网中，频率稳定问题明显。

4. 低电压穿越问题

风电机组的低电压穿越（LVRT）是指风电机组在 PCC 电压跌落时保持并网状态，并向电网提供一定的无功功率以支撑电网电压，从而穿越低电压区域的能力。PCC 的电压跌落会使风电机组产生一系列过电压、过电流问题，危及风电机组的安全，为保护风电机组免遭损坏，通常电网故障时风电机组自动解列，不考虑故障的持续时间及严重程度。在故障发生时，若大规模风电机组同时从系统解列，电网将失去支撑，可能导致连锁反应，严重影响电网的安全运行。在风电比例较高的地区，若风电机组不具备 LVRT，电网的瞬时严重故障将导致大量风电机组自动切除，严重威胁电网安全运行。

5. 电能质量问题

风速的随机变化以及风电机组本身固有的塔影效应、风剪切、偏航误差等均会导致 PCC 的电压波动，进而引起闪变等电能质量问题；而双馈感应发电机（DFIG）等风电机组中的换流器会产生一定的谐波污染，从而带来电压波动与闪变、谐波等电能质量问题。

## 第二节 太阳能发电及入网控制技术

太阳能是太阳内部核反应过程产生的一种能量。根据测算，太阳向地球表面发射的能量功率约为 8.1 万 TW。和其他能源相比，太阳能具有分布广泛、清洁、安全、寿命长等优点，这些特点使太阳能成为新能源发电的发展方向之一。

目前我国太阳能发电以光伏发电为主，利用光电效应或者光化学效应，通过太阳能电池直接把光能转化为电能。能产生光伏效应的材料有许多种，如单晶硅、多晶硅、非晶硅、砷化镓、硒铟铜等，它们的发电原理基本相同。

### 一、太阳能电池的原理与分类

太阳辐射的光子带有能量，当光子照射半导体材料时光能便转换为电能，这个现象称为“光伏效应”。光伏发电系统一般由太阳能电池板、太阳能控制器、蓄电池、逆变器等组成。发电时太阳能电池利用光伏效应将照射到太阳能电池板上的光子转换为直流电，产生的直流电供直流负荷使用或用蓄电池组进行储存。当负荷为直流负荷时，直接供负荷使用；当负荷为交流时，利用逆变器转化为交流电送给用户或电网。

根据所用材料的不同，太阳能电池可以分为硅太阳能电池、多元化合物薄膜太阳能电池、聚合物多层修饰电极型太阳能电池、纳米晶太阳能电池、有机太阳能电池等。其中硅太阳能电池是目前发展最成熟的，在应用中居主导地位。

（1）硅太阳能电池。

硅太阳能电池分为单晶硅太阳能电池、多晶硅薄膜太阳能电池和非晶硅薄膜太阳能电池三种。单晶硅太阳能电池转换效率最高，技术也最为成熟，在实验室里最高的转换效率为24.7%，规模生产时的效率为15%，在大规模应用和工业生产中仍占据主导地位。但由于单晶硅成本价格高，大幅度降低其成本很困难，为了节省硅材料，发展了多晶硅薄膜和非晶硅薄膜作为单晶硅太阳能电池的替代产品。多晶硅薄膜太阳能电池与单晶硅比较，成本低廉，而效率高于非晶硅薄膜电池，其实验室最高转换效率为18%，工业规模生产的转换效率为10%。因此，多晶硅薄膜电池不久将会在太阳能电池市场上占据主导地位。非晶硅薄膜太阳能电池成本低、质量轻、转换效率较高，便于大规模生产，有极大的潜力。但受制于其材料引发的光电效率衰退效应，稳定性不高，直接影响了其实际应用。如果能进一步解决稳定性问题及提高转换率问题，非晶硅太阳能电池无疑是太阳能电池的主要发展产品之一。硅太阳能电池如图4-2-1所示。

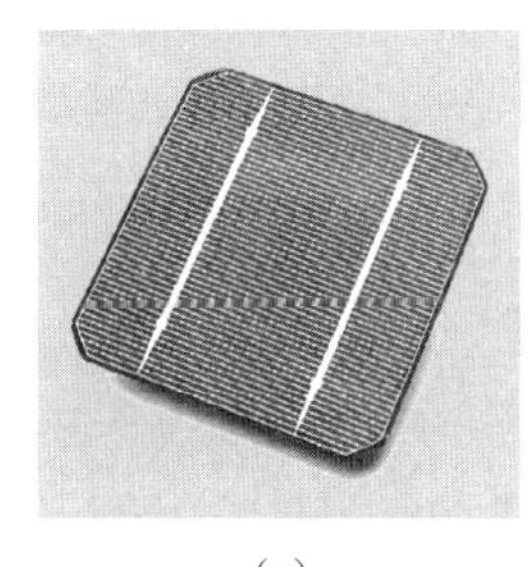
(a)

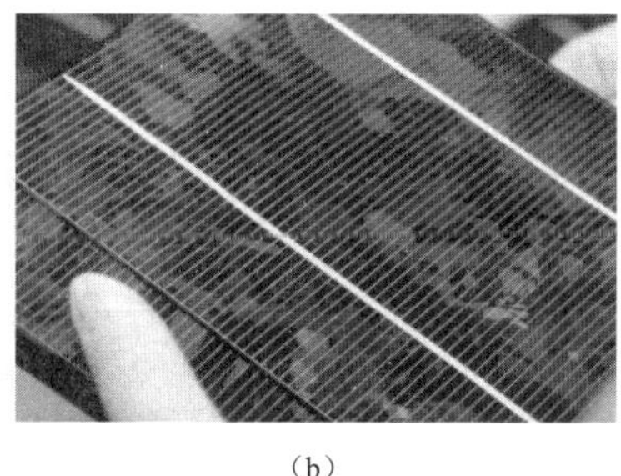
(b)

(c)

图4-2-1 三种类型的硅太阳能电池

(a) 单晶硅太阳能电池；(b) 多晶硅薄膜太阳能电池；(c) 非晶硅薄膜太阳能电池

（2）多元化合物薄膜太阳能电池。

多元化合物薄膜太阳能电池材料为无机盐，其主要包括砷化镓Ⅲ-Ⅴ族化合物、硫化镉、碲化镉及铜铟硒薄膜电池等。硫化镉、碲化镉多晶薄膜电池的效率较非晶硅薄膜太阳能电池效率高，成本较单晶硅电池低，并且也易于大规模生产，但由于镉有剧毒，会对环境造成严重的污染，因此，并不是晶体硅太阳能电池最理想的替代产品。砷化镓（GaAs）Ⅲ-Ⅴ化合物电池的转换效率可达28%，GaAs化合物材料具有十分理想的光学带隙以及较高的吸收效率，抗辐照能力强，对热不敏感，适合于制造高效单结电池。但是GaAs材料的价格不菲，因而在很大程度上限制了GaAs电池的普及。铜铟硒薄膜电池（简称CIS）适合光电转换，不存在光致衰退问题，转换效率和多晶硅一样，具有价格低廉、性能良好和工艺简单等优点，将成为今后发展太阳能电池的一个重要方向。唯一的问题是材料的来源，由于铟和硒都是比较稀有的元素，因此，这类电池的发展又必然受到限制。

（3）聚合物多层修饰电极型太阳能电池。

以有机聚合物代替无机材料是刚刚开始的一个太阳能电池制造的研究方向。由于有机材料具有柔性好、制作容易、材料来源广泛、成本低等优势，从而对大规模利用太阳能、提供廉价电能具有重要意义。但以有机材料制备太阳能电池的研究仅仅刚开始，不论是使用寿命，还是电池效率都不能和无机材料特别是硅电池相比，能否发展成为具有实用意义的产品，还有待于进一步研究探索。

（4）纳米晶太阳能电池。

纳米晶（$TiO_2$）太阳能电池是新近发展的，优点在于其廉价的成本、简单的工艺及稳定的性能。其光电效率稳定在10%以上，制作成本仅为硅太阳电池的1/5～1/10，寿命能达到20年以上。此类电池的研究和开发刚刚起步，不久的将来会逐步走上市场。

（5）染料敏化电池。

染料敏化太阳能电池，是将一种色素附着在 $TiO_2$ 粒子上，然后浸泡在一种电解液中，色素受到光的照射，生成自由电子和空穴，自由电子被 $TiO_2$ 吸收，从电极流出进入外电路，再经过用电器，流入电解液，最后回到色素。染料敏化太阳能电池的制造成本很低，这使其具有很强的竞争力。它的能量转换效率为12%左右。

（6）塑料电池。

塑料太阳能电池以可循环使用的塑料薄膜为原料，能通过“卷对卷印刷”技术大规模生产，其成本低廉、环保。但目前塑料太阳能电池尚不成熟，预计在未来5～10年，基于塑料等有机材料的太阳能电池制造技术将走向成熟并大规模投入使用。

## 二、并网发电和离网发电

按光伏发电系统的运行方式分类，主要可以分为离网发电和并网发电两大类。

### 1. 离网型光伏发电系统

离网型光伏发电系统是指不与电力系统相连接，主要依靠太阳能电池供电的光伏发电系统，又称独立光伏发电系统。由于太阳能资源没有地域限制，无需开采和运输，因此离网型光伏发电系统特别适用于为远离电网的海岛、高原、沙漠等偏远地区的居民提供基本的生活用电，也可以为野外作业提供移动式便携电源。

离网型光伏发电系统如图4-2-2所示。整个离网型光伏发电系统由太阳能电池方阵、蓄电池、控制器、逆变器组成。太阳能电池方阵吸收太阳光并将其转换为直流电能，当发电量大于负荷的用电量时，太阳能电池在控制回路控制下为蓄电池组充电；当发电量不足时，太阳能电池与蓄电池一同向负荷供电，直流或交流负荷通过开关与控制器连接。控制器负责保护蓄电池，防止出现过充电或过放电状态，即当蓄电池放电到一定深度时，控制器将自动切断负荷；当蓄电池达到过充电状态时，控制器将自动切断充电回路。逆变器将直流电转换为交流电供给交流负荷。

如今，离网型光伏发电系统在许多城市中得到了广泛的应用。在道路、广场、车站甚至住宅小区安装了太阳能路灯、太阳能草坪灯、太阳能车位标识灯、太阳能庭院灯，造型新颖别致，美观大方，形式多样，且经久耐用，集实用性与观赏性于一身，既不用布设电线，又具有节能、环保、易于维护等优点，成为城市里一道美丽的风景线。

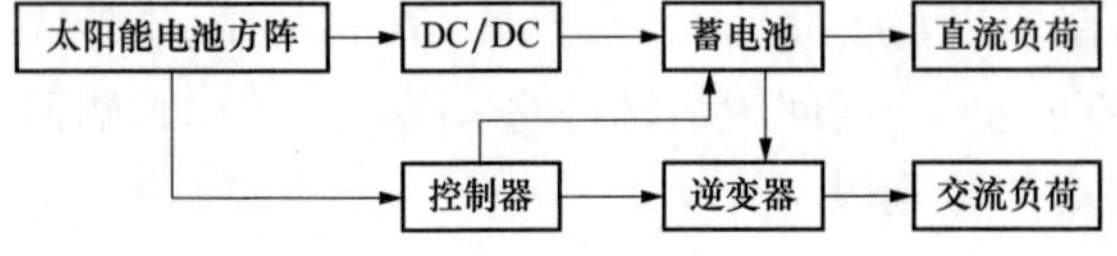


图4-2-2 离网型光伏发电系统结构

### 2. 并网型光伏发电系统

并网型光伏发电系统是指与电力系统

相连接的光伏发电系统，逐渐成为光伏发电系统的主流发展趋势。在并网型光伏发电系统中，太阳能电池所发出的直流电通过逆变器转换成交流电，并与电网并联向负荷供电，其结构框图如图 4-2-3 所示。

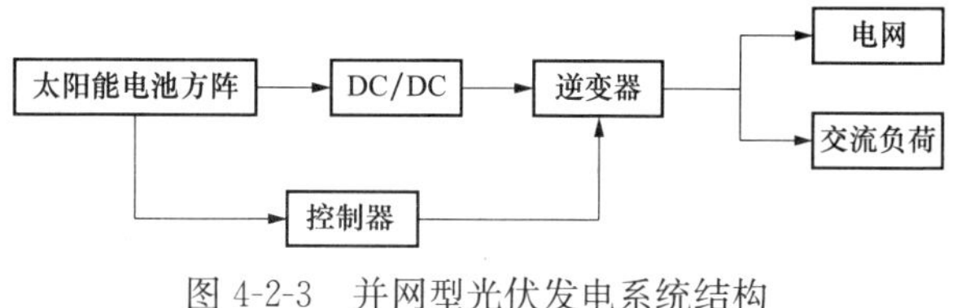


图 4-2-3 并网型光伏发电系统结构

并网型光伏发电系统可分为集中式并网光伏发电系统和住宅用并网光伏发电系统。

集中式并网光伏发电系统的特点是光伏发电系统所产生的电能被直接输送到电网上，由电网统一把电能分配到各个用电负荷。建设集中式并网光伏电站的投资大，建设期长，需要复杂的控制和配电设备，同时需要占用大片的土地，并且其发电成本目前比市电要高数倍，因此发展比较缓慢。

住宅用并网光伏发电系统，尤其是与建筑结合的住宅屋顶并网型光伏发电系统，因建设容易、投资少等诸多优点，在各发达国家备受青睐，随着一系列激励政策的相继出台，发展迅速，逐渐成为主流。

住宅用并网光伏发电系统的主要特点是所发出的电能直接用来供给住宅（用户）的负荷，多余或不足的电能通过电网来调节。通常白天的光照强度高，光伏发电系统的发电量大，用户的用电负荷小；而晚上光伏系统不发电，用户的用电负荷大。通过光伏发电系统与电网相连，可将光伏发电系统白天所发的电能“储存”到电网中，待用电时从电网“取回”，中间省去了储能蓄电池。其工作原理为：并网逆变器将太阳能电池方阵产生的直流电转化为与电网电压同频、同相的交流电，当主电网断电时，系统会自动停止向电网供电。当光照充足时，光伏发电系统所产生的电能除了满足负荷需求外还有剩余，将多余的部分输送给电网；当夜间或光照不足时，负荷所需的电能超出了光伏发电系统的供给，此时电网将自动向负荷补充电能。在我国，住宅用并网光伏发电系统所带负荷的电压一般为单相 220V 和三相 380V，所接入的电网为低压商用电网。

## 三、光伏发电并网控制技术

并网光伏发电系统自身的发电特性与其他并网电源相比有很大不同。需要深入研究并网光伏系统的关键技术、不同种类的拓扑结构对系统发电能力和电能质量的影响，对比分析不用拓扑结构的并网性能，并通过对各系统构成设备并网性能的对比分析，研究光伏发电系统并网特点，为制定并网光伏系统的并网技术要求提供科学依据。

并网光伏发电系统中多使用自换向桥式逆变器，交流端输出以电压源方式接入电网。逆变系统可以是包含 DC/DC 环节和 DC/AC 环节的两级式，如图 4-2-4 所示，也可以是没有 DC/DC 环节只有一个 DC/AC 环节的单级式。加入 DC/DC 环节的优点是可以调节 DC 测得电压并单独实现最大功率点跟踪（Maximum Power Point Tracking，MPPT）控制，简化了控制算法并使得逆变器可以工作在更宽的电压范围；缺点是多级变换会带来更多损耗。单级式光伏并网逆变系统中只有一个能量变换环节，控制时既要考虑跟踪光伏阵列的最大功率点，也要同时保证对电网输出电流的幅值和正弦度，控制部分通常由电流内环和功率外环组成，内环主要采用适宜的 PWM 控制，跟踪给定的电流波形，使交流侧输出满足电能质量要求；外环实现最大功率点跟踪，控制光伏阵列的工作点始终在输出功率曲线的最高点。

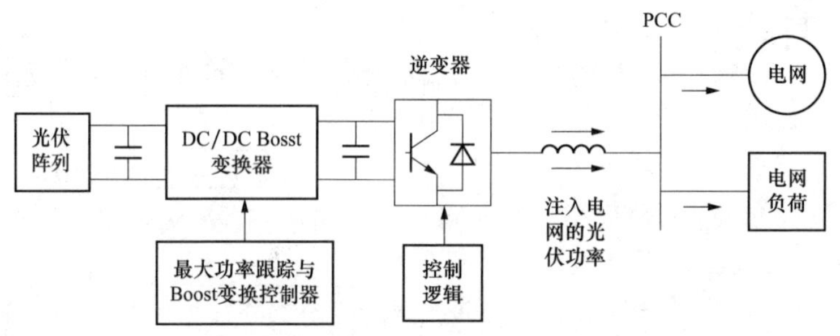


图 4-2-4 两级式光伏并网逆变系统结构

逆变器交流侧通常内置工频变压器或高频变压器，起到电气隔离和调压作用。带变压器的缺点是损耗大，无变压器型逆变器克服了这一缺点，可以提高效率、降低成本，近十年来已有很多产品和应用。无变压器型逆变器的拓扑结构包括全桥式、三电平式、H5拓扑等。

传统的并网光伏逆变器可称为集中式逆变器（Central Inverter），如图 4-2-5（a）所示，其直流侧是多个光伏组件串并联起来形成的光伏阵列，目前单机容量可以达到几百千瓦。集中式逆变器的缺点包括：光伏阵列和逆变器之间需要高压直流电线，由此会增加线路损耗和电弧等带来的安全隐患；一个集中式的 MPPT 控制会由于光伏组件之间的不匹配产生额外的能量损失，另外也不易于根据客户要求进行扩充等改变。

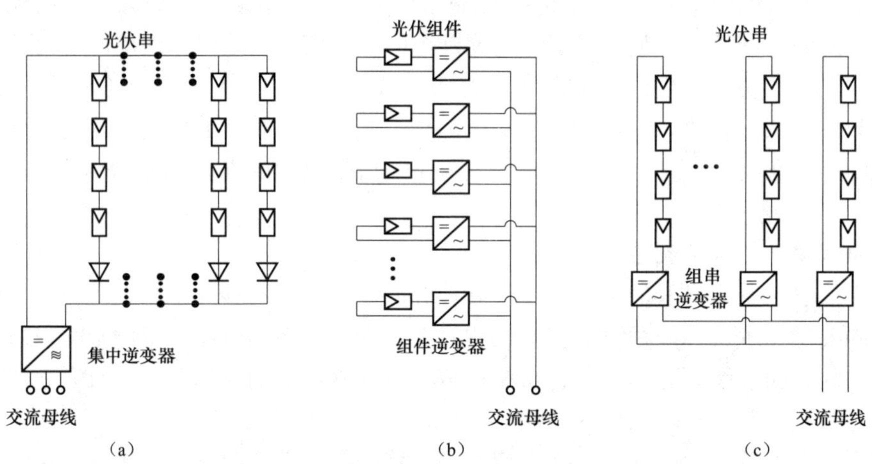


图 4-2-5 三种类型的光伏逆变系统
(a) 集中式逆变器；(b) 组件逆变器；(c) 组串逆变器

新一代的光伏逆变器设计针对光伏发电的特点引入了模块化系统技术，由此发展出了组件逆变器（Module Inverter）和组串逆变器（String Inverter），如图 4-2-5（b）、(c）所示。组件逆变器直接与单个光伏组件相连，使直流引线缩短，也大大减轻了多组件组合产生的不匹配问题。组件逆变器的容量一般只有 0.1～0.2kW，效率较低，一旦损坏，更换比较麻烦，另外，除非大规模生产，否则价格也比较昂贵。组串逆变器也叫分布式逆变器、支路式逆变器，其直流侧连接一个光伏组件串，容量一般在几千瓦。组串逆变器是集中式逆变器与组件逆变器的概念相中和的产物，体积小，可就近安装在光伏电池阵列的支架上，就近与一串光伏组件连接，缩短了直流侧接线。大中型并网发电站目前多采用集中型逆变器。一般用户的屋顶项目容量小，场地分散，多采用组串逆变器。

多串逆变器（Multi-String Inverter）是对组串逆变器的进一步发展，其输入是多个光伏组件串，各自有其独立的 DC/DC 转换器和 MPPT 控制器，再由一个逆变电路转换成交流输出。这样每个串可以单独控制达到最大功率点，使得逆变器也更加灵活地工作在最大效率的范围内。

近十几年来，逆变器价格下降了一半，而效率已从 94%左右提高到了 97%以上。对于单台逆变器来说，继续改进的空间已经比较小。许多公司都希望通过引入组群（Team）的概念对多个逆变器组统一控制来进一步提高效率、降低成本。

**四、最大功率点跟踪控制的方案**

太阳能电池是一非线性电源，输出电能受环境温度和光照强度的影响，在一定的光照强度和环境温度下，光伏电池可以工作在不同的工作电压下，但是只有在某一特定工作电压下，光伏电池输出功率才会是最大值。为了让太阳能电池在任何温度和太阳光辐照强度下始终工作在最大功率点，能够输出尽可能多的电能，必须对太阳能电池进行“最大功率点跟踪（Maximum Power Point Tracking，MPPT）”。

最大功率点跟踪（MPPT）技术是光伏发电系统提高效率、降低成本的关键技术，也是光伏系统不同于其他发电形式的特点之一。当日照强度和环境温度变化时，光伏电池的输出电压和电流呈非线性关系变化，其输出最大功率点（MPP）也随之改变。调节光伏电池的负荷功率随时跟踪最大功率点才能充分利用光伏电池的容量，提高整个系统的发电效率。MPP 并不是一个可以预知的值，需要通过一定的算法来搜索，称为最大功率点跟踪（MPPT）。一般实现 MPPT 的控制环节也集成在逆变器中。

由电路原理可知，对于一个线性电路，当负荷电阻和电源内阻相等时，电源的输出功率最大。对于一些内阻不变的供电系统，可以采用这种外阻等于内阻的方法获得最大输出功率，但太阳能光伏发电系统中，太阳能电池的内阻不仅受日照强度的影响，还受环境温度和负荷的制约，因此处在时刻变化的过程中，无法采用上述的简单方法控制最大功率的输出。目前所采用的方法是在太阳能电池方阵和负荷之间增加一个 DC/DC 变换器，通过改变 DC/DC 变换器中功率开关的导通率，来调整、控制太阳能电池方阵的最大功率点，从而获得最大输出功率，如图 4-2-6 所示。

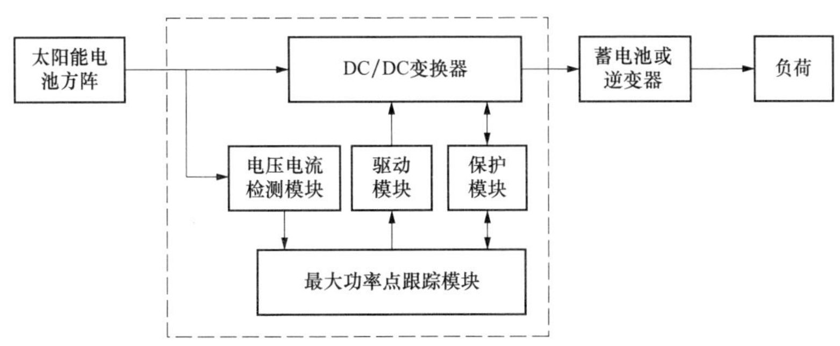


图 4-2-6　光伏发电系统最大跟踪方式示意图

目前商用光伏逆变器普遍使用的 MPPT 算法是扰动观察法，其基本原理是在每个时间周期主动增加或减小电压，观测这一扰动带来的功率变化，如果功率增加，说明与 MPP 的距离在缩短，下个周期保持该扰动方向，否则反之。扰动观察法的优点是简单而容易实现；缺点是不断扰动导致运行点在 MPP 附近振荡，降低了 MPPT 的效率。尤其当光照变化剧烈时，可能导致判断错误而向偏离 MPP 的方向移动；而光照较弱时，功率—电压特性曲线较平缓，也难以准确定位在 MPP。

其他常见的 MPPT 算法还有恒定电压法（Constant Voltage）、参考电池法（Pilot Cell）、电导增量法（Incremental Conductance）、最优梯度法等。

恒定电压法的基本原理是根据实测的光伏阵列开路电压 $U_{oc}$来求出最大功率点对应的电压 $U_{MPP}$，然后将电压调整到 $U_{MPP}$点运行。这种方法需要每隔一段时间断开光伏阵列的连接来测量 $U_{oc}$，会中断功率的连续稳定输出，因此不适用于并网系统。参考电池法针对这一缺陷进行了改进，在光伏系统中增加一小块光伏电池用以测量 $U_{oc}$，为了使这块参考电池与整个光伏阵列完全匹配，必须对每一对参考电池/光伏阵列进行校准。另外两者共有的缺点是上述 $U_{oc}$与 $U_{MPP}$的比率 $K$ 实际上并不是个常数，其变化范围随环境温度和光照的改变最大能到 8%。如果对比率 $K$ 作动态调整，又需扰动观察法一类的搜索算法。

电导增量法主要通过比较光伏阵列的电导增量和瞬间电导来改变控制信号，依据是最大功率点上功率对电压的导数等于零。理论上电导增量法控制方向准确、跟踪比较平稳，可以真正找到并稳定在 MPP，可以适应光照变化剧烈的情况。实际应用中还需要高精确度传感器和快速响应的系统配合，硬件造价会比较高。

实际经验表明，通过优化参数（每步增量大小等），扰动观察法和电导增量法都可以达到 97%以上的效率。

## 第三节 其他清洁能源发电

### 一、潮汐发电

由于太阳和月球对地球各处引力的不同所引起的海水有规律的、周期性的涨落现象，就叫做海洋潮汐，习惯上称为潮汐。由于引潮力的作用，使海水不断地涨潮、落潮。涨潮时，大量海水汹涌而来，具有很大的动能，同时，水位逐渐升高，动能转化为势能；落潮时，海水奔腾而归，水位陆续下降，势能又转化为动能。因海水涨落及潮水流动所产生的动能和势能统称为潮汐能。

#### （一）潮汐发电的原理

利用潮汐发电必须具备两个物理条件。首先，潮汐的幅度必须大，至少要有几米；第二海岸地形必须能储蓄大量海水，并可进行土建工程。潮汐发电与普通水力发电原理类似，通过储水库，在涨潮时将海水储存在水库内，以势能的形式保存，然后，在落潮时放出海水，利用高、低潮位之间的落差，推动水轮机旋转，带动发电机发电。涨潮时，潮位高于水库中的水位，此时打开进水闸门，海水经闸门流入水库，冲击涡轮机带动发电机发电；落潮时，当海水的潮位低于水库中的水位时，关闭进水闸门，打开排水闸门，水从水库流向大海，又从相反的方向冲击涡轮机，带动发电机发电，如图 4-3-1 所示。潮汐发电与普通水力发电的差别在于海水与河水不同，蓄积的海水落差不大，但流量较大，并且呈间歇性，从而潮汐发电的水轮机结构要适合低水头、大流量的特点。

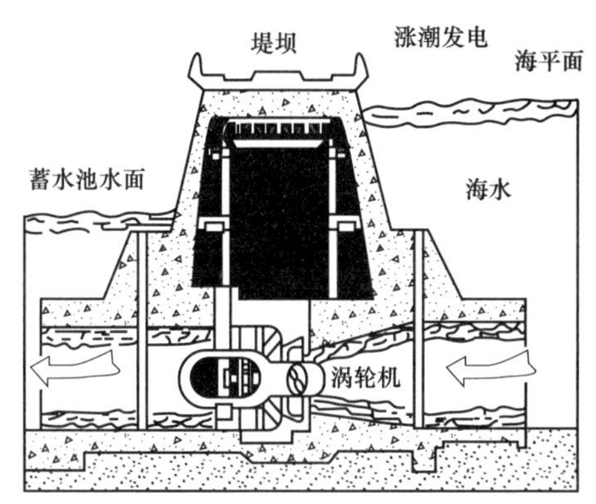


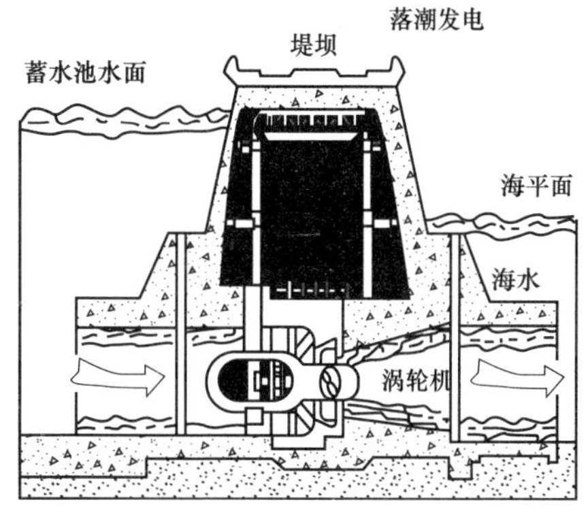


图 4-3-1　潮汐发电的原理图

潮汐电站在发电时，由于水库的水位和海洋的水位都是变化的，因此，潮汐电站是在变工况下工作的，水轮发电机组和电站系统的设计需要考虑变工况、低水头、大流量及海水腐蚀等因素，比常规水电站要复杂得多，而效率也要低于常规水电站。

（二）潮汐电站的类型

按照对潮水方向变化的应对方式和建库结构，潮汐电站的典型布置类型主要有单库单向潮汐电站、单库双向潮汐电站和双库连续发电潮汐电站。

1. 单库单向潮汐电站

在海湾出口或河口处，建造堤坝、发电厂房和水闸，将海湾与外海分隔，形成水库。在涨潮时开启闸门将潮水充满水库，当落潮外海潮位下降时，产生一定落差，利用该落差推动水轮发电机组发电。这种电站只建造一个水库，而且只在落潮时发电，称为单库单向潮汐电站。图 4-3-2 所示为单库单向潮汐电站的布置图。

图 4-3-2　单库单向潮汐电站的布置

由于采用单向机组，机组结构简单，发电水头较大，机组效率较高。也可采用涨潮时充水发电、退潮时泄水的形式。单库单向电站多用于小型潮汐电站，比如我国位于浙江的岳浦潮汐电站和山东的白沙口潮汐电站就是这种类型。

2. 单库双向潮汐电站

为了在涨落潮时都能发电，建造了单库双向潮汐电站。在海湾出口或河口处，建造堤坝、发电厂房和水闸，采用双向发电的水轮发电机组使涨落潮两向均能发电。单库双向潮汐电站的布置如图 4-3-3 所示。

由于兼顾正反两向发电，发电平均水头较单向发电小，相应机组单位 kW 造价比单向发电要高，设备制造和操作运行技术要求也高，宜在大中型电站中采用。浙江温岭的江夏潮汐电站、江苏太仓浏河潮汐电站等采用了这种形式。

这种电站也可以采用单向发电机组，但从水工建筑物布置上要设置流道使涨潮和落潮

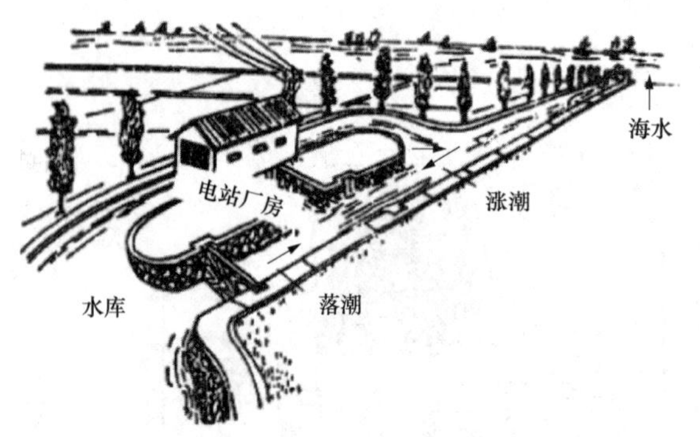

图 4-3-3 单库双向潮汐电站的布置

时，水流都能按同一方向进入和流出水轮机，从而使涨落潮两向均能发电，由于增加了流道与闸门，操作也麻烦，只在中小电站采用。

3. 双库连续发电潮汐电站

双库连续发电潮汐电站，在海湾或河口处建造相邻的两个水库，各与外海用一个水闸相通，一个水库（上水库）在涨潮时进水，一个水库（下水库）在退潮时泄水，在两个水库之间有中间堤坝并设置发电厂房相连通，在潮汐涨落中，控制进水闸和出水闸，使上水库与下水库间始终保持一定落差，从而在水流由上水库流向下水库时连续不断发电。双库连续发电潮汐电站的布置如图 4-3-4 所示。

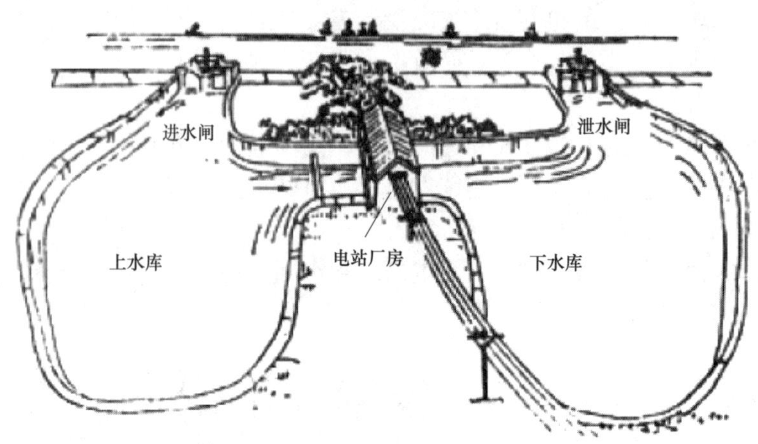

图 4-3-4 双库连续发电潮汐电站的布置

双库连续发电电站的优点十分明显，但要把一个大海湾或河口分隔成两个水库，使得可用水库面积减小，而且工程建筑量大、分散、投资高。只有地形条件不用增建中间堤坝或少建中间堤坝，并利于布置厂房和水闸，才适合建设双库连续发电电站。

## 二、地热发电

地热能是由地壳抽取的天然热能，这种能量来自地球内部的熔岩，并以热力形式存在，是引致火山爆发及地震的能量。作为来自地球深处的可再生性热能，它源于地球的熔融岩浆和放射性物质的衰变。地下水的深处循环和来自极深处的岩浆侵入到地壳后，把热量从地下深处带至近表层。

### （一）地热发电的原理及分类

地热发电是高温地热资源最主要的利用方式。地热发电和火力发电的原理是一样的，都是利用蒸汽的热能在汽轮机中转变为机械能，然后带动发电机发电。所不同的是，地热发电不像火力发电那样要备有庞大的锅炉，也不需要消耗燃料，它所用的能源就是地热能。

地热发电的过程，就是先把地热能转变为机械能，再把机械能转变为电能的过程。

要利用地下热能，首先需要有“载热体”把地下的热能带到地面上来。目前能够被地热电站利用的载热体，主要是地下的天然蒸汽和热水。按照载热体类型、温度、压力和其他特性的不同，可把地热发电的方式划分为蒸汽型地热发电和热水型地热发电两大类。

1. 蒸汽型地热发电

蒸汽型地热发电是把蒸汽田中的干蒸汽直接引入汽轮发电机组发电，但在引入发电机组前应把蒸汽中所含的岩屑和水滴分离出去。这种发电方式最为简单，但干蒸汽地热资源十分有限，且多存于较深的地层，开采技术难度大，故发展受到限制。主要有背压式汽轮机发电系统和凝汽式汽轮机发电系统两种类型。

（1）背压式汽轮机发电系统。

如图 4-3-5 所示，背压式汽轮机发电系统主要由净化分离器和汽轮机组成，其工作原理为把干蒸汽从蒸汽井中引出，先加以净化，经过分离器分离出所含的固体杂质，然后使蒸汽推动汽轮发电机组发电，排汽放空（或送热用户）。这是最简单的发电方式，投资费用也较低，大多用于地热蒸汽中不凝结气体含量很高的场合，或者综合利用于工农业生产和生活用水。世界上第一座地热电站——意大利拉德瑞罗地热电站，其第一台机组采用的就是背压式汽轮机发电系统，容量为 250kW。

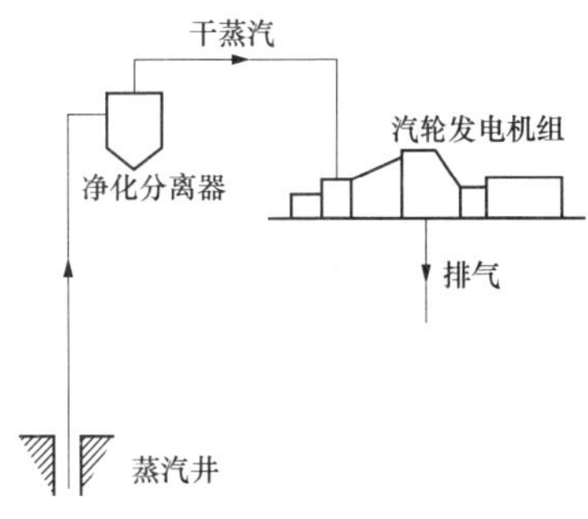

图 4-3-5 背压式汽轮机发电系统示意图

（2）凝汽式汽轮机发电系统。

凝汽式汽轮机发电系统提高了地热电站的机组输出功率和发电效率。在该系统中，做功后的蒸汽通常排入混合式凝汽器，被循环水泵打入的冷却水冷却后凝结成水，然后排出，如图 4-3-6 所示。由于蒸汽在汽轮机中能膨胀到很低的压力，因此做功更多。为了保持较低的冷凝压力（真空状态），凝汽器通常设有两台带有冷却器的抽汽器，用于抽走地热蒸汽所带来的各种不凝性和外界漏入系统中的空气。美国盖瑟尔斯地热电站所采用的就是凝汽式汽轮机发电系统，容量为 1780kW。

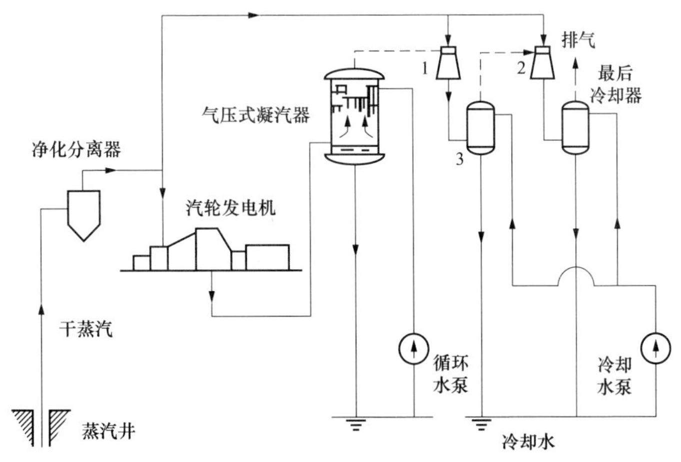

图 4-3-6 凝汽式汽轮机发电系统示意图

1—一级抽汽器；2—二级抽汽器；3—中间冷却器

2. 热水型地热发电

热水型地热发电是地热发电的主要方式，适用于分布最为广泛的中低温地热资源。热水型地热发电不能将低温热水层产生的热水或湿蒸汽直接送入汽轮机做功，需要通过一定的手段，把热水变成蒸汽或者利用其热量产生其他蒸汽，才能用于发电。目前热水型地热发电有两种方式，即闪蒸地热发电系统和双循环地热发电系统。

（1）闪蒸地热发电系统。

闪蒸法也称为“减压扩容法”，就是把低温地热水引入密封容器中，通过抽气降低容器内的气压（减压），使地热水在较低的温度下沸腾产生蒸汽，体积膨胀的蒸汽做功（扩容），推动汽轮发电机组发电。

闪蒸地热发电系统的工作原理为将地热井口来的地热水，先送到闪蒸器中进行降压闪蒸（或称扩容）使其产生部分蒸汽，再引到常规汽轮机做功发电。汽轮机排出的蒸汽在混合式凝汽器内冷凝成水后送往冷却塔，分离器中剩下的含盐水打入地下或作其他用途，如图 4-3-7 所示。

为了提高地热能的利用率，还可以采用两级或多级闪蒸系统。第一级闪蒸器中未气化的热水，进入压力更低的第二级闪蒸器，又产生蒸汽送入汽轮机做功。与单级闪蒸发电系统相比，发电量可提高 15%～20%。

采用闪蒸法的地热电站，热水温度低于 100℃时，全热力系统处于负压状态。这种电站，设备简单，易于制造，可以采用混合式热交换器；缺点是设备尺寸大，容易腐蚀结垢，热效率较低。由于系直接以地下热水蒸汽为工质，因而对于地下热水的温度、矿化度以及不凝气体含量等有较高的要求。

（2）双循环地热发电系统。

双循环地热发电也称为低沸点工质地热发电或中间介质法地热发电。其工作原理如图 4-3-8 所示，通过热交换器利用地下热水来加热某种低沸点的工质，使之变为蒸汽，然后以此蒸汽去推动汽轮机，并带动发电机发电。因此，在这种发电系统中，采用两种流体，一种是采用地热流体作热源，它在蒸汽发生器中被冷却后排入环境或打入地下；另一种是采用低沸点工质流体作为一种工作介质（如氟里昂、异戊烷、异丁烷、正丁烷、氯丁烷等），这种工质在蒸汽发生器内由于吸收了地热水放出的热量而汽化，产生的低沸点工质蒸汽送入汽轮机发电机组发电。做完功后的蒸汽，由汽轮机排出，并在冷凝器中冷凝成液体，然后经循环泵打回蒸汽发生器再循环工作。

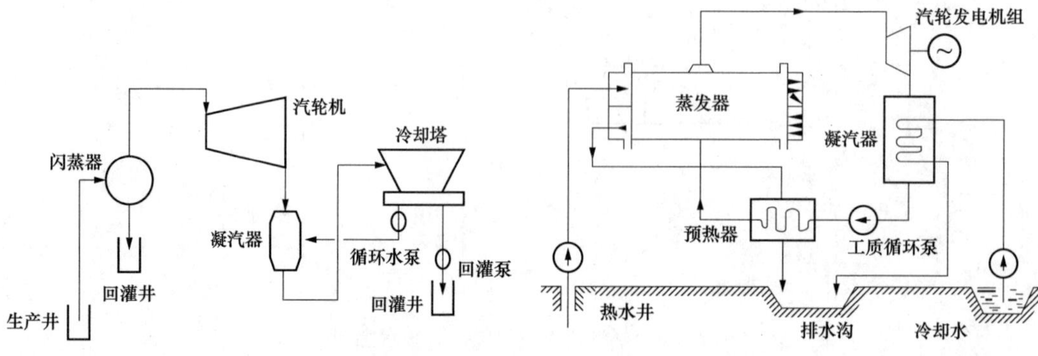


图 4-3-7　闪蒸地热发电系统原理图

图 4-3-8　双循环地热发电系统示意图

这种发电方法的优点是，利用低温位热能的热效率较高，设备紧凑，汽轮机的尺寸小，易于适应化学成分比较复杂的地下热水。

这种发电方法的缺点是，不像扩容法那样可以方便地使用混合式蒸发器和冷凝器；大部分低沸点工质传热性都比水差，采用此方式需有相当大的金属换热面积；低沸点工质价格较高，来源有限，有些低沸点工质还有易燃、易爆、有毒、不稳定、对金属有腐蚀等特性。

（二）地热发电的技术难题

目前，有三个重大技术难题阻碍了地热发电的发展，即地热田的回灌、腐蚀和结垢。

1. 回灌技术

地热水中含有大量的有毒矿物质。例如我国羊八井的地热水中含有硫、汞、砷、氟等多种有害元素，地热发电后大量的热排水直接排放，会对环境产生恶劣影响。地热回灌是把经过利用的地热流体或其他水源，通过地热回灌井重新注回热储层段的方法。回灌不仅可以很好地解决地热废水问题，还可以改善或恢复热储的产热能力，保持热储的流体压力，维持地热田的开采条件。但回灌技术要求复杂，且成本高，至今未能大范围推广使用，如果不能有效解决回灌问题，将会影响地热电站的立项和发展。因此，地热回灌是亟须解决的关键问题。

2. 防止腐蚀

地热流体中含有许多化学物质，其中主要的腐蚀介质有溶解氧（$O_2$）、$H^+$、$Cl^-$、$H_2S$、$CO_2$、$NH_3$ 和 $SO_4^{2-}$，再加上流体的温度、流速、压力等因素的影响，地热流体对各金属表面都会产生不同程度的影响，直接影响设备的使用寿命。地热电站腐蚀严重的部位多集中于负压系统，其次是汽封片、冷油器、阀门等。腐蚀速度最快的是射水泵叶轮、轴套和密封圈。

3. 防止管道结垢

由于地热水资源中矿物质含量比较高，在抽到地面做功的过程中，温度和压力均会发生很大的变化，进而影响到各种矿物质的溶解度，结果导致矿物质从水中析出产生沉淀结垢。如在井管内结垢，会影响地热流体的采量，加大管道内的流动阻力进而增加能耗；如换热表面结垢，则会增加传热阻力；垢层不完整处还会造成垢下腐蚀。

**三、生物质能发电**

生物质能是指太阳能以化学能形式储存在生物质体内的一种能量形式，它以生物质为载体，直接或间接地来源于植物的光合作用。生物质能是唯一的可再生碳源，是绿色植物将太阳能转化为化学能而储存在生物质内部的能量。

生物质能一直是人类赖以生存的重要能源，它是仅次于煤炭、石油和天然气而居于世界能源消费总量第四位的能源，在整个能源系统中占有举足轻重的地位，是人类使用最古老的能源，未来生物质能更会成为支柱能源之一。

（一）直接燃烧发电

生物质直接燃烧发电，就是直接将经过处理的生物质作为燃料，用生物质燃烧所释放的热能产生蒸汽，再利用蒸汽推动汽轮机进行发电。某生物质能发电厂全景如图 4-3-9 所示。

生物质直接燃烧发电是一种最简单也是最直接的方法，但由于生物质的质地松散、能量密度较低，在燃烧效率和发热量等方面都不如化石燃料，而且原料需要特殊处理，设备投资较高，效率较低，即便是在将来，情况也难有明显改善。为了提高热效率，可以考虑采用各种回热、再热措施和联合循环方式。

我国农作物秸秆每年的技术可开发量约为6亿多t，除去部分用于农村炊事和取暖等生活用能以及用于造纸、饲料、造肥还田之外，每年废弃的农作物秸秆约有1亿t，折合标准煤5000万t。如将这些秸秆用于发电，可建500个25MW的小型水电站，相当于一个三峡电站的发电量，每年可节省4350万t标准煤和减排9000万t二氧化碳。

图4-3-9　某生物质能发电厂全景

预计2020年，全国每年秸秆废弃量将达到2亿t，折合标准煤1亿t，按照每1万kW发电机组每年燃用6万t秸秆计算，全国秸秆燃烧发电的理论装机容量可达到3000万kW。

（二）沼气发电

沼气发电是以沼气作为往复式发动机和汽轮机的主要燃料来源，以发动机的动力来驱动发电机发电的过程，是沼气能量利用的一种有效方式。某沼气发电厂如图4-3-10所示。

沼气的能量在沼气发电过程中经历了由化学能—热能—机械能—电能的转换过程，由热力学第二定理可知，其能量转换受到限制，热能无法完全转化为机械能，热机的卡诺循环效率不超过40%，大部分能量随废气排出。因此，将发电机的废气回收是提高沼气能量总利用率的必要途径，余热回收的发电系统总效率可达到60%～70%。

20世纪70年代初期，国外为了合理、高效地利用在治理有机废弃污染物中产生的沼气，普遍使用往复式沼气发电机组进行沼气发电，大多采用电火花点火式气体燃料发动机。

沼气发电的生产规模，50kW以下为小型，50～500kW为中型，500kW以上为大型。目前，美国在沼气发电领域有许多成熟的技术和工程，处于世界领先水平，现有60多个垃圾填埋场使用内燃机发电，加上使用汽轮机发电的装机，总容量已达340MW。

（三）垃圾发电

垃圾发电是把各种垃圾收集后，进行分类处理。其中，一是对燃烧值较高的进行高温焚烧，将产生的热能转化为高温蒸气，推动涡轮机转动，使发电机产生电能；二是对不能燃烧的有机物进行发酵、厌氧处理，最后干燥脱硫，产生沼气，再将沼气燃烧，产生的热量用于发电。

图4-3-10　某沼气发电厂

这种方式从原理上看似容易，但实际的生产流程却并不简单。首先要对垃圾进行品质控制，这是垃圾焚烧的关键。一般都要经过较为严格的分选，凡有毒有害垃圾、无机的建筑垃圾和工业垃圾都不能进入。符合规格的垃圾卸入巨大的封闭式垃圾储存池，垃圾储存池内始终保持负压，巨大的风机将池中的“臭气”抽出，送入焚烧炉内。然后将垃圾送入焚烧炉，并使垃圾和空气充分接触，有效燃烧。

焚烧垃圾需要利用特殊的垃圾焚烧设备，有垃圾层燃焚烧系统、流化床式焚烧系统、旋转筒式焚烧炉和熔融焚烧炉等。

垃圾焚烧发电，既可以有效解决垃圾污染问题，又可以实现能源再生，作为处理垃圾最为快捷和最有效的技术方法，近年来在国内外得到了广泛应用。

（四）生物质燃气发电

生物质燃气发电，就是将生物质先转换为可燃气体，再利用这些可燃气体燃烧所释放的热量发电。生物质燃气发电的关键设备是气化炉（或热裂解装置），一旦产生了生物质燃气，后续的发电过程和常规的火力发电以及沼气发电就没有本质区别了。

生物质燃气发电机组主要有内燃机/发电机机组、汽轮机/发电机机组、燃气轮机/发电机机组三种类型。这三种方式可以联合使用，汽轮机和燃气轮机机组联合运行的前景较为广阔，尤其适用于大规模生产。

## 第四节　分布式发电技术

从20世纪80年代末开始，世界电力工业出现了一个由传统的集中供电模式向集中和分散相结合的供电模式过渡的趋势。近年来，分布式发电技术以其丰富的能量来源及清洁无污染的运行方式，引起人们越来越多的关注。可以预见，随着电力技术的不断发展、公共环境政策的督促和电力市场的扩大等因素的共同作用，分布式电源将成为未来重要的能源选择。

### 一、分布式电源的定义和分类

分布式电源（Distributed Generation，DG）是区别于传统集中发电、远距离传输和大互联网络的发电形式。分布式电源通常指功率为数千瓦至50MW的小型模块式、分布在负荷附近、与环境兼容的独立电源，由电力部门、用户或第三方所有，以满足电力系统和用户的特定要求的发电设施。从广义上讲，分布式电源指的是任何安装在用户附近的小型发电设施，包含热电联产、冷热电联产以及各种蓄能技术等，而不论这种发电形式的规模大小和一次能源的使用类型。显然我国的“小机组”、“小火电”和“小热电”也可以属于分布式电源的范畴，但与现代分布式发电技术不在同一层面上，由于技术经济性能与环境性能不好将被逐渐淘汰。

在不同的研究领域，分布式电源有不同的分类方式。按发电能源是否可再生将分布式电源分为两类，一类是利用可再生能源的分布式电源，主要包括风力发电、光伏发电、太阳热发电、生物质能发电、地热及海洋能发电等；另一类是利用不可再生能源的分布式电源，主要采用化石燃料作为能源，包括往复式发动机技术、微型燃气轮机和燃料电池等发电形式。根据分布式电源和电力系统的接口形式，分布式电源可分为同步机形式的分布式电源和逆变器形式的分布式电源。

### 二、分布式电源的并网

除了在偏远或特殊地区只有分布式电源作为唯一的供电电源外，大部分选择分布式电源的用户希望既能使用分布式电源供电又可以由当地电网供电，或由它们同时供电，或把电网作为备用电源以提高供电的可靠性和灵活性。而电网公司为了提高系统的可靠性和安全性，希望可以对用户的分布式电源输出功率进行远方调度，要实现这些功能就必须保持分布式电源和系统之间的联系，即通过并网系统以实现分布式电源和电力系统之间的转换或实现相应的控制和保护等功能。

当分布式电源与电网并联时，大规模的分布式电源（通常为几十兆瓦）一般与较高电压等级电网（一级配电电压）相连，如 35kV 或 110kV 甚至更高。非常分散的居民、商业和工业用分布式电源一般与当地配电电压级电网相连，如 35kV、10kV 和 380V/220V。

分布式电源的并网系统包括两方面含义。

（1）在分布式电源和电网之间建立起物理联系的设备。

（2）与外界形成电气联系的手段，同时并网还可以实现分布式电源单元的监视、控制、测量、保护和调度等功能。

因此，并网系统使得分布式电源、地区电力系统以及用户之间可以互动，并且是它们之间通信和控制的通道。

可以根据分布式电源的特性和所要实现的功能把并网系统分为以下几种。

（1）逆变器型并网系统。如用于燃料电池、光伏发电系统和微型透平机组等发出直流或高频交流电的分布式电源。

（2）具有同步功能的并网系统。用于与地区电网并联运行的分布式电源，当分布式电源担任削峰、基本电源、联合发电或作为紧急和备用电源时采用此种并网系统。

（3）包含远方调度模块的并网系统。电力系统可以根据需要实现对分布式电源的启停进行实时远方调度，这时并网系统还需附加测量、监视和控制设备。

分布式电源的并网要求制定相关的技术规范和准则，这些规范和标准将对分布式电源并网设备制造、安装和运行都有相应要求，能够使不同的并网技术体系以及不同制造商生产的组件很好地兼容。目前，世界上有许多国家的组织都在制定关于分布式电源的并网标准，如 IEEE 1547 和 IEC 1727 等。

### 三、分布式电源对电网运行的影响

目前分布式电源多以接入配电网运行为主，分布式电源的接入使传统配电系统从辐射形的网络变为遍布中小电源和用户的互联网络，将对传统配电系统产生巨大的影响。

#### （一）分布式电源对电压分布的影响

分布式电源主要接入配电网运行，在接入分布式电源之后，配电系统从放射状结构变为多电源结构，潮流的大小和方向有可能发生巨大改变，使配电网的电压分布也发生变化。研究表明，分布式电源的接入位置和容量对线路电压分布的影响很大。相同容量的分布式电源接入在不同位置时所形成的电压分布差别很大，分布式电源接入点越接近末节点对线路电压分布的影响越大；分布式电源越接近系统母线对线路电压分布的影响越小；分布式电源集中在同一节点，对电压的支持效果要弱于分布在多个节点上。不改变分布式电源接入位置的情况下，电压支撑由分布式电源的总出力决定。总出力越多，与负荷的比值越高，电压支撑就越大，整体电压水平就越高。

#### （二）分布式电源对电能质量的影响

分布式电源是建立在电力电子技术基础之上的，同时分布式电源在接入配电网后会引起配电网的各种扰动，从而对系统的电能质量产生影响，主要表现在以下几个方面。

1. 电压跌落

发生三相短路故障时，分布式电源的加入抬高了电压，改善了整个电网的电压跌落情况，且其注入功率越大阻止电压跌落的效果越好。由于同步机形式的分布式电源在对功率调制信号的响应速度上明显慢于逆变器形式的分布式电源，因此，同步机形式的分布式电源减少电压暂降持续时间的能力明显不如逆变器形式的分布式电源。

单相接地故障时，对故障相的电压有抬高作用，可以有效阻止故障相的电压跌落，并且注入功率越大阻止故障相电压跌落的效果也越好。对于非故障相来说，随着分布式电源注入功率的增加，各节点电压幅值均有不同程度的增加，并且分布式电源的容量越大，导致非故障相电压超出额定电压的情况也越严重。

2. 电压闪变

传统电网引起电压闪变的主要原因是负荷的瞬时变化，随着分布式电源的引入，将带来引起电压闪变的其他因素，这些因素主要有：分布式电源的调度和运行由电源的产权所有者控制，可能出现随机启停；采用新能源发电的分布式电源出力受到季节和气候影响，热电联产机组的处理通常随供热要求的变动而变动；分布式电源和系统中反馈环节的电压控制设备相互影响。

3. 谐波

多数分布式电源是通过电力电子器件构成的变流装置接入配电网的，其开关器件频繁的开通和关断易产生开关频率附近的谐波分量，对电网造成谐波污染。研究表明，在分布式电源接入位置不变的情况下，馈线上电压总谐波畸变率$U_{THD}$由分布式电源总出力决定，总出力占总负荷的比例越高，同一馈线沿线各负荷节点$U_{THD}$越大，某些畸变严重节点的谐波指标就有可能超过规定的谐波电压或电流畸变率限值。出力相同的分布式电源安装在不同的位置，得到的馈线沿线各节点的$U_{THD}$有着较大的差异，分布式电源安装位置越接近线路末端，馈线沿线各负荷节点的电压畸变越严重；反之，分布式电源越接近系统母线，对系统的谐波分布影响越小。

虽然分布式电源会给配电网带来一系列电能质量方面的问题，但分布式电源也存在改善电能质量的潜力。首先，分布式电源能够及时快速地提供电能，当电网关联负荷较大时，分布式电源在相关控制策略下在尽可能短的时间内投入使用，使系统尽可能减少故障，从而提高整个电网系统的稳定性，其次，逆变型分布式电源可通过适当的控制策略来控制并入点电压，等效于并入 STACOM，在一定程度上改善配电网内供电电压质量问题。另外，由于分布式电源的并入增加了整体短路容量，从而加强了系统电压强度，抑制和削弱了区域配电网内出现的电压波动等问题。

（三）分布式电源对系统保护的影响

中低压配电网主要是单电源、辐射形供电网络，其潮流从电源到负荷单向流动且配电网中 80%以上的故障是瞬时的，所以传统配电网络的保护设计通常是在变电站处安装反向过电流断路器，主馈线上装设自动重合闸装置，支路上装设熔断器。根据“仅断开故障支路，对瞬时故障进行自动重合闸”的原则，使自动重合闸装置与断路器及各侧支路上的熔断器相互协调，每个熔断器又分别与其直接相连的上一级或下一级支路上的熔断器相互协调，从而实现整个网络的保护且这种保护不具有方向性。

当配电网中接入了分布式电源之后，放射状网络将变成遍布电源和用户的互联网络，从而改变了故障电流的大小、持续时间及其方向；分布式电源本身的故障行为也会对系统的运行和保护产生影响。因此，分布式电源将对配电网原有的继电保护产生较大的影响。

（1）分布式电源引起保护拒动作。分布式电源提供的故障电流降低了所在线路保护的检测电流值，使相应保护因达不到动作值而不能启动。

（2）分布式电源引起保护误动。相邻馈线的故障有可能会使原本没有故障的馈线跳闸而失去电源。

（3）由于熔断器和传统的自动重合闸不具备方向性，大量改动原配电网的系统保护装置需要大量成本，因此，并网分布式电源必须与配电网原有的保护相配合并适应它。

（4）分布式电源可能改变配电网故障电流水平，故障水平的提高要求开关设备的升级，从而带来投资的增加，而故障水平的降低则可能给过电流保护带来问题。

### （四）分布式电源对系统可靠性的影响

分布式电源可以部分抵消电网负荷，减少进线的实际输送功率和增加输配电网的输电裕度，同时分布式电源的电压支撑作用可以提高系统对电压的调节性能。1986 年 5 月 2 日，英格兰某地区的 6 条 400kV 线路因雷击而断开，由于在 5min 内在负荷区投入了 1GW 的燃气轮机发电容量，从而防止了一次重大电压失稳事故的发生。另外，如果配电网发生故障以后，在保证电力系统安全的前提下，尽可能利用分布式电源为用户供电，将配电网转化为若干孤岛自治运行，将可以减小停电面积，这些都有利于提高系统的可靠性水平。

但分布式电源也可能对系统可靠性产生不利影响。如果分布式电源与配电网的继电保护配合不好使继电保护误动作，则会降低系统的可靠性；不适当的安装地点、容量和连接方式也会降低配电网可靠性。另外，由于系统维护或故障所引起的断路器跳闸等形成的无意识的孤岛，不但会对电力线路的维护人员或其他人员造成伤害，还可能出现电力供需不平衡，降低了配电网的供电可靠性。

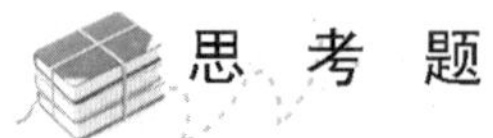

## 思 考 题

1. 简述风力发电的优点。
2. 简述水平轴风力机各主要部件的作用。
3. 简述双速异步发电机两种运行状态切换的控制过程。
4. 什么是太阳能光伏发电？太阳能光伏发电有哪些特点？
5. 简述太阳能电池的工作原理。
6. 简述太阳能光伏发电系统的组成，各部分的作用是什么？
7. 太阳能电池的类型有哪几种？
8. 并网型光伏发电系统和离网型光伏发电系统的优点各是什么？
9. 光伏发电系统的控制技术包括哪几个方面？
10. 什么是潮汐能？
11. 潮汐能发电的原理是什么？
12. 潮汐能发电站有哪几种形式？各有什么特点？
13. 潮汐能发电有哪些优缺点？

14. 什么是地热能？地热是如何形成的？
15. 简述全球地热资源的分布情况。
16. 地热发电有哪几种方式？简述各种发电方式的工作原理。
17. 简述生物质和生物质能的概念。
18. 生物质能的种类有哪些？各自特点是什么？
19. 沼气发电和生物质燃气发电的主要区别有哪些？
20. 简述生物质燃气发电过程。

# 参 考 文 献

[1] 刘明，等. 智能电网工程应用与发展. 北京：中国水利水电出版社，2001.
[2] 中国电器工业协会设备网现场总线分会，国家能源智能电网用户端电气设备研发中心. 智能电网用户端系统解决方案汇编. 北京：机械工业出版社，2013.
[3] 高翔. 电网动态监控系统应用技术. 北京：中国电力出版社，2011.
[4] 刘振亚. 智能电网知识读本. 北京：中国电力出版社，2010.
[5] 刘振亚. 智能电网技术. 北京：中国电力出版社，2010.
[6] 刘振亚. 智能电网知识问答. 北京：中国电力出版社，2010.
[7] 杨晓萍. 高压直流输电与柔性交流输电. 北京：中国电力出版社，2010.
[8] 吴双群，赵丹平. 风力发电原理. 北京：北京大学出版社，2011.
[9] 任清晨. 风力发电机组工作原理和技术基础. 北京：机械工业出版社，2010.
[10] 叶杭冶. 风力发电系统的设计、运行与维护. 北京：电子工业出版社，2010.
[11] 王长贵，王斯成. 太阳能光伏发电实用技术. 2版. 北京：化学工业出版社，2009.
[12] 黄汉云. 太阳能光伏发电应用原理. 北京：化学工业出版社，2009.
[13] 崔容强，赵春江，吴达成. 并网型太阳能光伏发电系统. 北京：化学工业出版社，2011.
[14] 朱永强. 新能源与分布式发电技术. 北京：北京大学出版社，2010.
[15] 孙云莲. 新能源及分布式发电技术. 北京：中国电力出版社，2009.
[16] 于国强. 新能源发电技术. 北京：中国电力出版社，2009.
[17] 田宜水. 生物质发电. 北京：化学工业出版社，2010.
[18] 苗新，张恺，田世明，等. 支撑智能电网的信息通信系统. 电网技术. 2009，33（17）.
[19] 杨义先，李洋. 智能电网中的信息安全技术. 中兴通讯技术. 2010，16（ZI）.
[20] 杨正洪，周发武. 云计算和物联网. 北京：清华大学出版社，2001.
[21] 秦立军，马其燕. 智能配电网及其关键技术. 北京：中国电力出版社，2011.
[22] 覃剑. 智能变电站技术与实践. 北京：中国电力出版社，2012.
[23] 何光宇，孙英云. 智能电网基础. 北京：中国电力出版社，2010.
[24] 许晓慧. 智能电网导论. 北京：中国电力出版社，2010.
[25] 路文梅. 变电站综合自动化技术. 北京：中国电力出版社，2004.
[26] 中国科学院. 中国智能电网的技术与发展. 北京：科学出版社，2013.
[27] 钟清. 智能电网关键技术研究. 北京：中国电力出版社，2011.
[28] 靳晓刚，叶周，张慎明. 智能楼宇能源管理研究. 应用能源技术. 2010，（10）：48-50.